技工院校工学一体化课程教学资源
技工院校机械类专业工学一体化教材

机械基础知识
信息页

主编◎崔兆华

中国劳动社会保障出版社

简介

本书为技工院校机械类专业工学一体化课程的信息页，依据数控加工、机床切削加工等机械类专业国家技能人才培养工学一体化课程标准编写，供各地技工院校开展工学一体化教学使用。

本书主要内容包括机械图样、产品几何技术要求、金属材料及热处理、机械制造工艺、机械传动与零部件等。

图书在版编目（CIP）数据

机械基础知识信息页 / 崔兆华主编 . -- 北京 : 中国劳动社会保障出版社，2025. --（技工院校工学一体化课程教学资源）（技工院校机械类专业工学一体化教材）.

ISBN 978-7-5167-6913-3

Ⅰ. TH11

中国国家版本馆 CIP 数据核字第 20252GN686 号

机械基础知识信息页

JIXIE JICHU ZHISHI XINXIYE

中国劳动社会保障出版社出版发行

（北京市惠新东街 1 号　邮政编码：100029）

*

三河市华骏印务包装有限公司印刷装订　　新华书店经销

880 毫米 ×1230 毫米　16 开本　16 印张　390 千字

2025 年 7 月第 1 版　　2025 年 7 月第 1 次印刷

定价：39.00 元

营销中心电话：400-606-6496

出版社网址：https://www.class.com.cn

https://jg.class.com.cn

技工院校工学一体化课程教学资源
技工院校机械类专业工学一体化教材

开发院校

牵头院校：临沂市技师学院

参与院校：开封技师学院　江苏省常州技师学院

指导专家

陈立群　杨伟波　孙晓华　张　良　史永利

本书编审人员

主　　编：崔兆华

参　　编：张文杰　孙喜兵　果连成　崔人凤　陈　霞　赵兰宝

主　　审：邵明玲

序

技工教育的本质是就业教育，其最显著的特征是职业性，其最好的培养模式就是“在工作中学习、在学习中工作”。培育大批高技能人才，既要适应新一轮科技革命和产业变革的需要，也要遵循技能人才成长发展规律，创新技能人才培养方式。推进工学一体化技能人才培养模式改革是推进校企融合、提质培优的重要途径，是技工院校服务制造业和实体经济发展的务实举措。

2009 年，人力资源社会保障部办公厅印发了《技工院校一体化课程教学改革试点工作方案》，分三批在部分技工院校试点开展工学一体化课程教学改革工作，到 2021 年已经覆盖 31 个专业 191 所部级试点院校。经过十多年的发展，理念得到认同、试点不断扩大、学生学习兴趣明显提高，取得了显著成效。2022 年 3 月，人力资源社会保障部印发《推进技工院校工学一体化技能人才培养模式实施方案》，提出在全国技工院校大力推进工学一体化技能人才培养模式，实现百个专业、千所院校、万名教师的“百千万”工作目标，以促进技工院校人才培养模式变革、提升技能人才培养质量、带动形成技工院校改革创新新局面。

新一轮工学一体化课程教学改革开展聚焦“课程标准”“课程资源”“教师培养”三项重点工作，为持续推进技工院校工学一体化技能人才培养模式实施奠定了坚实基础。印发《〈国家技能人才培养工学一体化课程标准〉开发技术规程》，出版《工学一体化课程开发指导手册》，分三阶段指引完成 103 个专业国家技能人才培养工学一体化课程标准与课程设置方案开发；编制《工学一体化课程教学资源开发指南》，开发第一批 14 个专业 37 门课程工学一体化课程教学资源；印发《技工院校工学一体化教师培训标准》，出版《工学一体化教师培训指导手册》，依托工学一体化教师培训基地培育师资队伍；印发《技工院校工学一体化课堂、课程、专业、院校建设标准》，出版《工学一体化课程教学实施指导手册》，指引 1 000 所技工院校对标开展工学一体化优质课堂、精品课程、示范专业、骨干院校的建设工作，实现以评促建的目标。

教材建设是教学改革成果固化的重要载体。本次工学一体化课程教学资源按照工作逻辑呈现实践、理论知识和素养，遵循工作过程六步法，从工作向“工作 + 学习”融合，通过引导问题层层递进，实现“输入—内化—输出—考核”的学习闭环，突出学生心智技能和思维的培养，强调学生个人成长的积累。近年来，通过指导专家、几百位试点院校的骨干教师以及编辑团队共同努力，产出了教学指导用书、工作页及答案、信息页及数字资源等形式的系列教材学材，以满足技工院校的教学使用需求。

本系列教材及配套资源的出版，不仅是对本轮技工院校工学一体化技能人才培养模式改革工作的阶段性总结，也是打通从课程标准到课堂实施最后一公里的全新尝试，意义深远。希望全国技工院校将推行工学一体化技能人才培养模式作为创新人才培养模式、提高人才培养质量的重要抓手，为加快培养具有良好工作思维与习惯、自主学习意识与能力、精湛专业技艺与技能的复合型技能人才作出新的更大贡献！

技工教育和职业培训教学指导委员会

2025 年 4 月

目　录

第一章　机械图样 ……………………………………………………………1
第一节　制图基本知识 …………………………………………………………1
一、图纸幅面和图框格式（摘自 GB/T 14689—2008） …………………1
二、标题栏和明细栏 ……………………………………………………………3
三、比例（摘自 GB/T 14690—1993） ……………………………………3
四、字体（摘自 GB/T 14691—1993） ……………………………………4
五、图线（摘自 GB/T 17450—1998、GB/T 4457.4—2002） ……………4
第二节　尺寸标注 ………………………………………………………………6
一、标注尺寸的基本规则（摘自 GB/T 4458.4—2003） …………………6
二、尺寸的组成（摘自 GB/T 4458.4—2003） ……………………………6
三、常用尺寸注法（摘自 GB/T 4458.4—2003） …………………………8
第三节　尺规绘图 ……………………………………………………………10
一、常见平面图形画法 ………………………………………………………10
二、平面图形的分析与作图 …………………………………………………13
三、尺规绘图的基本流程 ……………………………………………………14
第四节　图样的基本表示法 …………………………………………………16
一、视图 ………………………………………………………………………16
二、剖视图 ……………………………………………………………………18
三、断面图 ……………………………………………………………………22
四、其他表达方法 ……………………………………………………………23
第五节　机械图样的特殊表示法 ……………………………………………25
一、螺纹及螺纹紧固件表示法 ………………………………………………25
二、齿轮 ………………………………………………………………………36
第六节　零件图 ………………………………………………………………43
一、零件图的基本内容 ………………………………………………………43
二、零件结构和形状的表达 …………………………………………………44
三、铸造工艺对零件结构的要求 ……………………………………………47
四、零件图的尺寸标注 ………………………………………………………49

第二章 产品几何技术要求 …… 54
第一节 极限与配合 …… 54
一、公差、偏差和配合的基本术语和定义（GB/T 1800.1—2020） …… 54
二、标准公差与基本偏差 …… 58
三、极限与配合的标注 …… 70
四、公差与配合的选择 …… 73
第二节 几何公差 …… 76
一、几何要素 …… 76
二、几何公差的几何特征、符号 …… 77
三、几何公差的公差带 …… 78
四、几何公差在图样上的标注 …… 80
五、几何公差的标注和解读 …… 82
第三节 表面结构要求 …… 98
一、表面粗糙度及其评定参数 …… 98
二、表面结构要求的图形符号 …… 100
三、表面结构要求完整图形符号的组成 …… 100
四、表面结构要求的图形符号画法 …… 102
五、表面结构要求的标注 …… 103
六、表面结构要求参数的选择 …… 104

第三章 金属材料及热处理 …… 107
第一节 金属材料的分类与性能 …… 107
一、金属材料的分类 …… 107
二、金属材料的性能 …… 107
第二节 铁碳合金 …… 111
一、非合金钢 …… 111
二、低合金钢 …… 115
三、合金钢 …… 115
四、铸铁 …… 119
第三节 钢的热处理 …… 120
一、整体热处理 …… 121
二、表面热处理 …… 123
三、化学热处理 …… 124
第四节 其他金属材料 …… 124
一、铜及其合金 …… 124
二、铝及铝合金 …… 126
三、钛及钛合金 …… 130

第四章　机械制造工艺 …… 132
第一节　机械制造工艺基本术语 …… 132
一、生产过程和工艺过程 …… 132
二、生产纲领和生产类型 …… 133
三、机械加工工艺文件 …… 134
第二节　基准的选择 …… 137
一、基准的概念及分类 …… 137
二、定位基准的选择 …… 139
第三节　工艺路线的拟定 …… 143
一、毛坯的选择 …… 143
二、加工方法的选择 …… 144
三、加工阶段的划分 …… 147
四、工序的划分 …… 148
五、加工顺序的安排 …… 149
六、选择机床和工艺装备 …… 151
七、时间定额的确定 …… 152
第四节　加工余量的确定 …… 153
一、加工总余量和工序余量 …… 153
二、影响加工余量的因素 …… 155
三、确定加工余量的方法 …… 156
四、确定加工余量的原则 …… 157
第五节　工序尺寸及其公差的确定 …… 157
一、基准重合时工序尺寸及其公差的计算 …… 157
二、基准不重合时工序尺寸及其公差的计算 …… 158
第六节　典型零件的加工工艺 …… 162
一、轴类零件的加工工艺 …… 162
二、套类零件的加工工艺 …… 167

第五章　机械传动与零部件 …… 172
第一节　带传动 …… 172
一、带传动的组成、工作原理和类型 …… 172
二、V 带传动 …… 174
三、同步带传动 …… 184
第二节　链传动 …… 187
一、链传动的组成及工作原理 …… 187
二、滚子链 …… 188
三、滚子链链轮 …… 190

第三节 螺纹连接和螺旋传动 …… 190
一、螺纹连接 …… 190
二、螺旋传动 …… 194
第四节 齿轮传动 …… 201
一、齿轮传动的常用类型 …… 201
二、齿轮传动的传动比 …… 202
三、直齿圆柱齿轮传动 …… 203
四、斜齿圆柱齿轮传动 …… 205
五、齿轮齿条传动 …… 207
六、直齿锥齿轮传动 …… 207
七、齿轮常用材料 …… 208
八、齿轮的热处理 …… 208
九、齿轮的结构 …… 209
第五节 蜗杆传动 …… 211
一、蜗杆 …… 211
二、蜗轮 …… 212
三、蜗杆传动的主要参数 …… 212
四、蜗杆传动的正确啮合条件 …… 214
五、蜗杆和蜗轮旋向的判别 …… 215
六、蜗轮旋转方向的判别 …… 215
七、蜗杆和蜗轮的结构 …… 216
八、蜗杆和蜗轮的材料 …… 216
第六节 键连接与销连接 …… 217
一、键连接 …… 217
二、销连接 …… 222
第七节 轴承 …… 225
一、滚动轴承 …… 225
二、滑动轴承 …… 232
第八节 联轴器、离合器和制动器 …… 235
一、联轴器 …… 235
二、离合器 …… 239
三、制动器 …… 242

第一章 机械图样

第一节 制图基本知识

一、图纸幅面和图框格式（摘自 GB/T 14689—2008）

1. 图纸幅面

绘制图样时，应优先选用表 1–1 中规定的基本图纸幅面。对有特殊要求的图样，可在基本图纸幅面的基础上加长或加宽，尺寸从图 1–1 中选定。

表 1–1 基本图纸幅面 mm

幅面代号	A0	A1	A2	A3	A4
尺寸 $B \times L$	841 × 1 189	594 × 841	420 × 594	297 × 420	210 × 297
c	10			5	
a	25				
e	20		10		

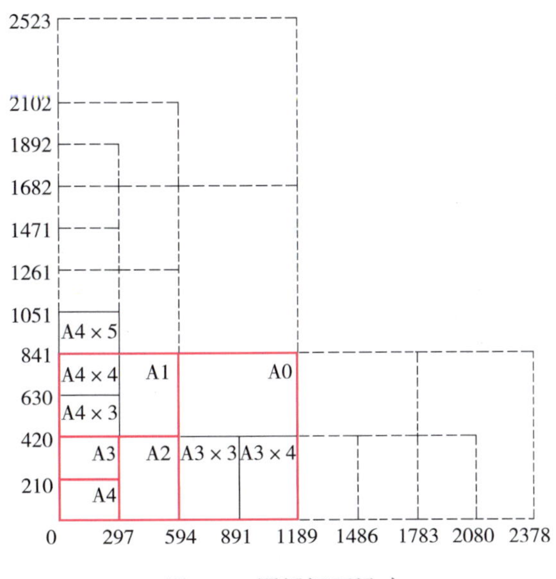

图 1–1 图纸幅面尺寸

图 1–1 中粗实线所示的是基本图纸幅面，为优先选用的图纸幅面；细实线所示的是加长图纸幅面，为其次选择的图纸幅面；细虚线所示的也是加长图纸幅面，为第三选择的图纸幅面。

2. 图框格式

图框用粗实线绘制，图框按格式不同分为不留装订边和留装订边两种，如图 1–2 和图 1–3 所示。图中的周边尺寸 a、c、e 等可查表 1–1。

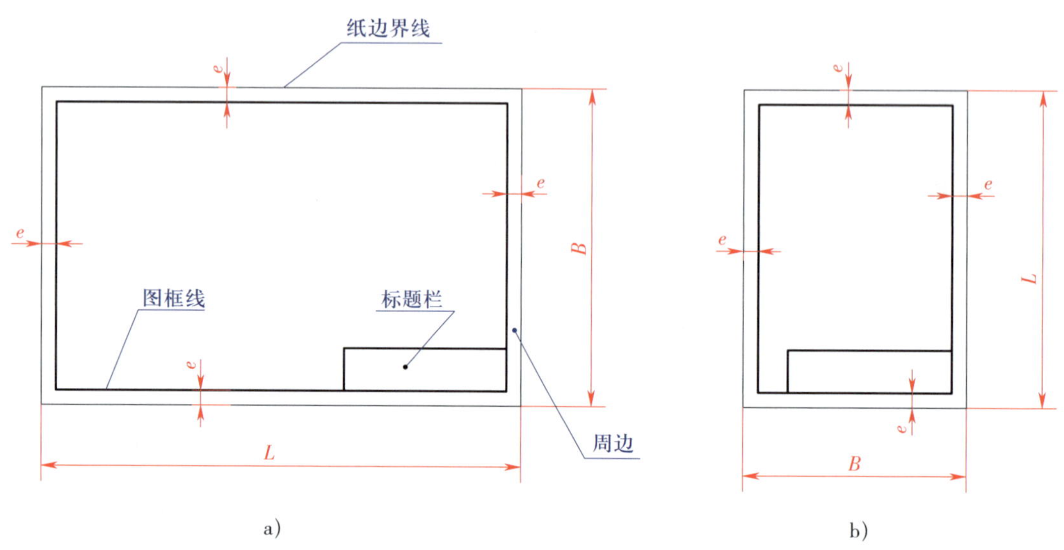

图 1–2　不留装订边的图框格式
a）横向布置　b）纵向布置

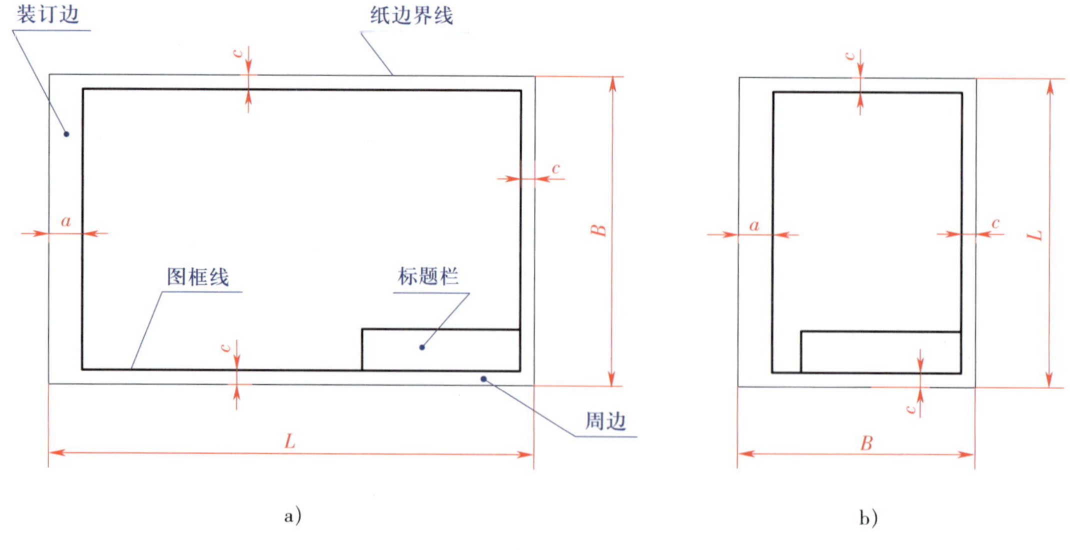

图 1–3　留装订边的图框格式
a）横向布置　b）纵向布置

二、标题栏和明细栏

1. 标题栏（摘自 GB/T 10609.1—2008）

在每张图纸上都必须画出标题栏，其格式如图 1-4a 所示，图 1-4b 所示是教学用的简化的标题栏，标题栏应位于图纸的右下角。一般情况下，看图的方向与看标题栏的方向一致。

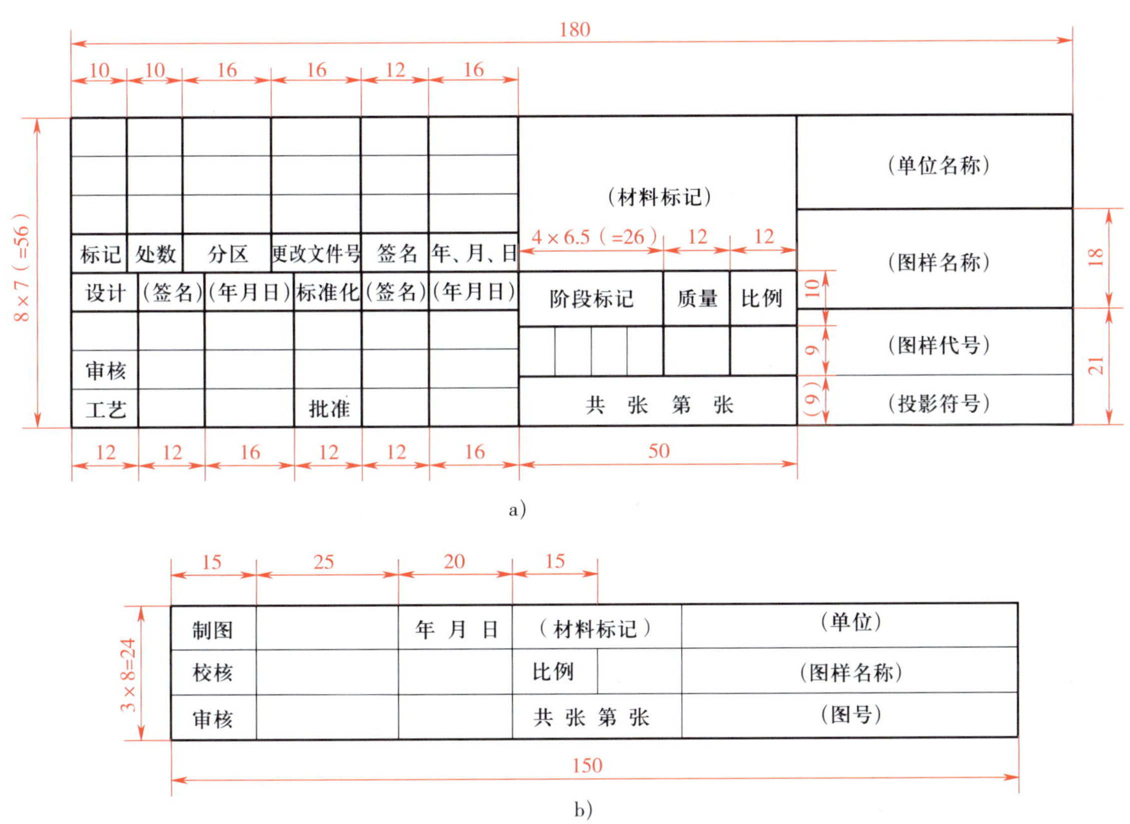

图 1-4 标题栏的格式

2. 明细栏（摘自 GB/T 10609.2—2009）

在装配图中标题栏上方要绘制明细栏，并按零件序号将零件一一列出，明细栏包括序号、代号、名称、数量、材料、质量、备注等内容。明细栏的格式如图 1-5 所示。

三、比例（摘自 GB/T 14690—1993）

图中图形与其实物相应要素的线性尺寸之比称为比例。比值为 1 的比例称为原值比例，比值大于 1 的比例称为放大比例，比值小于 1 的比例称为缩小比例。

绘图时应根据需要选择表 1-2 中的比例，尽量采用原值比例。

比例一般应标注在图样标题栏的“比例”栏内，局部放大图的绘图比例可标注在视图名称的下方。

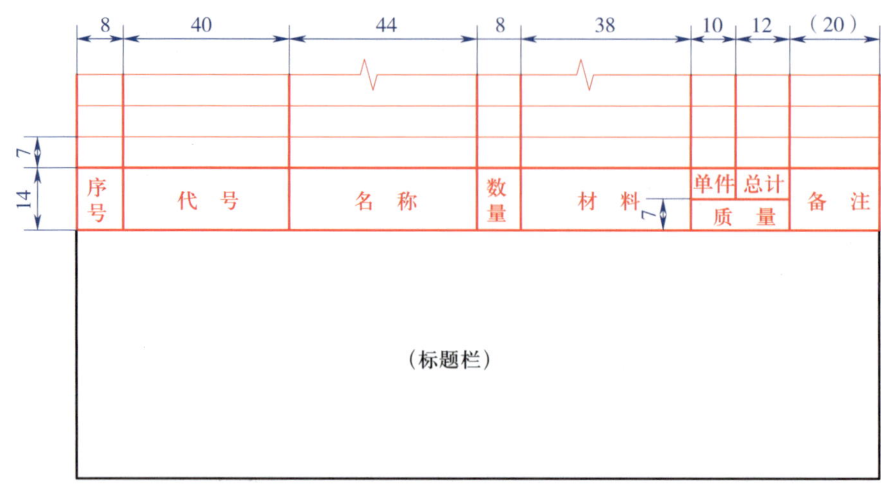

图 1–5 明细栏的格式

表 1–2 绘图比例（摘自 GB/T 14690—1993）

原值比例	1 ∶ 1					
放大比例	2 ∶ 1 （2.5 ∶ 1）	5 ∶ 1 （4 ∶ 1）	1×10^n ∶ 1 （2.5×10^n ∶ 1）	2×10^n ∶ 1 （4×10^n ∶ 1）	5×10^n ∶ 1	
缩小比例	1 ∶ 2 （1 ∶ 1.5） （1 ∶ 1.5×10^n）	1 ∶ 5 （1 ∶ 2.5） （1 ∶ 2.5×10^n）	1 ∶ 10	1 ∶ 1×10^n （1 ∶ 3） （1 ∶ 3×10^n）	1 ∶ 2×10^n （1 ∶ 4） （1 ∶ 4×10^n）	1 ∶ 5×10^n （1 ∶ 6） （1 ∶ 6×10^n）

注：n 为正整数，优先选用不带括号的比例。

四、字体（摘自 GB/T 14691—1993）

图样中书写的汉字、数字和字母必须做到：字体工整、笔画清楚、间隔均匀、排列整齐。字体的号数即字体的高度 h 分为 8 种：20 mm、14 mm、10 mm、7 mm、5 mm、3.5 mm、2.5 mm、1.8 mm。

汉字应写成长仿宋体，并采用国家正式公布的简化字。汉字的高度应不小于 3.5 mm，其宽度一般为 $h/\sqrt{2}$。

长仿宋体汉字的书写要领是横平竖直、注意起落、结构均匀、填满方格。汉字常由几个部分组成，为了使字体结构匀称，书写时应恰当分配各组成部分的比例。

数字和字母可写成直体或斜体（常用斜体），斜体字字头向右倾斜，与水平基准线约成 75°。

五、图线（摘自 GB/T 17450—1998、GB/T 4457.4—2002）

1. 图线的线型及应用

常用图线的种类、线型、线宽及应用见表 1–3。

表 1–3　　常用图线

名称	线型	线宽	应用
粗实线		d	可见棱边线、可见轮廓线、相贯线、螺纹牙顶线、螺纹长度终止线、齿顶圆（线）、剖切位置符号用线
细实线		$d/2$	尺寸线、尺寸界线、指引线、剖面线、重合断面的轮廓线、短中心线、表示平面的对角线、螺纹牙底线、齿轮的齿根圆（线）、过渡线
细虚线		$d/2$	不可见棱边线、不可见轮廓线
细点画线		$d/2$	轴线、对称中心线、分度圆（线）、孔系分布的中心线、剖切线
波浪线		$d/2$	断裂处边界线、视图与剖视图的分界线
双折线		$d/2$	
粗虚线		d	允许表面处理的表示线
粗点画线		d	限定范围表示线
细双点画线		$d/2$	相邻辅助零件的轮廓线、可动零件的极限位置的轮廓线、中断线

注：d 为粗实线的线宽，其宽度系列为 0.25 mm、0.35 mm、0.5 mm、0.7 mm、1 mm、1.4 mm、2 mm，优先采用 0.5 mm 或 0.7 mm。

机械制图中通常采用两种线宽，粗、细线的比例为 2 ∶ 1，为了保证图样清晰、便于复制，应尽量避免出现线宽小于 0.18 mm 的图线。

2. 图线画法

（1）细虚线、细点画线、细双点画线与其他图线相交时尽量交于画或长画处。如图 1–6a 所示，画圆的中心线时，圆心应是长画的交点，细点画线两端应超出轮廓 3 ~ 5 mm；当细点画线较短时（如小圆直径小于 8 mm），允许用细实线代替细点画线，如图 1–6b 所示。图 1–6c 所示为错误画法。

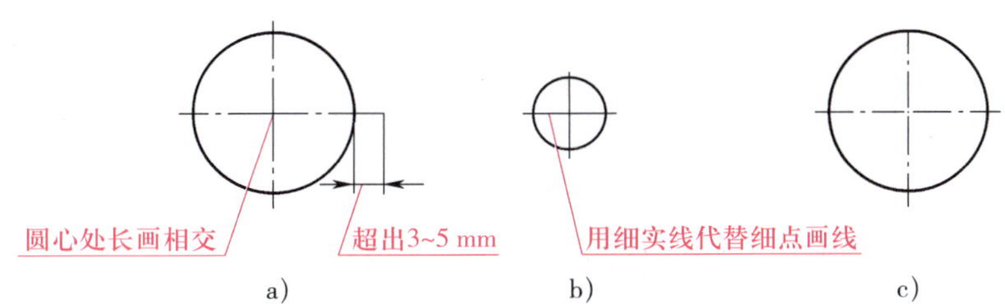

图 1–6　圆中心线的画法

（2）细虚线直接在粗实线延长线上相接时，细虚线应留出空隙，如图 1–7a 所示；细虚线与粗实线垂直相接时则不留空隙，如图 1–7b 所示；细虚线圆弧与粗实线相切时，细虚线圆弧应留出空隙，如图 1–7c 所示。

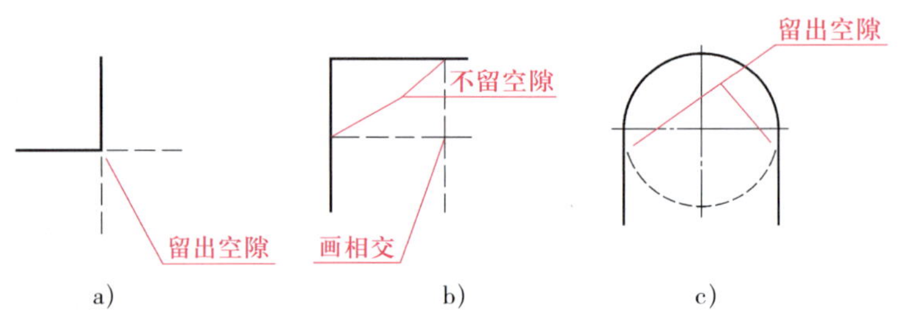

图 1–7　细虚线的画法

第二节　尺 寸 标 注

图形只能表示物体的形状，而其大小由标注的尺寸确定。尺寸是图样中的重要内容之一，是制造机件的直接依据。因此，在标注尺寸时，必须严格遵守国家标准中的有关规定，做到正确、齐全、清晰和合理。尺寸标注的依据是国家标准《机械制图　尺寸注法》（GB/T 4458.4—2003）和《技术制图　简化表示法　第 2 部分：尺寸注法》（GB/T 16675.2—2012）。

一、标注尺寸的基本规则（摘自 GB/T 4458.4—2003）

1. 图样上标注的尺寸数值是机件实际大小的数值。它与绘图时采用的缩、放比例无关，与绘图的精确度亦无关。

2. 图样上的尺寸以 mm（毫米）为单位时，不需标注单位符号或名称，如采用其他单位，必须注明相应的单位符号或名称。例如，角度为 30 度 10 分 5 秒，则在图样上应标注成 30° 10′ 5″ 。

3. 图样上标注的尺寸是该图样所示机件的最后完工尺寸，否则应另加说明。

4. 机件的每个尺寸，一般只在反映该结构最清楚的图形上标注一次。

二、尺寸的组成（摘自 GB/T 4458.4—2003）

如图 1–8 所示，一个完整的尺寸由尺寸界线、尺寸线和尺寸数字三个要素组成。

1. 尺寸界线

尺寸界线用细实线绘制，它由图形的轮廓线、轴线或对称中心线处引出，也可利用轮廓线、轴线或对称中心线作尺寸界线。

2. 尺寸线

尺寸线也用细实线绘制，但尺寸线不能用其他图线代替，一般也不得与其他图线重合或画在其他图线延长线上。标注线性尺寸时，尺寸线必须与所注的线段平行。标注并列尺寸时，小尺寸在内、大尺寸在外，应尽量避免尺寸线与其他尺寸线或尺寸界线相交。

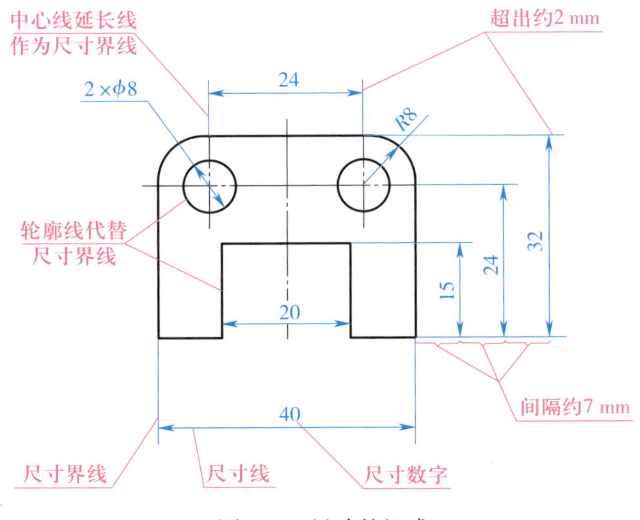

图 1–8　尺寸的组成

尺寸线的终端有两种形式，如图 1–9 所示。图 1–9a 所示为箭头终端形式（图中 d 为粗实线宽度），图 1–9b 所示为斜线终端形式（图中 h 为尺寸数字的高度）。机械图样一般采用箭头作为尺寸线的终端。

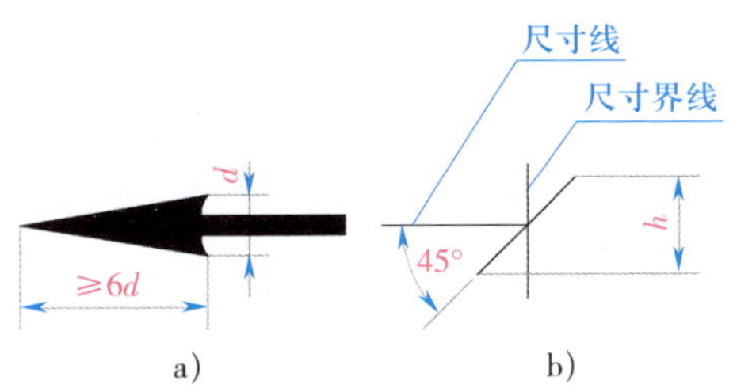

图 1–9　尺寸线的终端形式
a）箭头终端形式　b）斜线终端形式

3. 尺寸数字

尺寸数字有线性尺寸数字和角度尺寸数字两种，如图 1–10 所示，线性尺寸数字一般以 mm 作为尺寸单位，在图中不标单位符号；角度尺寸数字一般以“°”“′”“″”为单位，需要标单位符号。

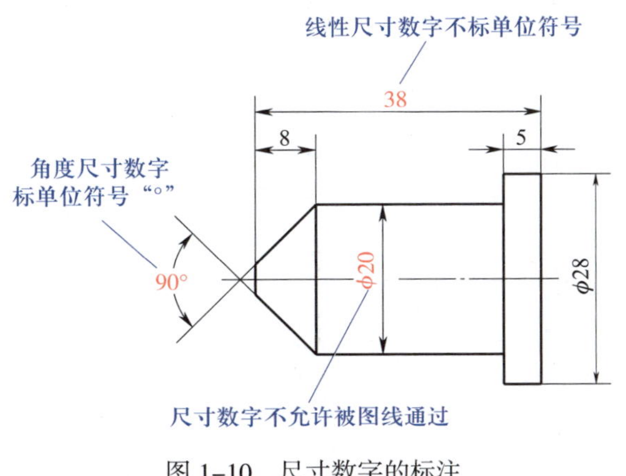

图 1–10　尺寸数字的标注

三、常用尺寸注法（摘自 GB/T 4458.4—2003）

在图样上经常标注的尺寸有线性尺寸、角度尺寸、圆及圆弧尺寸、小尺寸等。国家标准对其标注的方法有严格规定，表 1–4 所列为常用尺寸的注法。

表 1–4 常用尺寸的注法

类型	示例	说明
线性尺寸	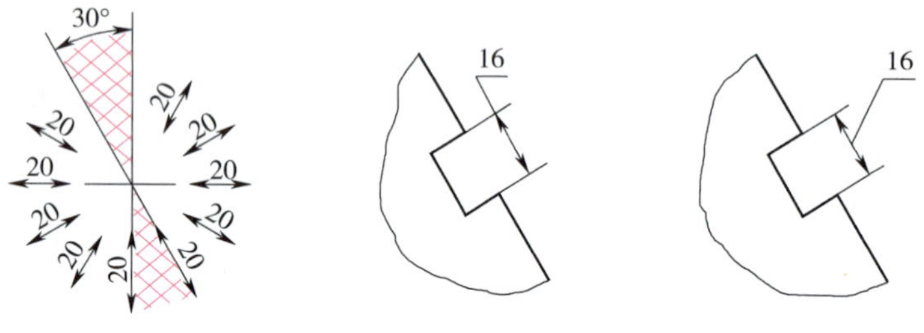 30° 20 20 20 20 20 20 20 20 20 20 a) 16 b) 16 c)	水平方向的线性尺寸数字注写在尺寸线上方，字头朝上；竖直方向的线性尺寸数字注写在尺寸线左侧，字头朝左；倾斜方向的尺寸，字头应有向上的趋势，如图 a 所示，尽量避免在图示 30° 范围内标注尺寸。当无法避免时，可按图 b、c 的形式标注
	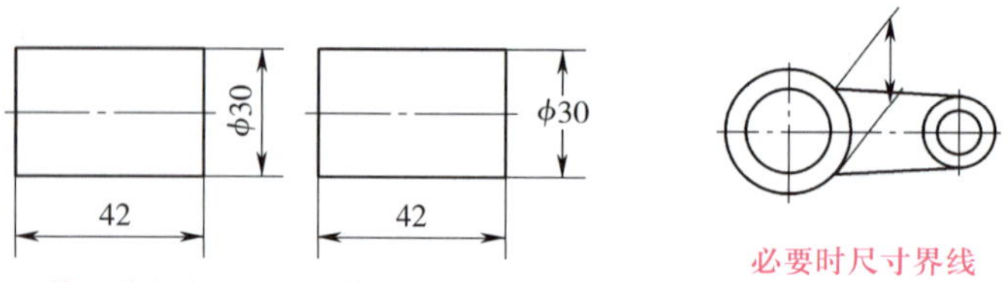 φ30 42 第一种方法 φ30 42 第二种方法 必要时尺寸界线与尺寸线允许倾斜	在不致引起误解时，对非水平方向的尺寸，其数字也允许水平地注写在尺寸线的中断处。优先采用第一种方法，在同一个图样中应采用同一种注法。必要时尺寸界线与尺寸线允许倾斜
角度尺寸	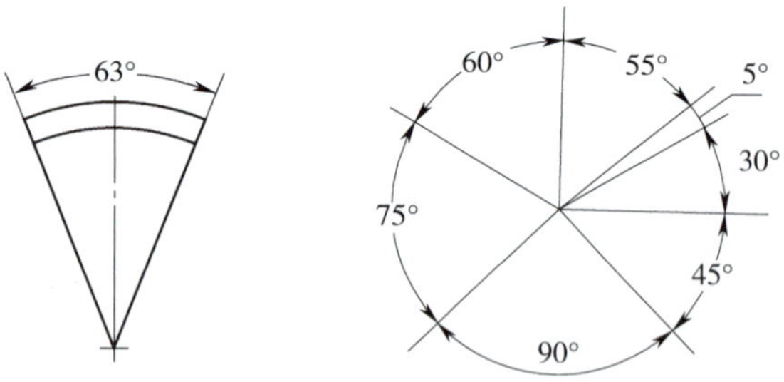 63° 60° 55° 5° 30° 75° 45° 90°	尺寸界线应沿径向引出，尺寸线绘制成圆弧，其圆心是角的顶点。尺寸数字一律水平书写，一般注写在尺寸线的中断处，必要时可标注在尺寸线的上方、外侧，或引出标注
圆及圆弧尺寸	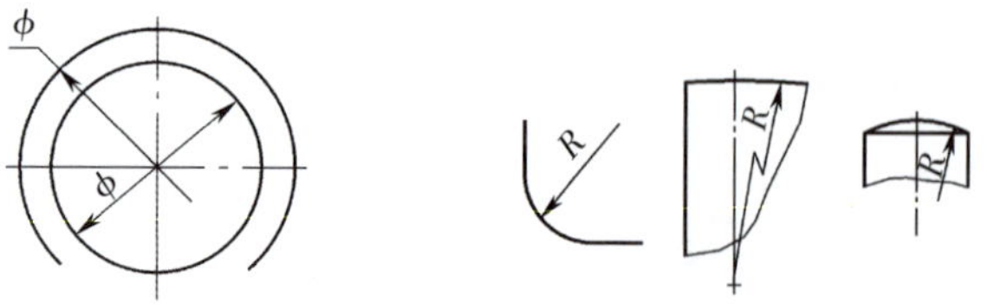 φ φ R R R	标注圆的直径时，应在尺寸数字前加注符号“φ”，尺寸线的终端应绘制成箭头。大于半圆的圆弧应标注直径 标注圆弧的半径时，应在尺寸数字前加注字母“R”，尺寸线上的单箭头指向圆弧

续表

类型	示例	说明
小尺寸	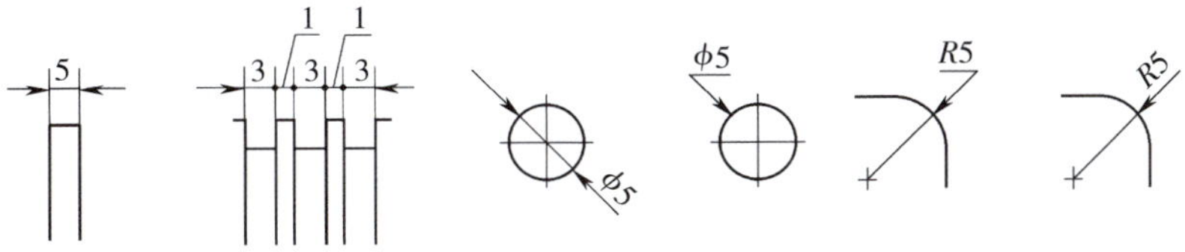 5　1　1　3　3　3　ϕ5　ϕ5　R5　R5	没有足够空间时，箭头可绘制在外面，或用小圆点代替箭头；尺寸数字也可注写在图形外面或引出标注
球面尺寸	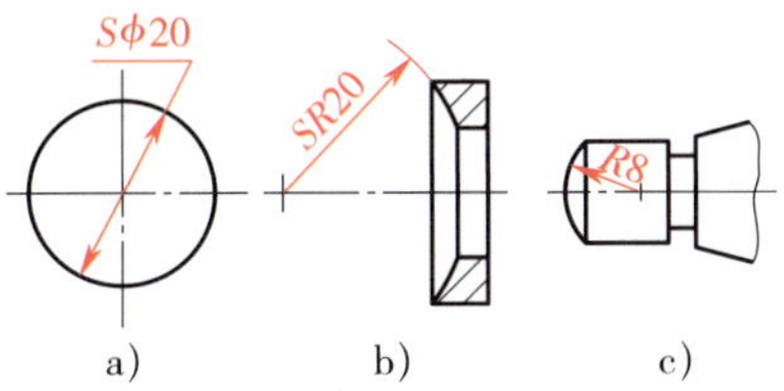 Sϕ20　SR20　R8 a)　b)　c)	标注球直径或球半径尺寸时，应在符号“ϕ”或“R”前再加注字母“S”，如图a、b所示 在不致引起误解时，也可允许省略符号“S”，如图c所示
弧长和弦长尺寸	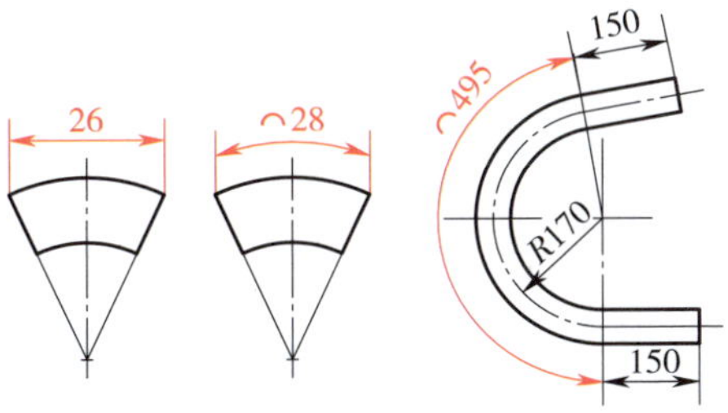 26　⌒28　⌒495　150　R170　150 a)　b)　c)	弦长及弧长的尺寸界线应平行于该弦的垂直平分线。当弧度较大时，可沿径向引出。弦长的尺寸线应与该弦平行。弧长的尺寸线用圆弧，尺寸数字前面应加注符号“⌒”
薄板厚度注法	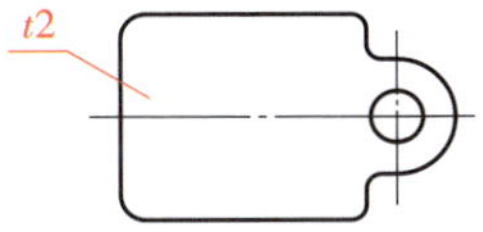 t2	标注薄板零件的厚度尺寸时，可在尺寸数字前加注符号“t”
正方形结构注法	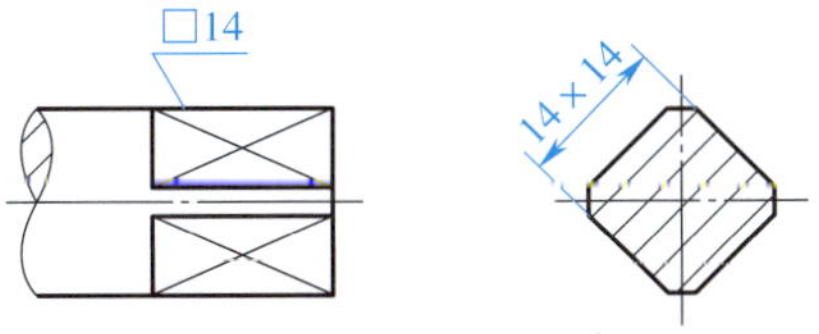 □14　14×14	标注断面为正方形结构的尺寸时，可在正方形边长尺寸数字前加注符号“□”，或用“B×B”代替（B为正方形的边长）
对称图形注法	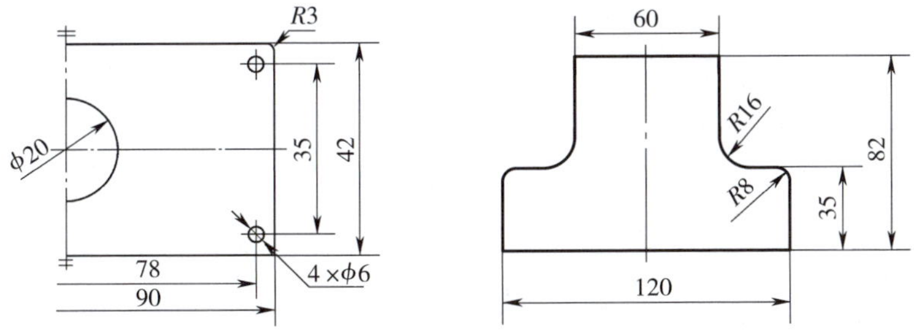 R3　ϕ20　35　42　78　90　4×ϕ6　60　R16　R8　82　35　120 a)　b)	当对称图形只画出一半或略大于一半时，尺寸线应略超过对称中心线或断裂处的边界线，并且只在有尺寸界线的一端画出箭头（见图a） 当图形具有对称中心线时，分布在对称中心线两边的相同结构，可仅标注其中一边的尺寸（见图b）

续表

类型	示例	说明
均布孔的尺寸注法	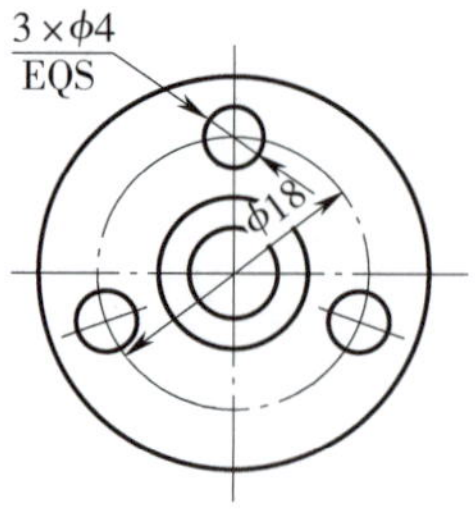 3×ϕ4 EQS ϕ18	均匀分布的相同要素（如孔）的尺寸可按左图标注。EQS 表示均匀分布
倒角、退刀槽的尺寸注法	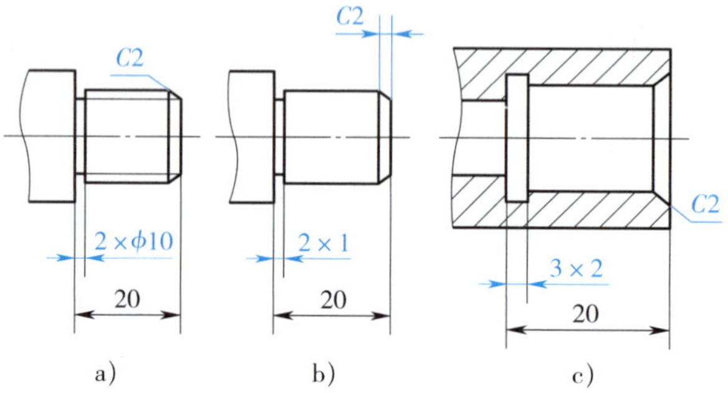 C2 2×ϕ10 20 a)　C2 2×1 20 b)　C2 3×2 20 c)	C2 表示 45° 倒角，边长为 2 mm；2×ϕ10 表示槽的宽度为 2 mm，槽底直径为 10 mm；2×1 表示槽的宽度为 2 mm，深度为 1 mm

第三节　尺规绘图

一、常见平面图形画法

机件的轮廓形状基本上都是由线段、圆弧和一些其他曲线组成的几何图形，绘制几何图形称为几何作图。下面介绍几种最常用的几何作图方法。

1. 等分圆周与正多边形

等分圆周与正多边形的作图方法和步骤见表 1–5。

表 1–5　　等分圆周与正多边形的作图方法和步骤

种类	作图方法	说明
圆周四、八等分	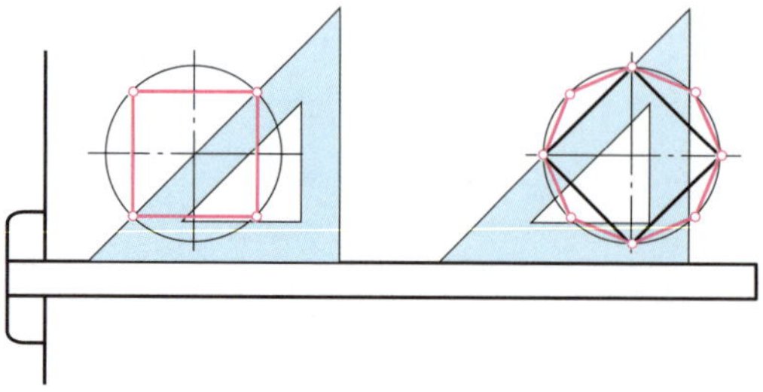	用 45° 三角板与丁字尺配合或与另一块三角板配合作图，可直接分圆周为四、八等份，连接各等分点即可得到正四边形和正八边形

续表

种类	作图方法	说明
圆周三、六等分	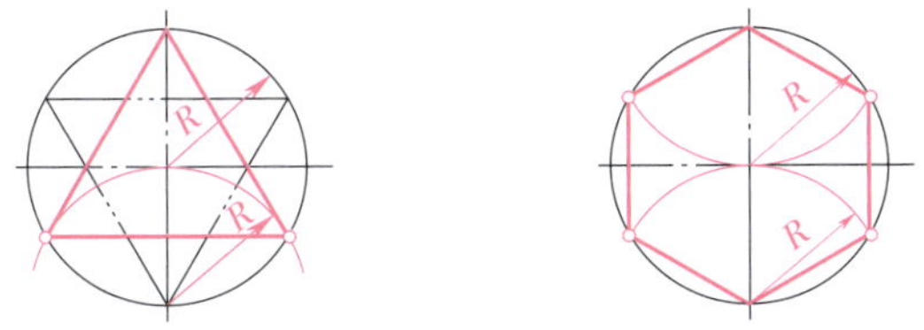R R R R	用圆规分圆周为三、六等份，连接各等分点，即可作出正三角形和正六边形
	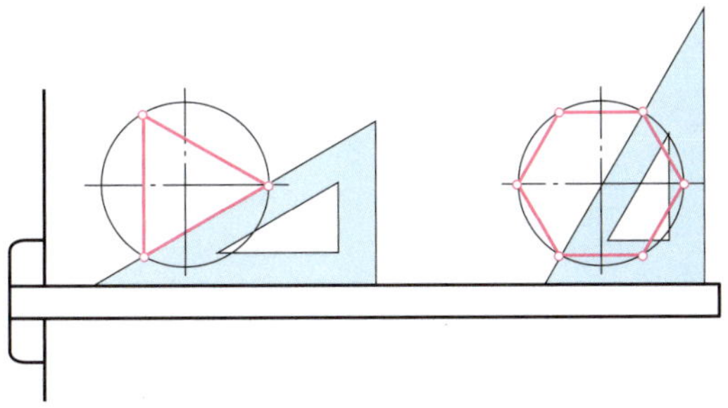	分别用 30°、60° 三角板与丁字尺配合作图，可作出不同位置的正三角形和正六边形
圆周五等分	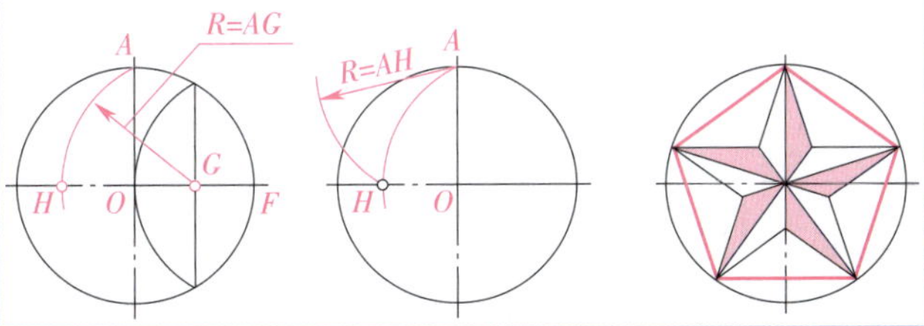R=AG A G H O F R=AH A H O	1. 作半径 *OF* 的中点 *G* 2. 以 *G* 为圆心，*AG* 为半径画弧，与水平中心线交于点 *H* 3. 以 *AH* 为半径，分圆周为五等份，顺次连接各等分点即可得到正五边形（或五角星）

2. 斜度和锥度

（1）斜度

斜度指一条直线对另一条直线或一个平面对另一个平面的倾斜程度。在图样中以 1 ∶ *n* 的形式标注，并在数字前加标斜度符号∠。

（2）锥度

锥度指正圆锥底圆直径与圆锥高度之比。在图样中以 1 ∶ *n* 的形式标注，并在数字前加标锥度符号◁。应注意：标注的斜度符号∠或锥度符号◁都应与相应图形的斜度或锥度方向保持一致。

斜度和锥度的画法与标注见表 1-6。

表 1-6　　斜度和锥度的画法与标注

名称	画法与标注	说明
斜度	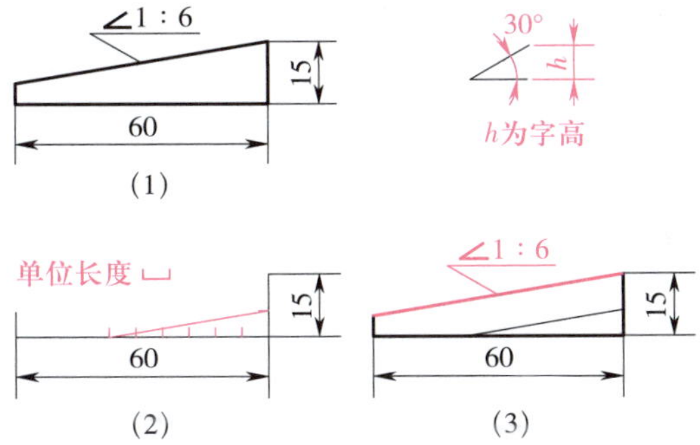∠1 : 6 15 60 (1) 30° h h为字高 单位长度 15 60 (2) ∠1 : 6 15 60 (3)	（1）给定图形 （2）作斜度 1 ∶ 6 的辅助线 （3）过指定点作辅助线的平行线，完成作图并标注尺寸 注：右上角图为斜度符号

续表

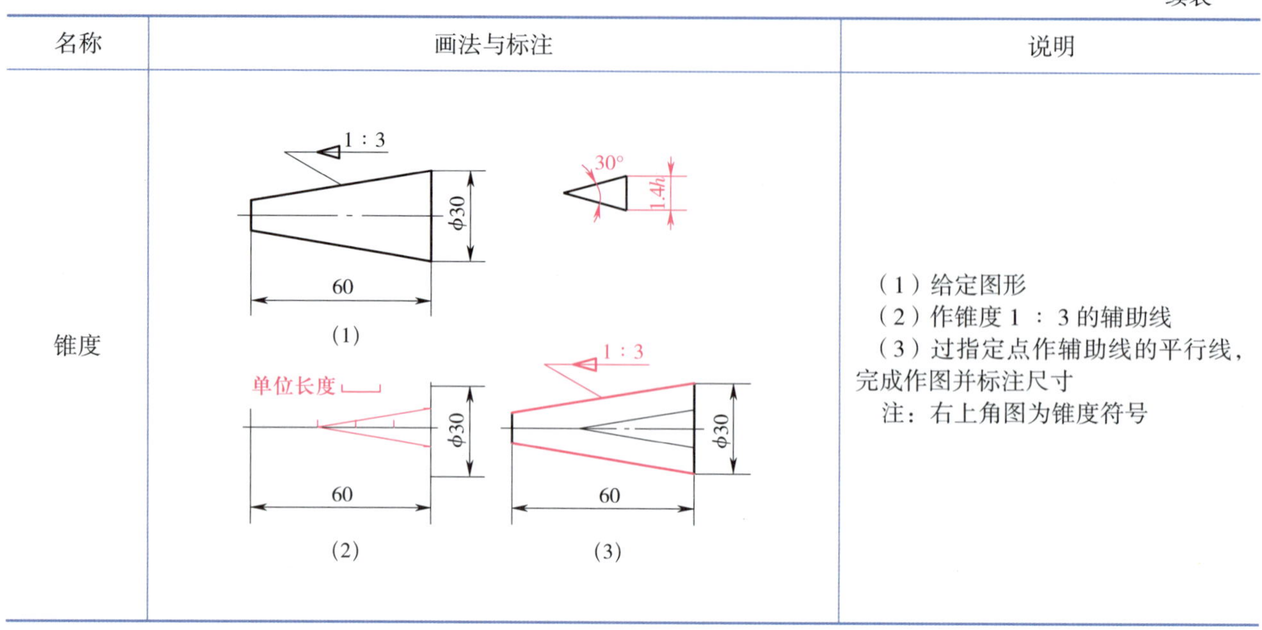

名称	画法与标注	说明
锥度	1 : 3 30° 1.4h φ30 60 (1) 单位长度 φ30 60 (2) 1 : 3 φ30 60 (3)	（1）给定图形 （2）作锥度 1 ∶ 3 的辅助线 （3）过指定点作辅助线的平行线，完成作图并标注尺寸 注：右上角图为锥度符号

3. 四心圆法作椭圆

已知长、短轴，用四心圆法作椭圆，如图 1–11 所示。

（1）画出长、短轴 AB、CD，连接 AC，以点 C 为圆心，长半轴与短半轴之差为半径画弧交 AC 于点 E（见图 1–11a）。

（2）作 AE 中垂线，与长、短轴交于点 O_3、O_1，并作出其对称点 O_4、O_2（见图 1–11b）。

（3）分别以点 O_1、O_2 为圆心，O_1C 为半径画大圆弧；以点 O_3、O_4 为圆心，O_3A 为半径画小圆弧（大、小圆弧的切点 K_1、K_2、K_3、K_4 在相应的连心线上），即得椭圆（见图 1–11c）。

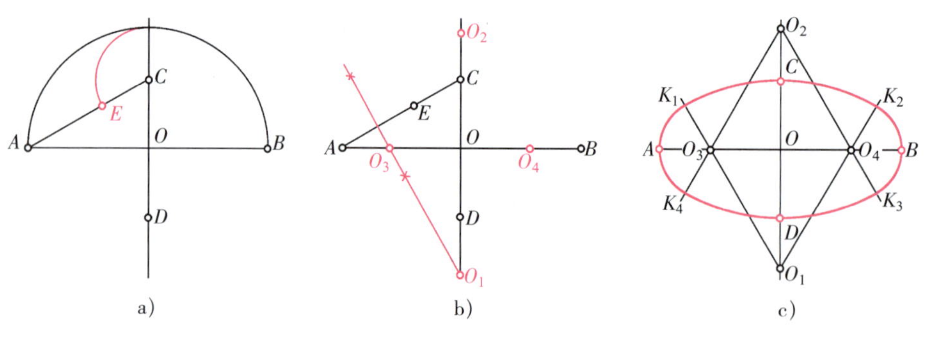

图 1–11 用四心圆法作椭圆

4. 圆弧连接

用一段圆弧光滑地连接另外两条已知直线（直线或圆弧）的作图方法称为圆弧连接。要保证圆弧连接光滑，就必须使圆弧与直线在连接处相切，作图时应先求作连接圆弧的圆心及确定连接圆弧与已知直线的切点。圆弧连接作图方法见表 1–7。

表 1–7　　圆弧连接作图方法

种类	已知条件	作图方法		
		求连接圆弧圆心	求切点	画连接圆弧
圆弧连接两已知直线	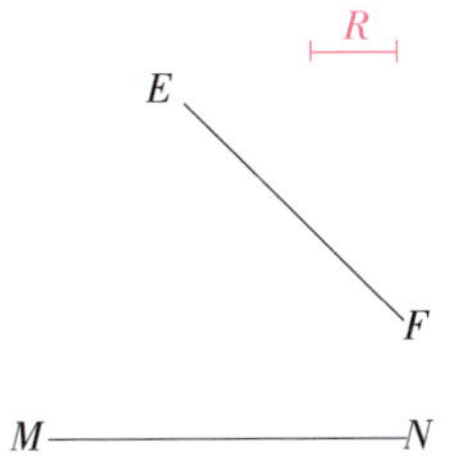	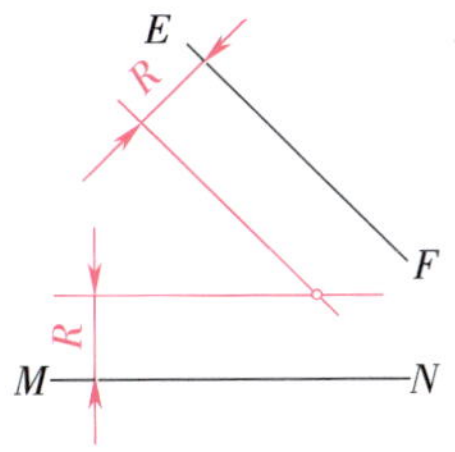	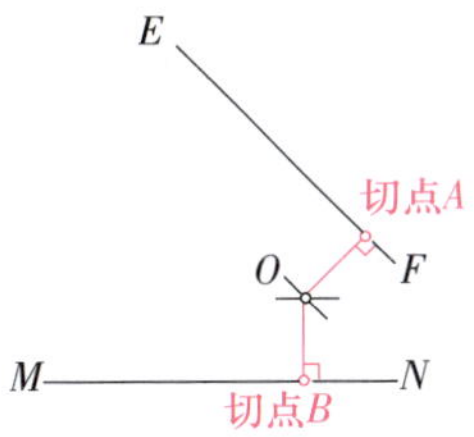	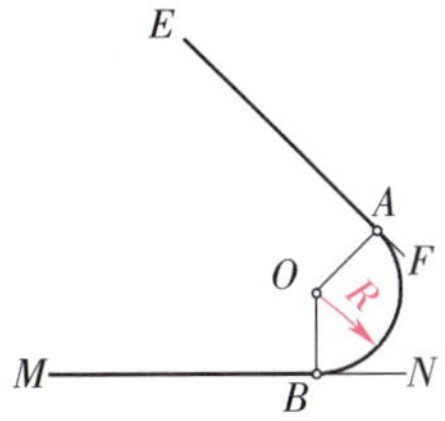
圆弧内连接已知直线和圆弧	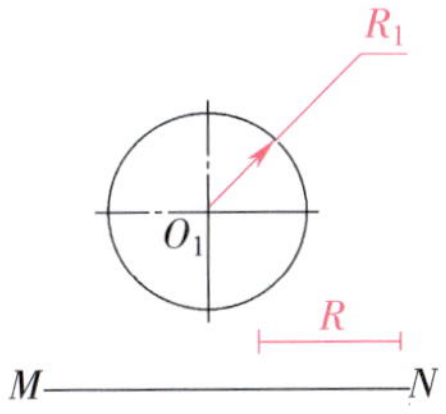	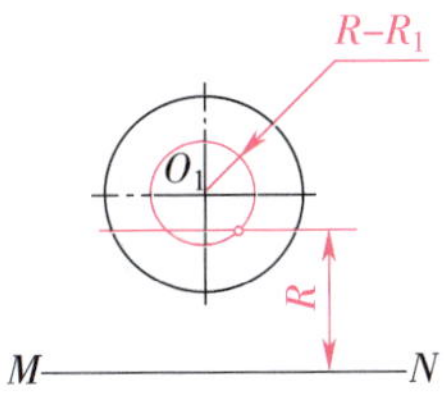	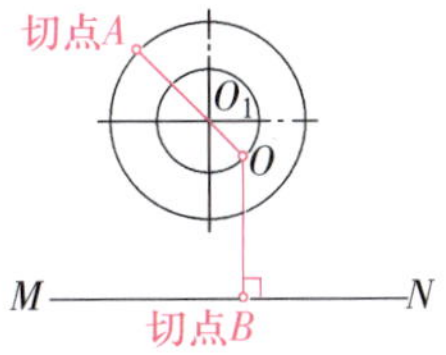	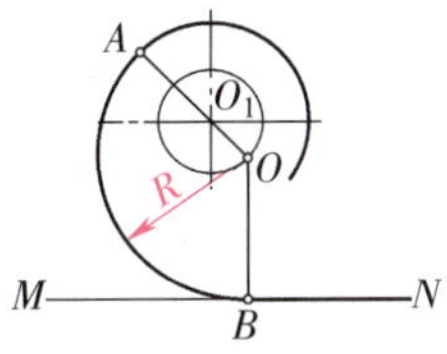
圆弧外连接两已知圆弧	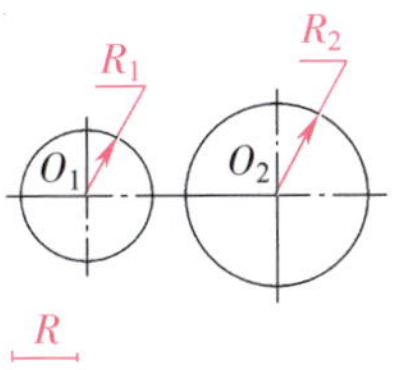	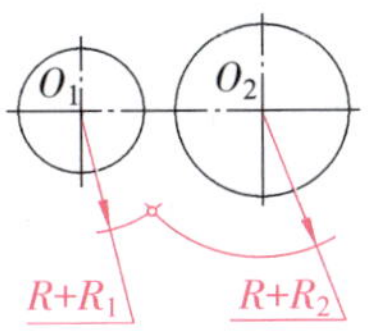	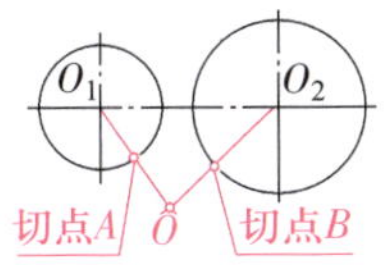	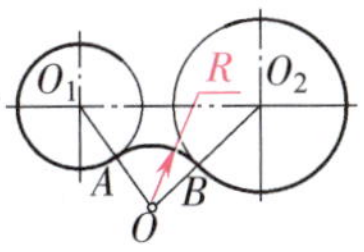
圆弧内连接两已知圆弧	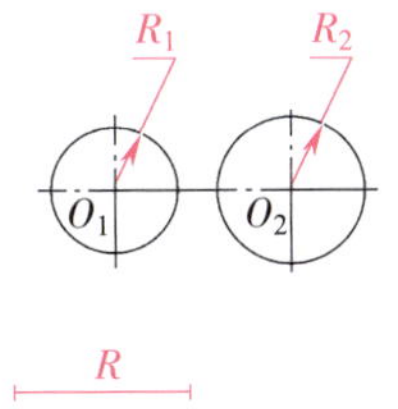	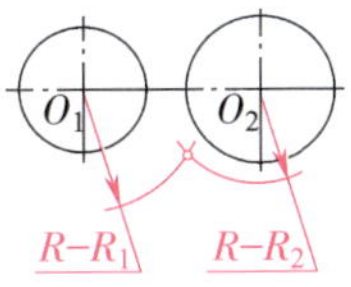	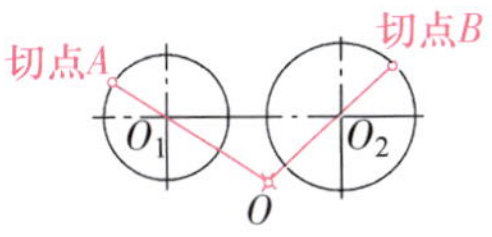	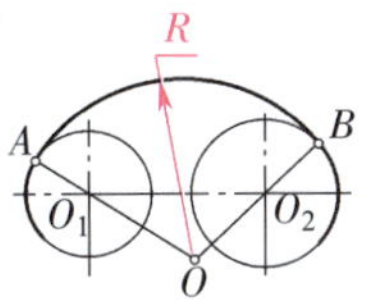
圆弧分别内、外连接两已知圆弧	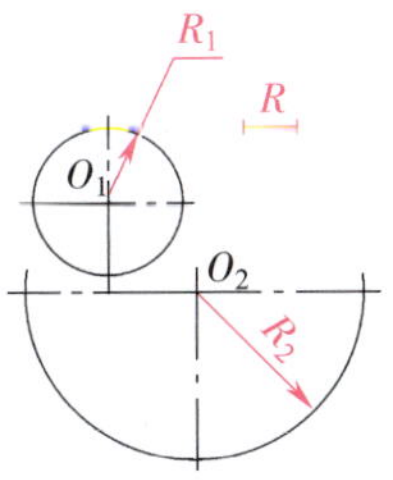	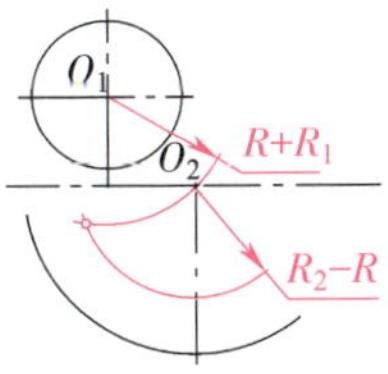	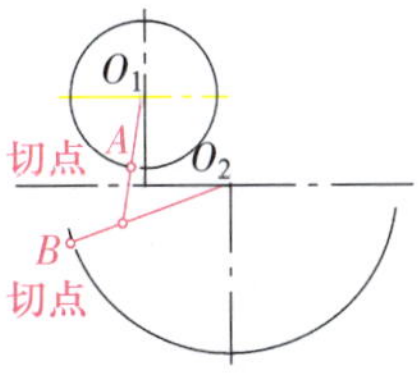	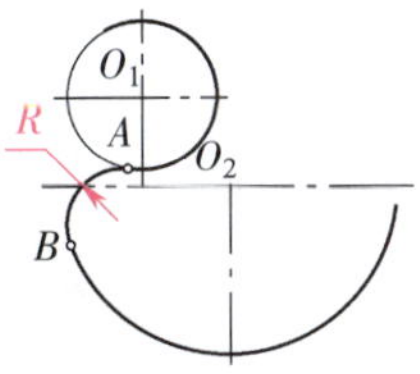

二、平面图形的分析与作图

平面图形是由若干线段和曲线封闭连接组合而成的。画平面图形时，通过对这些线段或曲线的尺寸及连接关系的分析，才能确定平面图形的作图步骤。下面以图 1–12 所示手柄为例，说明平面图形的分析方法和作图步骤。

1. 尺寸分析

尺寸基准指标注尺寸的起点。平面图形有水平和垂直两个方向的尺寸基准（类似于坐标轴），通常尺寸基准为图形的中心线、较长线段，如图 1–12 所示的对称中心线和手柄左端较长线段（端面），画图时，应先画这些基准线。

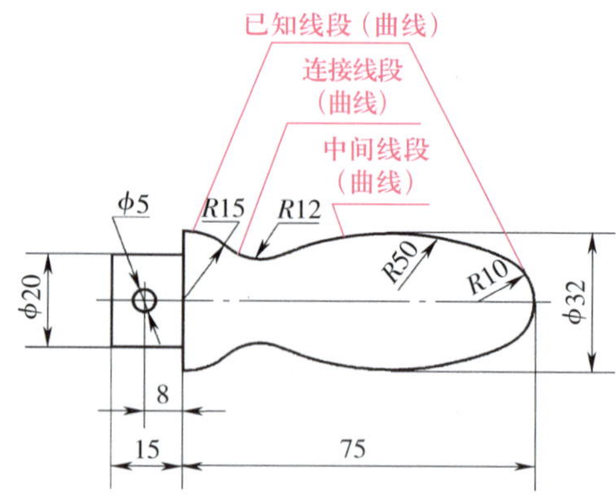

图 1–12 手柄

平面图形中所注尺寸按作用可分为以下两类：

（1）定形尺寸

定形尺寸是指确定形状大小的尺寸，如图 1–12 中的 ϕ20、ϕ5、15、*R*15、*R*50、*R*10、ϕ32 等尺寸。

（2）定位尺寸

定位尺寸是指确定各组成部分相对位置的尺寸，如图 1–12 中的 8 是确定 ϕ5 小孔位置的定位尺寸。有的尺寸既有定形尺寸的作用，又有定位尺寸的作用，如图 1–12 中的尺寸 75。

2. 线段（曲线）分析

平面图形中的各线段（曲线），有的尺寸齐全，可以根据其定形尺寸、定位尺寸直接作图画出；有的尺寸不齐全，必须根据其连接关系用几何作图的方法画出。按尺寸是否齐全，线段（曲线）分为以下三类。

（1）已知线段（曲线）

已知线段（曲线）是指定形尺寸、定位尺寸均齐全的线段（曲线），如图 1–12 中的 ϕ5、*R*10、*R*15。

（2）中间线段（曲线）

中间线段（曲线）是指只有定形尺寸和一个定位尺寸，而缺少另一定位尺寸的线段（曲线）。这类线段（曲线）要在其相邻一端的线段（曲线）画出后，再根据连接关系（如相切）用几何作图的方法画出，如图 1–12 中的 *R*50。

（3）连接线段（曲线）

连接线段（曲线）是指只有定形尺寸而缺少定位尺寸的线段（曲线），如图 1–12 中的 *R*12。

图 1–13 所示为手柄的作图步骤。

三、尺规绘图的基本流程

1. 绘图前的准备

（1）准备好必需的制图工具和仪器。

（2）确定图形采用的比例、图纸幅面和图纸方向。

（3）将图纸固定在图板的适当位置，使绘图时丁字尺、三角板移动自如。

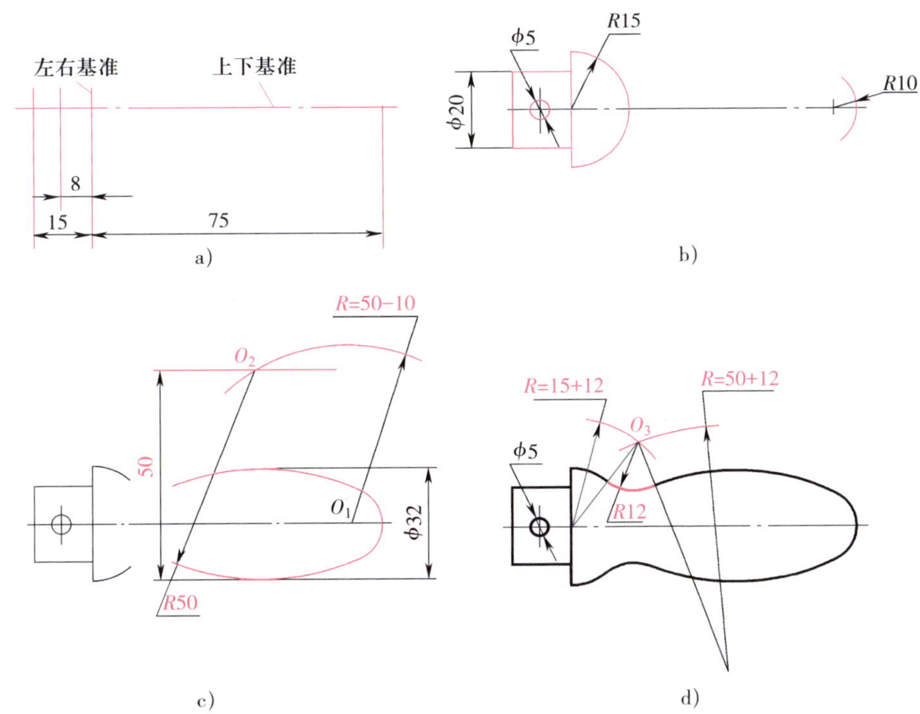

图 1–13 手柄的作图步骤

a）画基准线 b）画已知线段（圆弧） c）画中间线段（圆弧） d）画连接线段（圆弧）并描深

（4）绘出图框和标题栏。

（5）初步分析图形总体尺寸和尺寸基准、各线段（圆弧）的性质及绘图的先后顺序，确定图形在图纸上的布局。

2. 绘图步骤

（1）图形分析

明确尺寸基准（画图基准），通过尺寸分析确定已知线段（圆弧）、中间线段（圆弧）和连接线段（圆弧）。

（2）画底稿

通常打底稿时用较硬的铅笔（H 或 2H）轻淡地画出，先画基准线、已知线段（圆弧），再画中间线段（圆弧），后画连接线段（圆弧）。

（3）检查

底稿画好后，要仔细检查，修正错误，擦掉多余作图线。

（4）描深

尽可能按先曲后直、先小后大、自上而下、由左至右的顺序原则加深图形，粗实线一般用 B 或 2B 铅笔绘制，且圆规上使用的铅芯比铅笔的铅芯软一号；用 H 或 2H 铅笔画所有细线（细实线、细点画线和细虚线）。

（5）画尺寸界线、尺寸线和箭头

注意：按要求画同方向尺寸线时，先画小尺寸后画大尺寸，由内向外，排列规整。

（6）填写尺寸数字和标题栏

图 1–14 所示为完成的手柄平面图。

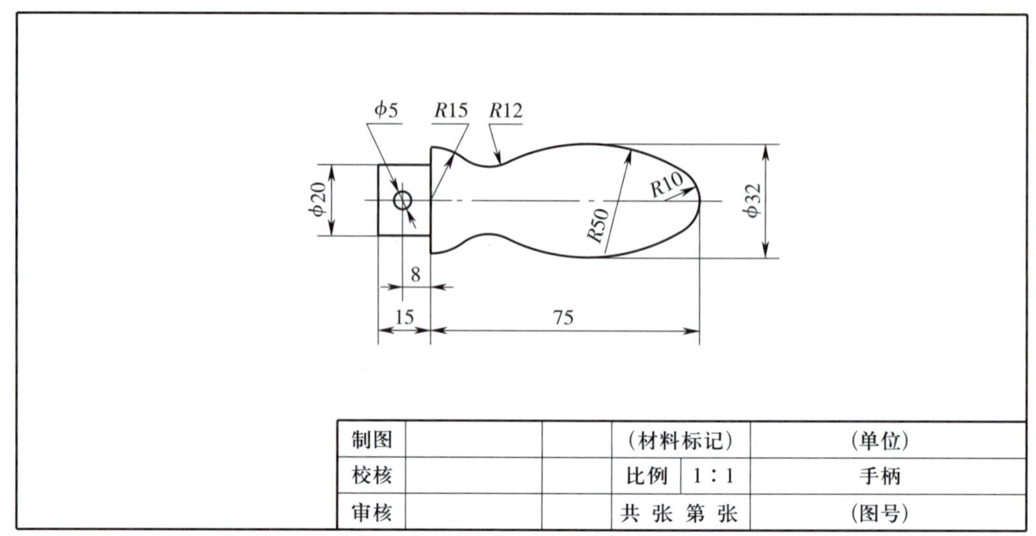

图 1–14 手柄平面图

第四节 图样的基本表示法

一、视图

1. 基本视图

将物体放入六个基本投影面体系中，分别由前、后、左、右、上、下六个方向向六个基本投影面投射，即得六个基本视图，如图 1–15 所示。将物体由前向后投射所得的视图为主视图，将物体由左向右投射所得的视图为左视图，将物体由上向下投射所得的视图为俯视图，将物体由右向左投射所得的视图为右视图，将物体由下向上投射所得的视图为仰视图，将物体由后向前投射所得的视图为后视图。

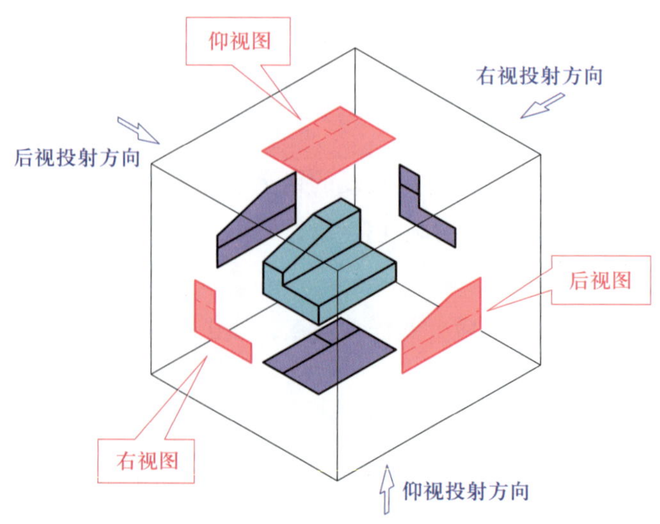

图 1–15 六个基本视图的形成

六个基本投影面展开后，六个基本视图如图 1–16 所示，六个基本视图之间符合“长对正，高平齐，宽相等”的投影规律。

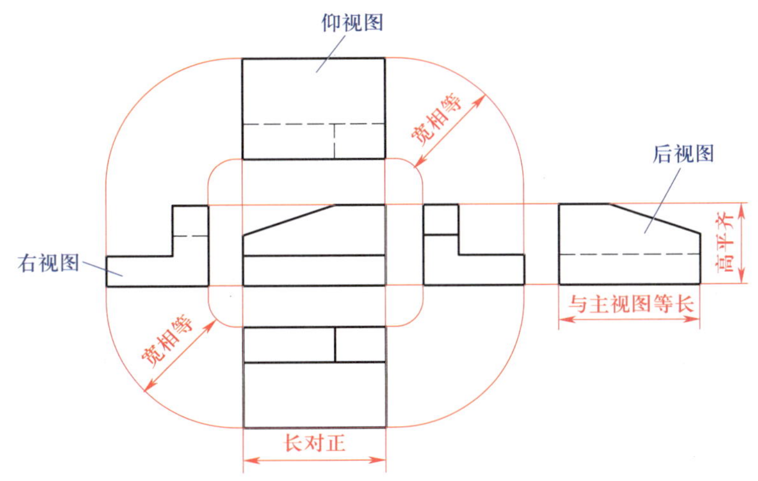

图 1-16　六个基本视图及投影规律

2. 向视图

可移位配置的视图称为向视图，支架向视图如图 1-17 所示。国家标准规定：在向视图上方中间位置处标注大写拉丁字母，在相应视图的附近用箭头指明投射方向，并标注相同的字母。如图 1-17b 中的向视图 *D*、向视图 *E* 和向视图 *F*。

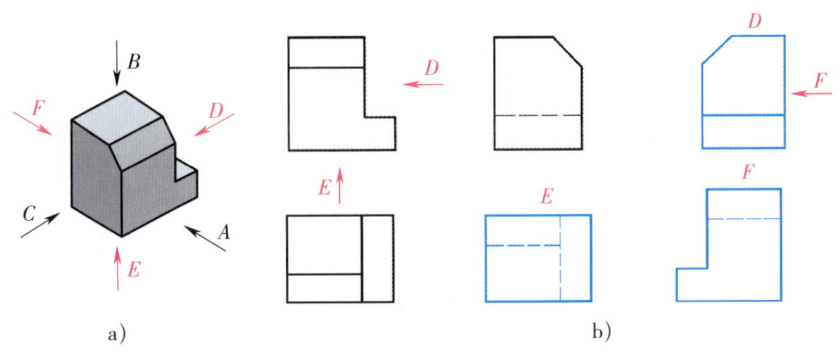

图 1-17　支架向视图
a）立体图　b）向视图

3. 局部视图

在图 1-18 所示的 4 个视图中，除了主视图和俯视图外，其他 2 个视图都仅仅绘制了零件的一部分结构。这种将物体的某一部分向基本投影面投射所得的视图称为局部视图。

4. 斜视图

将物体向不平行于基本投影面的平面投射所得的视图称为斜视图。斜视图的形成过程如图 1-19a 所示，斜视图的画法和标注如图 1-19b 所示，一般情况下，斜视图是物体局部结构的投影，其断裂边界的画法与局部视图相同，斜视图的标注与向视图的标注相同。必要时，允许将斜视图旋转配置，表示该视图名称的大写拉丁字母应靠近旋转符号的箭头端，如图 1-19c 所示。

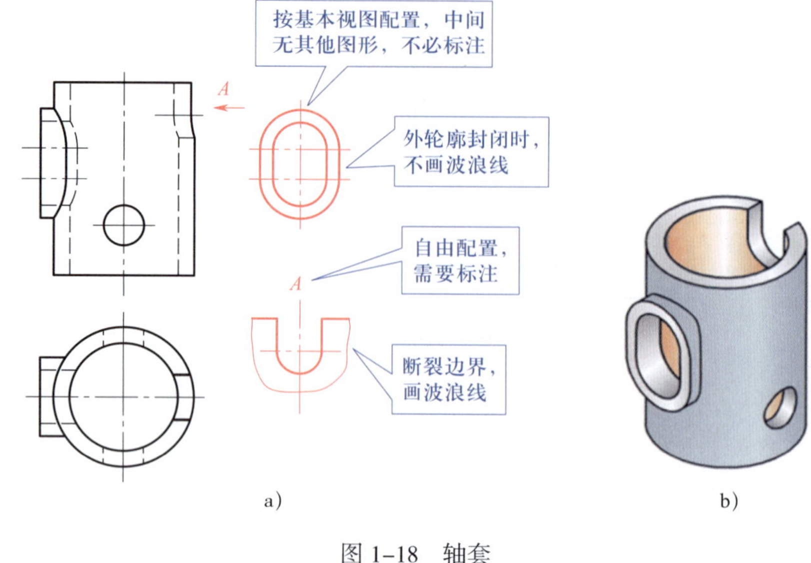

图 1-18 轴套
a）视图 b）立体图

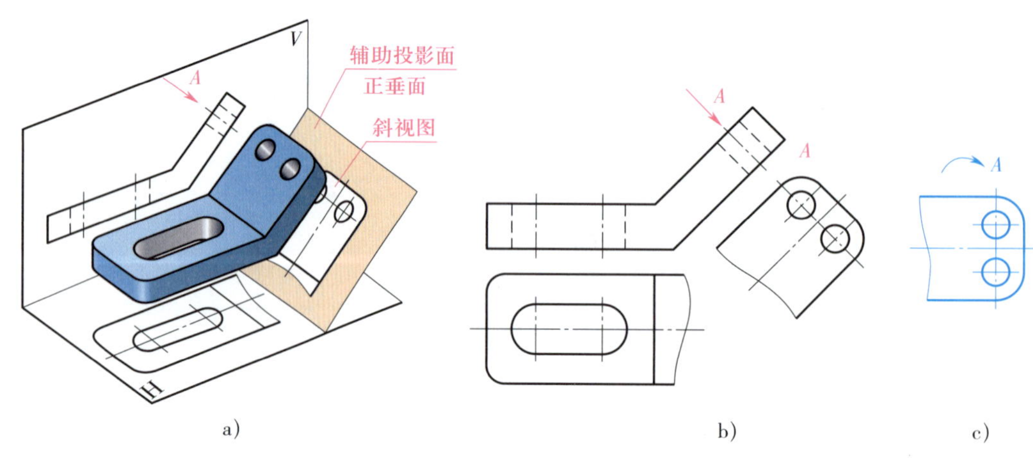

图 1-19 斜视图
a）斜视图的形成过程 b）斜视图的画法和标注 c）斜视图旋转配置

二、剖视图

1. 剖视图的概念与标注

（1）剖视图的概念

假想用剖切面剖开物体（见图 1-20a），将处于观察者和剖切面之间的部分移去（见图 1-20b），将其余部分向投影面投射，所得的图形就是剖视图，简称剖视。如图 1-20c 所示机座的主视图采用了剖视图。

（2）剖面符号

在剖视图中，剖切面与物体接触的部分应画出表示材料类别的剖面符号，常用材料的剖面符号见表 1-8。

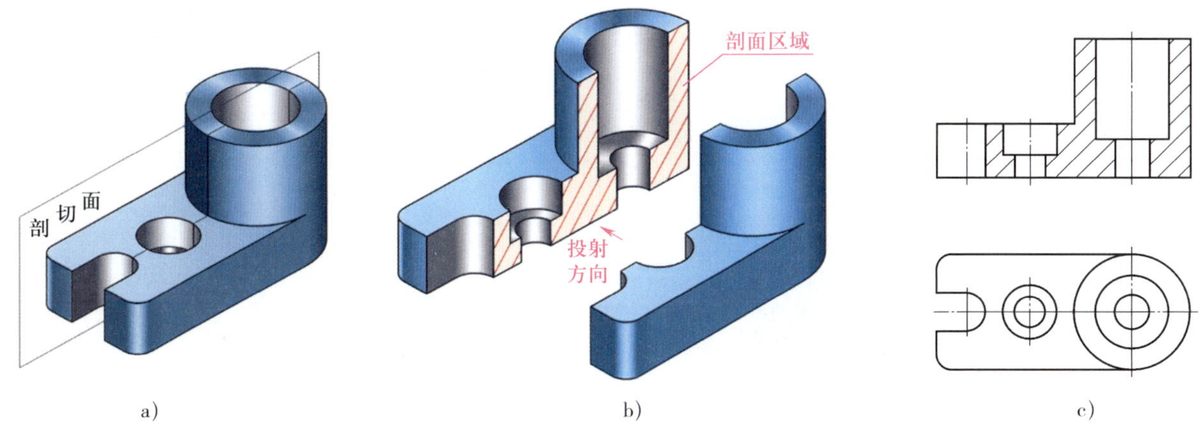

图 1-20　剖视图的形成

表 1-8　　常用材料的剖面符号（摘自 GB/T 4457.5—2013）

材料名称		剖面符号	材料名称	剖面符号
金属材料（已有规定剖面符号者除外）			木质胶合板（不分层数）	
线圈绕组元件			基础周围的泥土	
转子、电枢、变压器和电抗器等的叠钢片			混凝土	
非金属材料（已有规定剖面符号者除外）			钢筋混凝土	
型砂、填砂、粉末冶金、砂轮、陶瓷刀片、硬质合金刀片等			砖	
玻璃及供观察用的其他透明材料			格网（筛网、过滤网等）	
木材	纵断面		液体	
	横断面			

注：1. 剖面符号仅表示材料的类型，材料的名称和代号另行注明。

2. 叠钢片的剖面线方向应与束装中叠钢片的方向一致。

3. 液面用细实线绘制。

（3）剖视图的标注

剖视图的标注如图 1–21 所示，一般应在剖视图的上方用大写拉丁字母标出剖视图的名称“×—×”，在剖切面的起讫和转折位置处用剖切符号（粗实线）表示剖切位置，在剖切符号两端用箭头表示投射方向，并在附近注上与剖视图名称同样的大写拉丁字母。在某些情况下，剖视图的标注可以简化和省略。

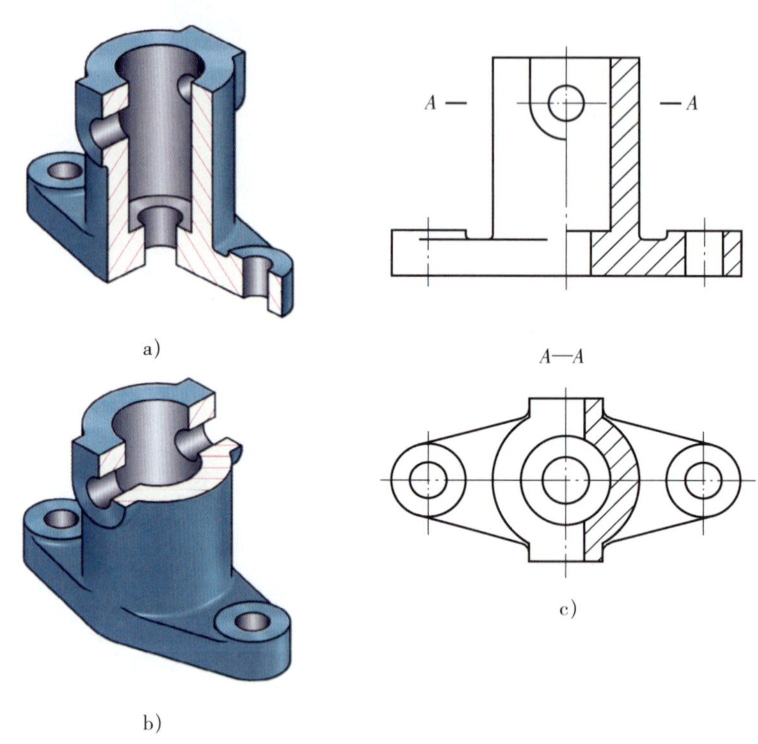

a)

b)

c)

图 1–21 剖视图的标注

2. 剖视图的种类及画法

根据剖切范围的不同，剖视图可分为全剖视图、半剖视图和局部剖视图三种。

（1）全剖视图

用剖切面完全地剖开物体所画的剖视图称为全剖视图，如图 1–20c 所示。

（2）半剖视图

当物体具有对称平面时，以对称平面为界，用剖切面剖开物体的一半所得的剖视图称为半剖视图。如图 1–21 所示的零件左右对称，前后也对称，所以主视图和俯视图均采用剖切右半部分表达。

半剖视图的半个视图与半个剖视图的分界线应用细点画线绘制，而不能用粗实线绘制。外形图上表达内部结构的细虚线应省略。

（3）局部剖视图

为了在一个不对称的视图上同时表达内形和外形，可用剖切面局部地剖开物体而绘制剖视图，如图 1–22 所示为钢板弹簧吊耳的局部剖视图，这种用剖切面局部地剖开物体所画出的剖视图称为局部剖视图。

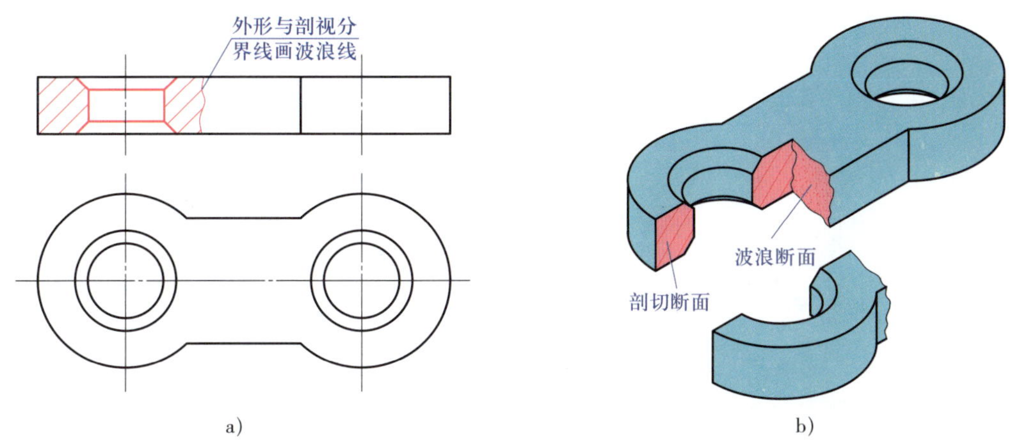

图 1-22 钢板弹簧吊耳的局部剖视图
a）局部剖视图、俯视图 b）立体图

3. 剖切面的种类

一般情况下，可选择单一剖切面、几个平行的剖切面、几个相交的剖切面（交线垂直于某一投影面）等剖切面。

（1）单一剖切面

单一剖切面可以是平行于基本投影面的剖切面，如前所述的全剖视图、半剖视图和局部剖视图所举图例大多是用这种剖切面剖开机件而得到的剖视图。单一剖切面也可以是不平行于基本投影面的斜剖切面，如图 1-23 中的 *B—B*。这种剖视图一般应与倾斜部分保持投影关系，但也可配置在其他位置。为了画图和读图方便，可把视图转正，但必须按规定标注，如图 1-23 所示。

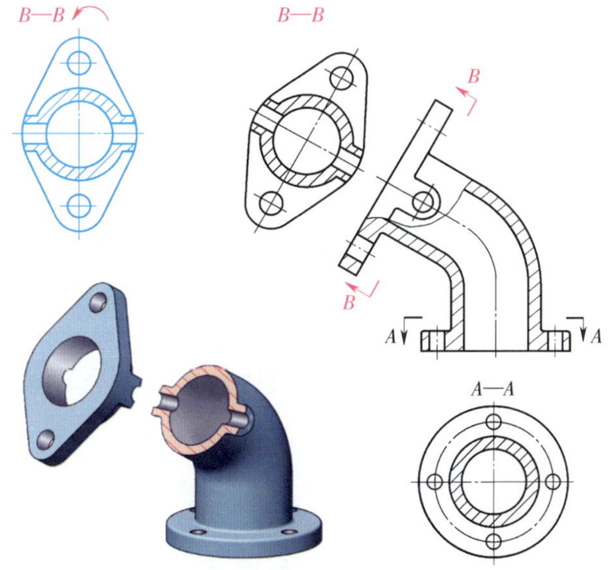

图 1-23 单一剖切面剖切

（2）几个平行的剖切面

如图 1-24 所示，俯视图用了三个平行于水平投影面的剖切面剖开零件，从而使形体中不同层次的内部结构在一个剖视图中得到表达。这种剖开物体所用的两个或多个平行的剖切面称为几个平行的剖切面。

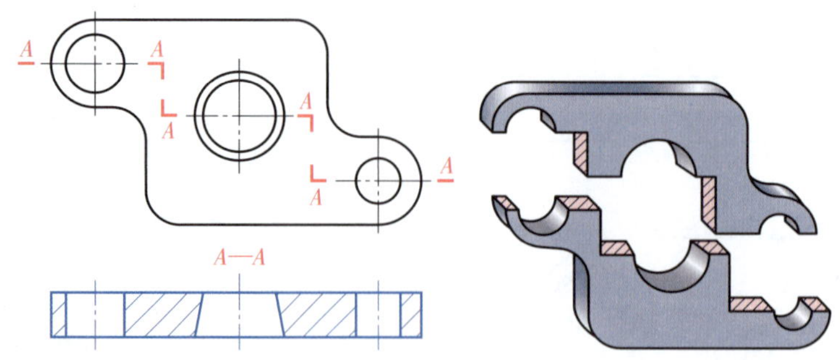

图 1–24　几个平行的剖切面剖切

（3）几个相交的剖切面

如图 1–25 所示，主视图用了一个正平面和一个侧垂面作为剖切面，两剖切面的交线与回转体的轴线重合。这种剖开物体所用的剖切面称为两相交的剖切面，一般情况下剖切面的交线垂直于某一个基本投影面。

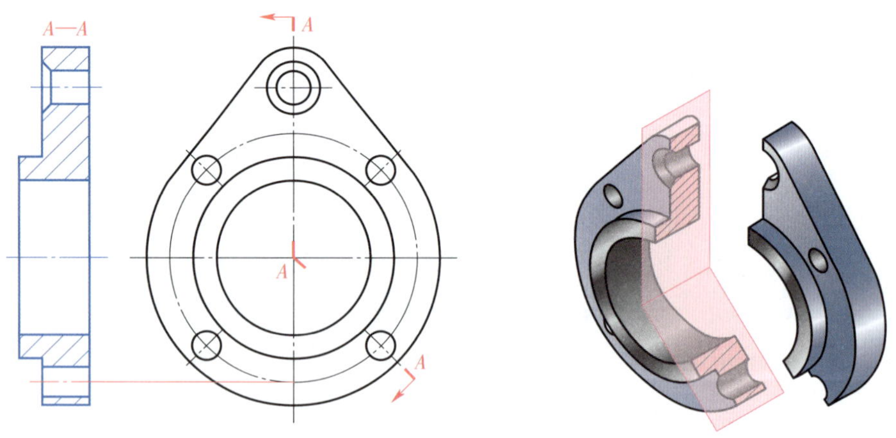

图 1–25　几个相交的剖切面剖切

在用几个相交的剖切面剖开物体后，倾斜剖切面所剖到的结构应旋转到与选定的投影面平行后再进行投射（见图 1–25）。此时，旋转部分的某些结构不再符合直接的投影关系。

三、断面图

假想用剖切面将物体的某处切断，仅画出剖切面与物体接触部分的图形，称为断面图。断面图分为移出断面图和重合断面图两种。

1. 移出断面图

画在视图轮廓之外的断面图称为移出断面图。如图 1–26 所示，移出断面图①表达键槽的形状，移出断面图②表达圆孔的形状，移出断面图③表达长方孔的形状。

2. 重合断面图

图 1–27 所示的断面图绘制在视图轮廓线之内，绘制在视图轮廓线之内的断面图称为重合断面图。重合断面图的轮廓线用细实线绘制。

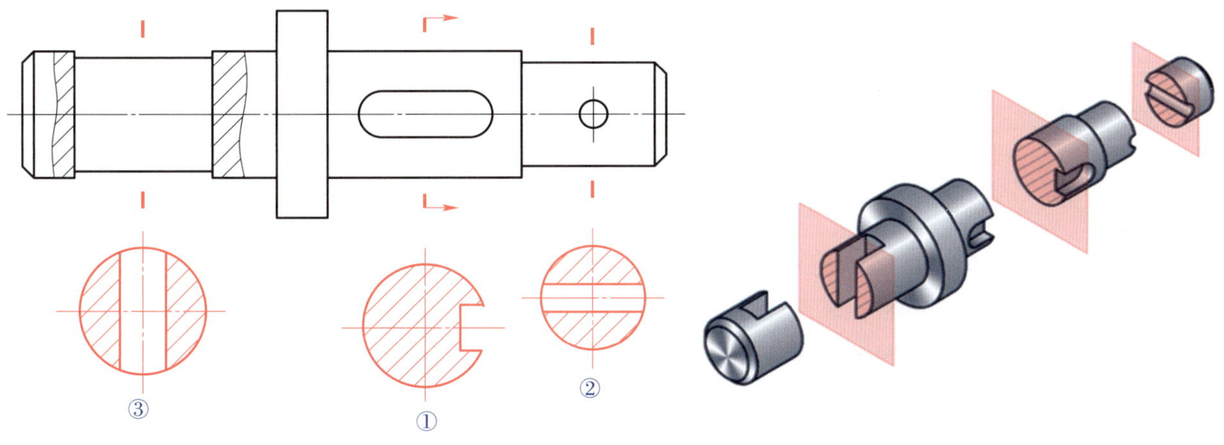

图 1-26 移出断面图

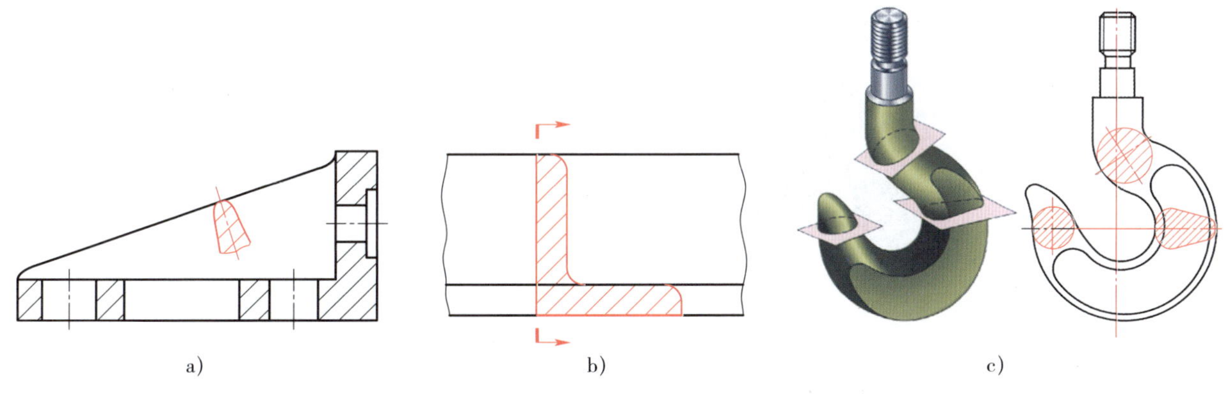

图 1-27 重合断面图

四、其他表达方法

1. 局部放大图

用大于原图形所采用的比例画出的物体部分结构的图形称为局部放大图，如图 1-28 所示。局部放大图可画成视图，也可画成剖视图或断面图，与被放大部分的表示法无关。

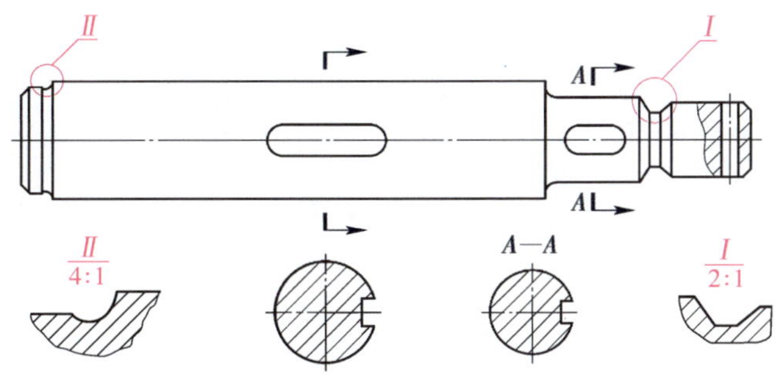

图 1-28 局部放大图

局部放大图应尽量配置在被放大部位的附近。绘制局部放大图时，除螺纹牙型、齿轮和链轮的齿形外，应用细实线圈出被放大部位，如图 1–28 所示。当同一机件上有几处被放大时，应用罗马数字编号，并在局部放大图上方标注出相应的罗马数字和所采用的比例。

2. 图样的简化表示法

（1）对于机件的肋、轮辐及薄壁等，如按纵向剖切，这些结构都不画剖面符号，而用粗实线将它们与其邻接部分分开。当零件回转体上均匀分布的肋、轮辐、孔等结构不处于剖切面上时，可将这些结构旋转到剖切面上画出，如图 1–29 所示。

（2）当机件具有若干直径相同且按规律分布的孔时，可以仅画出一个或少量几个，其余只需用细点画线或“+”表示其中心位置，如图 1–30 所示。

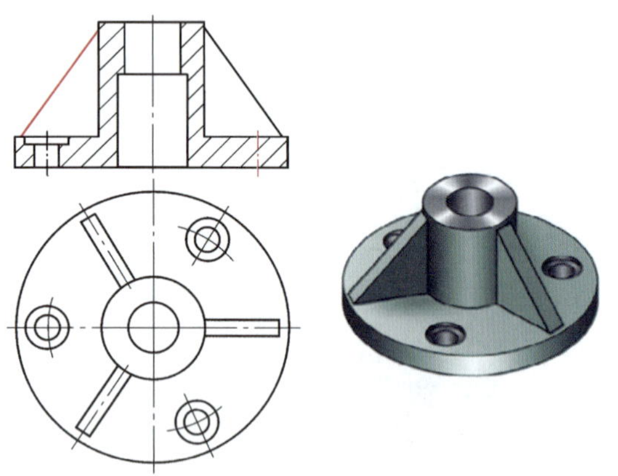

图 1–29 肋及孔的简化表示法

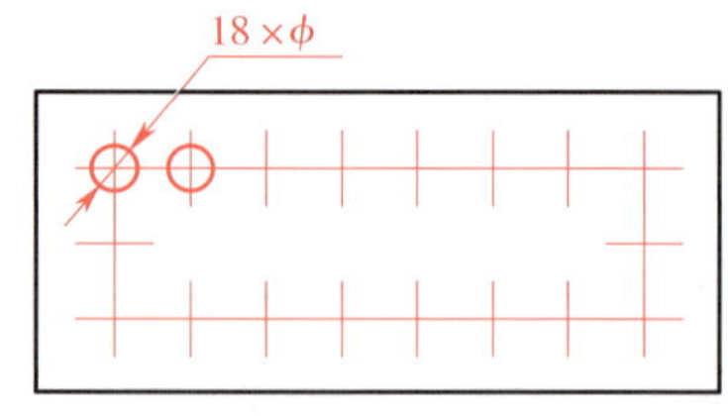

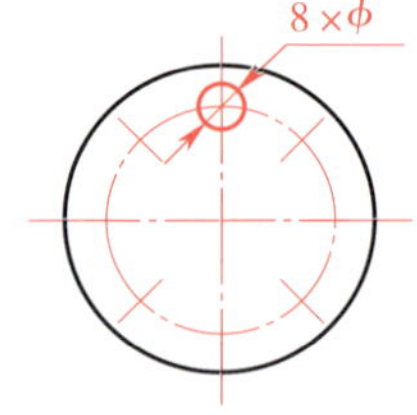

图 1–30 若干直径相同且按规律分布的孔的简化表示法

（3）较长的机件（如轴、连杆等），当其沿长度方向的形状一致或按一定规律变化时，可断开后缩短绘制，但仍按实长标注尺寸，断裂处的边界线可用波浪线、双折线或细双点画线绘制，如图 1–31 所示。

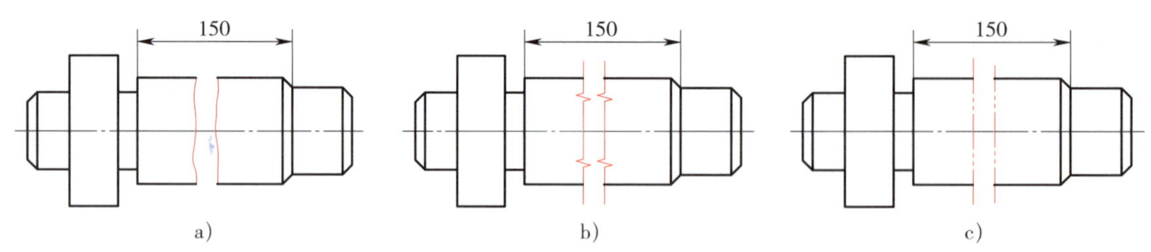

图 1–31 断开画法

a）断裂边界处画波浪线 b）断裂边界处画双折线 c）断裂边界处画细双点画线

（4）当图形不能充分表达平面时，可用平面符号（相交的两条细实线）表示，如图 1–32 所示。

（5）在不至于引起误解时，图中的截交线、相贯线等可以简化，如用线段或圆弧代替非圆曲线，如图 1–33 所示。

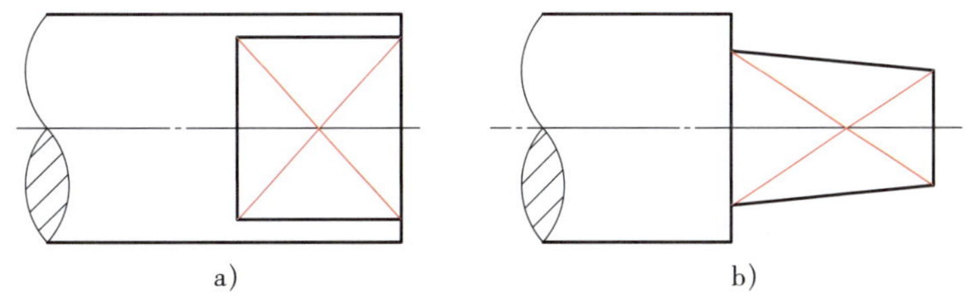

图 1–32 平面符号表示平面

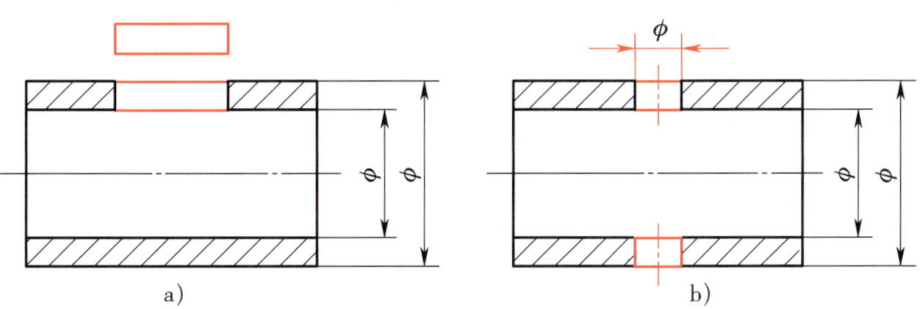

图 1–33 截交线和相贯线的简化表示法
a）截交线 b）相贯线

第五节 机械图样的特殊表示法

一、螺纹及螺纹紧固件表示法

1. 螺纹的种类

螺纹的种类很多，常见的有普通螺纹、管螺纹和传动螺纹等。在通过螺纹轴线的断面上，螺纹的轮廓形状称为螺纹牙型，常见的螺纹牙型有三角形、梯形、锯齿形等。常见螺纹的种类、特征代号和牙型见表 1–9。

表 1–9 常见螺纹的种类、特征代号和牙型

<table>
<tr><th colspan="4">种类</th><th>特征代号</th><th>牙型</th></tr>
<tr><td rowspan="4">连接螺纹</td><td rowspan="2">普通螺纹</td><td colspan="2">粗牙普通螺纹</td><td rowspan="2">M</td><td rowspan="2">60°</td></tr>
<tr><td colspan="2">细牙普通螺纹</td></tr>
<tr><td rowspan="2">管螺纹</td><td colspan="2">55° 非密封管螺纹</td><td>G</td><td rowspan="2">55°</td></tr>
<tr><td>55° 密封管螺纹</td><td>圆柱内螺纹</td><td>Rp</td></tr>
</table>

续表

种类				特征代号	牙型
连接螺纹	管螺纹	55° 密封管螺纹	与圆柱内螺纹配合的圆锥外螺纹	R_1	
			圆锥内螺纹	Rc	
			与圆锥内螺纹配合的圆锥外螺纹	R_2	
传动螺纹	梯形螺纹			Tr	30°
	锯齿形螺纹			B	30° 3°
	矩形螺纹			—	

2. 螺纹的主要几何参数

螺纹的主要几何参数有大径、小径、中径、公称直径、线数、螺距、导程、旋向、螺纹升角、牙型角等。下面以圆柱螺纹为例介绍螺纹的几何参数。

(1) 大径

螺纹的大径是指与外螺纹牙顶或内螺纹牙底相切的假想圆柱的直径，外螺纹大径用 d 表示，内螺纹大径用 D 表示，如图 1–34 所示。

(2) 小径

螺纹的小径是指与外螺纹牙底或内螺纹牙顶相切的假想圆柱的直径，外螺纹小径用 d_1 表示，内螺纹小径用 D_1 表示，如图 1–34 所示。

(3) 中径

螺纹的中径是指一个假想圆柱的直径，该圆柱的母线通过牙型上沟槽和凸起宽度相等的地方。外螺纹中径用 d_2 表示，内螺纹中径用 D_2 表示，如图 1–34 所示。

(4) 公称直径

公称直径是指代表螺纹规格大小的直径。除管螺纹外，公称直径是指螺纹的大径。

(5) 线数

形成螺纹时，沿一条螺旋线形成的螺纹称为单线螺纹，如图 1–35a 所示；沿两条或两条以上螺旋线形成的螺纹称为多线螺纹，如图 1–35b 所示为双线螺纹。

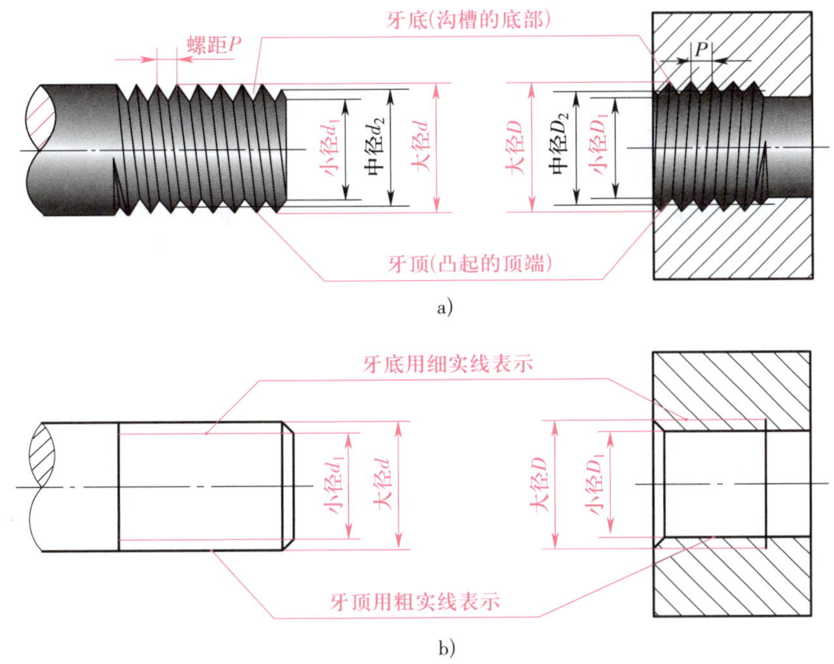

图 1–34　螺纹各部分名称与规定画法

a）螺纹各部分名称　b）螺纹规定画法

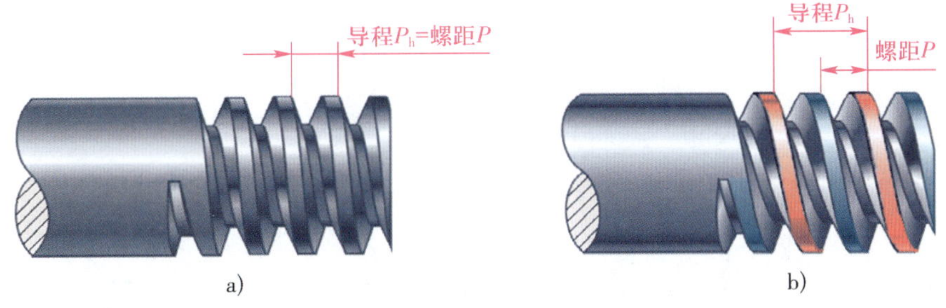

图 1–35　螺纹的线数

a）单线螺纹　b）双线螺纹

（6）螺距

螺距是指相邻两牙体上的对应牙侧与中径线（中径圆柱的母线）相交两点间的轴向距离，用 P 表示。

（7）导程

导程是指最邻近的两同名牙侧（处在同一螺旋面上的牙侧）与中径线相交两点间的轴向距离，米制螺纹的导程用 P_h 表示。导程也可认为是一个点沿着在中径圆柱上的螺旋线旋转一周所对应的轴向位移。

螺距、导程、线数之间的关系是：导程 P_h= 螺距 $P\times$ 线数 n。

对于单线螺纹：导程 P_h= 螺距 P。

（8）旋向

螺纹旋向有左旋和右旋两种，其判别方法如图 1–36 所示。工程上常用右旋螺纹。

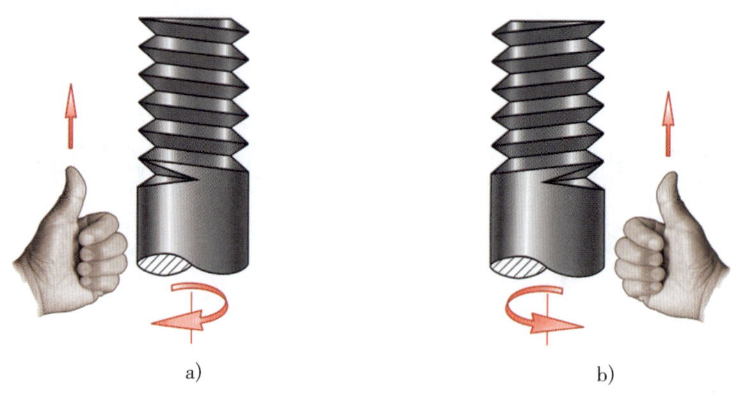

图 1-36 螺纹旋向的判别方法

a）左旋（左边高） b）右旋（右边高）

（9）螺纹升角

螺纹升角是指在螺纹中径的圆柱面上，螺纹的切线与垂直于螺纹轴线的平面间的夹角，用φ表示，如图 1-37 所示，由几何关系可知：

$$\tan\varphi = \frac{P_h}{\pi d_2} = \frac{nP}{\pi d_2}$$

（10）牙型角与牙侧角

在螺纹牙型上，两相邻牙侧间的夹角称为牙型角，用α 表示；在螺纹牙型上，一个牙侧与垂直于螺纹轴线的平面间的夹紧称为牙侧角，用β_1 或β_2 表示，如图 1-38 所示。

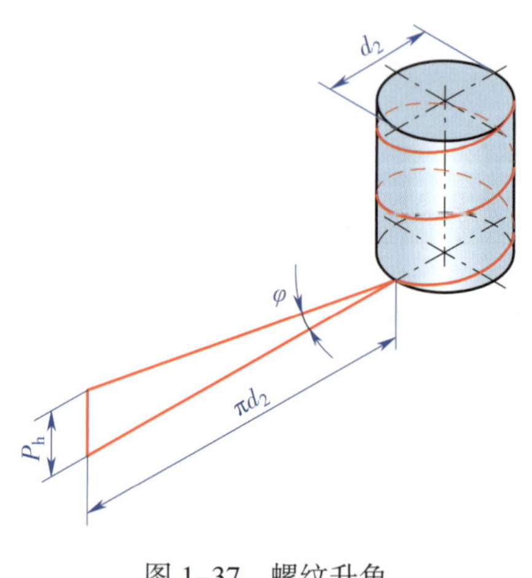

图 1-37 螺纹升角

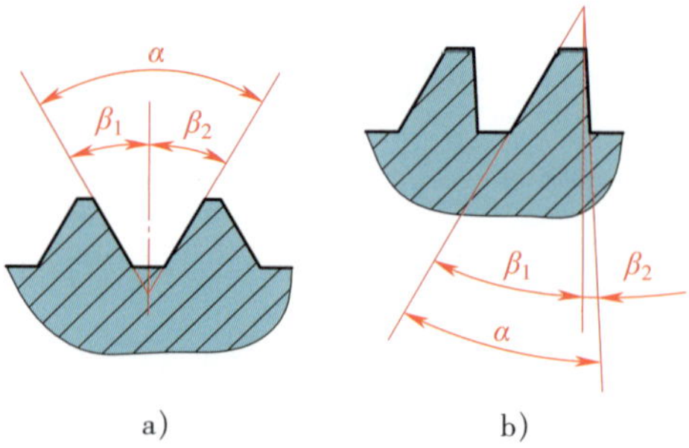

a) b)

图 1-38 牙型角与牙侧角

a）对称螺纹 b）非对称螺纹

3. 螺纹的标记

（1）普通螺纹的标记

普通螺纹的完整标记由特征代号、尺寸代号、公差带代号及其他有必要做进一步说明的信息（如旋合长度代号、旋向代号等）组成。特征代号与尺寸代号之间不留空，其他各部分之间用“–”分开。普通螺纹完整标记的格式为：

特征代号	尺寸代号	–	公差带代号	–	旋合长度代号	–	旋向代号

一般情况下，螺纹的标记并不是把所有的项目都标注出来。普通螺纹标记的具体规定如下。

1）特征代号。普通螺纹的特征代号用字母“M”表示。

2）尺寸代号。单线螺纹的尺寸代号为“公称直径 × 螺距”。因为一个公称直径所对应的粗牙螺纹只有一个，而一个公称直径所对应的细牙螺纹有可能不止一个，所以国家标准规定：粗牙普通螺纹不标螺距，细牙普通螺纹必须标出螺距。例如：

“M8 × 1”表示公称直径为 8 mm、螺距为 1 mm 的单线细牙螺纹。

“M8”表示公称直径为 8 mm、螺距为 1.25 mm 的单线粗牙螺纹。详见国家标准《普通螺纹　直径与螺距系列》（GB/T 193—2003）。

多线螺纹的尺寸代号为“公称直径 ×Ph 导程 P 螺距”。例如：

“M16 × Ph3P1.5”表示公称直径为 16 mm、螺距为 1.5 mm、导程为 3 mm 的双线螺纹。

3）公差带代号。公差带代号包括中径公差带代号和顶径公差带代号两部分（顶径指外螺纹的大径或内螺纹的小径）。中径公差带代号在前，顶径公差带代号在后。若中径公差带代号和顶径公差带代号相同，只需标注一个公差带代号。

公差带代号由表示公差等级的数值和表示公差带位置的拉丁字母（内螺纹用大写拉丁字母，外螺纹用小写拉丁字母）组成。尺寸代号与公差带代号之间用“–”分开。例如：

“M10–5g6g”表示中径公差带代号为 5g、顶径公差带代号为 6g 的单线粗牙外螺纹。

“M10–5H”表示中径和顶径公差带代号均为 5H 的单线粗牙内螺纹。

为简化标注，国家标准规定，普通螺纹符合表 1–10 所列的情况时，在螺纹标记中不标注公差带代号。

表 1–10　　普通螺纹不标注公差带代号的情况

种类	公称直径≤ 1.4 mm	公称直径≥ 1.6 mm
内螺纹公差带代号	5H	6H
外螺纹公差带代号	6h	6g

例如，外螺纹 M10 的中径公差带代号和顶径公差带代号均为 6g，内螺纹 M10 的中径公差带代号和顶径公差带代号均为 6H。

表示螺纹副时，内螺纹的公差带代号在前，外螺纹的公差带代号在后，中间用斜线分开。例如，“M20 × 2–5H/7g6g”表示公差带代号为 5H 的内螺纹与公差带代号为 7g6g 的外螺纹配合。

4）旋合长度代号。普通螺纹的旋合长度有短旋合长度（S）、长旋合长度（L）和中等旋合长度（N）三种。中等旋合长度“N”不标注。短旋合长度和长旋合长度应在公差带代号之后分别标注“S”和“L”，并与公差带代号之间用“–”分开。例如，“M20 × 2–5H–S”表示短旋合长度的内螺纹。

5）旋向代号。右旋螺纹不标注旋向代号。对于左旋螺纹，应在旋合长度代号之后标注“LH”，并与旋合长度代号之间用“–”分开。例如，“M8 × 1–LH”表示左旋螺纹。

（2）梯形螺纹和锯齿形螺纹的标记

梯形螺纹和锯齿形螺纹的标记相同，由特征代号、尺寸代号、公差带代号、旋合长度代号和旋向代号等组成，其格式如下：

特征代号	尺寸代号	–	公差带代号	–	旋合长度代号	–	旋向代号

1）特征代号。梯形螺纹的特征代号用“Tr”表示，锯齿形螺纹的特征代号用“B”表示。

2）尺寸代号。尺寸代号由“公称直径 × 导程 P 螺距”组成。若为单线螺纹，可只标注螺距；若为多线螺纹，则应同时标注导程和螺距。

3）公差带代号。梯形螺纹的公差带代号仅包含中径公差带代号。公差带代号由公差等级数字和公差带位置字母（内螺纹用大写拉丁字母，外螺纹用小写拉丁字母）组成。尺寸代号与公差带代号间用“–”分开。表示内、外螺纹配合时，内螺纹公差带代号在前，外螺纹公差带代号在后，中间用斜线分开。

4）旋合长度代号。为确保传动的平稳性，旋合长度不宜太短，所以规定中没有短旋合长度。中等旋合长度的螺纹不标注旋合长度代号“N”。对于长旋合长度的螺纹，应在公差带代号后标注旋合长度代号“L”，旋合长度代号与公差带代号之间用“–”分开。

5）旋向代号。右旋梯形螺纹不标注旋向代号。若为左旋梯形螺纹，应在旋合长度代号之后加注“LH”，并与旋合长度代号之间用“–”分开。

例如：

“Tr40 × 7–7H”表示公称直径为 40 mm、螺距为 7 mm、单线、右旋、中径公差带代号为 7H 的梯形内螺纹。

“B40 × 7–7e”表示公称直径为 40 mm、螺距为 7 mm、右旋、单线、中径公差带代号为 7e 的锯齿形外螺纹。

（3）55° 非密封管螺纹的标记

55° 非密封管螺纹的标记由特征代号、尺寸代号、公差等级代号和旋向代号组成。

1）特征代号。55° 非密封管螺纹的特征代号用字母“G”表示。

2）尺寸代号。55° 非密封管螺纹的尺寸代号用国家标准规定的分数或整数表示，它只是一个表示螺纹尺寸特征的代号，不是管螺纹的任何尺寸，根据尺寸代号查阅国家标准《55° 非密封管螺纹》（GB/T 7307—2001）可得到管螺纹的几何尺寸。

3）公差等级代号。内螺纹的公差等级只有一级，所以不标注公差等级代号。外螺纹的公差等级分为 A、B 两级，需要标注公差等级代号。例如：

“G2”表示尺寸代号为 2 的右旋圆柱内螺纹。

“G3A”表示尺寸代号为 3 的 A 级右旋圆柱外螺纹。

“G4B”表示尺寸代号为 4 的 B 级右旋圆柱外螺纹。

4）旋向代号。右旋 55° 非密封管螺纹不标注旋向代号。左旋内螺纹应在尺寸代号后面加注“LH”，中间没有其他符号。左旋外螺纹应在公差等级代号后面加注“LH”，并在公差等级代号与旋向代号之间用“–”分开。例如：

“G2LH”表示尺寸代号为 2 的左旋圆柱内螺纹。

“G3A–LH”表示尺寸代号为 3 的 A 级左旋圆柱外螺纹。

5）螺纹副的标注。表示螺纹副时，仅需标注外螺纹的标记代号。

（4）55°密封管螺纹的标记

55°密封管螺纹的标记一般由特征代号、尺寸代号和旋向代号组成。55°密封管螺纹不标注公差等级代号。

1）特征代号。圆柱内螺纹的特征代号用“Rp”表示，与圆柱内螺纹配合的圆锥外螺纹的特征代号用“R_1”表示；圆锥内螺纹的特征代号用“Rc”表示，与圆锥内螺纹配合的圆锥外螺纹的特征代号用“R_2”表示。

2）尺寸代号。与55°非密封管螺纹相同，55°密封管螺纹的尺寸代号也只是一个表示螺纹尺寸特征的代号。例如：

“Rp3/4”表示尺寸代号为3/4的右旋圆柱内螺纹。

“$R_1$3”表示尺寸代号为3的与圆柱内螺纹配合的右旋圆锥外螺纹。

3）旋向代号。右旋55°密封管螺纹也不标注旋向代号。当螺纹为左旋时，应在尺寸代号后面加注“LH”，中间没有其他符号。例如：

“Rc3/4LH”表示尺寸代号为3/4的左旋圆锥内螺纹。

4）螺纹副的标注。表示螺纹副时，螺纹的特征代号为“Rp/R_1”或“Rc/R_2”，前面为内螺纹的特征代号，后面为外螺纹的特征代号，中间用斜线分开。例如：

“Rc/$R_2$3”表示尺寸代号为3的右旋圆锥内螺纹与圆锥外螺纹所组成的螺纹副。

4. 螺纹及螺纹紧固件的画法

（1）螺纹的画法

螺纹属于标准结构要素，所以没必要按照其实际形状绘制图形，国家标准《机械制图　螺纹及螺纹紧固件表示法》（GB/T 4459.1—1995）对螺纹的画法进行了明确的规定，螺纹的规定画法见表1–11。

表1–11　　螺纹的规定画法

表示对象	图例	规定画法
外螺纹	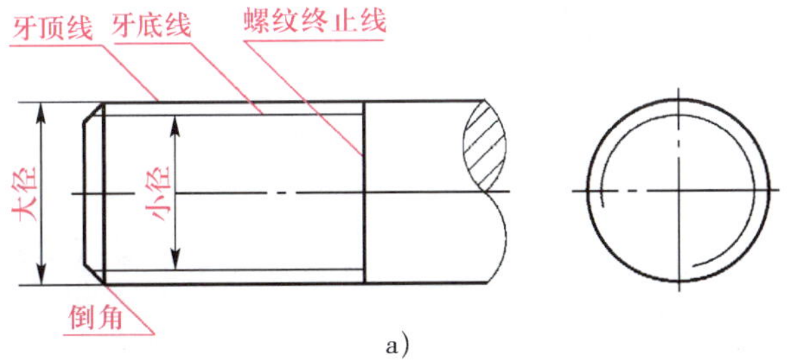 a) 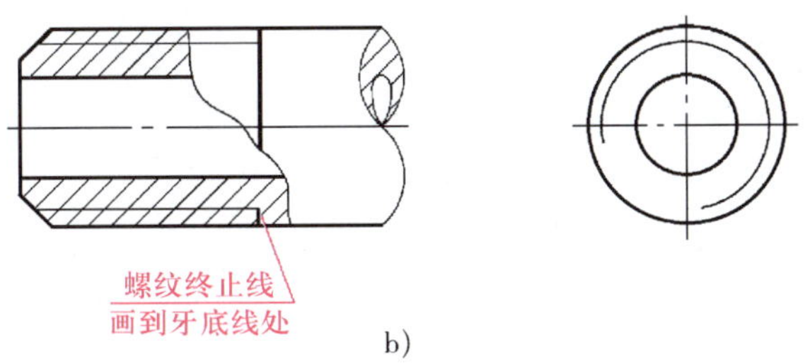 b)	1. 牙顶线（大径）用粗实线表示 2. 牙底线（小径）用细实线表示，螺杆的倒角或倒圆部分也应画出 3. 在投影为圆的视图中，表示牙底圆的细实线只画约3/4圈，此时轴上的倒角省略不画 4. 螺纹终止线用粗实线表示 5. 画图时，小径应按0.85倍大径画出

续表

表示对象	图例	规定画法
内螺纹	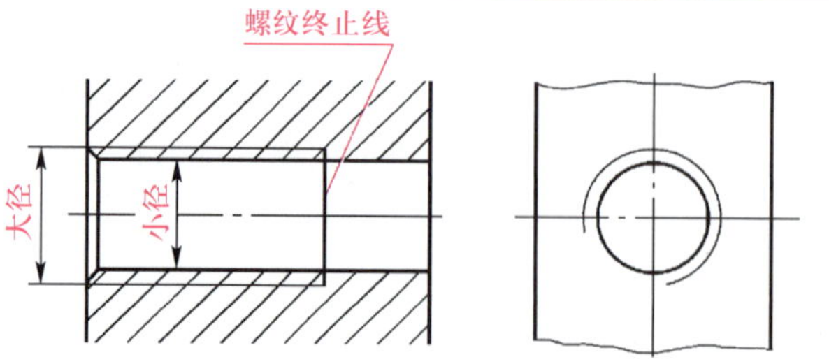 螺纹终止线 大径 小径 a) 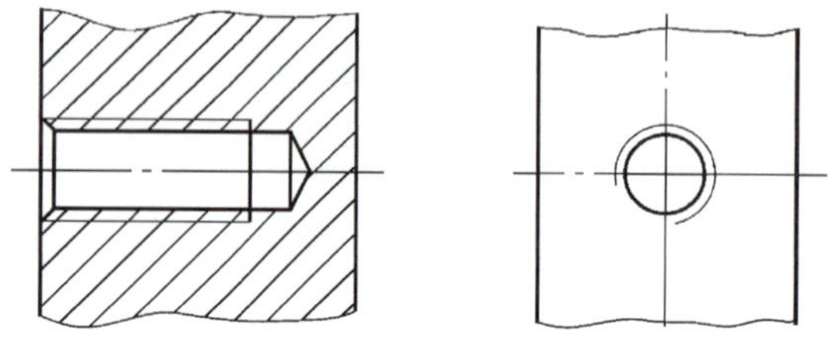 b)	1. 在剖视图中，螺纹牙顶线（小径）用粗实线表示，牙底线（大径）用细实线表示；剖面线画到牙顶粗实线处 2. 在投影为圆的视图中，牙顶圆（小径）用粗实线表示，表示牙底圆（大径）的细实线只画约 3/4 圈；孔口的倒角省略不画
螺纹牙型	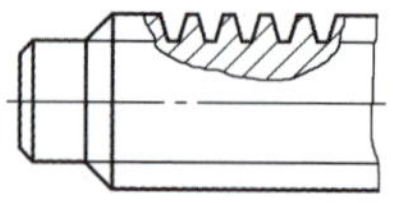	当需要表示螺纹牙型时，可采用剖视或局部放大图画出几个牙型
螺纹旋合	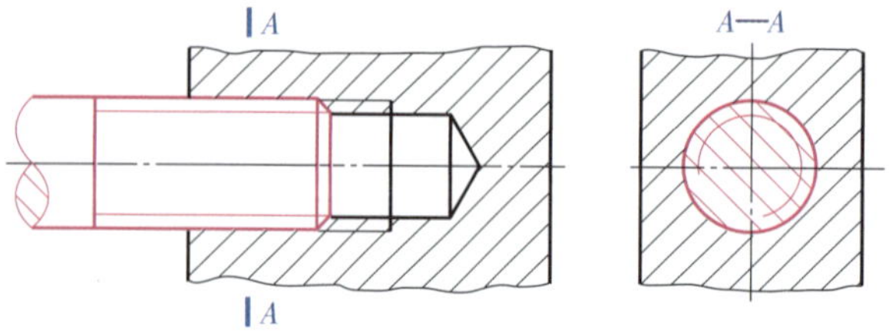 A A—A A	1. 在剖视图中，内、外螺纹的旋合部分按外螺纹的画法绘制 2. 未旋合部分按各自规定的画法绘制，表示大、小径的粗实线与细实线应分别对齐

（2）螺纹紧固件及画法

常用的螺纹紧固件有螺栓、螺母、双头螺柱、螺钉和垫圈等，见表 1–12。

表 1–12　常用螺纹紧固件

名称	图示	规格尺寸	标记示例
六角头螺栓	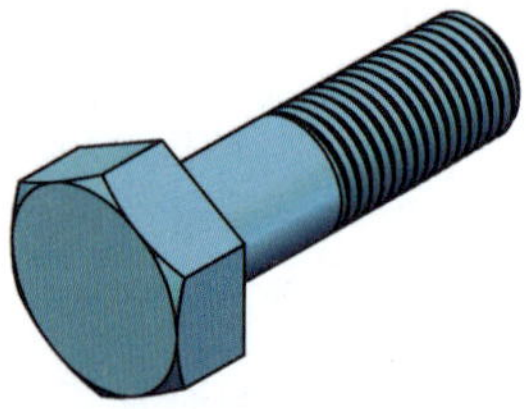	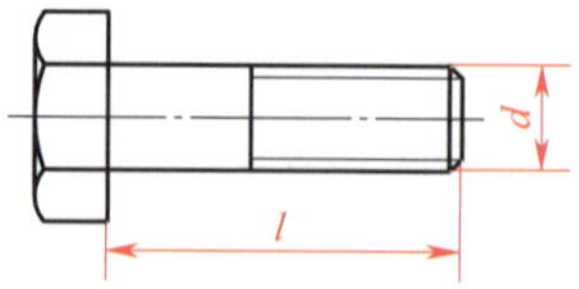 d l	螺栓　GB/T 5780　M12 × 50 表示 C 级六角头螺栓，螺纹规格 d=12 mm，公称长度 l=50 mm
双头螺柱	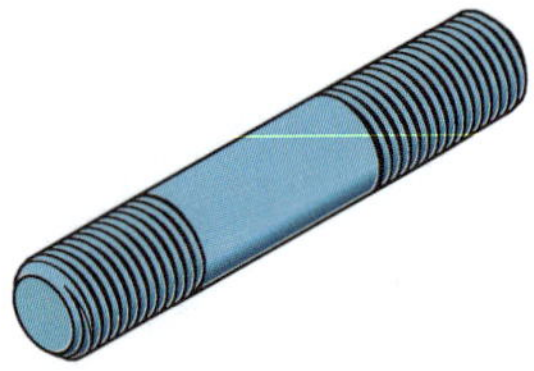	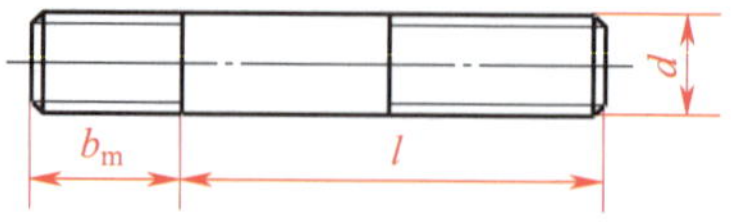 d b_m　l	螺柱　GB/T 899　M12 × 50 表示两端皆为粗牙普通螺纹的双头螺柱，螺纹规格 d=12 mm，公称长度 l =50 mm，旋入机体一端的长度 b_m=1.5d

续表

名称	图示	规格尺寸	标记示例
开槽圆柱头螺钉	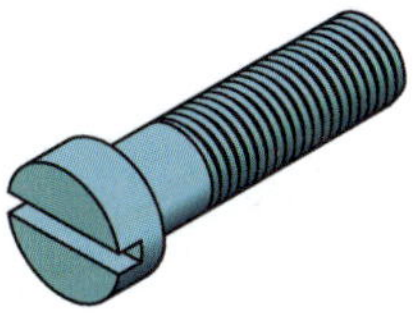	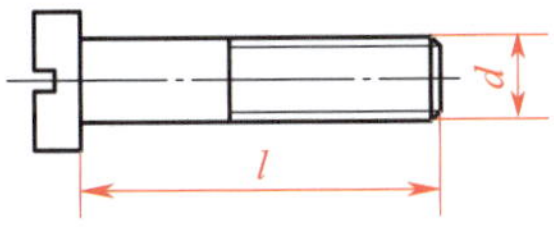	螺钉 GB/T 65 M6×30 表示开槽圆柱头螺钉，螺纹规格 d=6 mm，公称长度 l=30 mm
开槽沉头螺钉	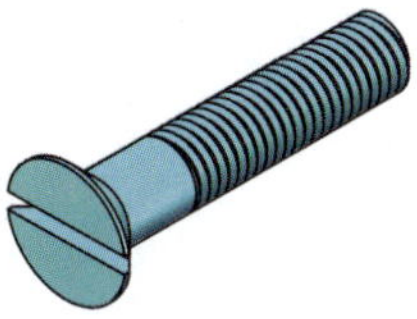	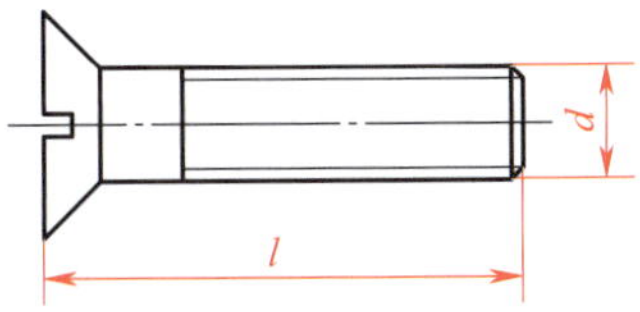	螺钉 GB/T 68 M5×20 表示开槽沉头螺钉，螺纹规格 d=5 mm，公称长度 l=20 mm
十字槽沉头螺钉	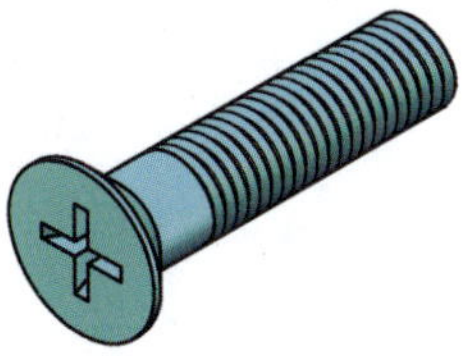	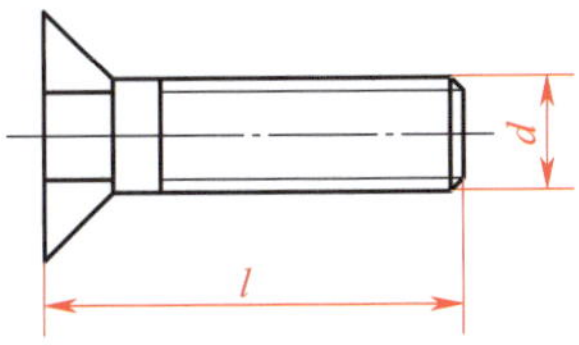	螺钉 GB/T 819.1 M6×20 表示十字槽沉头螺钉，螺纹规格 d=6 mm，公称长度 l=20 mm
内六角圆柱头螺钉	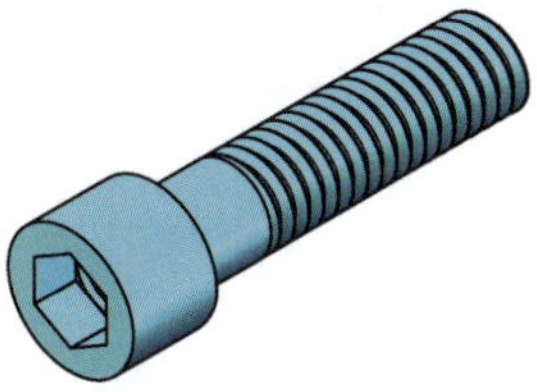	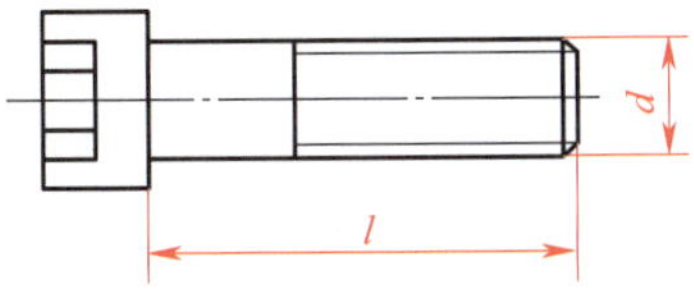	螺钉 GB/T 70.1 M10×35 表示内六角圆柱头螺钉，螺纹规格 d=10 mm，公称长度 l=35 mm
开槽锥端紧定螺钉	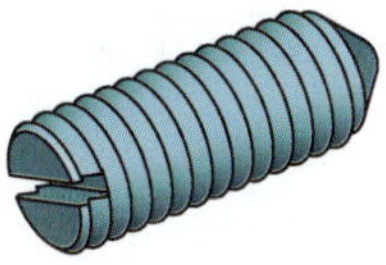	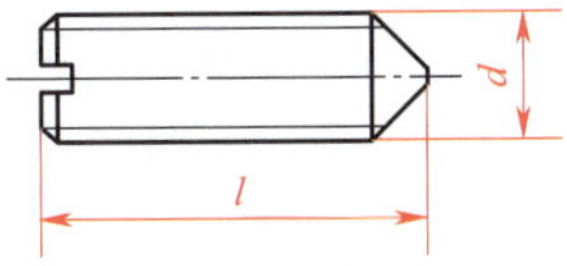	螺钉 GB/T 71 M6×16 表示开槽锥端紧定螺钉，螺纹规格 d=6 mm，公称长度 l=16 mm
六角螺母	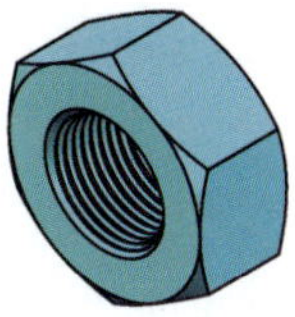	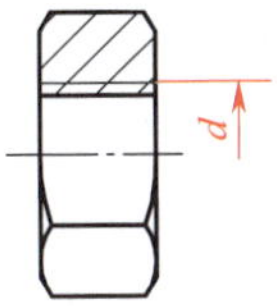	螺母 GB/T 6170 M12 表示 1 型六角螺母，螺纹规格 d=12 mm

续表

名称	图示	规格尺寸	标记示例
六角开槽螺母			螺母 GB/T 6179 M16 表示C级1型六角开槽螺母，螺纹规格 d=16 mm
平垫圈			垫圈 GB/T 95 10 表示C级平垫圈，公称规格（与其配套使用的螺栓或螺母的螺纹大径）为10 mm，左图中的 d_1 和 d_2 可从国家标准中查得
弹簧垫圈			垫圈 GB/T 93 10 表示标准型弹簧垫圈，公称规格（与其配套使用的螺栓或螺母的螺纹大径）为10 mm，左图中的 d_1 和 d_2 可从国家标准中查得

螺纹紧固件的简化标记一般由“名称 标准号 螺纹规格或公称规格 × 公称长度（必要时）”组成。根据螺纹紧固件的标记可以查阅相关国家标准获得其类别、尺寸、公差、材料及热处理和表面处理等技术要求。

5. 螺纹紧固件的连接画法

常见的螺纹紧固件连接有螺栓连接、螺钉连接和双头螺柱连接。

螺纹紧固件的连接画法应遵照装配图的规定画法。当剖切面通过螺杆的轴线时，螺栓、螺柱、螺钉以及螺母、垫圈等均按未剖切绘制；在螺纹紧固件的连接画法中可以采用简化画法，即可省略倒角等。在剖视图上，两零件接触表面画一条线，不接触表面画两条线；相接触两零件的剖面线方向相反或间隔不同。

（1）螺栓连接

螺栓连接是指用螺栓穿过两被连接件上的通孔并加螺母紧固。螺栓连接的简化画法如图1–39所示。

（2）螺钉连接

螺钉连接是指用螺钉穿过一个被连接件上的通孔而直接拧入另一个被连接件的螺纹孔内并紧固。螺钉连接主要用于被连接件之一较厚，不便加工通孔，且不必经常拆卸的连接。螺钉连接的简化画法如图1–40所示。

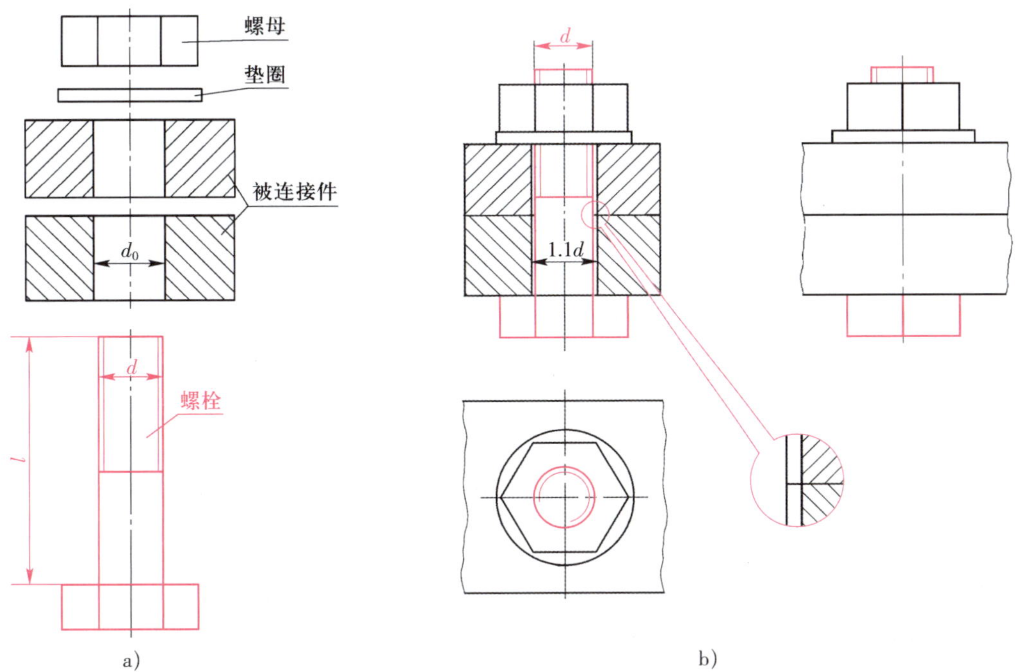

图 1-39　螺栓连接的简化画法

a）连接前　b）连接后

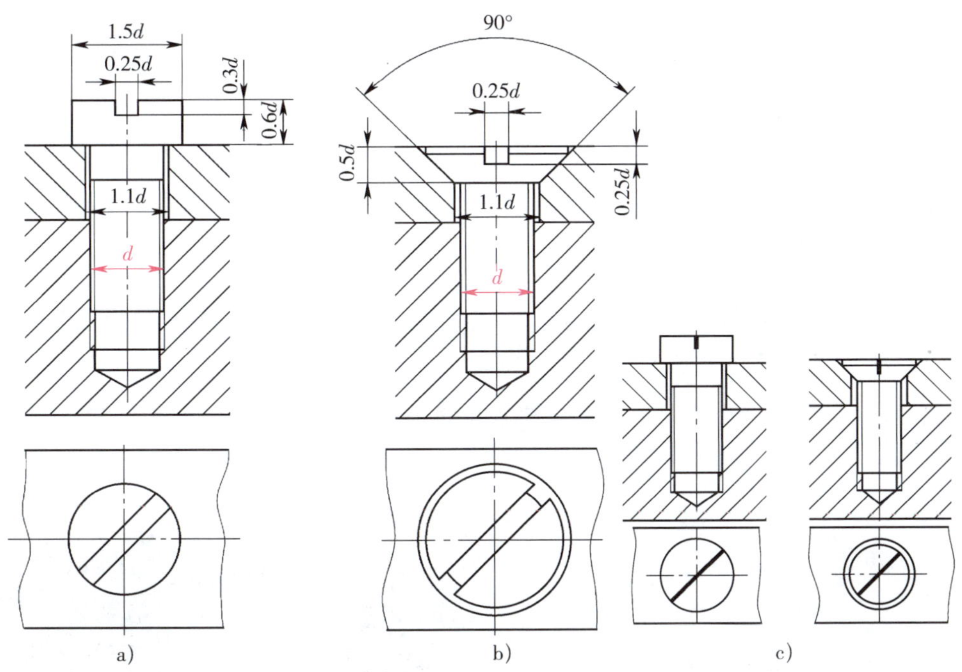

图 1-40　螺钉连接的简化画法

（3）双头螺柱连接

双头螺柱的两端均有螺纹，螺柱的旋入端靠螺纹配合的过盈及螺纹尾部的台阶（或螺尾最后几圈较浅的螺纹）拧紧在被连接件之一的螺纹孔中，装上另一个被连接件后，加垫圈并用螺母紧固。双头螺柱连接主要用于受结构限制或被连接件之一为不通孔并需经常拆卸的场合。双头螺柱连接的简化画法如图 1-41 所示。

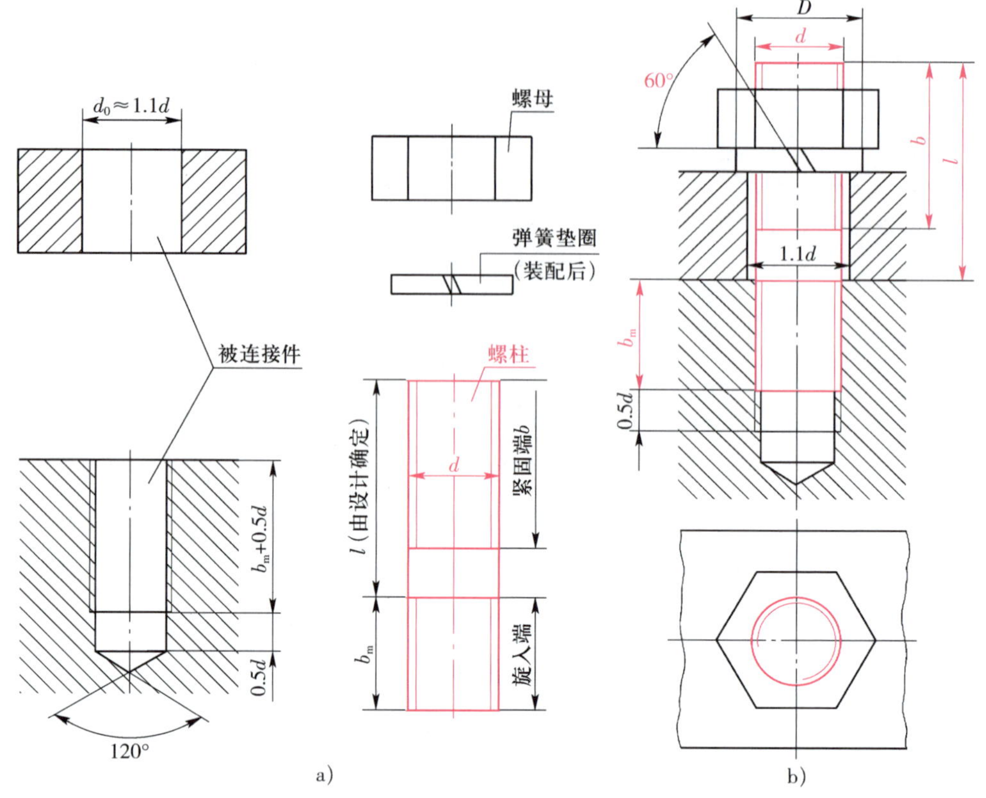

图 1–41　双头螺柱连接的简化画法
a）连接前　b）连接后

二、齿轮

齿轮是广泛用于机器或部件中的传动零件，除用来传递动力外，还可改变机件的回转方向和转动速度。图 1–42 所示为常见的齿轮传动形式：圆柱齿轮传动（见图 1–42a）通常用于平行两轴之间的传动，锥齿轮传动（见图 1–42b）用于相交两轴之间的传动，蜗杆传动（见图 1–42c）则用于交错两轴之间的传动。

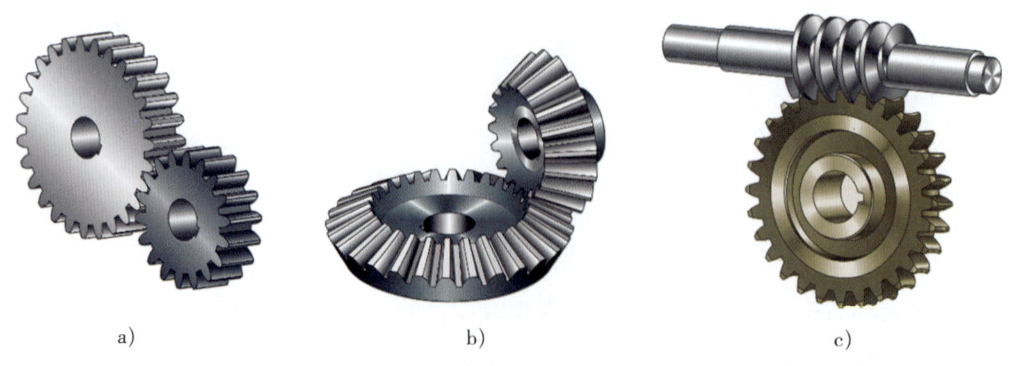

图 1–42　常见的齿轮传动形式
a）圆柱齿轮传动　b）锥齿轮传动　c）蜗杆传动

本书主要介绍渐开线直齿圆柱齿轮（圆柱齿轮的轮齿有直齿、斜齿、人字齿等）的基本参数及画法规定。

1. 渐开线直齿圆柱齿轮各部分名称和表示符号

齿顶曲面位于齿根曲面之外的齿轮称为外齿轮，如图 1–43a 所示为外渐开线直齿圆柱齿轮；齿顶曲面位于齿根曲面之内的齿轮称为内齿轮，如图 1–43b 所示为内渐开线直齿圆柱齿轮。

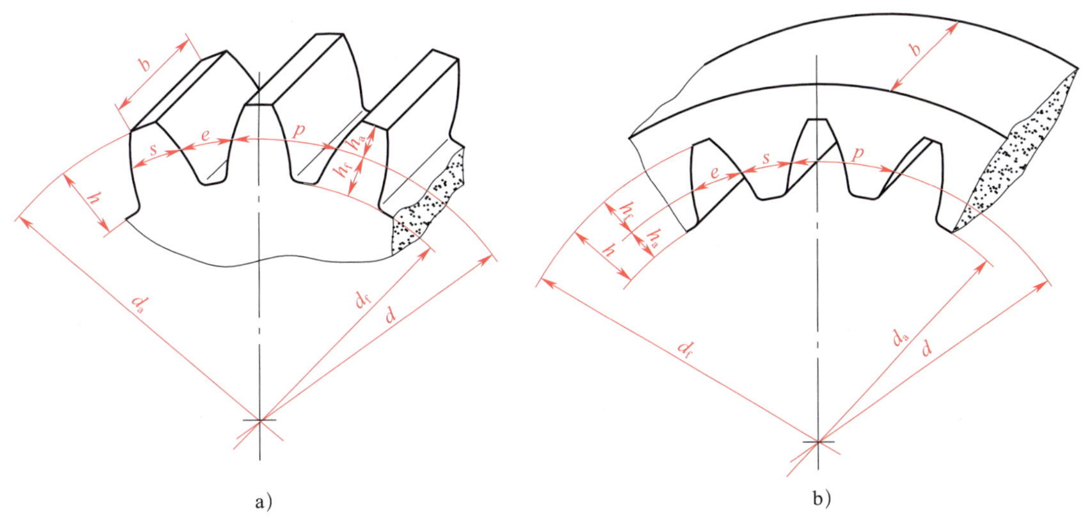

图 1–43　渐开线直齿圆柱齿轮各部分的表示符号

a）外渐开线直齿圆柱齿轮　b）内渐开线直齿圆柱齿轮

渐开线直齿圆柱齿轮各部分的名称和表示符号如下。

（1）齿顶圆直径（d_a）

它是通过轮齿顶部的圆的直径。

（2）齿根圆直径（d_f）

它是通过轮齿根部的圆的直径。

（3）分度圆直径（d）

分度圆是一个约定的假想圆，齿轮的轮齿尺寸均以此圆直径为基准确定，该圆上的齿厚 s 与槽宽 e 相等。

（4）齿顶高（h_a）

它是齿顶圆与分度圆之间的径向距离。

（5）齿根高（h_f）

它是齿根圆与分度圆之间的径向距离。

（6）齿高（h）

它是齿顶圆与齿根圆之间的径向距离。

（7）齿厚（s）

它是一个齿两侧齿廓之间的分度圆弧长。

（8）槽宽（e）

它是一个齿槽两侧齿廓之间的分度圆弧长。

（9）齿距（p）

它是相邻两齿同侧齿廓之间的分度圆弧长。

（10）齿宽（b）

它是齿轮轮齿的轴向宽度。

2. 渐开线标准直齿圆柱齿轮的基本参数

（1）齿数（z）

它是一个齿轮的轮齿总数。

（2）模数（m）

齿轮的齿数 z、齿距 p 和分度圆直径 d 之间有以下关系：

$$\pi d=zp \text{ 即 } d=zp/\pi$$

令 $p/\pi=m$，则 $d=mz$。

m 称为齿轮的模数。

模数 m 是设计、制造齿轮的重要参数。模数大，齿距 p 也大，齿厚 s、齿高 h 也随之增大，因而齿轮的承载能力增大。

为了便于齿轮的设计和制造，模数已经标准化，国家标准规定的齿轮模数系列见表 1–13。

表 1–13　　齿轮模数系列（GB/T 1357—2008）　　mm

第Ⅰ系列	1、1.25、1.5、2、2.5、3、4、5、6、8、10、12、16、20、25、32、40、50
第Ⅱ系列	1.125、1.375、1.75、2.25、2.75、3.5、4.5、5.5、(6.5)、7、9、11、14、18、22、28、36、45

注：优先采用第Ⅰ系列法向模数。应避免采用第Ⅱ系列中的法向模数 6.5 mm。

（3）压力角（α）

齿廓曲线和分度圆交点处的径向直线与齿廓在该点处的切线所夹锐角称为压力角 α，如图 1–44 所示。国家标准规定，标准齿轮压力角 α 为 20°。两标准直齿圆柱齿轮正确啮合传动的条件是模数 m 和压力角 α 均相等。

（4）传动比（i）

传动比为主动齿轮的转速 n_1（r/min）与从动齿轮的转速 n_2（r/min）之比，即 n_1/n_2。由 $n_1z_1=n_2z_2$ 可得：$i=n_1/n_2=z_2/z_1$。

（5）中心距（a）

两圆柱齿轮轴线之间的最短距离称为中心距，即

$$a=(d_1+d_2)/2=m(z_1+z_2)/2$$

（6）齿顶高系数 h_a^* 和顶隙系数 c^*

齿顶高 $h_a=h_a^*m$，h_a^* 称为齿顶高系数，标准齿轮的 $h_a^*=1$。

一对齿轮啮合时，为了避免一个齿轮齿顶与另一个齿轮齿根相撞，并储存一定量的润滑油，齿顶高要略小于齿根高，即相互啮合的两齿轮的齿顶与齿根之间应留有一定的径向间隙 c，即顶隙，如图 1–45 所示，$c=c^*m$，c^* 称为顶隙系数，标准齿轮的 $c^*=0.25$。

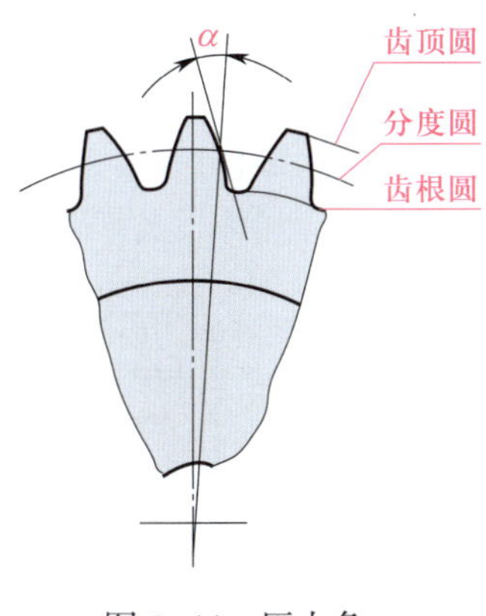

图 1-44　压力角 α

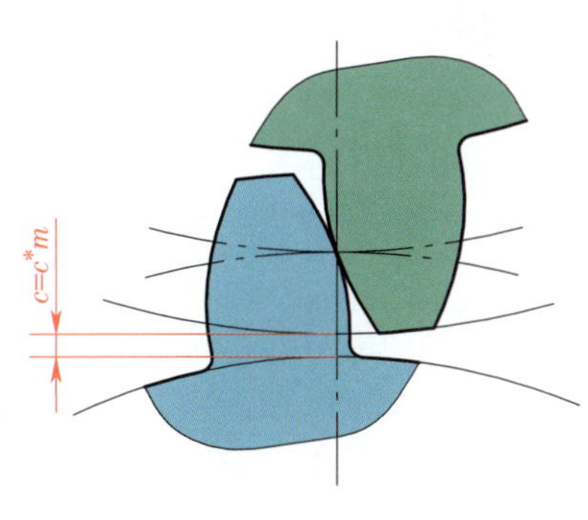

图 1-45　顶隙

3. 渐开线标准直齿圆柱齿轮的几何尺寸计算

标准直齿圆柱齿轮是指模数 m、压力角 α、齿顶高系数 h_a^*、顶隙系数 c^* 都取标准值的直齿圆柱齿轮。渐开线标准直齿圆柱齿轮各部分的几何尺寸计算公式见表 1-14。

表 1-14　渐开线标准直齿圆柱齿轮各部分的几何尺寸计算公式

名称	代号	计算公式	
		外齿轮	内齿轮
压力角	α	20°	
齿数	z	通过传动比计算确定	
模数	m	通过计算或结构设计确定	
齿厚	s	$s=p/2=\pi m/2$	
槽宽	e	$e=p/2=\pi m/2$	
齿距	p	$p=\pi m$	
齿顶高	h_a	$h_a=h_a^* m=m$	
齿根高	h_f	$h_f=(h_a^*+c^*)m=1.25m$	
齿高	h	$h=h_a+h_f=2.25m$	
分度圆直径	d	$d=mz$	
齿顶圆直径	d_a	$d_a=d+2h_a=m(z+2)$	$d_a=d-2h_a=m(z-2)$
齿根圆直径	d_f	$d_f=d-2h_f=m(z-2.5)$	$d_f=d+2h_f=m(z+2.5)$
标准中心距	a	$a=\frac{d_1+d_2}{2}=\frac{m(z_1+z_2)}{2}$	$a=\frac{d_1-d_2}{2}=\frac{m(z_1-z_2)}{2}$

注：内啮合齿轮传动标准中心距计算公式中，z_1 表示内齿轮的齿数，z_2 表示外齿轮的齿数。

4. 圆柱齿轮的画法规定

（1）单个圆柱齿轮

齿轮上轮齿的结构复杂且数量多，为简化作图，GB/T 4459.2—2003 对齿轮画法做出规定：齿顶圆和齿顶线用粗实线绘制，分度圆和分度线用细点画线绘制，齿根圆和齿根线用细实线绘制（也可省略不画），如图 1–46a 所示；在剖视图中，当剖切面通过齿轮轴线时，轮齿一律按不剖处理，齿根线画成粗实线（见图 1–46b）；当需要表示斜齿或人字齿的齿线形状时，可用三条与齿线方向一致的细实线表示（见图 1–46c）。

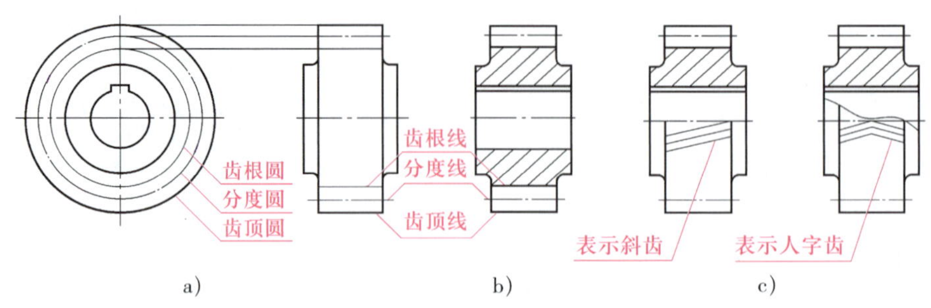

图 1–46　单个圆柱齿轮的画法

（2）啮合圆柱齿轮

在垂直于圆柱齿轮轴线的投影面的视图中，啮合区内齿顶圆均用粗实线绘制，如图 1–47a 所示的左视图，或按省略画法绘制（见图 1–47b）。在剖视图中，当剖切面通过两啮合齿轮轴线时，在啮合区内，将一个齿轮的轮齿用粗实线绘制，另一个齿轮的轮齿被遮挡部分用细虚线绘制，如图 1–47a 所示的主视图，被遮挡部分也可以省略不画。在平行于圆柱齿轮轴线的投影面的外形视图中，啮合区不画齿顶线，只用粗实线画出节线（当一对圆柱齿轮保持标准中心距啮合时，节线是指两分度圆柱面的切线），如图 1–47c 所示。

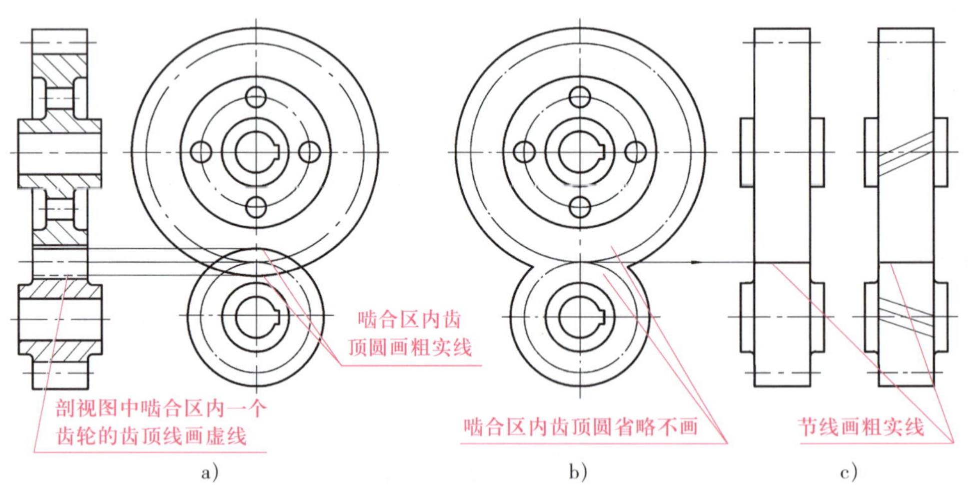

图 1–47　啮合圆柱齿轮的画法

如图 1–48 所示，在齿轮啮合的剖视图中，由于齿根高与齿顶高相差 0.25m，因此，一个齿轮的齿顶线和另一个齿轮的齿根线之间应有 0.25m 的顶隙。

5. 锥齿轮、蜗杆与蜗轮的画法

（1）锥齿轮画法和锥齿轮啮合画法

如图 1–49 所示，锥齿轮主视图常采用全剖视图，在投影为圆的视图中规定用粗实线画出大端和小端的齿顶圆，用细点画线画出大端分度圆。齿根圆及小端分度圆均不必画出。

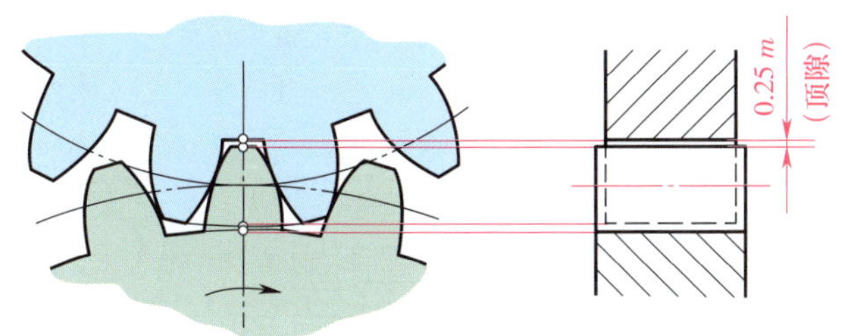

图 1-48 啮合齿轮间的顶隙

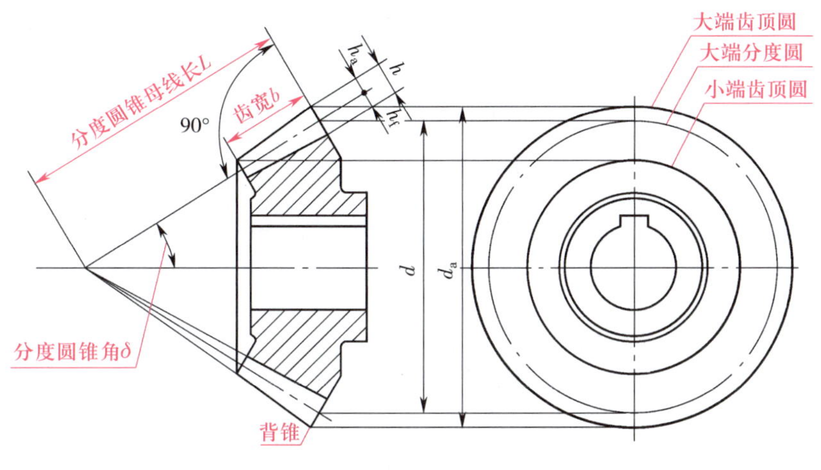

图 1-49 锥齿轮画法

如图 1-50 所示，锥齿轮啮合时主视图画成全剖视图，两锥齿轮的节圆锥面相切处用细点画线画出；在啮合区内，应将其中一个齿轮的齿顶线画成粗实线，而将另一个齿轮的齿顶线画成细虚线或省略不画。

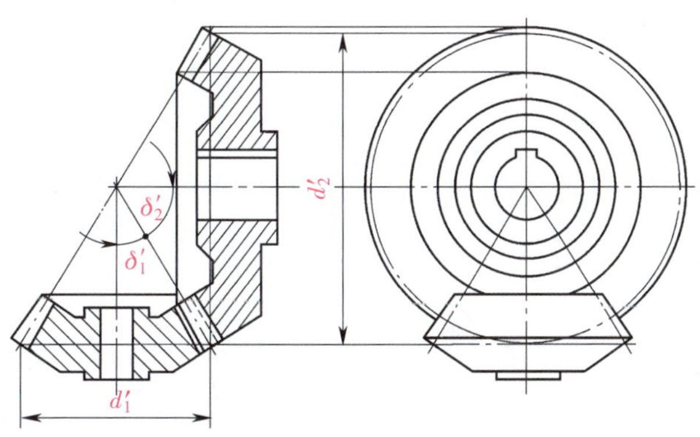

图 1-50 锥齿轮啮合画法

（2）单个蜗杆、蜗轮画法及蜗杆与蜗轮啮合画法

单个蜗杆、蜗轮画法与圆柱齿轮画法基本相同。

蜗杆的主视图上可用局部剖视图或局部放大图表示齿形。齿顶圆（齿顶线）用粗实线画出，分度圆（分度线）用细点画线画出，齿根圆（齿根线）用细实线画出或省略不画，如图 1-51a 所示。

蜗轮通常用剖视图表达，在投影为圆的视图中，只画分度圆（d）和蜗轮外圆（d_e），如图 1-51b 所示。

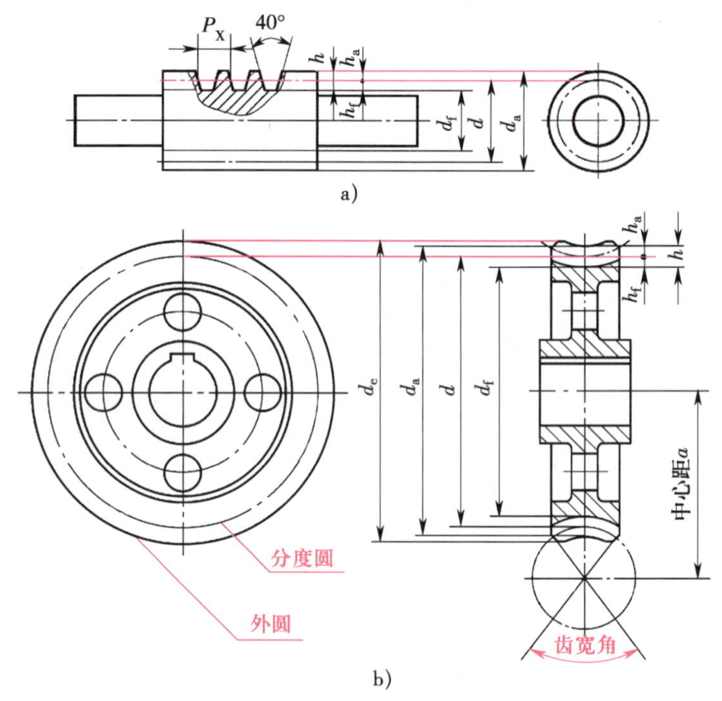

图 1–51 蜗杆与蜗轮画法

a）蜗杆画法 b）蜗轮画法

图 1–52 所示为蜗杆与蜗轮啮合画法，其中，图 1–52a 所示为啮合时的外形视图，画图时要保证蜗杆的分度线与蜗轮的分度圆相切。在蜗轮投影不为圆的外形视图中，蜗轮被蜗杆遮住部分不画；在蜗轮投影为圆的外形视图中，蜗杆、蜗轮啮合区的齿顶圆都用粗实线画出。图 1–52b 所示为啮合时的剖视图画法，注意啮合区域剖开处蜗杆分度线与蜗轮分度圆的相切画法。

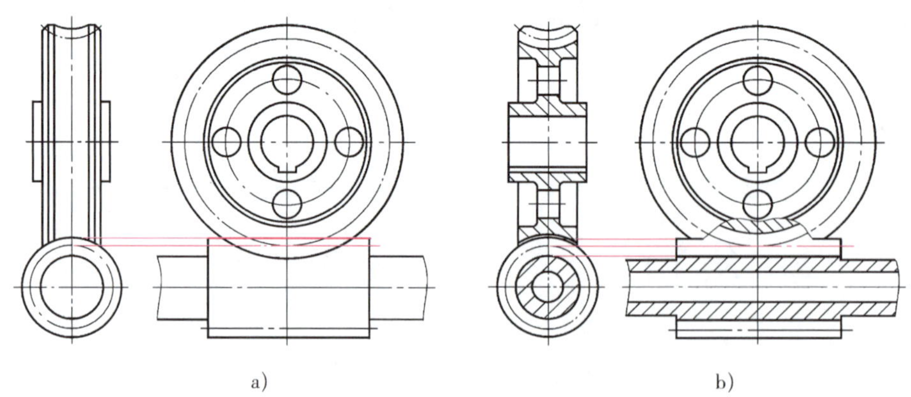

图 1–52 蜗杆与蜗轮啮合画法

a）外形视图画法 b）剖视图画法

第六节 零 件 图

任何机器都是由各种零件装配而成的，制造机器必须首先加工零件。零件的形状虽然千差万别，但根据它们在机器（或部件）上的作用、结构特征和制造方法，大致可分为轴类、盘套类、叉架类和箱体类等几种。

表达零件的形状、结构、尺寸和技术要求的图样称为零件图。零件图是制造和检验零件的主要依据。

一、零件图的基本内容

图 1–53 所示为端盖零件图，一张作为加工和检验依据的零件图应包括以下基本内容。

1. 图形

在零件图中，可以采用一组适当的视图、剖视图、断面图等图形，正确、完整、清晰地表达零件的形状和结构。

零件图的视图应根据零件的结构和形状合理选择，图 1–53 所示的零件图上有 3 个图形，分别是主视图、左视图和局部放大图。其中主视图采用全剖视图；左视图为外形轮廓图。分析视图可以看出，该零件为回转体零件，零件的外形为两个圆柱体，内形为一组圆柱孔和圆锥孔，在大圆盘的四周加工了 6 个沉孔。

2. 尺寸

为表达零件各部分的形状大小和相对位置关系，在零件图上标注了一组尺寸，以满足零件制造和检验的需要。零件图上的尺寸类型与组合体上的尺寸类型相同，即零件图上的尺寸也分为定形尺寸和定位尺寸两类。

在图 1–53 中标注了反映端盖各结构大小和位置的定形尺寸和定位尺寸。如标注了反映大、小圆柱外形的定形尺寸 $\phi120$、$\phi80^{-0.03}_{-0.06}$、18 和 5 等，标注了 6 个沉孔的定形尺寸"$\dfrac{6\times\phi9}{\sqcup\phi15 \,\overline{\downarrow}\, 6}$"和定位尺寸 $\phi98$。

其他尺寸请读者自行分析。

3. 技术要求

在图 1–53 中，$\phi80$ mm 外圆柱面需要和孔配合，属于重要的尺寸，所以标注了尺寸公差，在图中标注为"$\phi80^{-0.03}_{-0.06}$"。

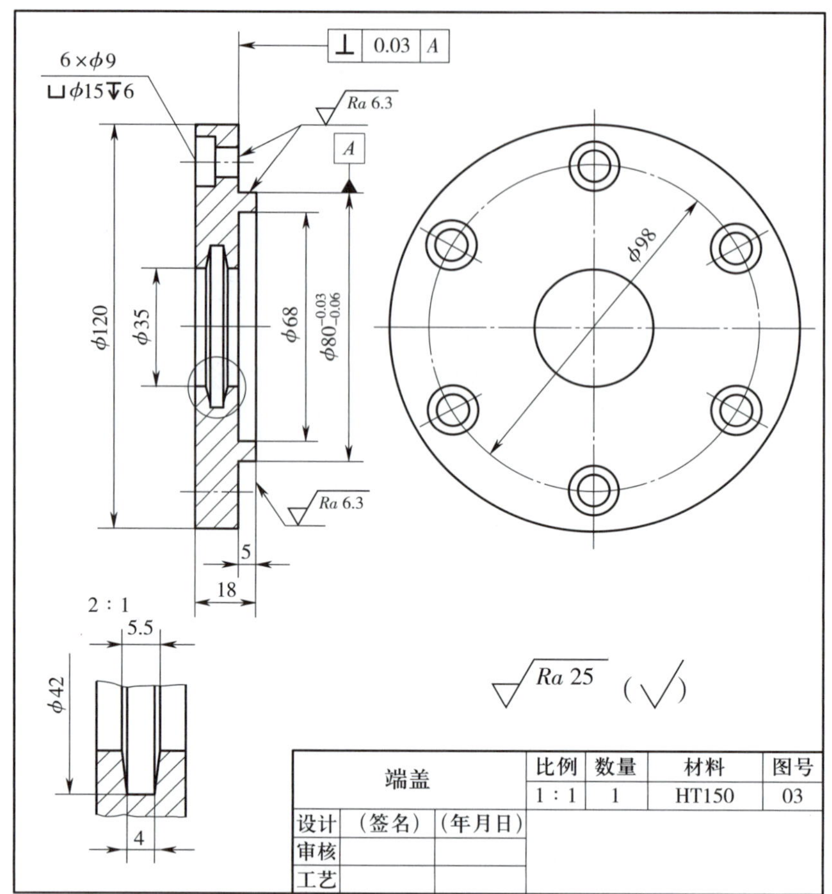

图 1–53　端盖零件图

在端盖零件图中标注了几何公差“⊥ 0.03 A”，其含义是：$\phi120$ mm 圆柱右端面相对于 $\phi80_{-0.06}^{-0.03}$ mm 圆柱轴线的垂直度公差为 0.03 mm。

在端盖的零件图中还标注了各个表面的表面结构要求，从图中可以看出，$\phi80_{-0.06}^{-0.03}$ mm 圆柱面及其右端面、$\phi120$ mm 圆柱右端面的表面结构要求最高，其表面结构代号为“√Ra 6.3”，其他表面的表面结构代号为“√Ra 25”。

4. 标题栏

在端盖零件图的右下角绘制标题栏，在标题栏中写明零件名称、材料、比例等。读图 1–53 的标题栏可知，该零件的名称是端盖，制造零件所用的材料是 HT150，绘图比例为 1∶1。

二、零件结构和形状的表达

零件图要求将零件的结构和形状正确、完整、清晰地表达出来，并力求简便。因此，合理地选择主视图和其他视图，用最少的视图、最清楚地表达零件的内外形状和结构，必须确定一个比较合理的表达方案。

1. 视图选择的原则

选择零件图的表达方案包括选择视图、选择表达方法和确定视图数量等。一般按以下步骤进行：

（1）选择主视图

主视图是一组视图的核心。主视图应尽可能与零件的工作位置或加工位置一致，并较好地反映零件的形状特征。若三者不能兼顾，应遵循的原则是主视图表达的内容最丰富，且使其他视图数量要最少。

（2）选择其他视图

其他视图的选择，应以主视图为基础，根据零件形状的特点进行分析，以正确、完整、清晰、唯一地确定零件形状为线索，按零件的结构逐一分析所需视图及其表达方法，最后综合、调整、归并。通常零件的主要结构和形状应在基本视图或基本视图上取剖视图来表达；基本视图还没有表达清楚的或没表达的次要结构用局部视图、断面图等适当的表达方法来补充。所选的一组视图应该是每个视图都有表达重点，各个视图相互配合、补充而不重复。

2. 轴套类零件视图的选择

（1）轴套类零件的结构特点

轴套类零件属于回转体，往往具有轴肩、圆角、倒角、键槽、销孔、螺纹等结构。

（2）轴套类零件的加工方法

毛坯一般为棒材，它们主要加工工序是在车床和磨床上完成的。

（3）轴套类零件的视图选择

为了加工时方便看图，轴套类零件一般按加工位置画主视图，然后配上若干个断面图、局部视图、局部剖视图来表达轴上各种槽、孔等的形状和深度，最后用局部放大图表达零件上细小结构的形状和尺寸，如图 1–54 所示。

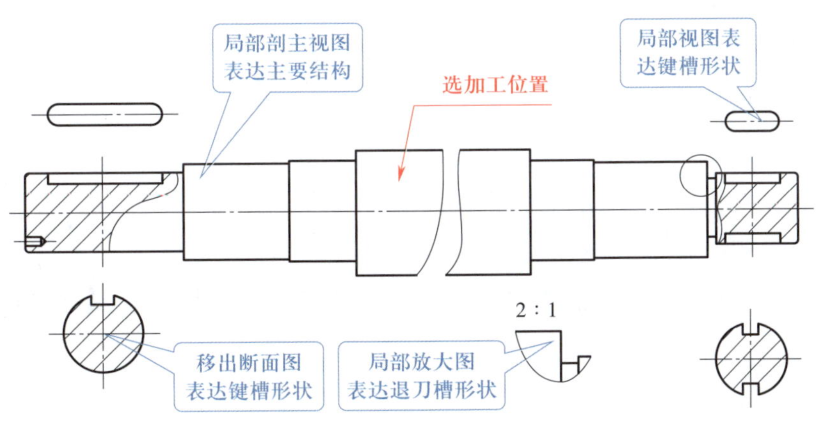

图 1–54　轴套类零件视图选择

3. 盘盖类零件视图的选择

（1）盘盖类零件的结构特点

盘盖类零件包括端盖、法兰盘、齿轮等。这类零件一般具有台阶、止口、圆角、倒角、键槽、销孔、螺纹孔等结构。

(2) 盘盖类零件的加工方法

在毛坯制成后，主要在车床上加工。

(3) 盘盖类零件的视图选择

其主视图多按加工位置和形状特征选用剖视图，以表达零件的内部结构。再加上外形图等，来补充表达零件的外形轮廓和孔、肋、轮辐等的分布位置，如图 1–55 所示。

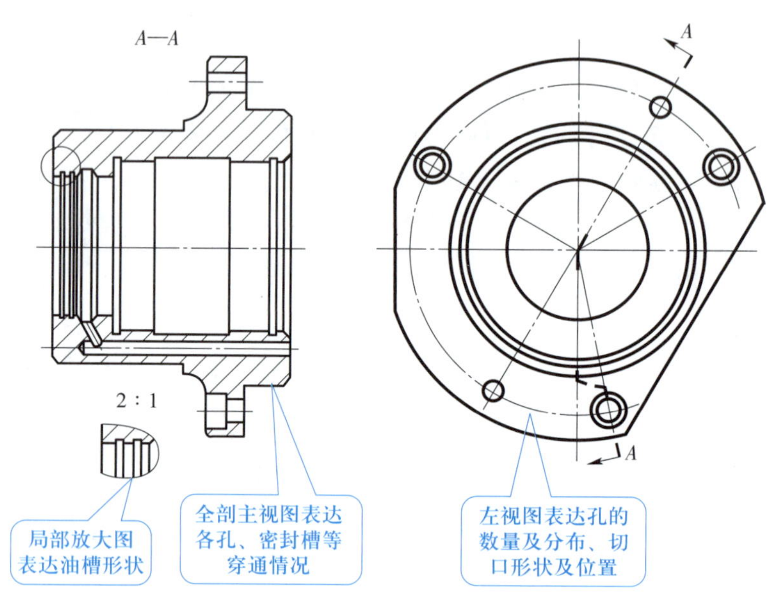

图 1–55　盘盖类零件视图选择

4. 叉架类零件视图的选择

(1) 叉架类零件的结构特点

这类零件一般为工作位置和加工位置多变的运动件。它通常有支承和安装部分，还有加强肋以及孔、槽等比较复杂的结构。

(2) 叉架类零件的加工方法

一般先由铸造得到毛坯，然后进行各种机械加工。

(3) 叉架类零件的视图选择

通常是先按习惯或自然位置画主视图，再根据零件的具体结构选择其他视图和表达方案，如图 1–56 所示。

5. 箱体类零件视图的选择

(1) 箱体类零件的结构特点

形状、结构较复杂的箱体类零件一般起支承、包容作用，它主要用来支承、包容和保护运动零件或其他零件，多为中空腔体并伴有支承孔、螺纹孔等，还有注油孔、放油孔和观察孔等结构以及安装部分。

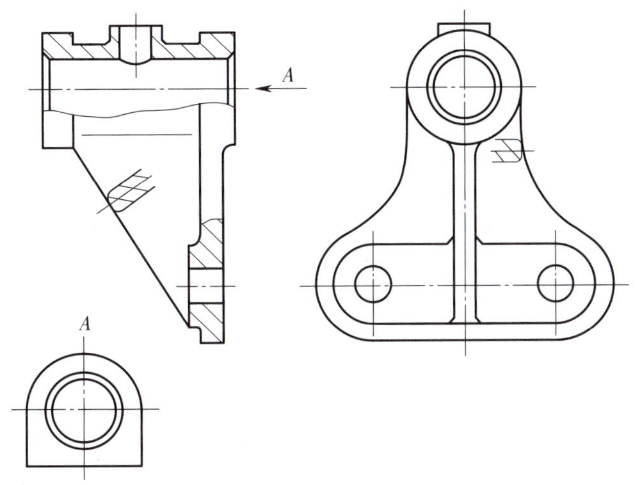

图 1–56　叉架类零件视图选择

（2）箱体类零件的加工方法

一般先由铸造得到毛坯，然后进行各种机械加工。

（3）箱体类零件的视图选择

通常按零件的工作位置画主视图，这样可直接和装配图对照，以便于校核零件形状和尺寸的正确性。视图的表达方案和数量，根据零件的特征和复杂程度而定，如图 1–57 所示。

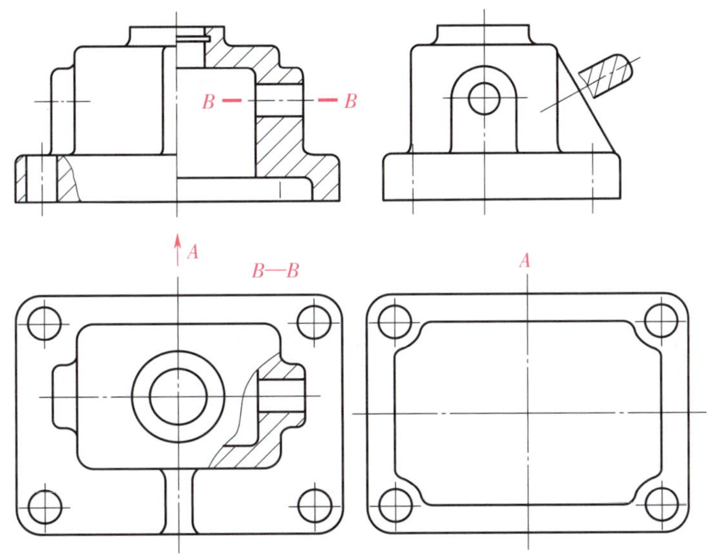

图 1–57　箱体类零件视图选择

三、铸造工艺对零件结构的要求

1. 铸造圆角和起模斜度

为了方便模样顺利地从砂型中拔出，模样上沿起模方向有一定的斜度，称为起模斜度。同时为了防止砂型尖角处落砂和浇注时熔液冲坏砂型，避免铸件冷却收缩时在尖角处开裂或产生缩孔，要求铸件在表面相交处设计成圆角，如图 1–58 所示。半径相同的圆角，可统一在技术要求中注明。

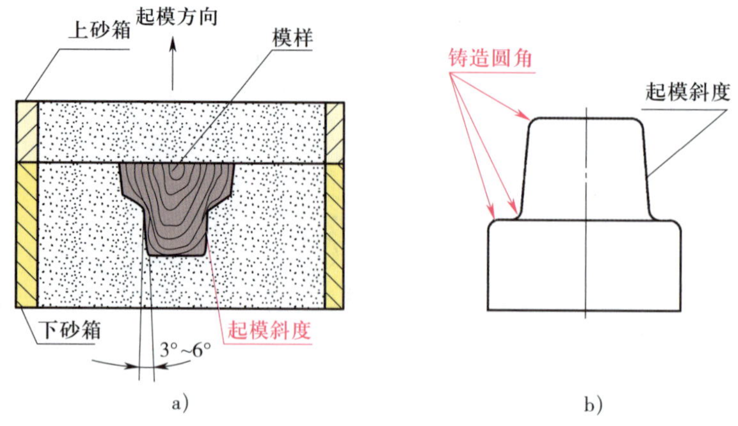

图 1–58　铸造圆角和起模斜度

2. 铸件壁厚

铸件应尽量壁厚均匀，避免因壁厚不均匀造成浇注零件时冷却速度不同，从而导致裂纹和缩孔，影响零件的使用性能。如需要有不同壁厚时，要逐渐过渡。

3. 过渡线

受铸件表面圆角的影响，零件表面上的交线变得不明显。为了在看图时能区分不同形体的表面，在原来表面的理论位置上画出两端与轮廓线脱开的细实线，该线称为过渡线，常见结构过渡线的画法如图 1–59 所示。

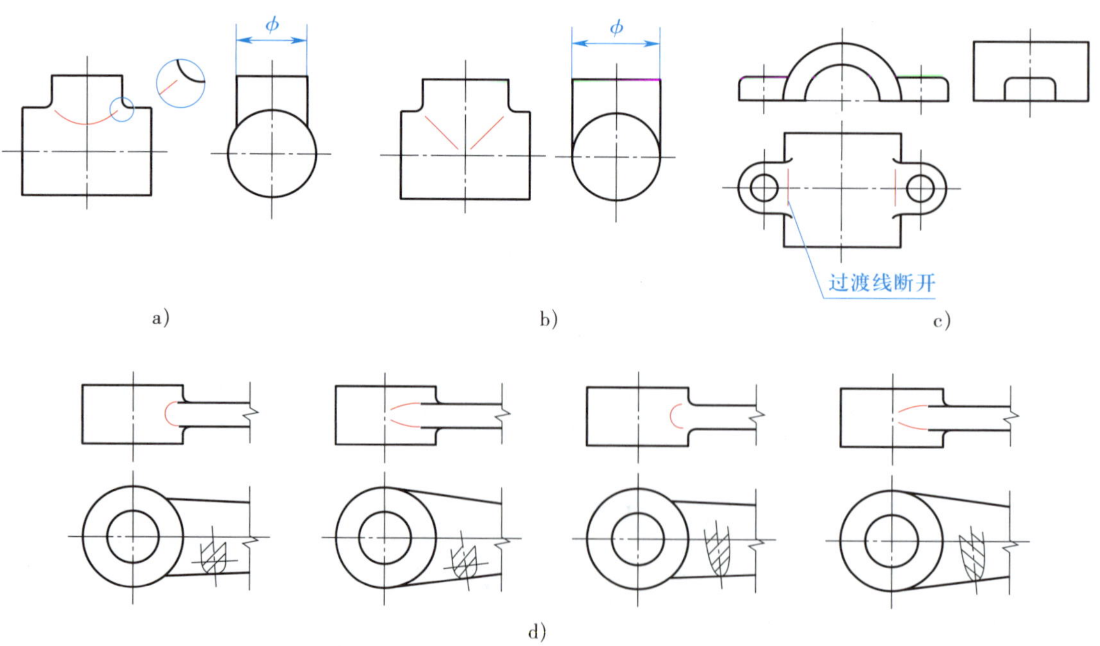

图 1–59　常见结构过渡线的画法

a）不等直径的两圆柱体正交　b）等直径的两圆柱体正交　c）平面立体与曲面立体相交　d）连杆头的过渡线

四、零件图的尺寸标注

尺寸标注在零件图绘制中是很关键的，除了达到正确、齐全、清晰的基本要求外，还应考虑合理性。合理标注尺寸是指所标注尺寸既符合设计要求，保证机器的使用性能，又要满足工艺要求，便于加工、测量和检验。下面介绍合理标注尺寸应遵循的基本原则。

1. 合理标注尺寸的原则

（1）重要尺寸直接注出

重要尺寸是指有配合功能要求的尺寸、重要的相对位置尺寸、影响零件使用性能的尺寸，这些尺寸都要在零件图上直接注出。

图 1–60a 所示轴孔中心高 h_1 是重要尺寸，若按图 1–60b 所示标注，则尺寸 h_2 和 h_3 将产生较大的积累误差，使孔的中心高不能满足设计要求。另外，为安装方便，图 1–60a 中底板上两孔的中心距 l_1 也应直接注出，若按图 1–60b 所示标注 l_3 间接确定 l_1，则不能满足装配要求。

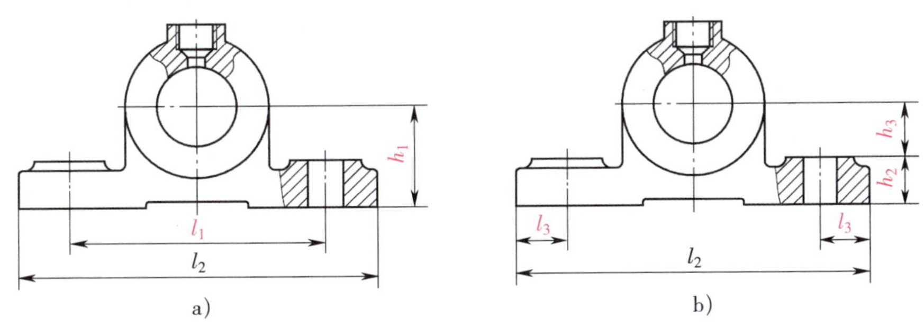

图 1–60　重要尺寸直接注出

a）正确　b）错误

（2）避免出现封闭尺寸链

图 1–61b 中的尺寸 l_1、l_2、l_3、l 构成一个封闭尺寸链。由于 $l=l_1+l_2+l_3$，在加工时，尺寸 l_1、l_2、l_3 都可能产生误差，因此每一段的误差都会积累到尺寸 l 上，使总长 l 不能保证设计的精度要求。若要保证尺寸 l 的精度要求，就要提高每一段的精度要求，导致加工困难且提高成本。为此，选择其中一个不重要尺寸空出不标，称为开口环，使所有的尺寸误差都积累在这一段，如图 1–61a 所示。

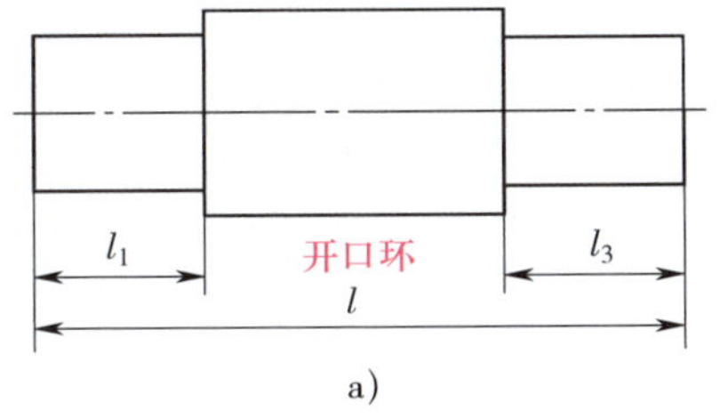

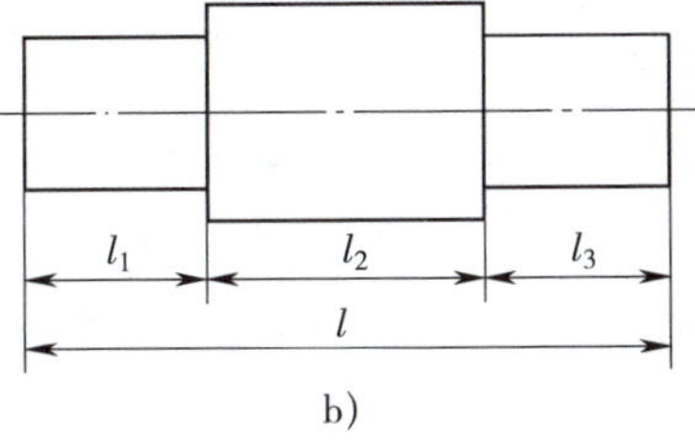

图 1–61　避免出现封闭尺寸链

a）正确　b）错误

（3）标注尺寸要便于加工、测量

1）退刀槽和越程槽的尺寸标注。轴套类零件上常制有退刀槽或越程槽等工艺结构，标注尺寸时应将这类结构要素的尺寸单独注出，且包括在相应的某一段长度内。如图 1–62a 所示，图中将退刀槽这一工艺结构包括在长度 13 mm 内，这种标注形式符合工艺要求，便于加工、测量，图 1–62b 所示标注不合理。

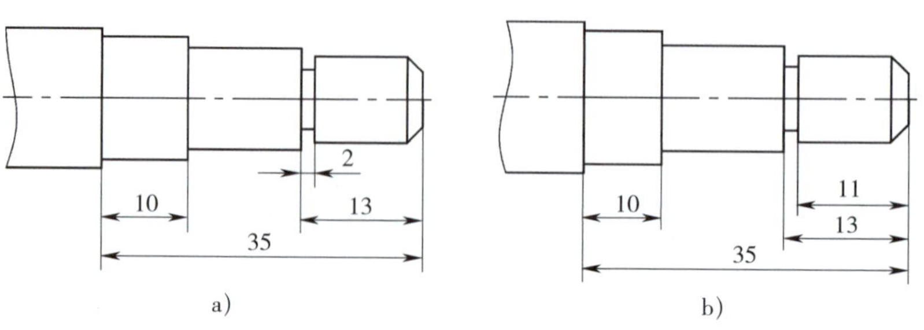

图 1–62　标注尺寸要便于加工、测量（一）
a）合理　b）不合理

零件上常见结构要素的尺寸标注已经格式化，如倒角、退刀槽可按图 1–63a、b 所示标注；图 1–63c 所示为轴套类零件中越程槽的尺寸标注。

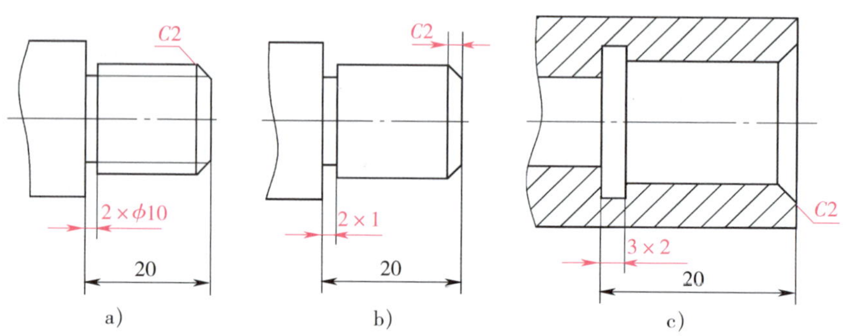

图 1–63　退刀槽和越程槽的尺寸标注

2）键槽深度的尺寸标注。图 1–64a 表示轴或轮毂上键槽的深度尺寸以圆柱面素线为基准进行标注，以便于测量。

3）阶梯孔的尺寸标注。零件上阶梯孔的加工顺序一般是先加工小孔，再加工大孔，因此轴向尺寸的标注应从端面注出大孔的深度，以便于测量，如图 1–64b 所示。

4）毛面尺寸的标注。毛坯的毛面是指始终不进行加工的表面。标注尺寸时，在同一方向上，应分为两个尺寸系统，即毛面与毛面之间为一个尺寸系统，加工面与加工面之间为另一个尺寸系统。两个系统之间必须只能有一个联系尺寸。如图 1–65a 所示，该零件只有一个尺寸 B 为毛面与加工面之间的联系尺寸，图 1–65b 所示的尺寸标注是不合理的。

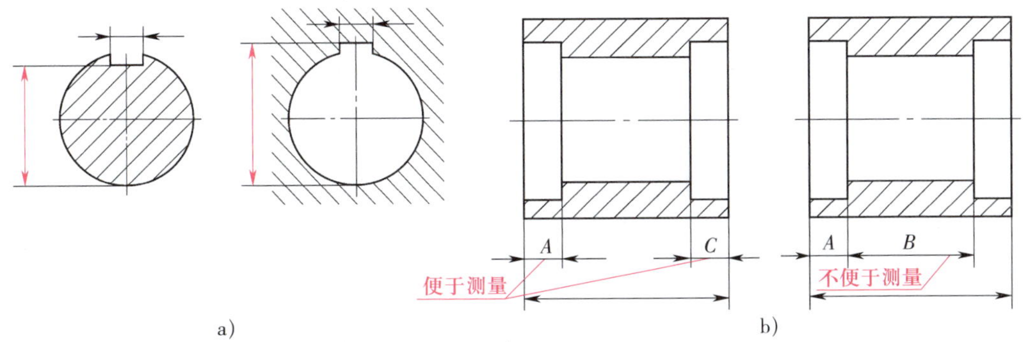

图 1-64　标注尺寸要便于加工、测量（二）

a）键槽深度　b）阶梯孔

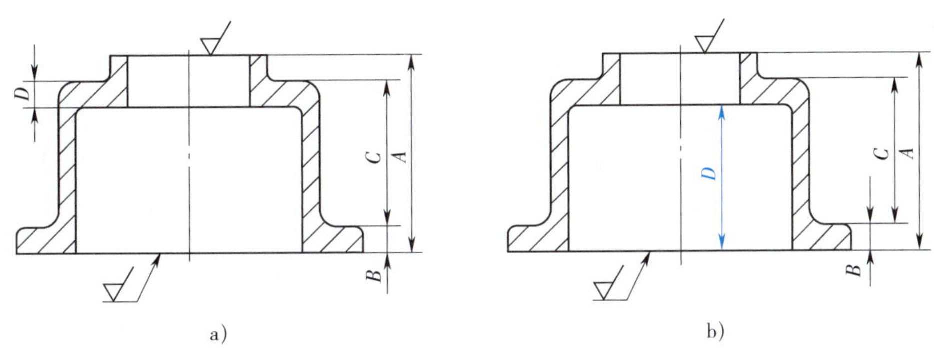

图 1-65　毛坯的毛面尺寸标注

a）合理　b）不合理

2. 各种孔的简化标注

零件上各种孔（光孔、沉孔、螺纹孔）的简化标注见表 1-15。

表 1-15　　零件上各种孔的简化标注

类型		简化注法	一般注法	说明
光孔	一般孔	4×ϕ5↧10　　4×ϕ5↧10	4×ϕ5　10	4×ϕ5 表示直径为 5 mm 的四个光孔，孔深可与孔径连注
	精加工孔	4×$\phi 5^{+0.012}_{0}$↧10 孔↧12　　4×$\phi 5^{+0.012}_{0}$↧10 孔↧12	4×$\phi 5^{+0.012}_{0}$　10　12	四个光孔深为 12 mm，钻孔后孔直径需精加工至 $5^{+0.012}_{0}$ mm，深度为 10 mm
	锥销孔	锥销孔ϕ5 配作　　锥销孔ϕ5 配作	锥销孔ϕ5 配作	ϕ5 mm 为与锥销孔相配的圆锥销小头直径（公称直径）。锥销孔通常是两零件装在一起后加工的，故应注明“配作”

续表

类型		简化注法	一般注法	说明
沉孔	埋头孔	4×ϕ7 ⌵ϕ13×90°；4×ϕ7 ⌵ϕ13×90°	90°；ϕ13；4×ϕ7	4×ϕ7 表示直径为 7 mm 的四个孔，90° 埋头孔的最大直径为 13 mm
	柱形沉孔	4×ϕ7 ⌴ϕ13↧3；4×ϕ7 ⌴ϕ13↧3	ϕ13；3；4×ϕ7	4 个柱形沉孔的直径为 13 mm，深度为 3 mm
	锪平沉孔	4×ϕ7 ⌴ϕ13；4×ϕ7 ⌴ϕ13	锪平；ϕ13；4×ϕ7	ϕ13 mm 锪平沉孔的深度不必标注，一般锪平到不出现毛面为止
螺纹孔	通孔	2×M8；2×M8	2×M8	2×M8 表示公称直径为 8 mm 的两个螺纹孔，中径和顶径公差带代号为 6H
	不通孔	2×M8↧10 孔↧12；2×M8↧10 孔↧12	2×M8；10；12	两个 M8 螺纹孔的螺纹长度为 10 mm，钻孔深度为 12 mm，中径和顶径公差带代号为 6H

3. 尺寸标注常用的符号和缩写词（表 1–16）

表 1–16　尺寸标注常用的符号和缩写词

含义	符号或缩写词	含义	符号或缩写词
直径	ϕ	深度	↧
半径	R	柱形沉孔或锪平沉孔	⌴
球直径	$S\phi$	埋头孔	⌵
球半径	SR	弧长	⌒
厚度	t	斜度	∠
均布	EQS	锥度	⊲
45° 倒角	C	展开长	○→
正方形	□	型材截面形状	按 GB/T 4656—2008 的规定

【标注尺寸示例】合理标注如图 1–66 所示齿轮轴零件的尺寸。

标注零件尺寸之前，先要对零件进行结构分析，了解零件的工作性能和加工、测量方法，选好尺寸基准。

轴是回转体，其径向尺寸基准（高度和宽度方向）为回转体的轴线，由此注出各轴段直径尺寸：ϕ16、ϕ34、ϕ16、ϕ14、ϕ30（分度圆直径）、M12 × 1.5 等。齿轮左端面是长度方向主要尺寸基准（设计基准），且尺寸 25 是设计的主要尺寸，应直接注出。由此注出轴的总长尺寸 105，主要基准与辅助基准之间注出联系尺寸 12。长度方向第二辅助基准是轴的右端面，通过长度尺寸 30 得出长度方向第三辅助基准 ϕ16 轴段的右端面，由此注出键槽长度方向的定位尺寸 1 以及键槽长度尺寸 10。键槽的深度和宽度在断面图中注出。其他尺寸可用形体分析法补齐。

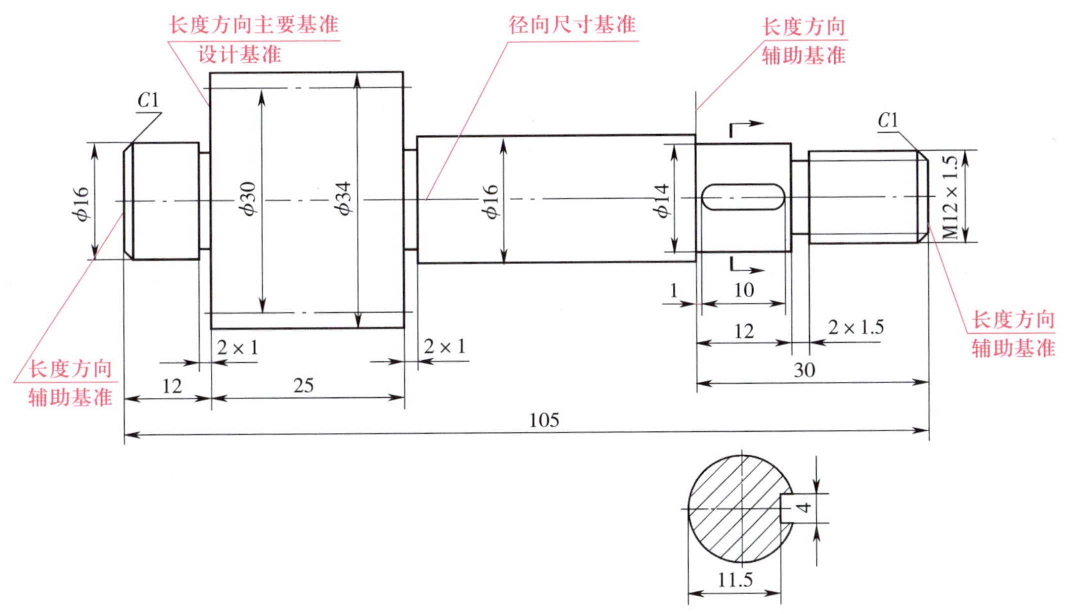

图 1–66　合理标注齿轮轴零件尺寸

第二章 产品几何技术要求

第一节 极限与配合

一、公差、偏差和配合的基本术语和定义（GB/T 1800.1—2020）

公差和偏差的基本术语、定义见表 2–1，配合的基本术语、定义见表 2–2。

表 2–1　　公差和偏差的基本术语、定义

基本术语	定义	图示
尺寸要素	线性尺寸要素或者角度尺寸要素。尺寸要素可以是一个球体、一个圆、两条直线、两相对平行面、一个圆柱体、一个圆环等	—
公称组成要素	由设计者在产品技术文件中定义的理想组成要素	—
孔	工件的内尺寸要素，包括非圆柱形的内尺寸要素	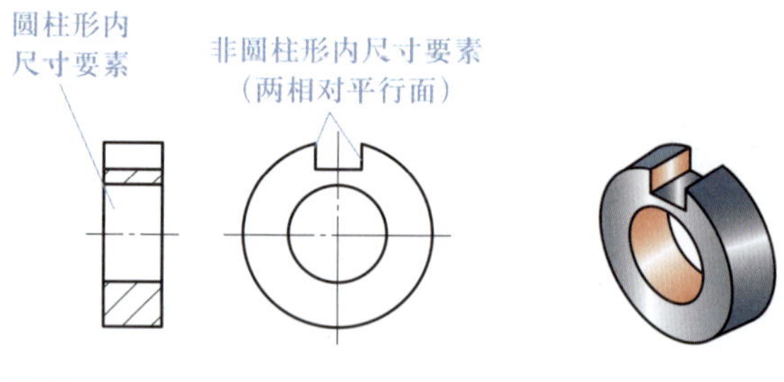 圆柱形内尺寸要素 非圆柱形内尺寸要素（两相对平行面）
基准孔	在基孔制配合中选作基准的孔，即下极限偏差为零的孔	—
轴	工件的外尺寸要素，包括非圆柱形的外尺寸要素	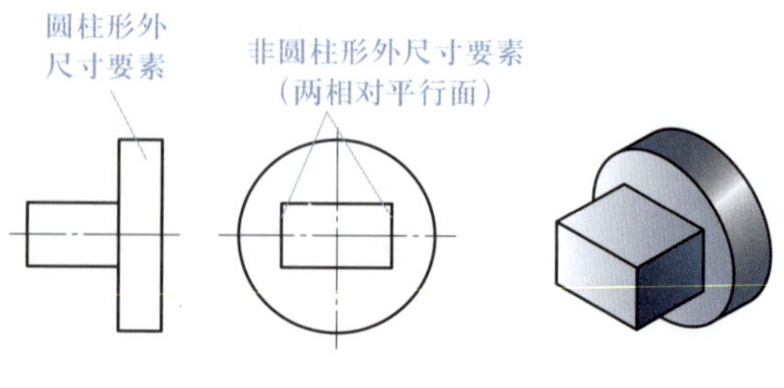 圆柱形外尺寸要素 非圆柱形外尺寸要素（两相对平行面）
基准轴	在基轴制配合中选作基准的轴，即上极限偏差为零的轴	—

续表

基本术语	定义	图示
公称尺寸	由图样规范定义的理想形状要素的尺寸	
实际尺寸	拟合组成要素的尺寸。实际尺寸通过测量得到	
极限尺寸	尺寸要素的尺寸所允许的极限值。为了满足要求，实际尺寸位于上、下极限尺寸之间，含极限尺寸	
上极限尺寸	尺寸要素允许的最大尺寸	
下极限尺寸	尺寸要素允许的最小尺寸	
零线	表示公称尺寸的一条直线，以此为基准确定偏差和公差	
偏差	某值与参考值之差。对于尺寸偏差，参考值是公称尺寸，某值是实际尺寸	
极限偏差	相对于公称尺寸的上极限偏差和下极限偏差	
上极限偏差	上极限尺寸减其公称尺寸所得的代数差。*ES* 用于内尺寸要素，*es* 用于外尺寸要素	
下极限偏差	下极限尺寸减其公称尺寸所得的代数差。*EI* 用于内尺寸要素，*ei* 用于外尺寸要素	
公差	上极限尺寸与下极限尺寸之差，或上极限偏差与下极限偏差之差。公差是一个没有符号的绝对值	
公差带	公差极限之间（包括公差极限）的尺寸变动值	
基本偏差	确定公差带相对公称尺寸位置的那个极限偏差	

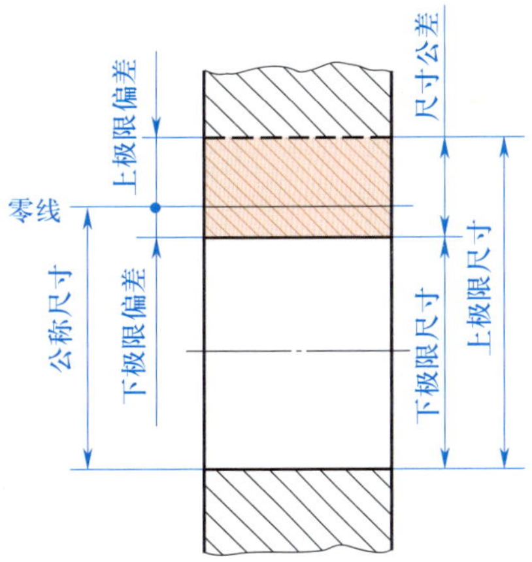

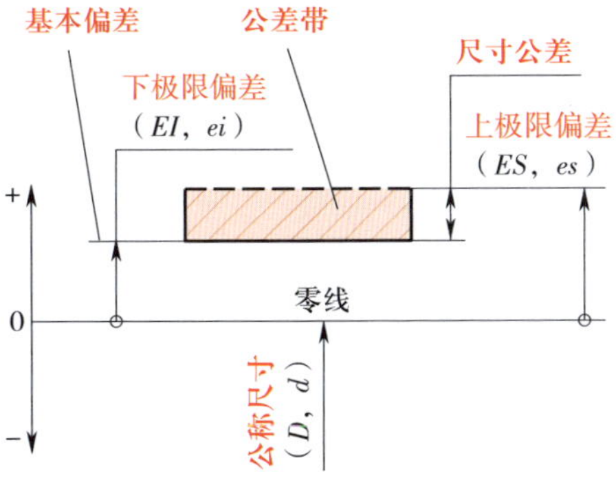

表 2-2 配合的基本术语、定义

术语	定义	图示
配合	类型相同且待装配的外尺寸要素（轴）和内尺寸要素（孔）之间的关系。配合有基孔制和基轴制，分为间隙配合、过渡配合和过盈配合	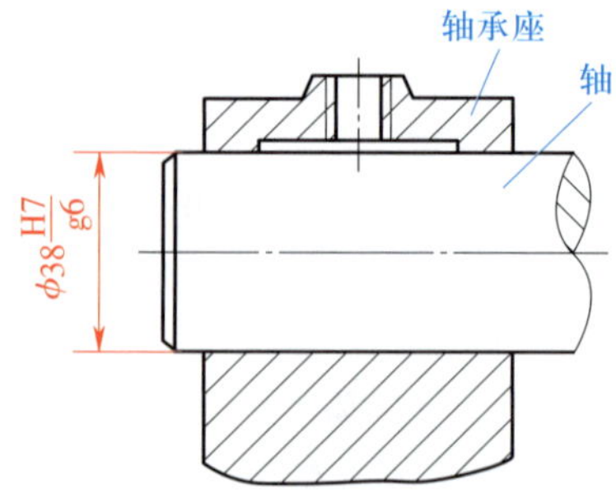 轴承座 轴 $\phi38\frac{H7}{g6}$
间隙	当轴的直径小于孔的直径时，相配孔和轴的尺寸之差	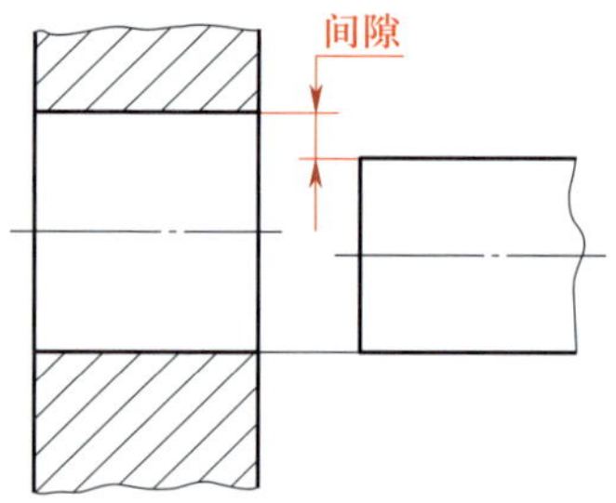 间隙
过盈	当轴的直径大于孔的直径时，相配孔和轴的尺寸之差	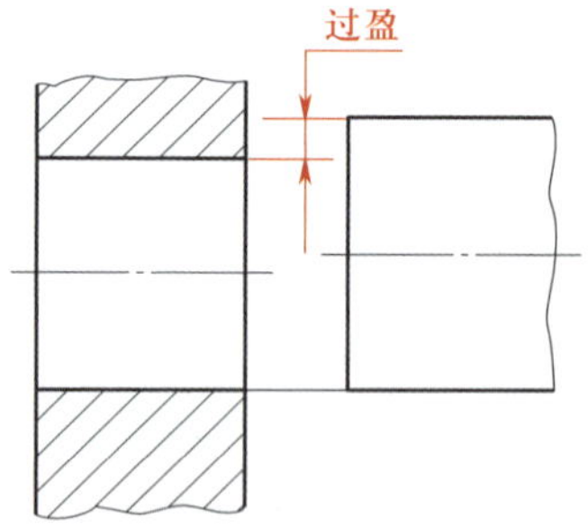 过盈
间隙配合	孔和轴装配时总是存在间隙的配合。此时，孔的下极限尺寸大于或在极端情况下等于轴的上极限尺寸	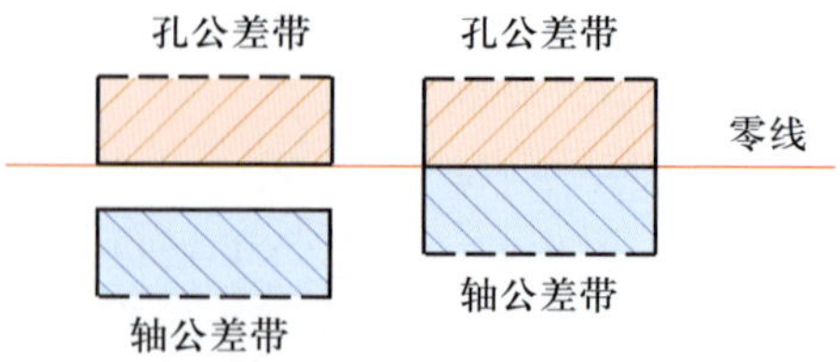 孔公差带 孔公差带 零线 轴公差带 轴公差带
过盈配合	孔和轴装配时总是存在过盈的配合。此时，孔的上极限尺寸小于或在极端情况下等于轴的下极限尺寸	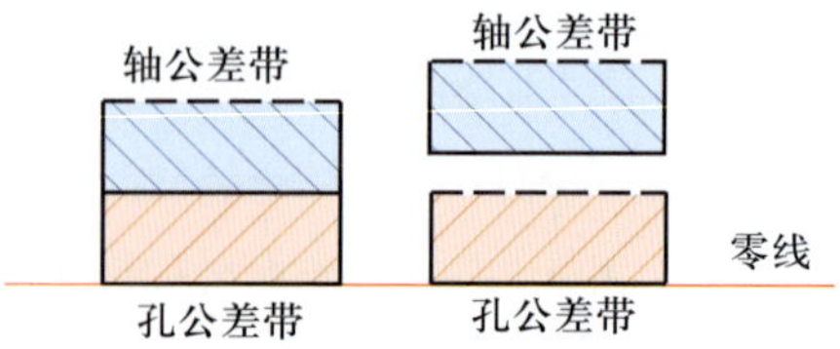 轴公差带 轴公差带 零线 孔公差带 孔公差带

续表

术语	定义	图示
过渡配合	孔和轴相配时可能具有间隙或过盈的配合。在过渡配合中，孔和轴的公差带完全重叠或部分重叠，因此，是否形成间隙配合或过盈配合取决于孔和轴的实际尺寸	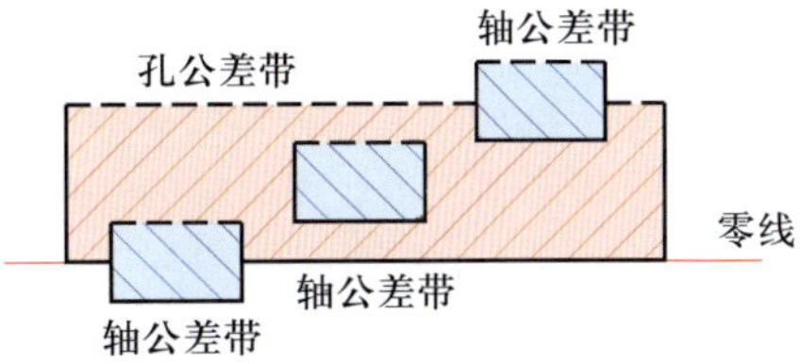 孔公差带；轴公差带；轴公差带；轴公差带；零线
最小间隙	在间隙配合中，孔的下极限尺寸与轴的上极限尺寸之差	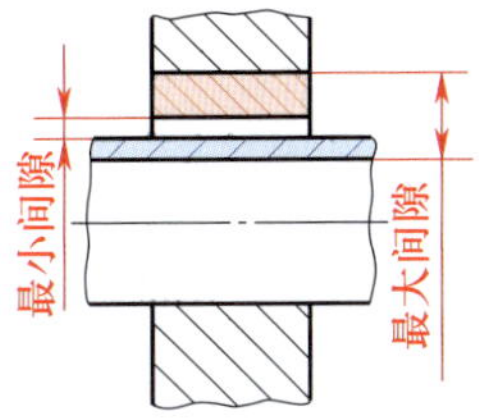 最小间隙；最大间隙 图 a　间隙配合
最大间隙	在间隙配合或过渡配合中，孔的上极限尺寸与轴的下极限尺寸之差	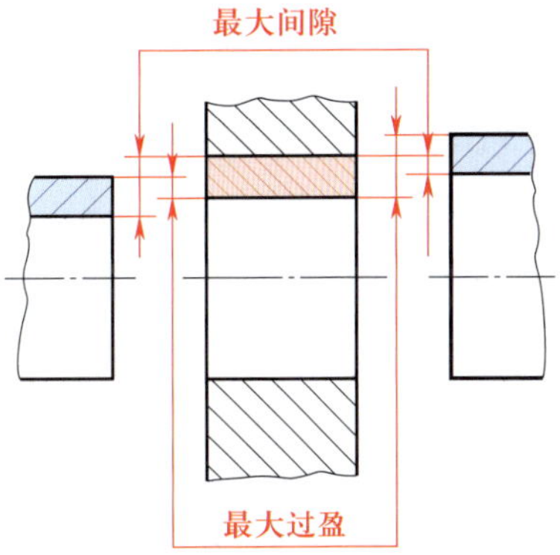 最大间隙；最大过盈 图 b　过渡配合
最小过盈	在过盈配合中，孔的上极限尺寸与轴的下极限尺寸之差	
最大过盈	在过盈配合或过渡配合中，孔的下极限尺寸与轴的上极限尺寸之差	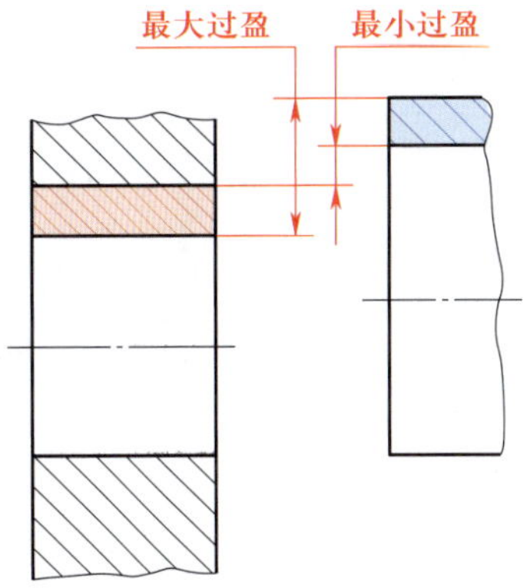 最大过盈；最小过盈 图 c　过盈配合

续表

术语	定义	图示
基轴制配合	轴的基本偏差为零的配合，即其上极限偏差等于零。轴的上极限尺寸与公称尺寸相同的配合制	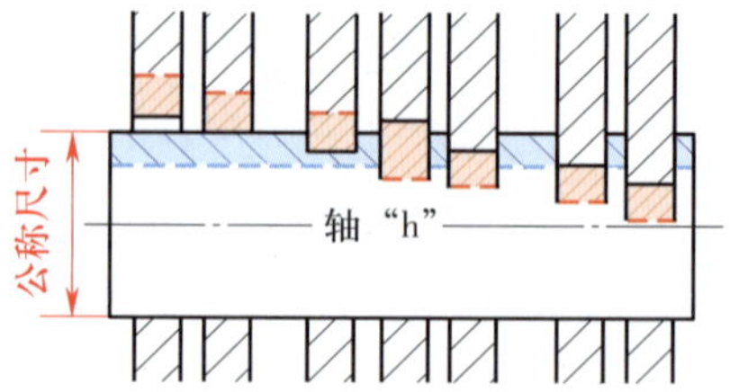
基孔制配合	孔的基本偏差为零的配合，即其下极限偏差等于零。孔的下极限尺寸与公称尺寸相同的配合制	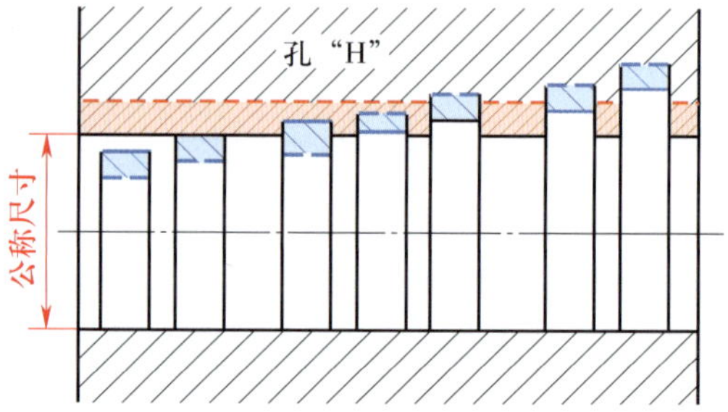

二、标准公差与基本偏差

公差带代号包含公差大小和相对尺寸要素的公称尺寸的公差带位置的信息。公差带代号确定公差大小。公差大小是一个标准公差等级与被测要素的公称尺寸的函数。

1. 标准公差等级（GB/T 1800.1—2020）

标准公差等级用符号 IT 和数字表示，如 IT7。当其与代表基本偏差的字母一起组成公差带代号时，省略字母 IT，如 h7。标准公差等级分 IT01、IT0、IT1 ~ IT18，共 20 级。其中，IT01 精度最高，其余依次降低，IT18 精度最低。同一公称尺寸的标准公差值依次增大，即 IT01 公差值最小，IT18 公差值最大。公称尺寸至 3 150 mm 的标准公差数值见表 2–3。

2. 基本偏差系列（GB/T 1800.1—2020）

孔、轴的基本偏差各有 28 种，如图 2–1 所示。基本偏差用字母表示，孔的基本偏差用大写拉丁字母表示，轴的基本偏差用小写拉丁字母表示。轴、孔的基本偏差数值见表 2–4 至表 2–7。

表 2-3　公称尺寸至 3 150 mm 的标准公差数值（摘自 GB/T 1800.1—2020）

公称尺寸 / mm		标准公差等级																			
		IT01	IT0	IT1	IT2	IT3	IT4	IT5	IT6	IT7	IT8	IT9	IT10	IT11	IT12	IT13	IT14	IT15	IT16	IT17	IT18
大于	至	标准公差数值																			
		μm													mm						
—	3	0.3	0.5	0.8	1.2	2	3	4	6	10	14	25	40	60	0.1	0.14	0.25	0.4	0.6	1	1.4
3	6	0.4	0.6	1	1.5	2.5	4	5	8	12	18	30	48	75	0.12	0.18	0.3	0.48	0.75	1.2	1.8
6	10	0.4	0.6	1	1.5	2.5	4	6	9	15	22	36	58	90	0.15	0.22	0.36	0.58	0.9	1.5	2.2
10	18	0.5	0.8	1.2	2	3	5	8	11	18	27	43	70	110	0.18	0.27	0.43	0.7	1.1	1.8	2.7
18	30	0.6	1	1.5	2.5	4	6	9	13	21	33	52	84	130	0.21	0.33	0.52	0.84	13	2.1	3.3
30	50	0.6	1	15	2.5	4	7	11	16	25	39	62	100	160	0.25	0.39	0.62	1	1.6	2.5	3.9
50	80	0.8	1.2	2	3	5	8	13	19	30	46	74	120	190	0.3	0.46	0.74	1.2	1.9	3	4.6
80	120	1	1.5	2.5	4	6	10	15	22	35	54	87	140	220	0.35	0.54	0.87	1.4	2.2	3.5	5.4
120	180	1.2	2	3.5	5	8	12	18	25	40	63	100	160	250	0.4	0.63	1	1.6	2.5	4	6.3
180	250	2	3	4.5	7	10	14	20	29	46	72	115	185	290	0.46	0.72	1.15	1.85	2.9	4.6	7.2
250	315	2.5	4	6	8	12	16	23	32	52	81	130	210	320	0.52	0.81	1.3	2.1	3.2	5.2	8.1
315	400	3	5	7	9	13	18	25	36	57	89	140	230	360	0.57	0.89	1.4	2.3	3.6	5.7	8.9
400	500	4	6	8	10	15	20	27	40	63	97	155	250	400	0.63	0.97	1.55	2.5	4	6.3	9.7
500	630			9	11	16	22	32	44	70	110	175	280	440	0.7	1.1	1.75	2.8	4.4	7	11
630	800			10	13	18	25	36	50	80	125	200	320	500	0.8	1.25	2	3.2	5	8	12.5
800	1 000			11	15	21	28	40	56	90	140	230	360	560	0.9	1.4	2.3	3.6	5.6	9	14
1 000	1 250			13	18	24	33	47	66	105	165	260	420	660	1.05	1.65	2.6	4.2	6.6	10.5	16.5
1 250	1 600			15	21	29	39	55	78	125	195	310	500	780	1.25	1.95	3.1	5	7.8	12.5	19.5
1 600	2 000			18	25	35	46	65	92	150	230	370	600	920	1.5	2.3	3.7	6	9.2	15	23
2 000	2 500			22	30	41	55	78	110	175	280	440	700	1 100	1.75	2.8	4.4	7	11	17.5	28
2 500	3 150			26	36	50	68	96	135	210	330	540	860	1 350	2.1	3.3	5.4	8.6	13.5	21	33

注：（1）公称尺寸大于 500 mm 的 IT1 ~ IT5 的标准公差数值为试行。

（2）标准公差等级 IT01 和 IT0 在工业中很少用到，所以在本表中没有给出该两公差等级的标准公差数值。

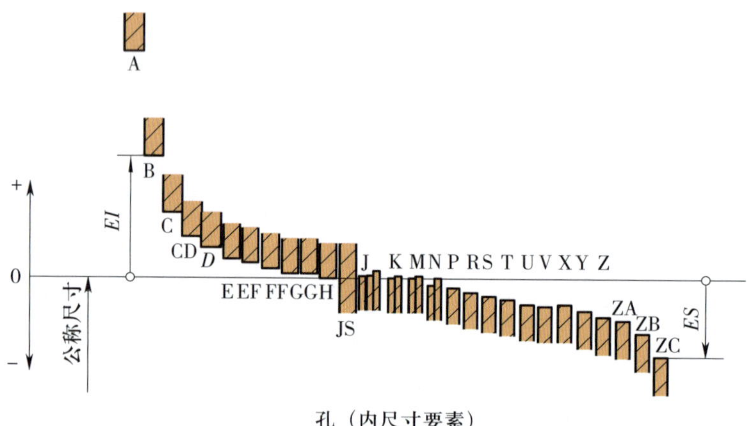

孔（内尺寸要素）

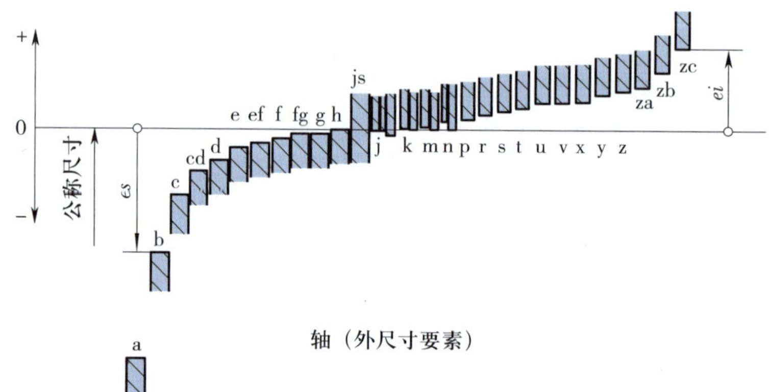

轴（外尺寸要素）

图 2–1　孔和轴的基本偏差系列图

表 2-4 孔 A~M 的基本偏差数值（摘自 GB/T 1800.1—2020）

公称尺寸 /mm		基本偏差数值 /μm																		
		下极限偏差，*EI*												上极限偏差，*ES*						
		所有公差等级												IT6	IT7	IT8	≤ IT8	>IT8	≤ IT8	>IT8
大于	至	A[a]	B[a]	C	CD	D	E	EF	F	FG	G	H	JS	J			K[c, d]		M[b, c, d]	
—	3	+270	+140	+60	+34	+20	+14	+10	+6	+4	+2	0	偏差 = ± ITn/2，式中 n 为标准公差等级数	+2	+4	+6	0	0	−2	−2
3	6	+270	+140	+70	+46	+30	+20	+14	+10	+6	+4	0		+5	+6	+10	−1+Δ		−4+Δ	−4
6	10	+280	+150	+80	+56	+40	+25	+18	+13	+8	+5	0		+5	+8	+12	−1+Δ		−6+Δ	−6
10	14	+290	+150	+95	+70	+50	+32	+23	+16	+10	+6	0		+6	+10	+15	−1+Δ		−7+Δ	−7
14	18																			
18	24	+300	+160	+110	+85	+65	+40	+28	+20	+12	+7	0		+8	+12	+20	−2+Δ		−8+Δ	−8
24	30																			
30	40	+310	+170	+120	+100	+80	+50	+35	+25	+15	+9	0		+10	+14	+24	−2+Δ		−9+Δ	−9
40	50	+320	+180	+130																
50	65	+340	+190	+140		+100	+60		+30		+10	0		+13	+18	+28	−2+Δ		−11+Δ	−11
65	80	+360	+200	+150																
80	100	+380	+220	+170		+120	+72		+36		+12	0		+16	+22	+34	−3+Δ		−13+Δ	−13
100	120	+410	+240	+180																
120	140	+460	+260	+200		+145	+85		+43		+14	0		+18	+26	+41	−3+Δ		−15+Δ	−15
140	160	+520	+280	+210																
160	180	+580	+310	+230																
180	200	+660	+340	+240		+170	+100		+50		+15	0		+22	+30	+47	−4+Δ		−17+Δ	−17
200	225	+740	+380	+260		+170	+100		+50		+15	0		+22	+30	+47	−4+Δ		−17+Δ	−17
225	250	+820	+420	+280																
250	280	+920	+480	+300		+190	+110		+56		+17	0		+25	+36	+55	−4+Δ		−20+Δ	−20
280	315	+1 050	+540	+330																
315	355	+1 200	+600	+360		+210	+125		+62		+18	0		+29	+39	+60	−4+Δ		−21+Δ	−21
355	400	+1 350	+680	+400																

续表

公称尺寸 / mm		基本偏差数值 /μm																		
		下极限偏差，*EI*												上极限偏差，*ES*						
大于	至	所有公差等级												IT6	IT7	IT8	≤ IT8	>IT8	≤ IT8	>IT8
		A[a]	B[a]	C	CD	D	E	EF	F	FG	G	H	JS	J			K[c, d]		M[b, c, d]	
400	450	+1 500	+760	+440		+230	+135		+68		+20	0	偏差 = ± ITn/2，式中 n 为标准公差等级数	+33	+43	+66	−5+Δ		−23+Δ	−23
450	500	+1 650	+840	+480																
500	560					+260	+145		+76		+22	0					0		−26	
560	630																			
630	710					+290	+160		+80		+24	0					0		−30	
710	800																			
800	900					+320	+170		+86		+26	0					0		−34	
900	1 000																			
1 000	1 120					+350	+195		+98		+28	0					0		−40	
1 120	1 250																			
1 250	1 400					+390	+220		+110		+30	0					0		−48	
1 400	1 600																			
1 600	1 800					+430	+240		+120		+32	0					0		−58	
1 800	2 000																			
2 000	2 240					+480	+260		+130		+34	0					0		−68	
2 240	2 500																			
2 500	2 800					+520	+290		+145		+38	0					0		−76	
2 800	3 150																			

[a] 公称尺寸≤ 1 mm 时，不适用基本偏差 A 和 B。

[b] 特例：对于公称尺寸大于 250 mm 至 315 mm 的公差带代号 M6，*ES*=−9 μm（计算结果不是 −11 μm）。

[c] 为确定 K 和 M 的值，见 GB/T 1800.1—2020 中 4.3.2.5。

[d] 对于 Δ 值，见表 2–5。

表 2-5 孔 N~ZC 的基本偏差数值（摘自 GB/T 1800.1—2020）

公称尺寸/mm		基本偏差数值/μm 上极限偏差，*ES*																Δ 值 标准公差等级					
大于	至	≤ IT8	>IT8	≤ IT7	>IT7 的标准公差等级																	
		N[a, b]		P~ZC[a]	P	R	S	T	U	V	X	Y	Z	ZA	ZB	ZC	IT3	IT4	IT5	IT6	IT7	IT8
—	3	−4	−4	在 >IT7 的标准公差等级的基本偏差数值上增加一个 Δ 值	−6	−10	−14		−18		−20		−26	−32	−40	−60	0	0	0	0	0	0
3	6	−8+Δ	0		−12	−15	−19		−23		−28		−35	−42	−50	−80	1	1.5	1	3	4	6
6	10	−10+Δ	0		−15	−19	−23		−28		−34		−42	−52	−67	−97	1	1.5	2	3	6	7
10	14	−12+Δ	0		−18	−23	−28		−33		−40		−50	−64	−90	−130	1	2	3	3	7	9
14	18									−39	−45		−60	−77	−108	−150						
18	24	−15+Δ	0		−22	−28	−35		−41	−47	−54	−63	−73	−98	−136	−188	1.5	2	3	4	8	12
24	30							−41	−48	−55	−64	−75	−88	−118	−160	−218						
30	40	−17+Δ	0		−26	−34	−43	−48	−60	−68	−80	−94	−112	−148	−200	−274	1.5	3	4	5	9	14
40	50							−54	−70	−81	−97	−114	−136	−180	−242	−325						
50	65	−20+Δ	0		−32	−41	−53	−66	−87	−102	−122	−144	−172	−226	−300	−405	2	3	5	6	11	16
65	80					−43	−59	−75	−102	−120	−146	−174	−210	−274	−360	−480						
80	100	−23+Δ	0		−37	−51	−71	−91	−124	−146	−178	−214	−258	−335	−445	−585	2	4	5	7	13	19
100	120					−54	−79	−104	−144	−172	−210	−254	−310	−400	−525	−690						
120	140	−27+Δ	0		−43	−63	−92	−122	−170	−202	−248	−300	−365	−470	−620	−800	3	4	6	7	15	23
140	160					−65	−100	−134	−190	−228	−280	−340	−415	−535	−700	−900						
160	180					−68	−108	−146	−210	−252	−310	−380	−465	−600	−780	−1 000						
180	200	−31+Δ	0		−50	−77	−122	−166	−236	−284	−350	−425	−520	−670	−880	−1 150	3	4	6	9	17	26
200	225					−80	−130	−180	−258	−310	−385	−470	−575	−740	−960	−1 250						
225	250					−84	−140	−196	−284	−340	−425	−520	−640	−820	−1 050	−1 350						
250	280	−34+Δ	0		−56	−94	−158	−218	−315	−385	−475	−580	−710	−920	−1 200	−1 550	4	4	7	9	20	29
280	315					−98	−170	−240	−350	−425	−525	−650	−790	−1 000	−1 300	−1 700						

续表

公称尺寸/mm		基本偏差数值/μm 上极限偏差，*ES*															Δ 值 标准公差等级					
大于	至	≤ IT8	>IT8	≤ IT7	>IT7 的标准公差等级																	
		N[a，b]		P~ZC[a]	P	R	S	T	U	V	X	Y	Z	ZA	ZB	ZC	IT3	IT4	IT5	IT6	IT7	IT8
315	355	−37+Δ	0	在 >IT7 的标准公差等级的基本偏差数值上增加一个 Δ 值	−62	−108	−190	−268	−390	−475	−590	−730	−900	−1 150	−1 500	−1 900	4	5	7	11	21	32
355	400					−114	−208	−294	−435	−530	−660	−820	−1 000	−1 300	−1 650	−2 100						
400	450	−40+Δ	0		−68	−126	−232	−330	−490	−595	−740	−920	−1 100	−1 450	−1 850	−2 400	5	5	7	13	23	34
450	500					−132	−252	−360	−540	−660	−820	−1 000	−1 250	−1 600	−2 100	−2 600						
500	560	−44			−78	−150	−280	−400	−600													
560	630					−155	−310	−450	−660													
630	710	−50			−88	−175	−340	−500	−740													
710	800					−185	−380	−560	−840													
800	900	−56			−100	−210	−430	−620	−940													
900	1 000					−220	−470	−680	−1 050													
1 000	1 120	−66			−120	−250	−520	−780	−1 150													
1 120	1 250					−260	−580	−840	−1 300													
1 250	1 400	−78			−140	−300	−640	−960	−1 450													
1 400	1 600					−330	−720	−1 050	−1 600													
1 600	1 800	−92			−170	−370	−820	−1 200	−1 850													
1 800	2 000					−400	−920	−1 350	−2 000													
2 000	2 240	−110			−195	−440	−1 000	−1 500	−2 300													
2 240	2 500					−460	−1 100	−1 650	−2 500													
2 500	2 800	−135			−240	−550	−1 250	−1 900	−2 900													
2 800	3 150					−580	−1 400	−2 100	−3 200													

[a] 为确定 N 和 P ~ ZC 的值，见 GB/T 1800.0—2020 中 4.3.2.5。

[b] 公称尺寸≤ 1 mm 时，不使用标准公差等级 >IT8 的基本偏差 N。

表 2-6　　轴 a~j 的基本偏差数值（摘自 GB/T 1800.1—2020）

公称尺寸 / mm		基本偏差数值 /μm 上极限偏差，*es*												下极限偏差，*ei*		
大于	至	所有公差等级												IT5 和 IT6	IT7	IT8
		a[a]	b[a]	c	cd	d	e	ef	f	fg	g	h	js	j		
—	3	-270	-140	-60	-34	-20	-14	-10	-6	-4	-2	0	偏差 = ±IT*n*/2，式中，*n* 是标准公差等级数	-2	-4	-6
3	6	-270	-140	-70	-46	-30	-20	-14	-10	-6	-4	0		-2	-4	
6	10	-280	-150	-80	-56	-40	-25	-18	-13	-8	-5	0		-2	-5	
10	14	-290	-150	-95	-70	-50	-32	-23	-16	-10	-6	0		-3	-6	
14	18															
18	24	-300	-160	-110	-85	-65	-40	-25	-20	-12	-7	0		-4	-8	
24	30															
30	40	-310	-170	-120	-100	-80	-50	-35	-25	-15	-9	0		-5	-10	
40	50	-320	-180	-130												
50	65	-340	-190	-140		-100	-60		-30		-10	0		-7	-12	
65	80	-360	-200	-150												
80	100	-380	-220	-170		-120	-72		-36		-12	0		-9	-15	
100	120	-410	-240	-180												
120	140	-460	-260	-200		-145	-85		-43		-14	0		-11	-18	
140	160	-520	-280	-210												
160	180	-580	-310	-230												
180	200	-660	-340	-240		-170	-100		-50		-15	0		-13	-21	
200	225	-740	-380	-260												
225	250	-820	-420	-280												
250	280	-920	-480	-300		-190	-110		-56		-17	0		-16	-26	
280	315	-1 050	-540	-330												

续表

公称尺寸 / mm		基本偏差数值 /μm 上极限偏差，*es*												下极限偏差，*ei*		
大于	至	所有公差等级												IT5 和 IT6	IT7	IT8
		a[a]	b[a]	c	cd	d	e	ef	f	fg	g	h	js	j		
315	355	−1 200	−600	−360		−210	−125		−61		−18	0	偏差 = ±IT*n*/2，式中，*n* 是标准公差等级数	−18	−28	
355	400	−1 350	−680	−400												
400	450	−1 500	−760	−440		−230	−135		−68		−20	0		−20	−32	
450	500	−1 650	−840	−480												
500	560					−260	−145		−76		−22	0				
560	630															
630	710					−290	−160		−80		−24	0				
710	800															
800	900					−320	−170		−86		−26	0				
900	1 000															
1 000	1 120					−350	−195		−98		−28	0				
1 120	1 250															
1 250	1 400					−390	−220		−110		−30	0				
1 400	1 600															
1 600	1 800					−430	−240		−120		−32	0				
1 800	2 000															
2 000	2 240					−480	−260		−130		−34	0				
2 240	2 500															
2 500	2 800					−520	−290		−145		−38	0				
2 800	3 150															

[a] 公称尺寸≤ 1 mm 时，不使用基本偏差 a 和 b。

表 2-7 轴 k~zc 的基本偏差数值（摘自 GB/T 1800.1—2020）

公称尺寸 /mm		基本偏差数值 /μm 下极限偏差，*ei*															
大于	至	IT4 至 IT7	≤ IT3，>IT7	所有公差等级													
		k		m	n	p	r	s	t	u	v	x	y	z	za	zb	zc
—	3	0	0	+2	+4	+6	+10	+14		+18		+20		+26	+32	+40	+60
3	6	+1	0	+4	+8	+12	+15	+19		+23		+28		+35	+42	+50	+80
6	10	+1	0	+6	+10	+15	+19	+23		+28		+34		+42	+52	+67	+97
10	14	+1	0	+7	+12	+18	+23	+28		+33		+40		+50	+64	+90	+130
14	18										+39	+45		+60	+77	+108	+150
18	24	+2	0	+8	+15	+22	+28	+35		+41	+47	+54	+63	+73	+98	+136	+188
24	30								+41	+48	+55	+64	+75	+88	+118	+160	+218
30	40	+2	0	+9	+17	+26	+34	+43	+48	+60	+68	+80	+94	+112	+148	+200	+274
40	50								+54	+70	+81	+97	+114	+136	+180	+242	+325
50	65	+2	0	+11	+20	+32	+41	+53	+66	+87	+102	+122	+144	+172	+226	+300	+405
65	80						+43	+59	+75	+102	+120	+146	+174	+210	+274	+360	+480
80	100	+3	0	+13	+23	+37	+51	+71	+91	+124	+146	+178	+214	+258	+335	+445	+585
100	120						+54	+79	+104	+144	+172	+210	+254	+310	+400	+525	+690
120	140	+3	0	+15	+27	+43	+63	+92	+122	+170	+202	+248	+300	+365	+470	+620	+800
140	160						+65	+100	+134	+190	+228	+280	+340	+415	+535	+700	+900
160	180						+68	+108	+146	+210	+252	+310	+380	+465	+600	+780	+1 000
180	200	+4	0	+17	+31	+50	+77	+122	+166	+236	+284	+350	+425	+520	+670	+880	+1 150
200	225						+80	+130	+180	+258	+310	+385	+470	+575	+740	+960	+1 250
225	250						+84	+140	+196	+284	+340	+425	+520	+640	+820	+1 050	+1 350

续表

公称尺寸 /mm		基本偏差数值 /μm 下极限偏差，*ei*															
大于	至	IT4 至 IT7	≤ IT3，>IT7	所有公差等级													
		k		m	n	p	r	s	t	u	v	x	y	z	za	zb	zc
250	280	+4	0	+20	+34	+56	+94	+158	+218	+315	+385	+475	+580	+710	+920	+1 200	+1 550
280	315						+98	+170	+240	+350	+425	+525	+650	+790	+1 000	+1 300	+1 700
315	355	+4	0	+21	+37	+62	+108	+190	+268	+390	+475	+590	+730	+900	+1 150	+1 500	+1 900
355	400						+114	+208	+294	+435	+530	+660	+820	+1 000	+1 300	+1 650	+2 100
400	450	+5	0	+23	+40	+68	+126	+232	+330	+490	+595	+740	+920	+1 100	+1 450	+1 850	+2 400
450	500						+132	+252	+360	+540	+680	+820	+1 000	+1 250	+1 600	+2 100	+2 600
500	560	0	0	+26	+44	+78	+150	+280	+400	+600							
560	630						+155	+310	+450	+660							
630	710	0	0	+30	+50	+88	+175	+340	+500	+740							
710	800						−185	+380	+560	+840							
800	900	0	0	+34	+56	+100	+210	+430	+620	+940							
900	1 000						+220	+470	+680	+1 050							
1 000	1 120	0	0	+40	+66	+120	+250	+520	+780	+1 150							
1 120	1 250						+260	+580	+840	+1 300							
1 250	1 400	0	0	+48	+78	+140	+300	+640	+960	+1 450							
1 400	1 600						+330	+720	+1 050	+1 600							
1 600	1 800	0	0	+58	+92	+170	+370	+820	+1 200	+1 850							
1 800	2 000						+400	+920	+1 350	+2 000							
2 000	2 240	0	0	+68	+110	+195	+440	+1 000	+1 500	+2 300							
2 240	2 500						+460	+1 100	+1 550	+2 500							
2 500	2 800	0	0	+76	+135	+240	+550	+1 250	+1 900	+2 900							
2 800	3 150						+580	+1 400	+2 100	+3 200							

3. 公差带代号的选取（GB/T 1800.1—2020）

公差带代号应尽可能从图 2-2 和图 2-3 分别给出的孔和轴常用和优先选取公差带代号中选取，框中所示的公差带代号应优先选取。

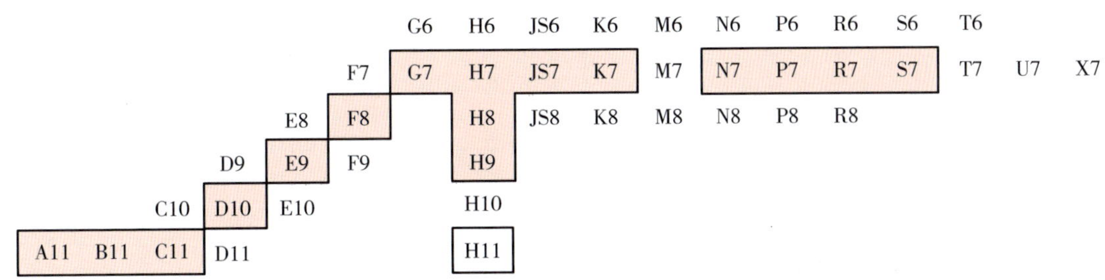

图 2-2 孔常用和优先选取公差带代号

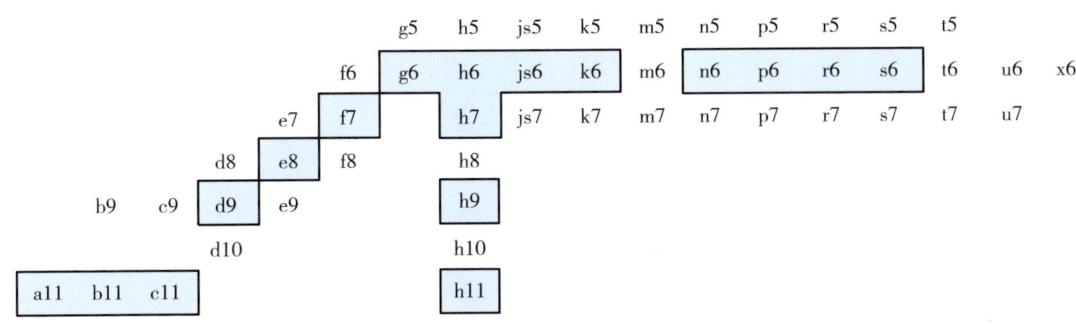

图 2-3 轴常用和优先选取公差带代号

4. 一般公差（GB/T 1804—2000）

一般公差也就是常说的“自由公差”，是指在车间通常加工条件下可保证的公差。一般公差的特点是有公差要求但是公差要求比较低，其精度一般不会影响该零件的工作性能和质量，因此通常在图样上不标注其公差值。

一般公差划分了 4 个公差等级，即 f（精密级）、m（中等级）、c（粗糙级）、v（最粗级），按未注公差的线性尺寸和角度尺寸分别给出了各公差等级的极限偏差数值。无论是孔、轴还是长度尺寸，其极限偏差值均采用对称偏差值。表 2-8 为线性尺寸一般公差的极限偏差数值表；表 2-9 为倒圆半径

表 2-8　线性尺寸一般公差的极限偏差数值（GB/T 1804—2000） mm

公差等级	公称尺寸							
	0.5 ~ 3	＞ 3 ~ 6	＞ 6 ~ 30	＞ 30 ~ 120	＞ 120 ~ 400	＞ 400 ~ 1 000	＞ 1 000 ~ 2 000	＞ 2 000 ~ 4 000
精密 f	± 0.05	± 0.05	± 0.1	± 0.15	± 0.2	± 0.3	± 0.5	
中等 m	± 0.1	± 0.1	± 0.2	± 0.3	± 0.5	± 0.8	± 1.2	± 2
粗糙 c	± 0.2	± 0.3	± 0.5	± 0.8	± 1.2	± 2	± 3	± 4
最粗 v		± 0.5	± 1	± 1.5	± 2.5	± 4	± 6	± 8

及倒角高度尺寸一般公差的极限偏差数值表；表 2–10 给出了角度尺寸的极限偏差数值，其值按角度短边长度确定，对圆锥角按圆锥素线长度确定。

表 2–9　倒圆半径及倒角高度尺寸一般公差的极限偏差数值（GB/T 1804—2000）　mm

公差等级	公称尺寸分段			
	0.5 ~ 3	＞ 3 ~ 6	＞ 6 ~ 30	＞ 30
精密 f	± 0.2	± 0.5	± 1	± 2
中等 m				
粗糙 c	± 0.4	± 1	± 2	± 4
最粗 v				

表 2–10　角度尺寸的极限偏差数值（GB/T 1804—2000）

公差等级	长度分段，mm				
	0 ~ 10	＞ 10 ~ 50	＞ 50 ~ 120	＞ 120 ~ 400	＞ 400
精密 f	± 1°	± 30′	± 20′	± 10′	± 5′
中等 m					
粗糙 c	± 1° 30′	± 1°	± 30′	± 15′	± 10′
最粗 v	± 3°	± 2°	± 1°	± 30′	± 20′

采用国标规定的一般公差，在图样中的尺寸不注公差，而是在图样上、技术文件或技术要求中用标准号和公差等级符号表示。例如当一般公差选用中等级时，可在零件图样的技术要求中标明“未注公差尺寸按 GB/T 1804—m”。

三、极限与配合的标注

1. 尺寸公差的标注

（1）如图 2–4a 所示，当采用极限偏差标注线性尺寸的公差时，上极限偏差应注在公称尺寸的右上方，下极限偏差应与公称尺寸注在同一底线上。上、下极限偏差数字的字号应比公称尺寸数字的字号小一号。

（2）如图 2–4b 所示，当采用公差带代号标注线性尺寸的公差时，公差带的代号应注在公称尺寸的右边，公差带代号的字号与公称尺寸的字号相同。

（3）当同时标注公差带代号和相应的极限偏差时，公差带代号在前，极限偏差在后并加圆括号，如 65H7（$^{+0.030}_{\ \ 0}$）。

（4）当标注极限偏差时，上、下极限偏差的小数点必须对齐，小数点后右端的“0”一般不予注出；如果为了使上、下极限偏差值的小数点后的位数相同，可以用“0”补齐。

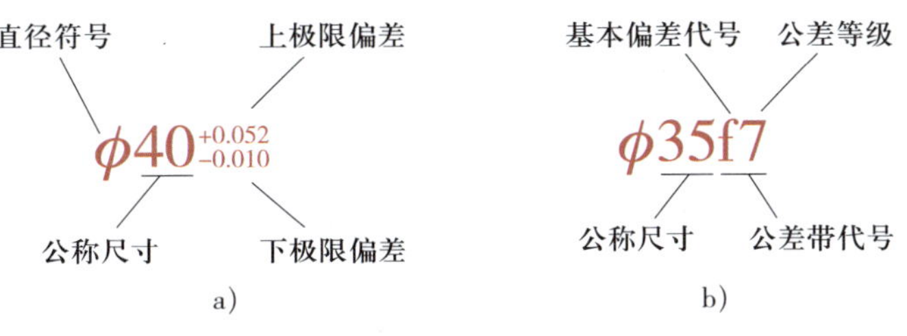

图 2-4　尺寸公差的组成

a）标注极限偏差　b）标注公差带代号

（5）当上极限偏差或下极限偏差为“零”时，用数字“0”标出，并与下极限偏差或上极限偏差的小数点前面的个位数对齐，如 $\phi45^{\ 0}_{-0.025}$、$\phi10^{+0.022}_{\ 0}$。

（6）当公差带相对于公称尺寸对称地配置，即上、下极限偏差的绝对值相同时，偏差数字可以只注写一次，并应在偏差数字与公称尺寸之间注出符号“±”，且两者数字高度相同，如 18 ± 0.1。

（7）尺寸公差的标注如图 2-5 所示，当同一公称尺寸的表面有不同的公差时，应用细实线分开，如图 2-5f 所示。

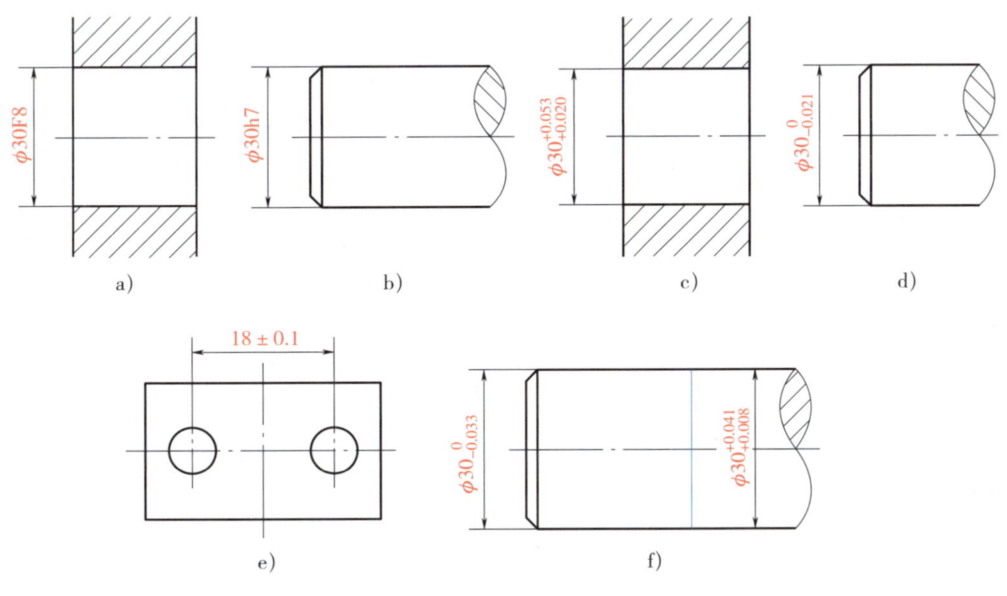

图 2-5　尺寸公差的标注

2. 配合代号在图样上的标注

（1）在装配图上标注线性尺寸的配合代号时，必须在公称尺寸的右边用分数的形式注出，分子位置标注孔的公差带代号，分母位置标注轴的公差带代号，如图 2-6a 所示，必要时也可按照图 2-6b、c 所示的形式标注。

（2）如图 2-7a 所示，在装配图中标注相配零件的极限偏差时，孔的公称尺寸和极限偏差注写在尺寸线的上方，轴的公称尺寸和极限偏差注写在尺寸线的下方；也可按照图 2-7b 所示形式标注；若需要明确指出装配件的代号时，可按图 2-7c 所示的形式标注。

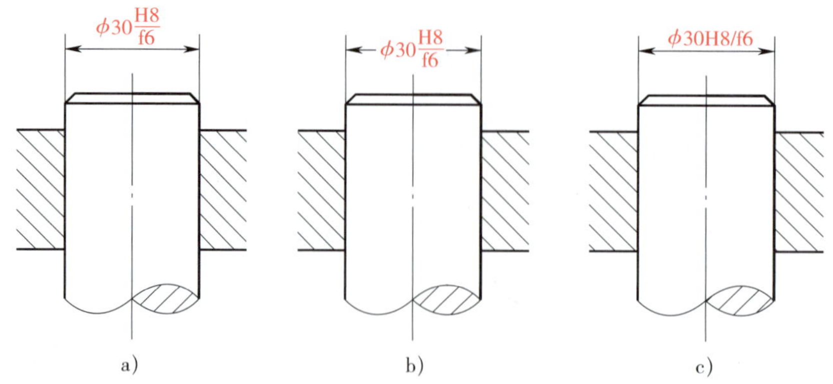

图 2-6 配合代号在图样上的标注

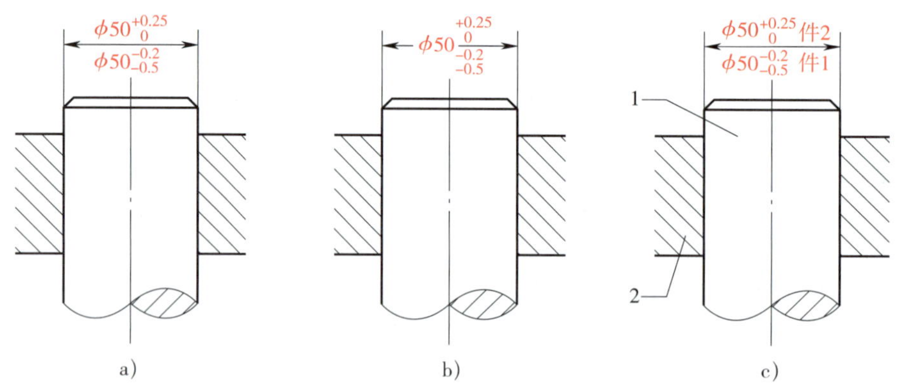

图 2-7 在装配图中标注相配零件的极限偏差

（3）标注与标准件配合的普通零件尺寸要求时，可只标注该零件的公差带代号，如图 2-8 中与滚动轴承配合的轴与孔，只标出了它们自身的公差带代号。

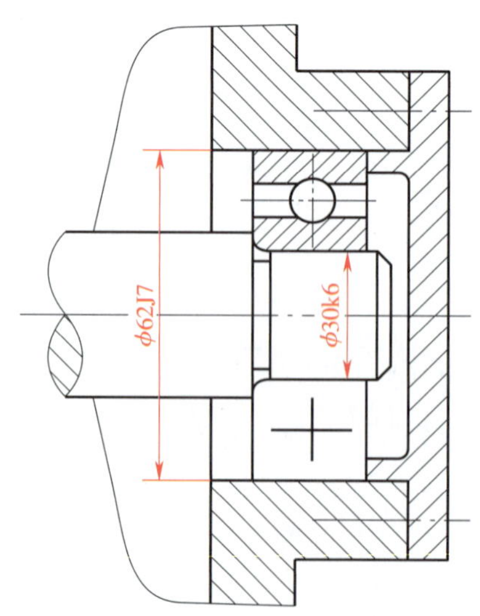

图 2-8 标准件和普通零件配合时的标注

四、公差与配合的选择

1. 公差等级的选择

选择公差等级时要正确处理机器零件的使用性能和制造工艺及成本之间的关系。一般来说，公差等级高，使用性能好，但零件加工困难，生产成本高。反之，公差等级低，零件加工容易，生产成本低，但零件使用性能也较差。因而选择公差等级时要综合考虑使用性能和经济性两方面的因素，总的选择原则是：在满足使用要求的条件下，尽量选取低的公差等级。

公差等级的选用，一般情况下采用类比的方法，即参考经过实践证明是合理的典型产品的公差等级，结合待定零件的配合、工艺和结构等特点，经分析对比后确定公差等级。公差等级的大体应用范围见表 2–11，常用公差等级的应用实例见表 2–12，各种加工方法所能达到的公差等级见表 2–13，在选用公差等级时可参照。

表 2–11　公差等级的大体应用范围

应用	公差等级 IT																			
	01	0	1	2	3	4	5	6	7	8	9	10	11	12	13	14	15	16	17	18
量块	—	—	—																	
量规			—	—	—	—	—	—	—											
特别精密的配合				—	—	—	—													
一般配合							—	—	—	—	—	—	—	—	—					
非配合尺寸														—	—	—	—	—	—	—
原材料尺寸										—	—	—	—	—	—	—				

表 2–12　常用公差等级的应用实例

公差等级	应用条件	应用实例
IT5	用于机床、发动机和仪表中特别重要的配合，在配合公差要求很小、形状精度要求很高的条件下，这类公差等级能使配合性质比较稳定，它对加工要求较高，在一般机械制造中应用较少	与 5 级滚动轴承相配合的机床箱体孔，与 6 级滚动轴承孔相配合的机床主轴，精密机械及高速机械的轴颈，机床尾架套筒，高精度分度盘轴颈，分度头主轴，精密丝杠基准轴颈，高精度镗套的外径，发动机主轴的外径、活塞销与连杆和活塞销孔的配合，精密仪器的轴与各种传动件轴承的配合，航空、航海工业仪表中重要的精密孔、轴的配合，5 级精度齿轮的基准孔及 5 级、6 级精度齿轮的基准轴等

续表

公差等级	应用条件	应用实例
IT6	广泛用于机械制造中的重要配合，配合表面有较高均匀性的要求，能保证相当高精度的配合性质，使用可靠	与6级滚动轴承相配的外壳孔及与滚动轴承相配的机床主轴轴颈，机床制造中，装配式齿轮、蜗轮、联轴器、带轮、凸轮的孔径，机床丝杠支承轴颈，矩形花键的定心直径，摇臂钻床的立柱等，机床夹具导向件的外径尺寸，精密仪器、光学仪器、计量仪器的精密轴，无线电工业、自动化仪表、电子仪表中特别重要的轴，以及手表中特别重要的轴，缝纫机中重要轴类，发动机的气缸套外径，曲轴主轴颈，活塞销，连杆衬套，连杆和轴瓦外径，6级精度齿轮的基准孔和7级、8级精度齿轮的基准轴轴颈，以及1级、2级精度齿轮的齿顶圆等
IT7	应用条件与IT6类似，但精度要求比IT6稍低一点，在一般机械制造业中应用相当普遍	装配式青铜蜗轮轮缘孔径，联轴器、带轮、凸轮等的孔径，机床卡盘座孔，摇臂钻床的摇臂孔，车床丝杠轴承孔，纺织机械的重要零件，印染机械中精度要求较高的零件，自动化仪表中的重要内孔，缝纫机的重要轴、孔类零件，7级、8级精度齿轮的基准孔和9级、10级精度齿轮的基准轴等
IT8	在机械制造中属中等精度，在农业机械、纺织机械、印染机械、自行车、缝纫机、医疗器械中应用最广	轴承座衬套沿宽度方向的配合，棘爪、拨针轮等与夹板的配合，无线电仪表中的一般配合，电子仪器仪表中较重要的内孔，电动机中铁芯与机座的配合，发动机活塞油环槽宽，连杆轴瓦内径，低精度（9～12级）齿轮基准孔和11～12级精度齿轮的基准轴，6～8级精度齿轮的齿顶圆等
IT9	应用条件与IT8类似，但精度要求低于IT8	机床制造中轴套外轴颈与孔，空转带轮与轴，操纵系统的轴与轴承等的配合，纺织机械、印染机械中的一般配合零件，发动机中机油泵体内孔，气门导管内孔，飞轮与飞轮套，衬套、气缸盖孔、活塞环与活塞环槽的配合等，光学仪器、自动化仪表中的一般配合，单键连接中键宽配合等
IT10	应用条件与IT9类似，但精度低于IT9	电子仪器仪表中支架上的配合，发动机中油封挡圈孔、曲轴带轮毂等
IT11	配合精度要求较低，装配后可能有较大的间隙，特别适用于要求间隙较大且有显著变动而不会引起危险的场合	机床上法兰盘止口与孔、滑块与滑移齿轮、凹槽等，农业机械、机车车厢部件及冲压加工的配合零件，螺纹连接及粗糙的动连接，不作测量基准用的齿轮的齿顶圆等
IT12	配合精度要求很低，装配后有很大间隙	非配合尺寸及工序间尺寸等

表2-13　　各种加工方法所能达到的公差等级

加工方法	公差等级IT																	
	01	0	1	2	3	4	5	6	7	8	9	10	11	12	13	14	15	16
研磨	—	—	—	—	—	—	—											
珩						—	—	—	—									
圆磨						—	—	—	—	—								
平磨						—	—	—	—	—								
金刚石车							—	—	—									

续表

加工方法	公差等级 IT																
	01	0	1	2	3	4	5	6	7	8	9	10	11	12	13	14	15	16
金刚石镗							—	—	—									
拉削							—	—	—	—								
铰孔								—	—	—	—	—						
车									—	—	—	—	—					
镗									—	—	—	—	—					
铣										—	—	—	—					
刨、插												—	—					
钻孔												—	—	—	—			
滚压、挤压												—	—					
冲压												—	—	—	—	—		
压铸													—	—	—	—		
粉末冶金成型								—	—	—								
粉末冶金烧结									—	—	—	—						
砂型铸造、气割																		—
锻造																—		

2. 配合基准制的选择

首先需要做的决定是采用“基孔制配合”（孔 H）还是采用“基轴制配合”（轴 h），需要特别注意的是，这两种配合制对于零件的功能没有技术性的差别，因此应基于经济因素选择配合制。

通常情况下，应选择“基孔制配合”。这种选择可避免工具（如铰刀）和量具不必要的多样性。

“基轴制配合”应仅用于那些可以带来切实经济利益的情况（如需要在没有加工的拉制钢棒的单轴上安装几个具有不同偏差的孔的零件）。如图 2–9 所示，销轴 3 与活塞 1 的配合为过渡配合，而与轴套 2 的配合为间隙配合，如要采用基孔制，则要把销轴 3 加工成两头大中间小的台阶轴，显然不利于加工，更无法将轴套 2 装配在销轴 3 上。

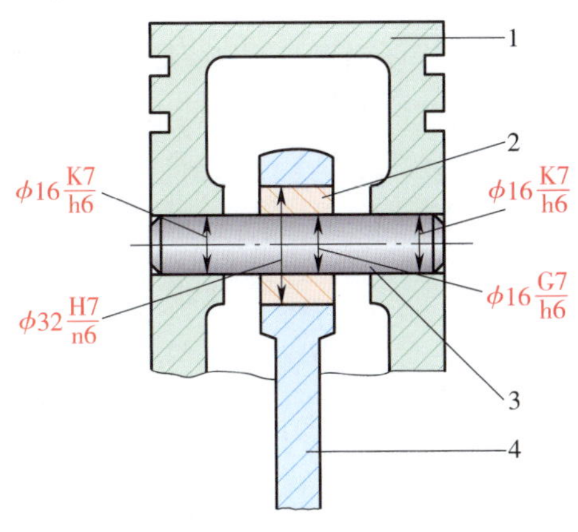

图 2–9　基轴制配合

1—活塞　2—轴套　3—销轴　4—连杆

3. 配合的选择

对于孔和轴的公差等级和基本偏差（公差带的位置）的选择，应能够给出最符合所要求使用条件对应的最小和最大间隙或过盈。

对于普通工程机构，只需要许多可能的配合中的少数配合。图 2–10 和图 2–11 中的配合可满足普通工程机构需要，基于经济因素，如有可能，配合应优先选择框中所示的公差带代号。

可由基孔制获得符合要求的配合，或在特定应用中由基轴制获得。

基准孔	轴公差带代号																
	间隙配合							过渡配合				过盈配合					
H6						g5	h5	js5	k5	m5		n5	p5				
H7					f6	**g6**	**h6**	**js6**	**k6**	m6	**n6**		**p6**	**r6**	**s6**	t6	u6	x6
H8				e7	**f7**		**h7**	js7	k7	m7					s7		u7	
			d8	**e8**	f8		h8											
H9			d8	**e8**	f8		h8											
H10	b9	c9	**d9**	e9			**h9**											
H11	**b11**	**c11**	d10				h10											

图 2–10　基孔制配合的优先配合

基准轴	孔公差带代号																
	间隙配合							过渡配合				过盈配合					
h5						G6	H6	JS6	K6	M6		N6	P6				
h6					F7	**G7**	**H7**	**JS7**	**K7**	M7	**N7**		**P7**	**R7**	**S7**	T7	U7	X7
h7				E8	**F8**		**H8**											
h8			D9	**E9**	F9		**H9**											
h9				E8	**F8**		**H8**											
			D9	**E9**	F9		**H9**											
	B11	C10	**D10**				H10											

图 2–11　基轴制配合的优先配合

在某些特定功能的情形下，需要计算由相配零件的功能要求所导出的允许间隙和（或）过盈。由计算得到的间隙和（或）过盈以及配合公差应转换成极限偏差，如有可能，转换成公差带代号。

第二节　几何公差

一、几何要素

构成机械零件几何特征的点、线、面统称为几何要素，简称要素。零件几何要素的分类见表 2–14。

表 2–14　　零件几何要素的分类

分类方式	种类	定义
按存在的状态分	理想要素	理想要素是指具有几何学意义的点、线、面，它们不存在任何误差，零件图样上表示的要素均为理想要素
	实际要素	零件加工后实际存在的要素称为实际要素，在评定几何误差时，通常由若干测点构成的测得要素代替实际要素
按在几何公差中所处的地位分	被测要素	被测要素是指图样上给出几何公差要求的要素，是被检测的对象。被测要素可以是零件上某结构的表面、棱线，也可以是对称面、轴线等
	基准要素	基准要素是用来确定被测要素的方向或（和）位置的要素
按几何特征分	组成要素	组成要素是指属于工件实际表面上或表面模型上的几何要素
	导出要素	导出要素是指实际上不存在于工件实际表面上的几何要素，其本质不是公称组成要素。导出要素的类型包括从一个或多个组成要素中定义出的中心点、中心线和中心面
按功能关系分	单一要素	单一要素是指仅对其本身给出了形状公差的要素
	关联要素	关联要素是指与其他要素有功能关系的要素

二、几何公差的几何特征、符号

几何公差是指实际要素对图样上给定的理想形状、理想方位的允许变动全量，包括形状公差、方向公差、位置公差和跳动公差。根据国家标准 GB/T 1182—2018 的规定，几何公差的几何特征、符号见表 2–15。几何公差常用附加符号见表 2–16。

表 2–15　　几何公差的几何特征、符号

公差类型	几何特征	符号	有无基准
形状公差	直线度	—	无
	平面度	▱	无
	圆度	○	无
	圆柱度	⌭	无
	线轮廓度	⌒	无
	面轮廓度	⌓	无
方向公差	平行度	//	有
	垂直度	⊥	有
	倾斜度	∠	有
	线轮廓度	⌒	有
	面轮廓度	⌓	有
位置公差	位置度	⌖	有或无
	同心度（用于中心点）	◎	有
	同轴度（用于轴线）	◎	有
	对称度	⌯	有
	线轮廓度	⌒	有
	面轮廓度	⌓	有
跳动公差	圆跳动	↗	有
	全跳动	⌰	有

表 2–16　　几何公差常用附加符号

说明	附加符号	说明	附加符号
无基准的几何规范标注		全周（轮廓）	
有基准的几何规范标注	D	全表面（轮廓）	
基准要素标识	A	基准目标标识	$\phi 2$ A1
理论正确尺寸（TED）	50	组合公差带	CZ
延伸公差带	Ⓟ	联合要素	UF
最大实体要求	Ⓜ	大径	MD
最小实体要求	Ⓛ	中径 / 节径	PD
自由状态（非刚性零件）	Ⓕ	小径	LD
包容要求	Ⓔ	接触要素	CF
可逆要求	Ⓡ	任意横截面	ACS
相交平面框格	// B	定向平面框格	// B
方向要素框格	// B	组合平面框格	// B

三、几何公差的公差带

几何公差的公差带是由一个或两个理想的几何线要素或面要素所限定的，由一个或多个线性尺寸表示公差值的区域。

1. 公差带的形状

公差带的形状由被测要素的理想形状和给定的公差特征所决定。公差带的形状见表 2–17。

表 2–17　　公差带的形状

公差带的区域	形状和大小	应用的几何特征
一个圆内的区域	ϕt	平面内点的位置度、同轴（心）度
两个同心圆之间的区域	t	圆度、径向圆跳动

续表

公差带的区域	形状和大小	应用的几何特征
两条平行直线之间的区域	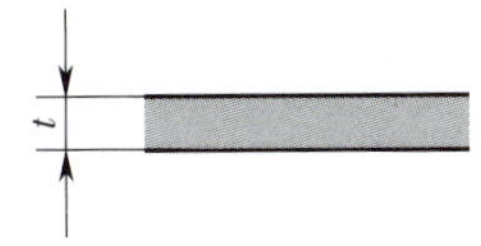 t	给定平面内的直线度、平行度、垂直度、倾斜度、对称度和位置度等
两个平行平面之间的区域	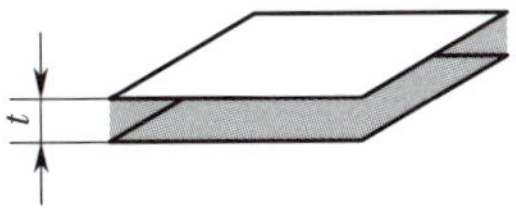 t	直线度、平面度、平行度、垂直度、倾斜度、对称度、位置度和轴向全跳动等
两条等距曲线或两条平行直线之间的区域	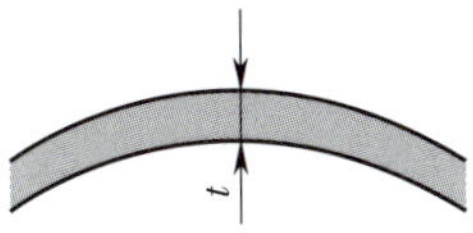 t	无基准要求的线轮廓度、有基准要求的线轮廓度
一个圆柱面内的区域	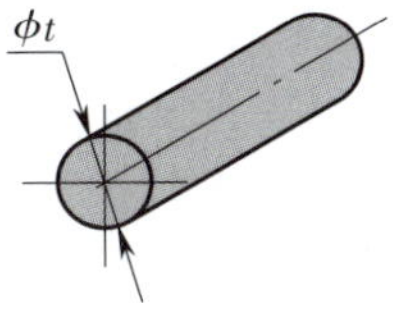 ϕt	轴线的直线度、平行度、垂直度、倾斜度、同轴度、位置度等
两个同轴圆柱面之间的区域	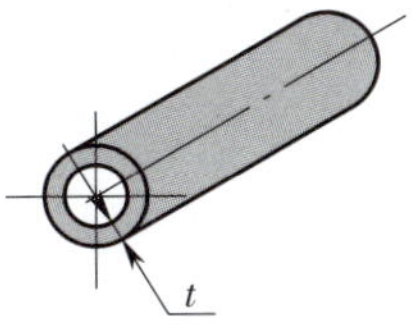 t	圆柱度、径向全跳动
两个等距曲面或两个平行平面之间的区域	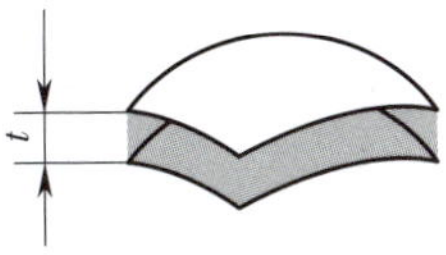 t	无基准要求的面轮廓度、有基准要求的面轮廓度
一个球内的区域	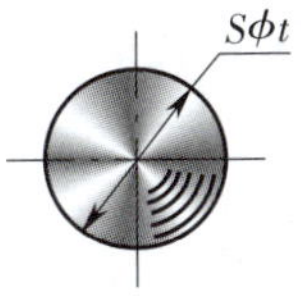 $S\phi t$	空间点的位置度

2. 公差带的大小

公差带的大小用以体现形状精度要求的高低，由公差值 t 确定，即公差带的宽度、直径或半径差的大小，见表 2–18 至表 2–21。

3. 公差带的方向

公差带的方向是指组成公差带的几何要素的延伸方向，从图样上看，是与指引线箭头方向相垂直的方向。图 2–12a 所示的平面度公差带的方向为水平方向；平面度公差带的实际方向，由最小条件决定，如图 2–12b 所示。

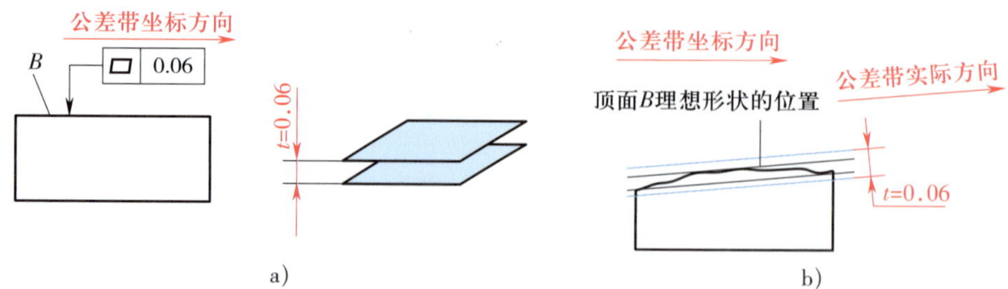

图 2-12　公差带方向

a）平面度公差带的方向　b）平面度公差带的实际方向

4. 公差带的位置

公差带的位置与实际尺寸有关，随着实际尺寸的不同而变动，如图 2-13 所示。

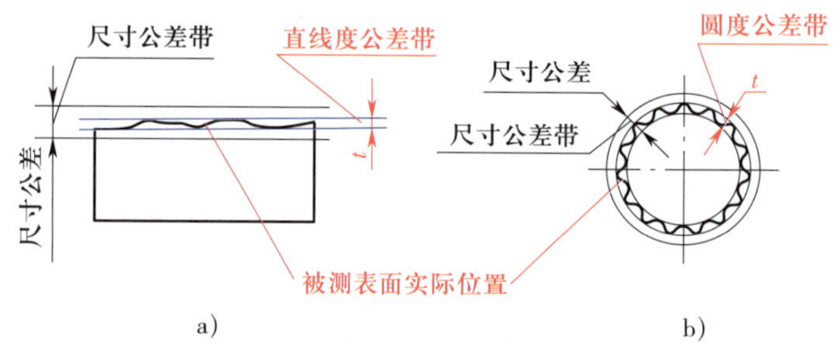

图 2-13　公差带的位置

a）直线度公差带的位置　b）圆度公差带的位置

四、几何公差在图样上的标注

1. 几何公差框格与基准符号

如图 2-14a 所示，几何公差框格用细实线绘制，分成两格或多格，框格高度是图中尺寸数字高度的 2 倍，框格长度根据需要而定。框格中的字母、数字与图中数字等高。几何特征符号的线宽为图中数字高度的 1/10，框格应水平或垂直绘制。图 2-14b 所示为标注带有基准要素几何公差时所用的基准符号，其基准字母注写在基准细实线方格内，与一个涂黑的三角形相连。

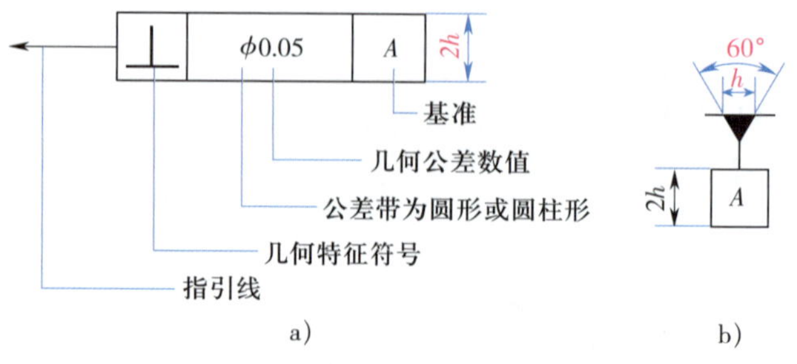

图 2-14　几何公差框格与基准符号

a）几何公差框格　b）基准符号

2. 被测要素的标注

按下列方式之一用指引线连接被测要素和公差框格。指引线引自框格的任意一侧，终端带一个箭头。

（1）当被测要素为轮廓线或轮廓面时，指引线的箭头指向该要素的轮廓线或其延长线上（应与尺寸线明显错开），如图 2-15a、b 所示，箭头也可指向引出线的水平线，引出线引自被测面，如图 2-15c 所示。

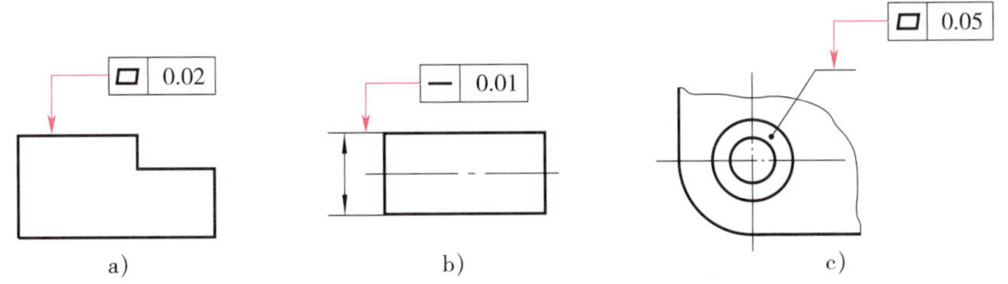

图 2-15　被测要素与公差框格

（2）被测要素为轴线或中心平面时的注法如图 2-16 所示。当被测要素为轴线或中心平面时，箭头应位于尺寸线的延长线上（见图 2-16a），公差值前加注 ϕ，表示给定的公差带为圆形或圆柱形。

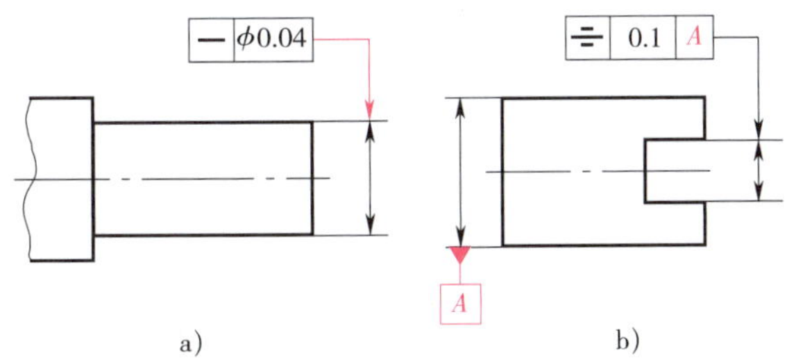

图 2-16　被测要素为轴线或中心平面时的注法

3. 基准要素的标注

基准要素是零件上用于确定被测要素方向和位置的点、线或面，用基准符号表示，表示基准的字母也应注写在公差框格内，如图 2-16b 所示。

带基准字母的基准三角形应按以下规定放置：

（1）当基准要素为轮廓线或轮廓面时，基准三角形放置在要素的轮廓线或其延长线上（应与尺寸线明显错开），如图 2-17 所示。

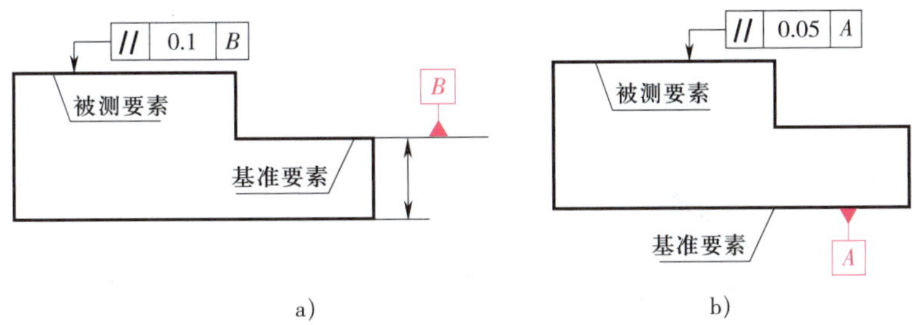

图 2-17　基准要素为轮廓线或轮廓面时的注法

（2）当基准要素为轴线或中心平面时，基准三角形应放置在该尺寸线的延长线上，如图 2-18a 所示。如果没有足够的位置标注基准要素尺寸的两个尺寸箭头，则其中一个箭头可用基准三角形代替，如图 2-18b 所示。

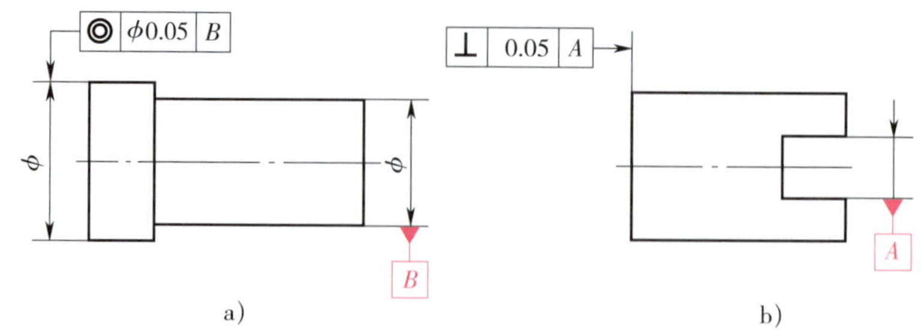

图 2-18　基准要素为轴线或中心平面时的注法

五、几何公差的标注和解读

公差带示意图所用线型不同于一般机械制图图样，在国标 GB/T 1182—2018 中对其有明确规定，公差带示意图中各种几何要素的线型见表 2-18。

表 2-18　　公差带示意图中各种几何要素的线型（摘自 GB/T 1182—2018）

要素层次	要素类型	线型	
		可见的	不可见的
公称要素	组成要素	粗实线	细虚线
	导出要素	细点画线	细点画线
实际要素	组成要素	粗不规则实线	细不规则虚线
提取要素	组成要素	粗虚线	细虚线
	导出要素	粗点线	细点线
基准要素		粗双点画线	细双点画线
公差界限、各公差平面		细实线	细虚线
指引线		细实线	细虚线

1. 形状公差

形状公差是指单一实际要素的形状所允许的变动量。形状公差的标注和解读见表 2-19。

表 2-19　　形状公差的标注和解读

形状公差		功用	公差带图示	标注示例
直线度公差	平面的直线度	用于限制实际平面在给定方向上的形状误差	平行于基准*A*的相交平面 任意距离 基准*A* 公差带为在平行于（相交平面框格给定的）基准 *A* 的给定平面内与给定方向上、间距等于公差值 t 的两平行直线所限定的区域	— 0.1 ◁ // A A 在由相交平面框格规定的平面内，上表面的提取（实际）线应限定在间距等于 0.1 mm 的两平行直线之间

续表

形状公差		功用	公差带图示	标注示例
直线度公差	圆柱面素线的直线度	用于限制圆柱面的实际轮廓在轴向的形状误差	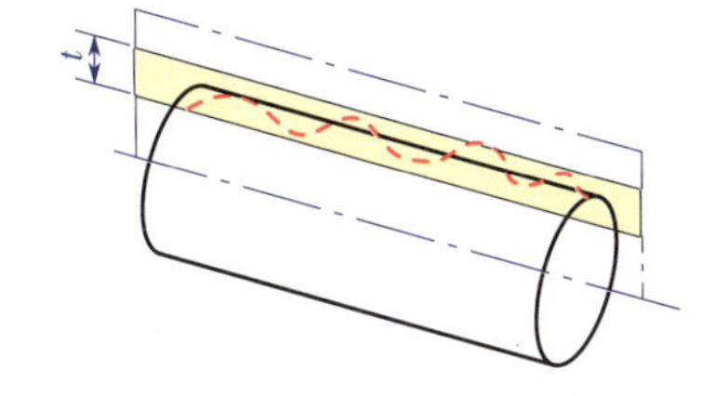 公差带为间距等于公差值 t 的两平行面所限定的区域	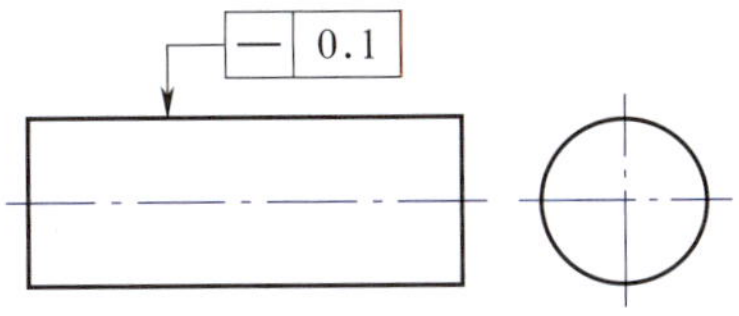 圆柱表面的提取（实际）棱边应限定在间距等于 0.1 mm 的两平行平面之间
	圆柱面轴线的直线度	用于限制圆柱面轴线在任意方向的形状误差	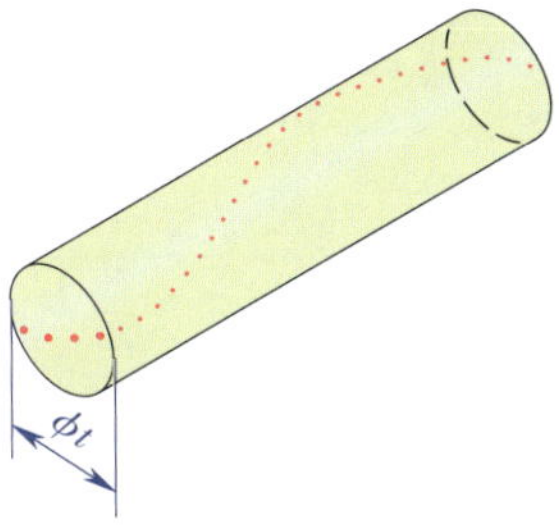 公差带为直径等于公差值 t 的圆柱面所限定的区域	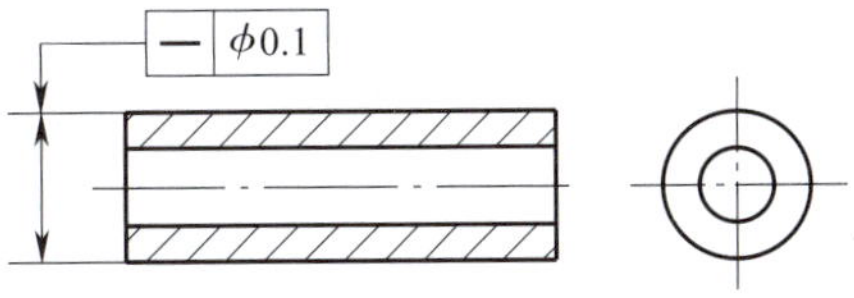 圆柱面的提取（实际）中心线应限定在直径等于 0.1 mm 的圆柱面内
平面度公差		用于限制被测实际平面的形状误差	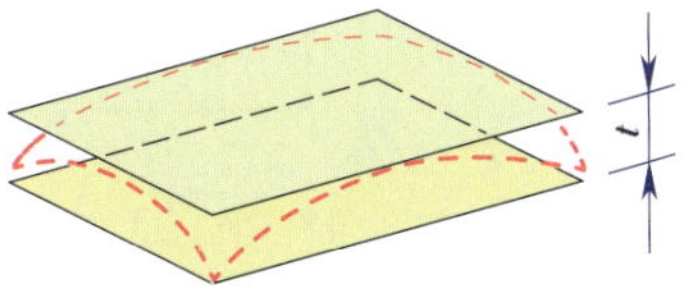 公差带为间距等于公差值 t 的两平行平面所限定的区域	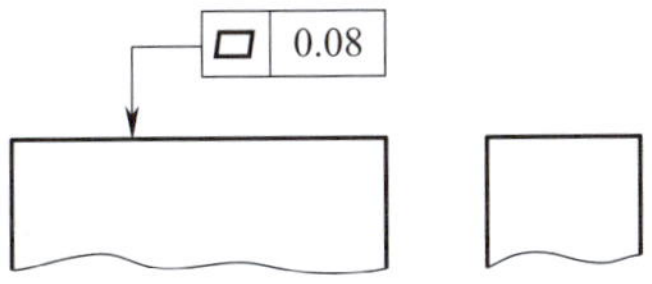 被测实际表面应限定在间距等于公差值 0.08 mm 的两平行平面之间
圆度公差		用于限制回转表面横截面轮廓的形状误差	任意横截面（垂直于圆锥轴线的平面） 公差带为在给定横截面内，半径差等于公差值 t 的两同心圆所限定的区域	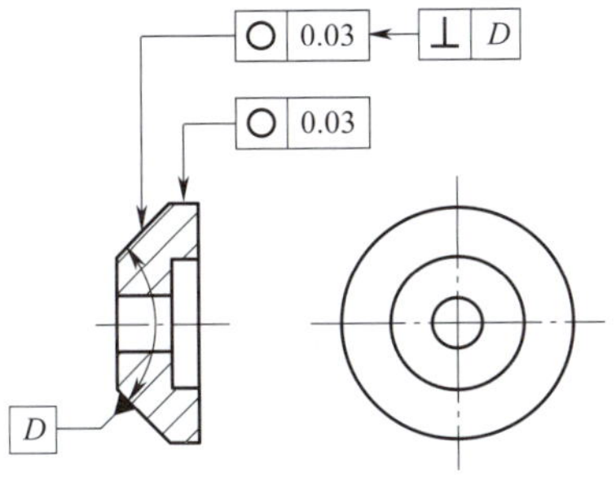 在圆柱面和圆锥面的任意横截面内，提取（实际）圆周应限定在半径差等于 0.03 mm 的两共面同心圆之间
			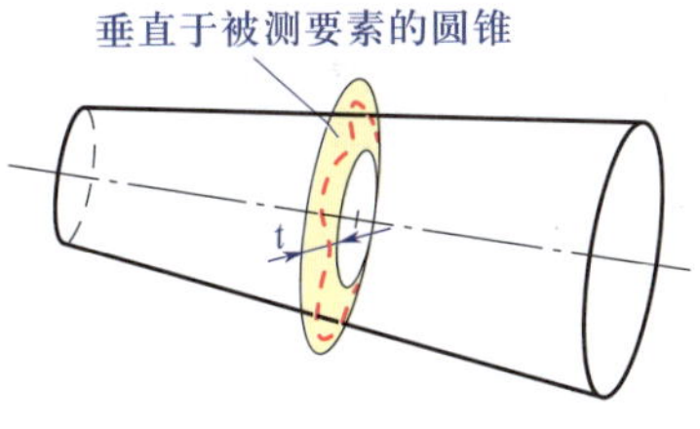 垂直于被测要素的圆锥 公差带为在给定横截面内，沿表面距离为 t 的两个在圆锥面上的圆所限定区域	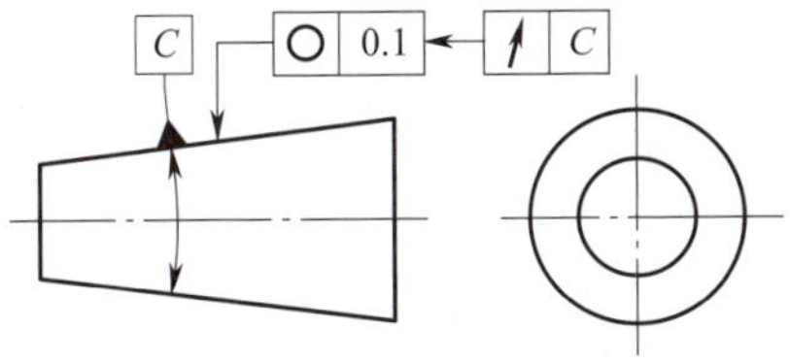 提取圆周线位于该表面的任意横截面上，由被测要素和与其同轴的圆锥相交所定义，并且其锥角可确保该圆锥与被测要素垂直。该提取圆周线应限定在距离等于 0.1 mm 的两个圆之间，这两个圆位于相交圆锥上

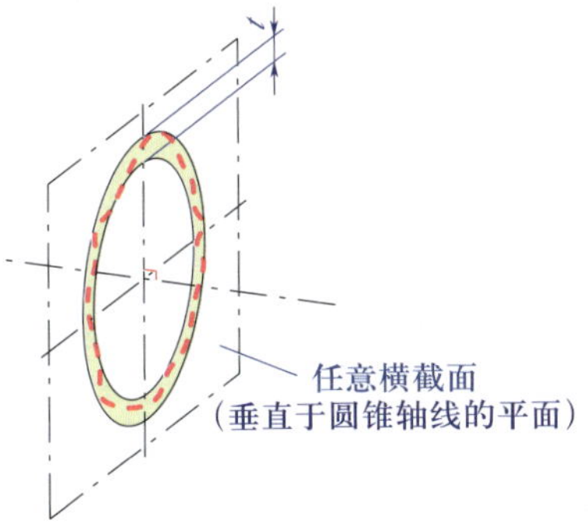

续表

形状公差	功用	公差带图示	标注示例
圆柱度公差	用于限制圆柱面的形状误差	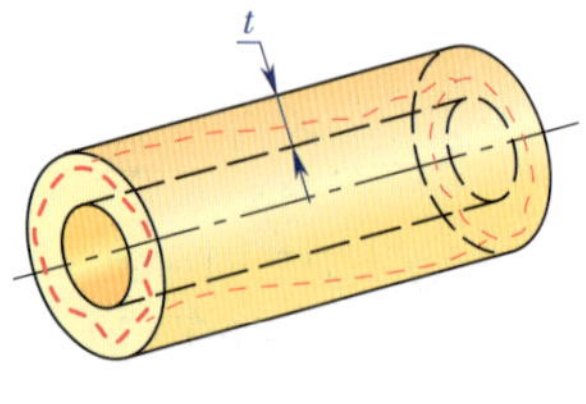 公差带为半径差等于公差值 t 的两同轴圆柱面所限定的区域	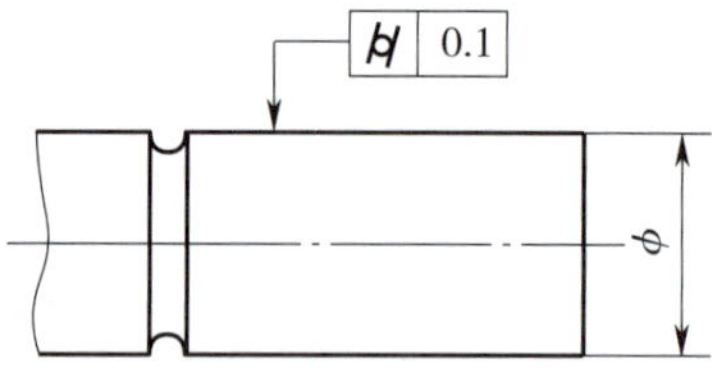 提取（实际）圆柱面应限定在半径差等于 0.1 mm 的两同轴圆柱面之间
无基准的线轮廓度公差	用于限制实际平面曲线对其理想曲线的变动	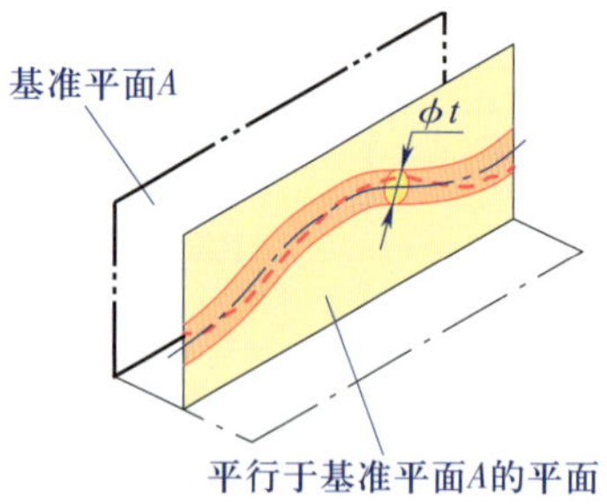 基准平面A ϕt 平行于基准平面A的平面 公差带为直径等于公差值 t、圆心位于具有理论正确几何形状上的一系列圆的两包络线所限定的区域	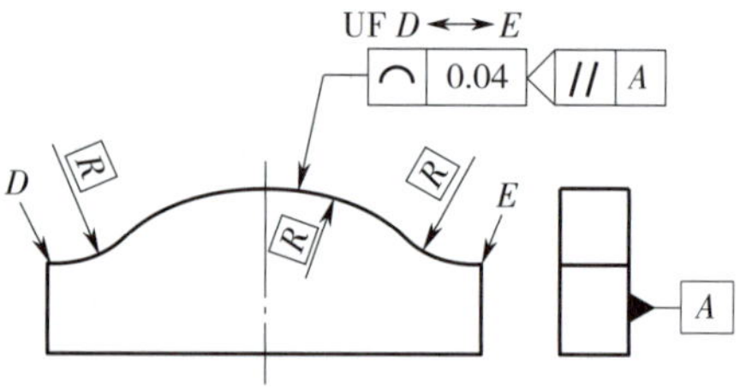 在任一平行于基准平面 A 的截面内，如相交平面框格所规定的，提取（实际）轮廓线应限定在直径等于 0.04 mm、圆心位于理论几何形状上的一系列圆的两等距包络线之间。可使用 UF 表示组合要素上的三个圆弧部分应组成联合要素
无基准的面轮廓度公差	用于限制实际曲面对其理想曲面的变动	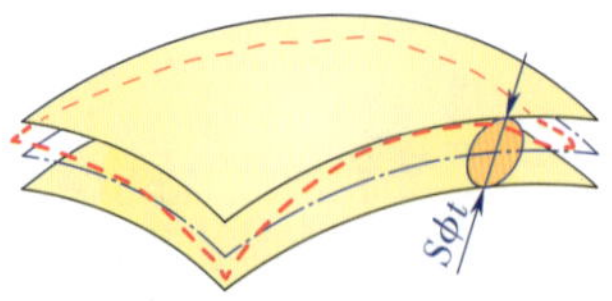 公差带为直径等于公差值 t，球心位于理论正确几何形状上的一系列圆球的两个包络面所限定的区域	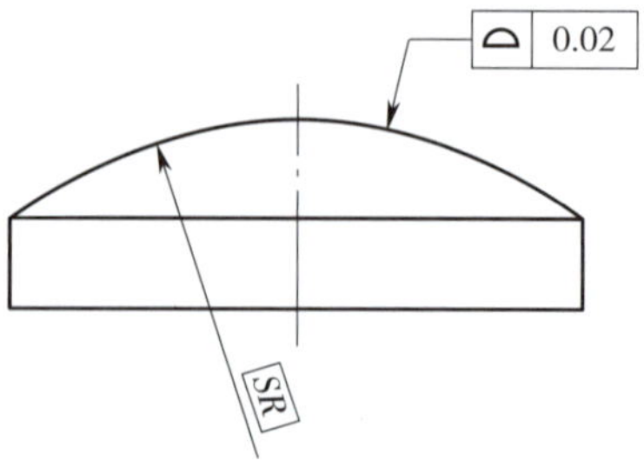 提取（实际）轮廓面应限定在直径等于 0.02 mm、球心位于被测要素理论正确几何形状上的一系列球的两个等距包络面之间

2. 方向公差

方向公差限制实际被测要素相对于基准要素在方向上的变动。方向公差的标注和解读见表 2-20。

表 2-20　　方向公差的标注和解读

方向公差		功用	公差带图示	标注示例
平行度公差	相对于基准面的平面平行度公差	用于限制相对于基准面的平面平行误差	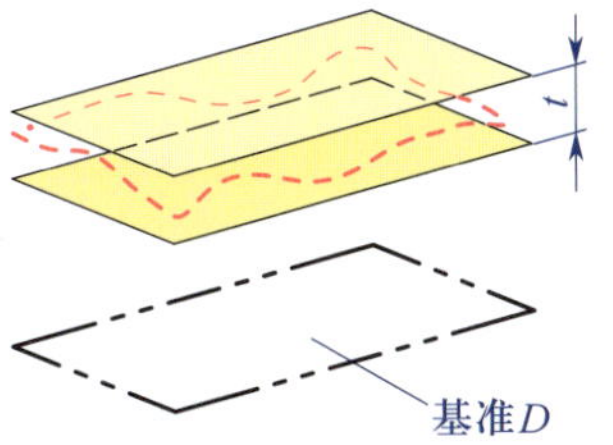 公差带为间距等于公差值 t、平行于基准平面的两平行平面所限定的区域	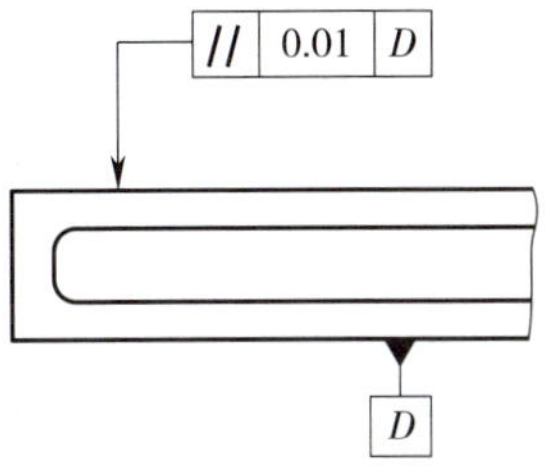 提取（实际）表面应限定在间距等于 0.01 mm、平行于基准面 D 的两平行平面之间
	相对于基准面的中心线平行度公差	用于限制相对于基准面的中心线平行误差	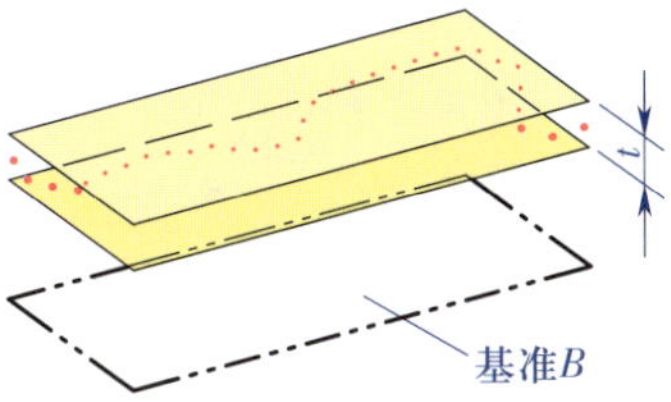 公差带为平行于基准平面、间距等于公差值 t 的两平行平面所限定的区域	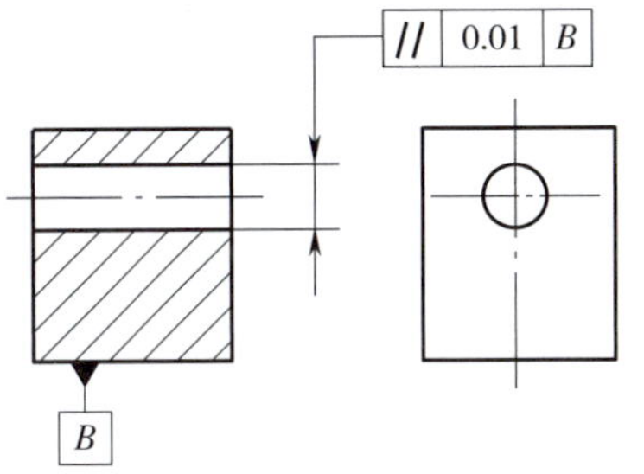 提取（实际）中心线应限定在平行于基准平面 B、间距等于 0.01 mm 的两平行平面之间
	相对于基准直线的平面平行度公差	用于限制相对于基准直线的平面平行误差	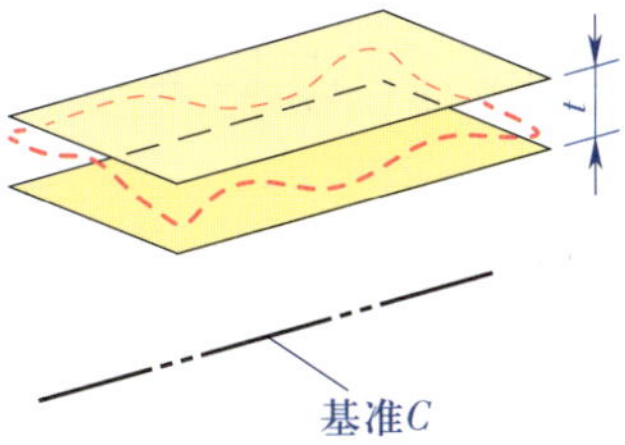 公差带为间距等于公差值 t、平行于基准直线的两平行平面所限定的区域	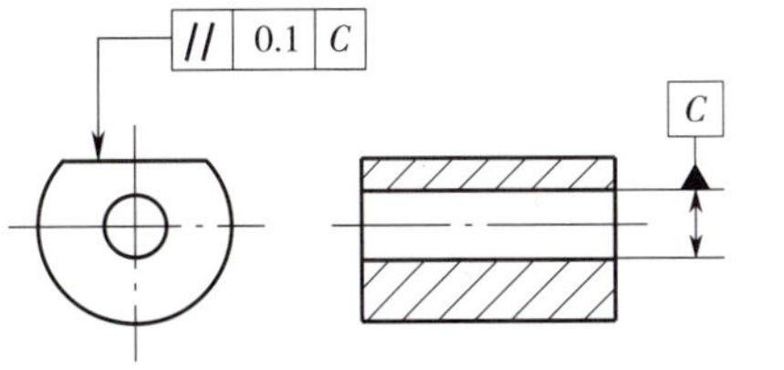 提取（实际）表面应限定在间距等于 0.1 mm、平行于基准轴线 C 的两平行平面之间
	相对于基准体系的中心线平行度公差	用于限制相对于基准体系的中心线之间的平行误差	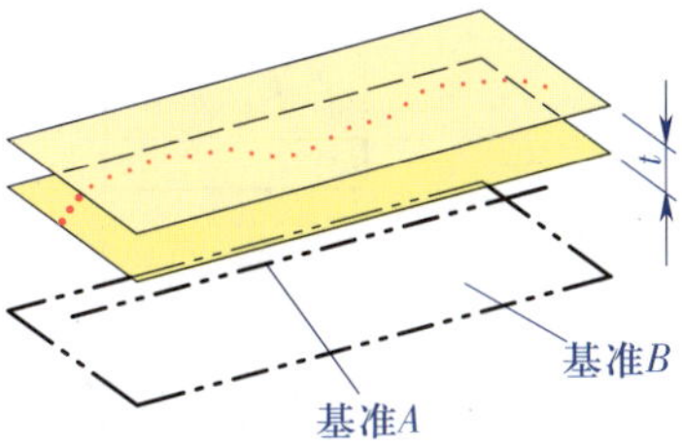 公差带为间距等于公差值 t、平行于两基准且沿规定方向的两平行平面所限定的区域	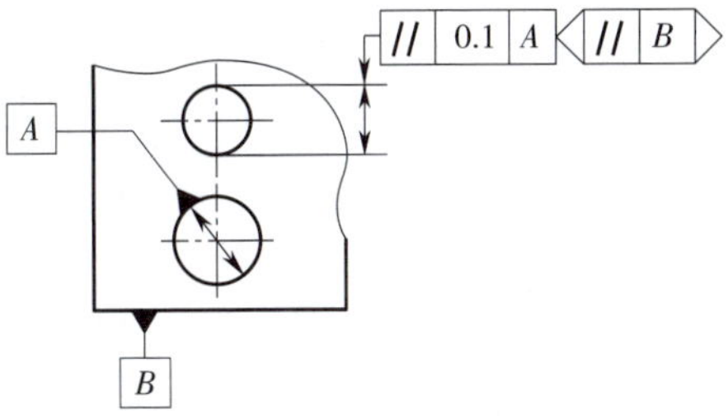 提取（实际）中心线应限定在间距等于 0.1 mm、平行于基准轴线 A 的两平行平面之间。限定公差带的平面均平行于由定向平面框格规定的基准平面 B，基准 B 为基准 A 的辅助基准

续表

方向公差		功用	公差带图示	标注示例
平行度公差	相对于基准体系的中心线平行度公差	用于限制相对于基准体系的中心线之间的平行误差	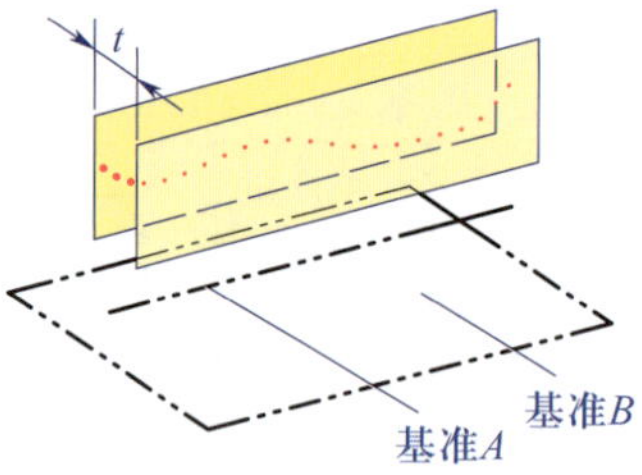 公差带为间距等于公差值 t、平行于基准 A 且垂直于基准 B 的两平行平面所限定的区域	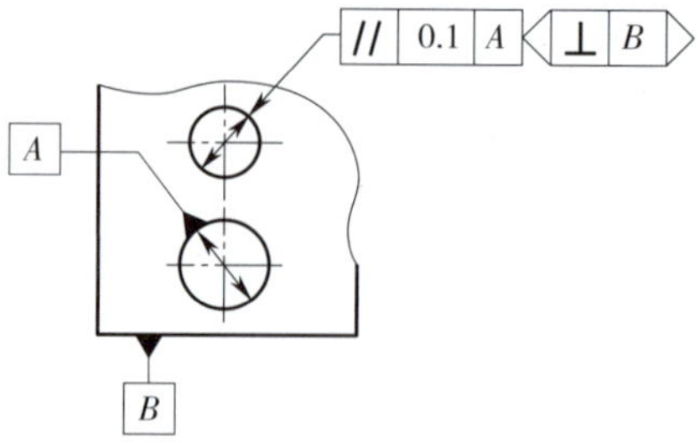 提取（实际）中心线应限定在间距等于 0.1 mm、平行于基准轴线 A 的两平行平面之间。限定公差带的平面均垂直于由定向平面框格规定的基准平面 B。基准 B 为基准 A 的辅助基准
	相对于基准直线的中心线平行度公差	用于限制相对于基准直线的中心线之间的平行误差	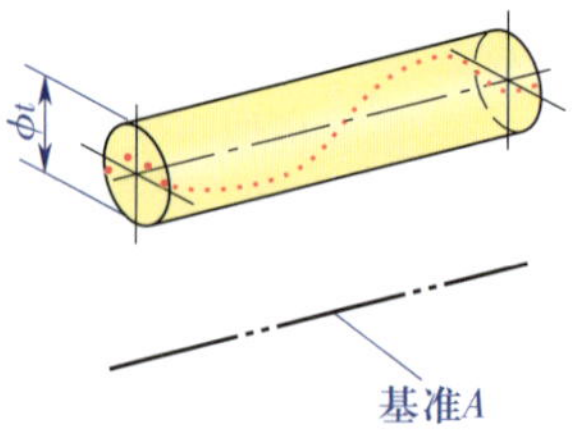 公差带为平行于基准直线、直径等于公差值 t 的圆柱面所限定的区域	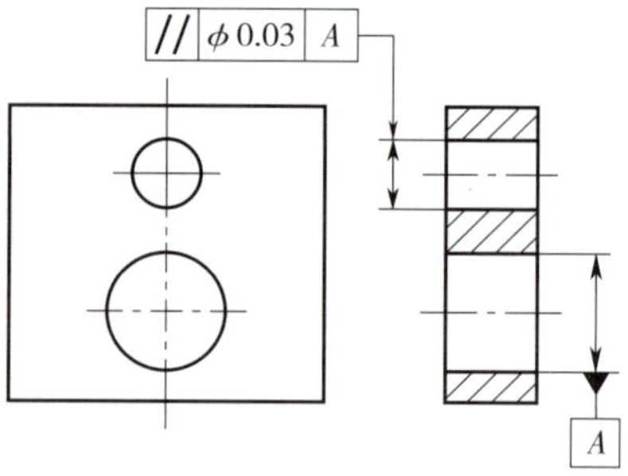 提取（实际）中心线应限定在平行于基准轴线 A、直径等于 0.03 mm 的圆柱面内
	相对于基准面的一组在表面上的线的平行度公差	用于限制相对于基准面的一组在表面上的线平行误差	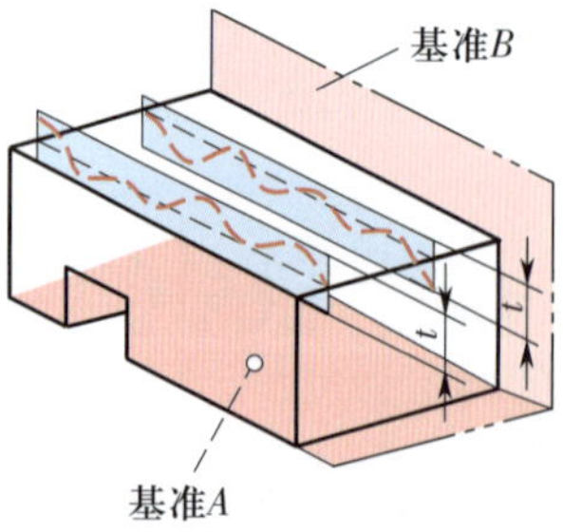 公差带为间距等于公差值 t 的两平行直线所限定的区域。该两平行直线平行于基准平面 A 且处于平行于基准平面 B 的平面内	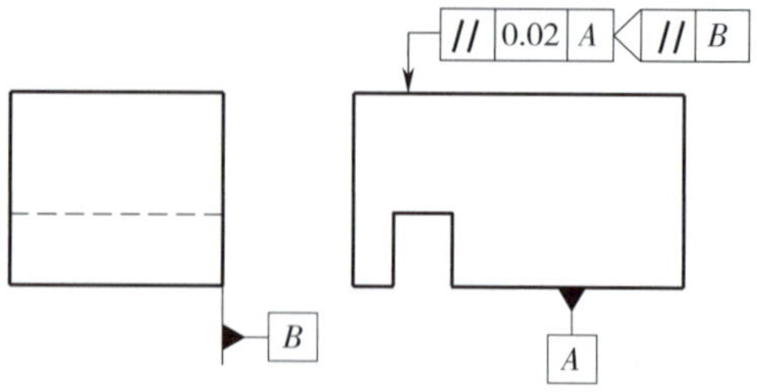 每条由相交平面框格规定的、平行于基准平面 B 的提取（实际）线，应限定在间距等于 0.02 mm、平行于基准平面 A 的两平行线之间。基准 B 为基准 A 的辅助基准

续表

方向公差		功用	公差带图示	标注示例
垂直度公差	相对于基准直线的中心线垂直度公差	用于限制相对于基准直线的中心线垂直误差	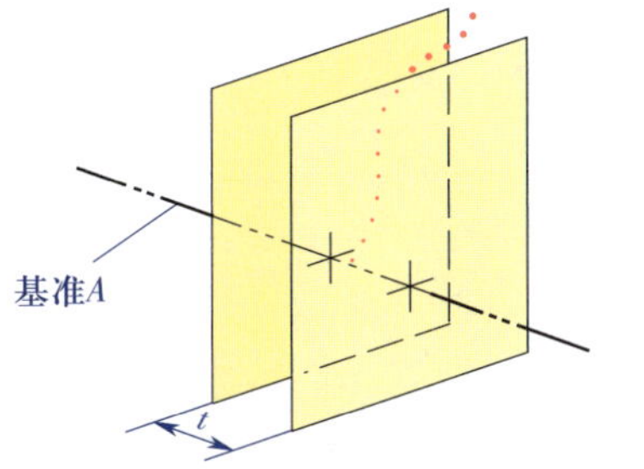 公差带为间距等于公差值 t、垂直于基准轴线的两平行平面所限定的区域	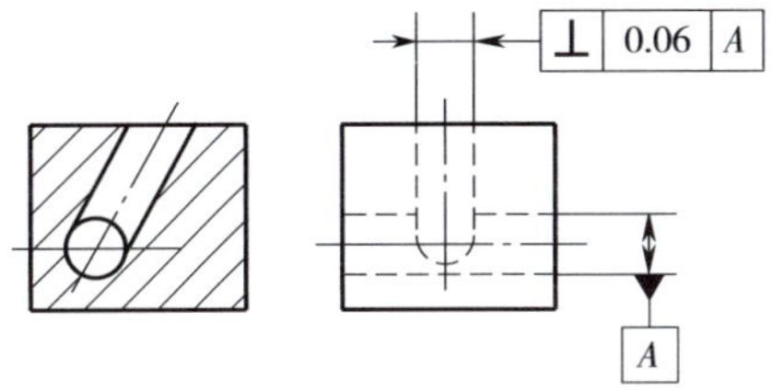 提取（实际）中心线应限定在间距等于 0.06 mm、垂直于基准轴 A 的两平行平面之间
	相对于基准体系的中心线垂直度公差	用于限制相对于基准体系的中心线垂直误差	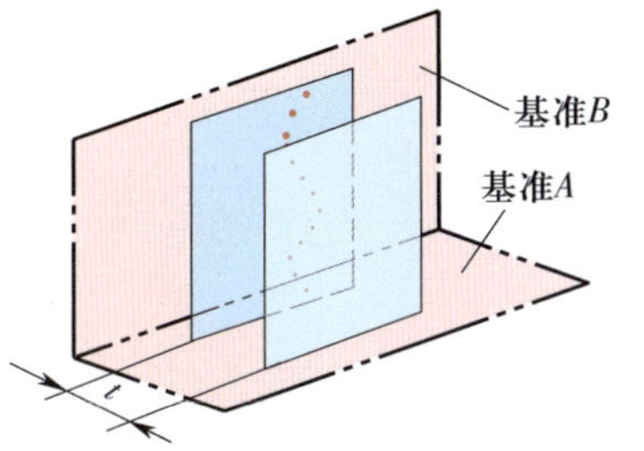 公差带为间距等于公差值 t 的两平行平面所限定的区域。该两平行平面垂直于基准平面 A 且平行于辅助基准 B	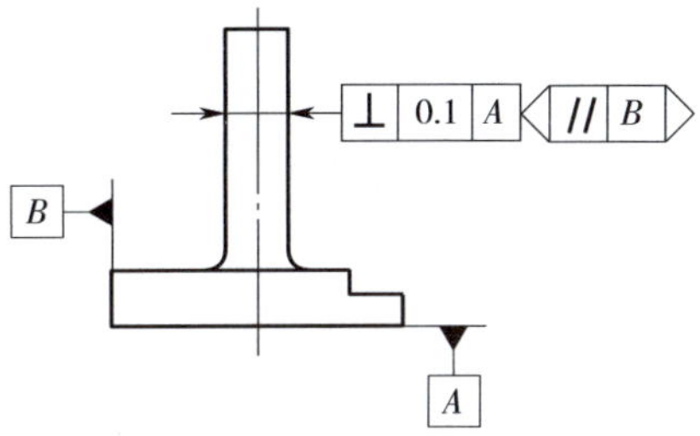 圆柱面的提取（实际）中心线应限定在间距等于 0.1 mm 的两平行平面之间。该两平行平面垂直于基准平面 A，且方向由基准平面 B 规定。基准 B 为基准 A 的辅助基准
			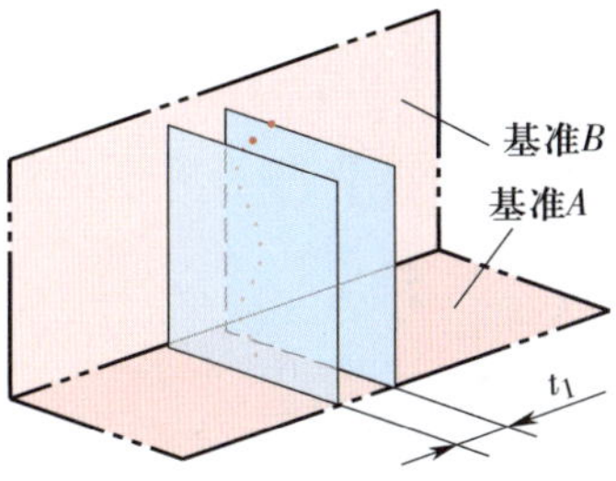 a) 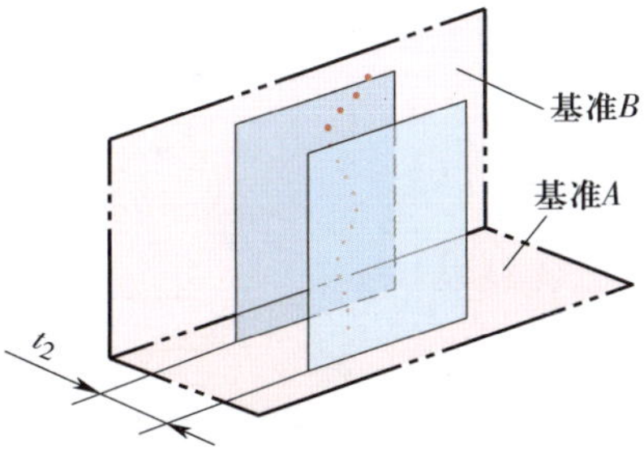 b) 公差带为间距分别等于公差值 t_1 与 t_2，且相互垂直的两组平行平面所限定的区域。该两组平行平面都垂直于基准平面 A。其中一组平行平面平行于辅助基准 B，另一组平行平面则垂直于辅助基准 B	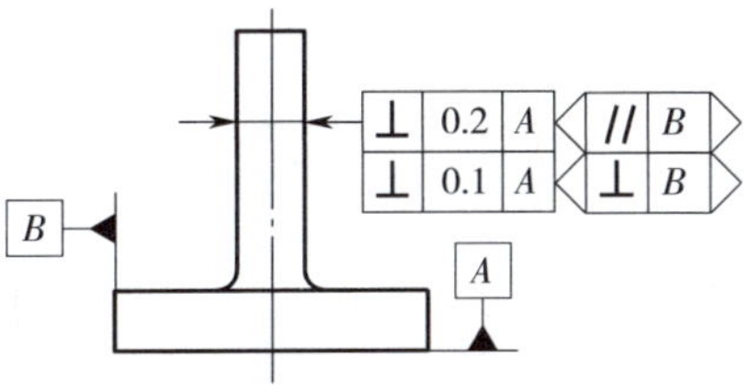 圆柱的提取（实际）中心线应限定在间距分别等于 0.1 mm 与 0.2 mm，且垂直于基准平面 A 的两组平行平面之间。公差带的方向使用定向平面框格由基准平面 B 规定。基准 B 是基准 A 的辅助基准

续表

方向公差		功用	公差带图示	标注示例
垂直度公差	相对于基准面的中心线垂直度公差	用于限制相对于基准面的中心线垂直误差	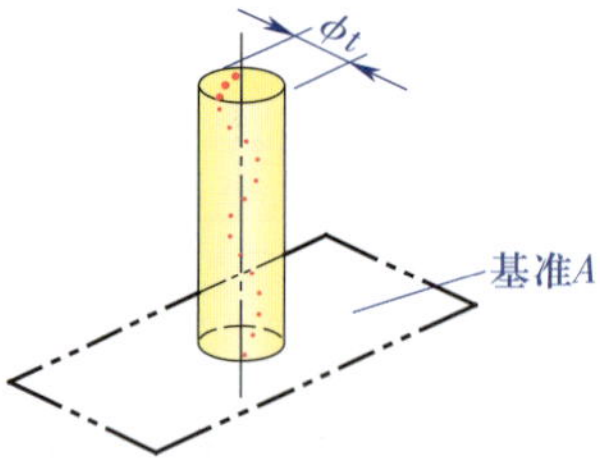 基准A 公差带为直径等于公差值 t，轴线垂直于基准平面的圆柱面所限定的区域	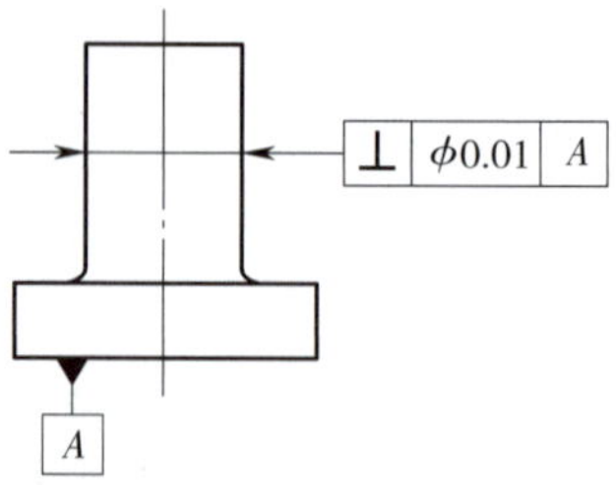 ⊥ ϕ0.01 A 圆柱面的提取（实际）中心线应限定在直径等于 0.01 mm、垂直于基准平面 A 的圆柱面内
	相对于基准直线的平面垂直度公差	用于限制相对于基准直线的平面垂直误差	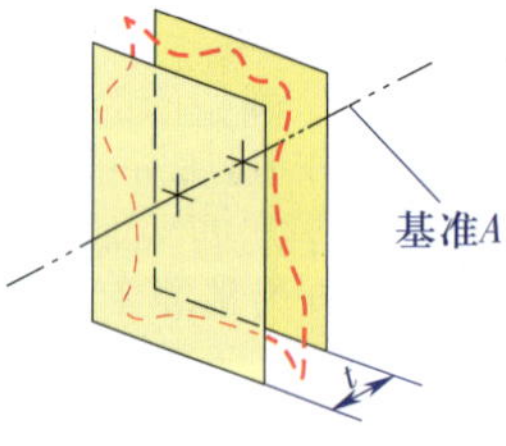 基准A 公差带为间距等于公差值 t 且垂直于基准轴线的两平行平面所限定的区域	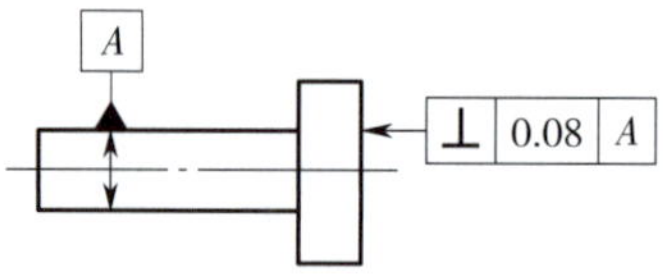 ⊥ 0.08 A 提取（实际）面应限定在间距等于 0.08 mm 的两平行平面之间。该两平行平面垂直于基准轴线 A
	相对于基准面的平面垂直度公差	用于限制相对于基准面的平面垂直误差	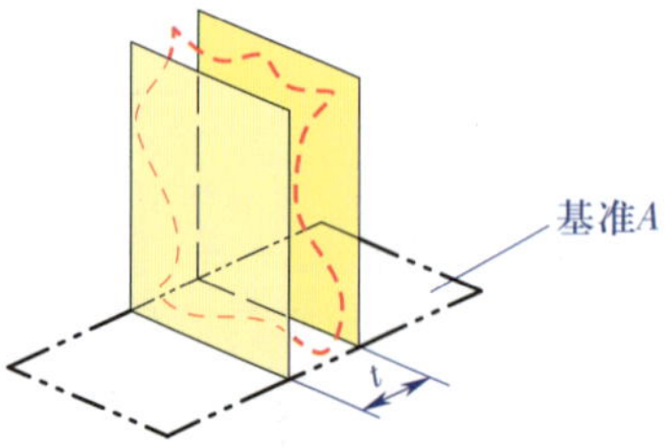 基准A 公差带为间距等于公差值 t、垂直于基准平面 A 的两平行平面之间的区域	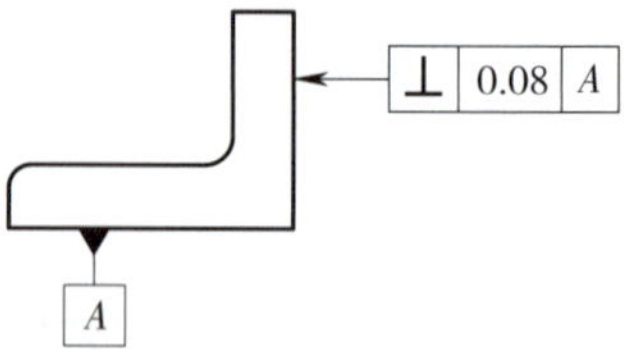 ⊥ 0.08 A 提取（实际）面限定在间距等于 0.08 mm、垂直于基准平面 A 的两平行平面之间

续表

方向公差		功用	公差带图示	标注示例
倾斜度公差	相对于基准直线的中心线倾斜度公差	用于限制相对于基准直线的中心线倾斜误差	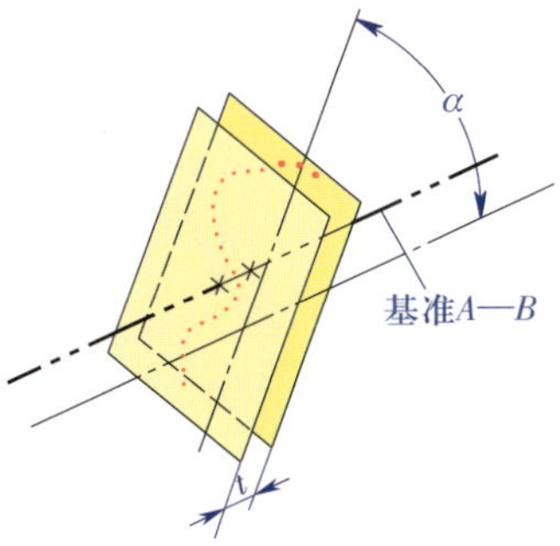 公差带为间距等于公差值 t 的两平行平面所限定的区域。该两平行平面按规定角度倾斜于基准轴线	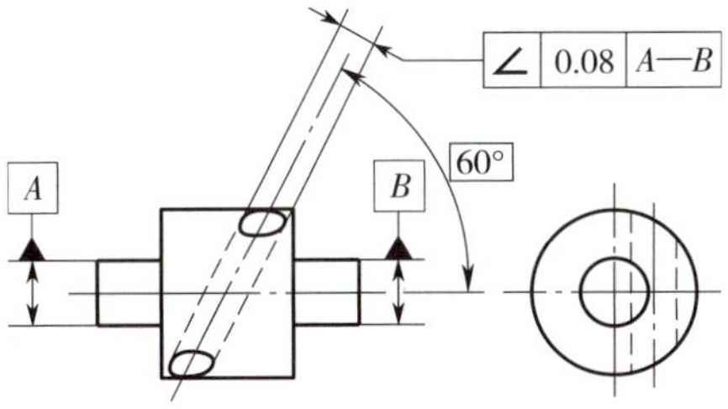 提取（实际）中心线应限定在间距等于 0.08 mm 的两平行平面之间。该两平行平面按理论正确角度 60° 倾斜于公共基准轴线 A—B
			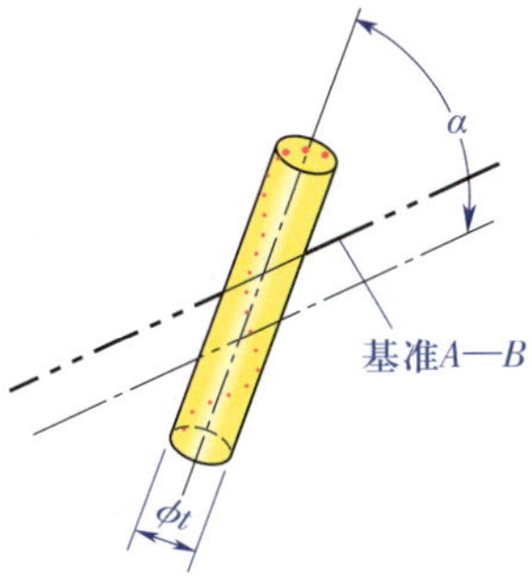 公差带为直径等于公差值 t 的圆柱面所限定区域。该圆柱面按规定角度倾斜于基准。被测线与基准线在不同的平面内	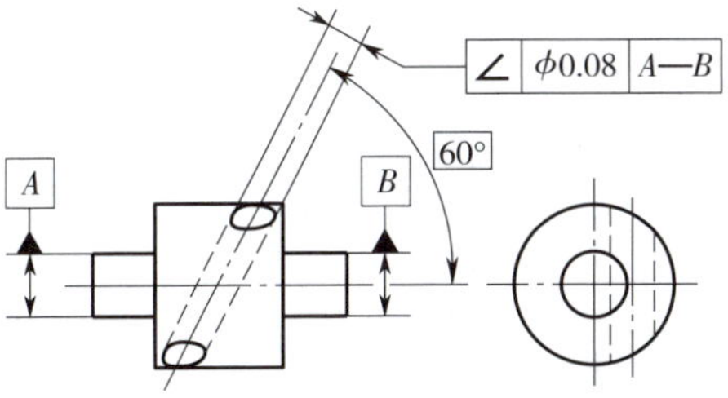 提取（实际）中心线应限定在直径等于 0.08 mm 的圆柱面所限定的区域。该圆柱面按理论正确角度 60° 倾斜于公共基准轴线 A—B
	相对于基准体系的中心线倾斜度公差	用于限制相对于基准体系的中心线倾斜误差	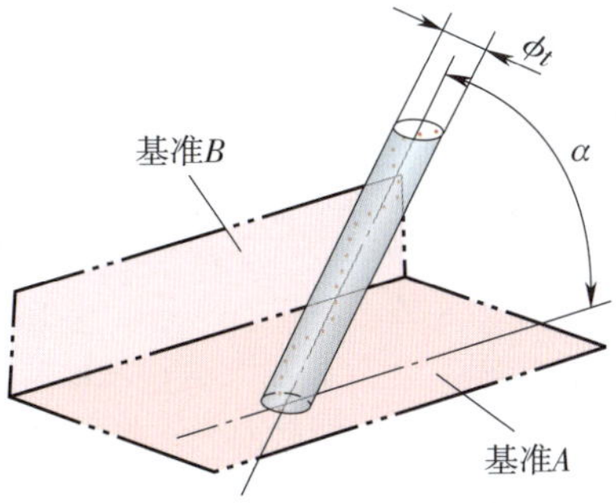 公差带为直径等于公差值 t 的圆柱面所限定的区域。该圆柱面公差带的轴线按规定角度倾斜于基准平面 A 且平行于基准平面 B	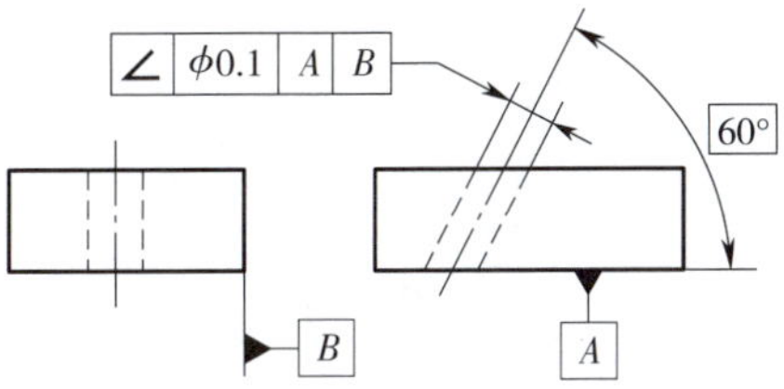 提取（实际）中心线应限定在直径等于 0.1 mm 的圆柱面内。该圆柱面的中心线按理论正确角度 60° 倾斜于基准平面 A 且平行于基准平面 B

续表

方向公差		功用	公差带图示	标注示例
倾斜度公差	相对于基准直线的平面倾斜度公差	用于限制相对于基准直线的平面倾斜误差	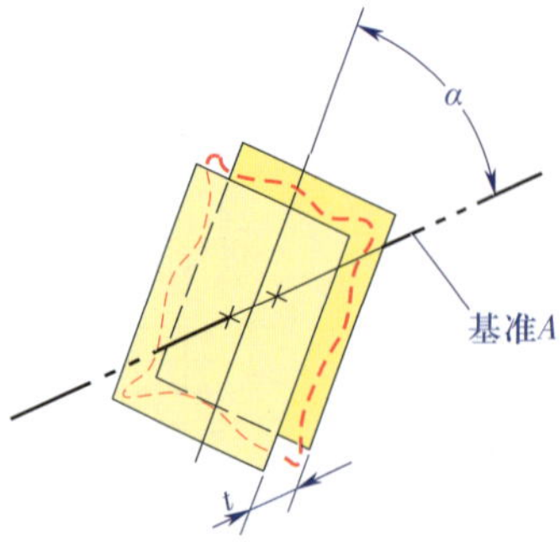 基准A 公差带为间距等于公差值 t 的两平行平面所限定的区域。该两平行平面按规定角度倾斜于基准直线	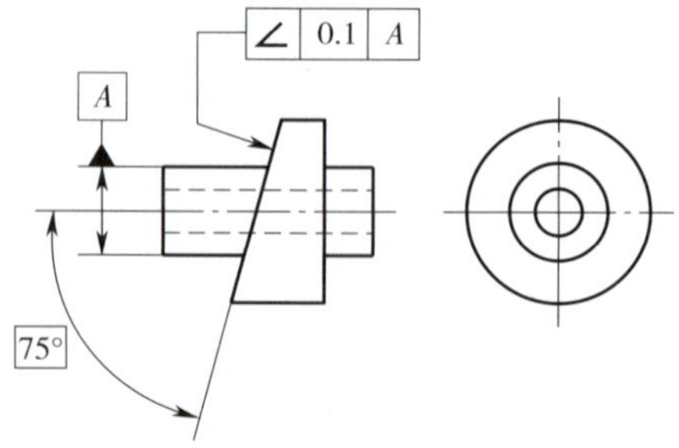 ∠ 0.1 A A 75° 提取（实际）表面应限定在间距等于 0.1 mm 的两平行平面之间。该两平行平面按理论正确角度 75° 倾斜于基准轴线 A
	相对于基准面的平面倾斜度公差	用于限制相对于基准面的平面倾斜误差	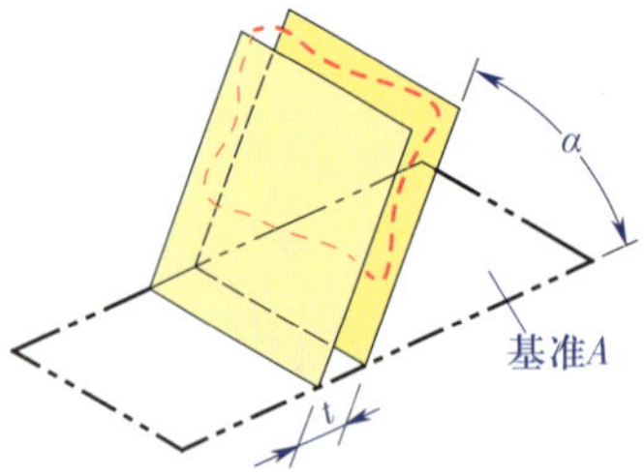 基准A 公差带为间距等于公差值 t 的两平行平面所限定的区域。该两平行平面按规定角度倾斜于基准平面	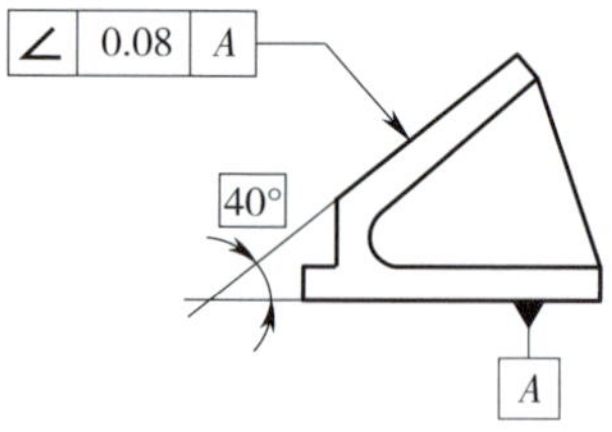 ∠ 0.08 A 40° A 提取（实际）表面应限定在间距等于 0.08 mm 的两平行平面之间。该两平行平面按理论正确角度 40° 倾斜于基准平面 A
相对于基准体系的线轮廓度公差		用于限制相对于基准体系的线轮廓误差	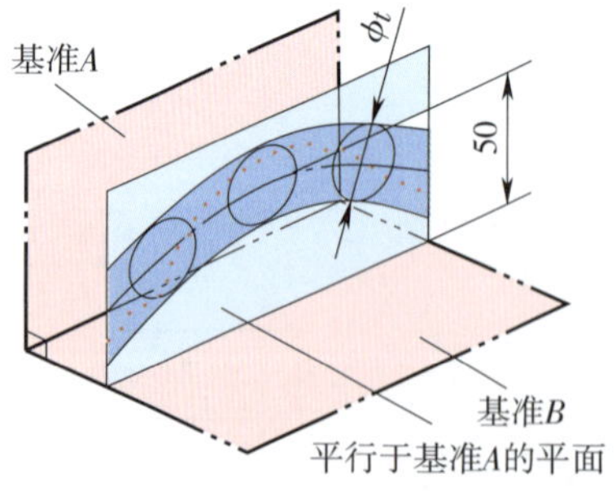 基准A 基准B 平行于基准A的平面 50 公差带为直径等于公差值 t、圆心位于由基准平面 A 与基准平面 B 确定的被测要素理论正确几何形状上的一系列圆的两包络线所限定的区域	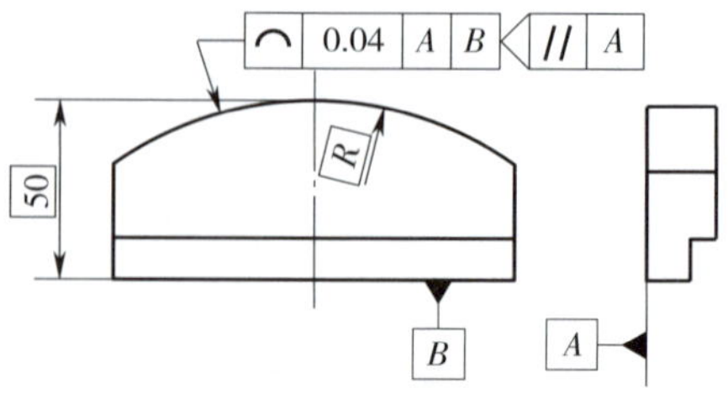 ⌒ 0.04 A B ∥ A 50 R B A 在任一由相交平面框格规定的平行于基准平面 A 的截面内，提取（实际）轮廓线应限定在直径等于 0.04 mm、圆心位于由基准平面 A 与基准平面 B 确定的被测要素理论正确几何形状线上的一系列圆的两等距包络线之间

续表

方向公差	功用	公差带图示	标注示例
相对于基准的面轮廓度公差	用于限制相对于基准的面轮廓误差	公差带为直径等于公差值 t、球心位于由基准平面 A 确定的被测要素理论正确几何形状上的一系列球的两包络面所限定的区域	提取（实际）轮廓面应限定在直径等于 0.1 mm、球心位于由基准平面 A 确定的被测要素理论正确几何形状上的一系列球的两等距包络面之间

3. 位置公差

位置公差限制实际被测要素相对于基准要素在位置上的变动。位置公差的标注和解读见表 2–21。

表 2–21　**位置公差的标注和解读**

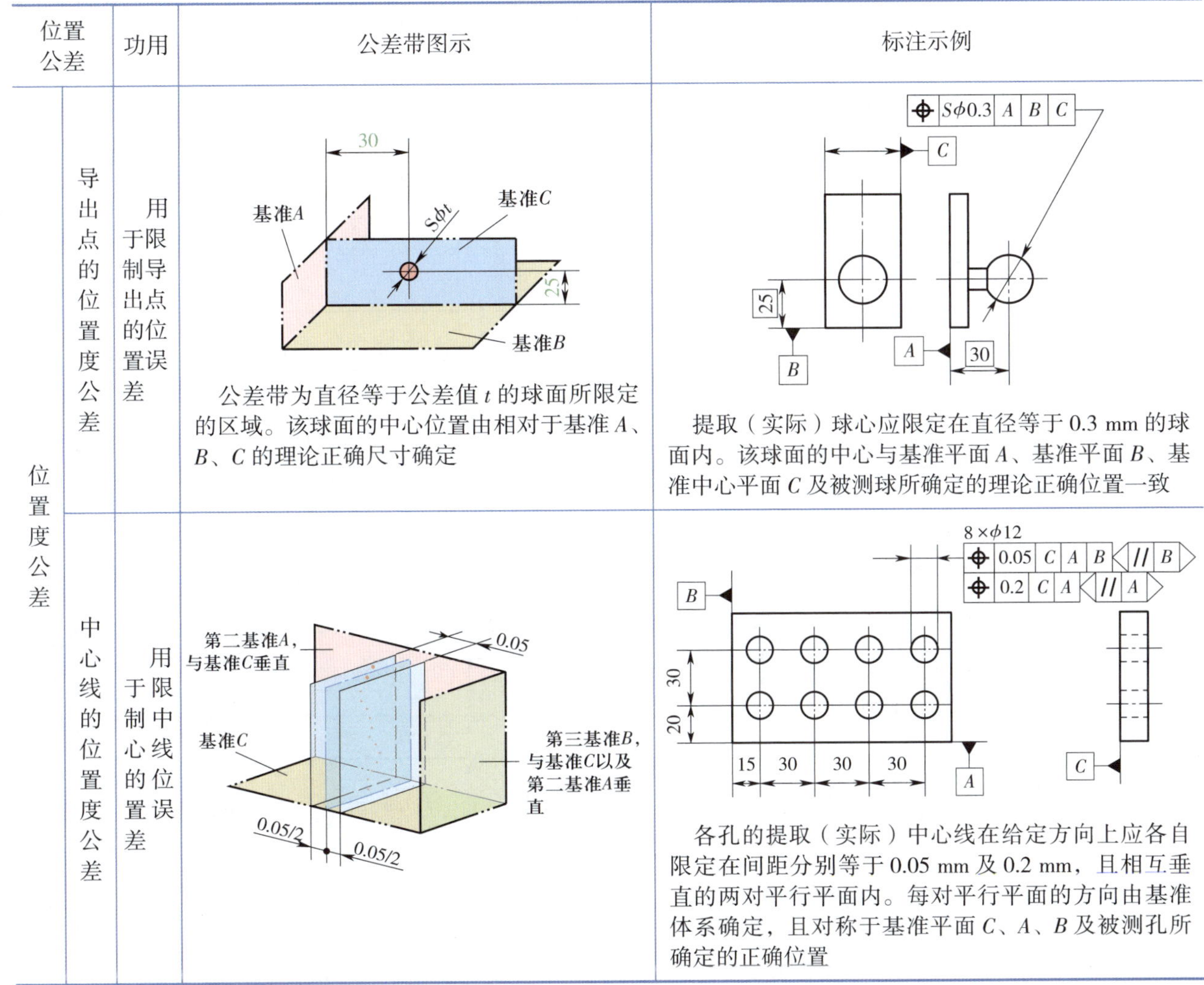

位置公差		功用	公差带图示	标注示例
位置度公差	导出点的位置度公差	用于限制导出点的位置误差	公差带为直径等于公差值 t 的球面所限定的区域。该球面的中心位置由相对于基准 A、B、C 的理论正确尺寸确定	提取（实际）球心应限定在直径等于 0.3 mm 的球面内。该球面的中心与基准平面 A、基准平面 B、基准中心平面 C 及被测球所确定的理论正确位置一致
	中心线的位置度公差	用于限制中心线的位置误差		各孔的提取（实际）中心线在给定方向上应各自限定在间距分别等于 0.05 mm 及 0.2 mm，且相互垂直的两对平行平面内。每对平行平面的方向由基准体系确定，且对称于基准平面 C、A、B 及被测孔所确定的正确位置

续表

位置公差		功用	公差带图示	标注示例
位置度公差	中心线的位置度公差	用于限制中心线的位置误差	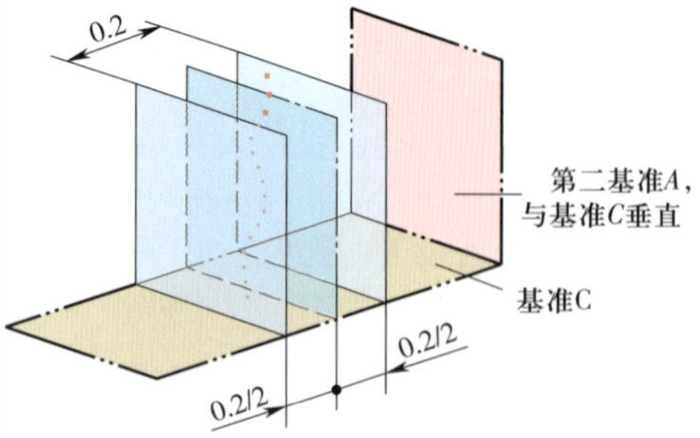 公差带为间距分别等于公差值 0.05 mm 与 0.2 mm、对称于理论正确位置的平行平面所限定的区域。该理论正确位置由相对于基准 *C*、*A*、*B* 的理论正确尺寸确定。该公差在基准体系的两个方向给定	
			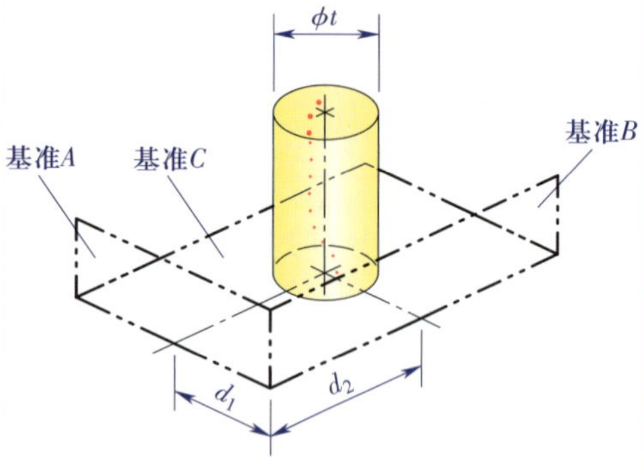 公差带为直径等于公差值 *t* 的圆柱面所限定的区域。该圆柱面轴线的位置由相对于基准 *C*、*A*、*B* 的理论正确尺寸确定	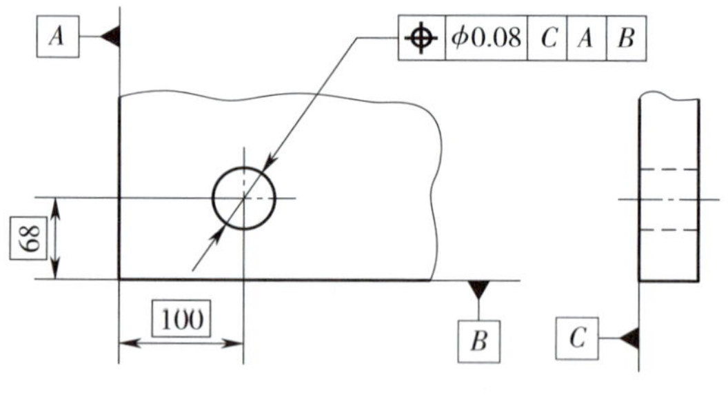 提取（实际）中心线应限定在直径等于 0.08 mm 的圆柱面内。该圆柱面的轴线应处于由基准平面 *C*、*A*、*B* 与被测孔所确定的理论正确位置 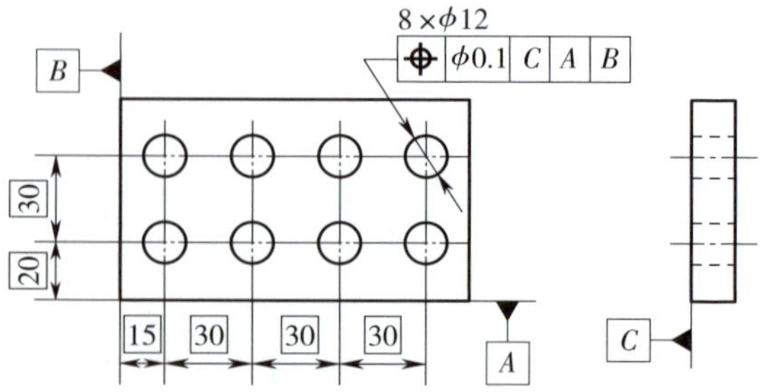 各孔的提取（实际）中心线应各自限定在直径等于 0.1 mm 的圆柱面内。该圆柱面的轴线应处于由基准 *C*、*A*、*B* 与被测孔所确定的理论正确位置

续表

位置公差		功用	公差带图示	标注示例
位置度公差	中心线的位置度公差	用于限制中心线位置误差	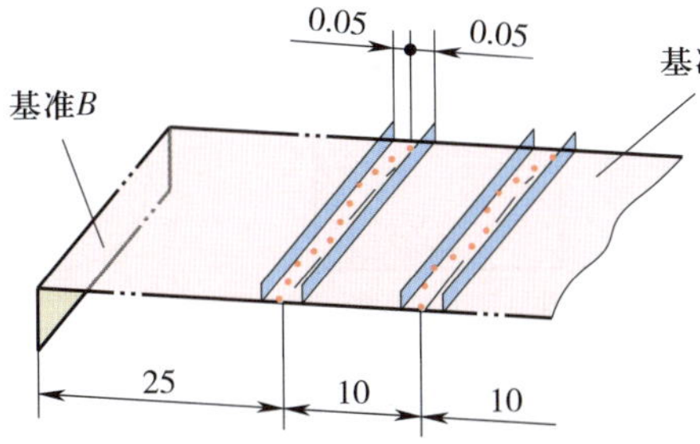 六个被测要素的每个公差带为间距等于公差值 0.1 mm、对称于要素中心线的两平行平面所限定的区域。中心平面的位置由相对于基准 A、B 的理论正确尺寸确定	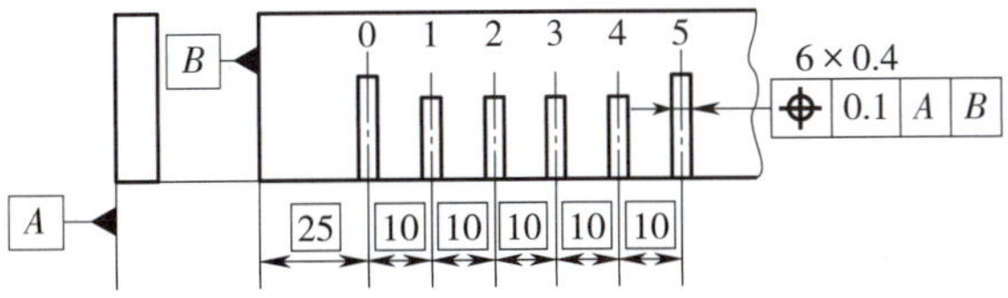 各条刻线的提取（实际）中心线应限定在距离等于 0.1 mm，对称于基准面 A、B 与被测线所确定的理论正确位置的两平行平面之间
			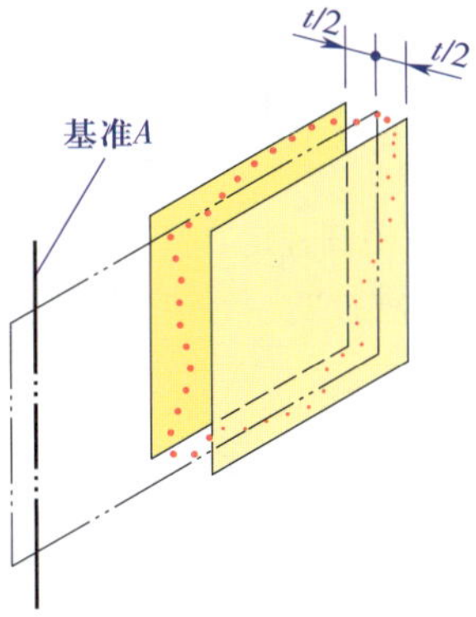 公差带为间距等于公差值 t 的两平行平面所限定的区域。该两平行平面相对于基准 A 对称布置	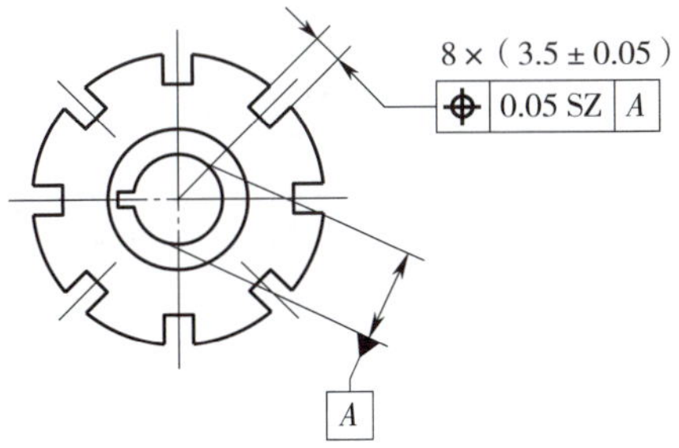 8 个被测要素的每一个应单独考量（与其相互之间的角度无关），提取（实际）中心面应限定在间距等于公差值 0.05 mm 的两平行平面之间。该两平行平面对称于基准轴线 A 与中心表面所确定的理论正确位置
	平表面的位置度公差	用于限制平表面位置误差	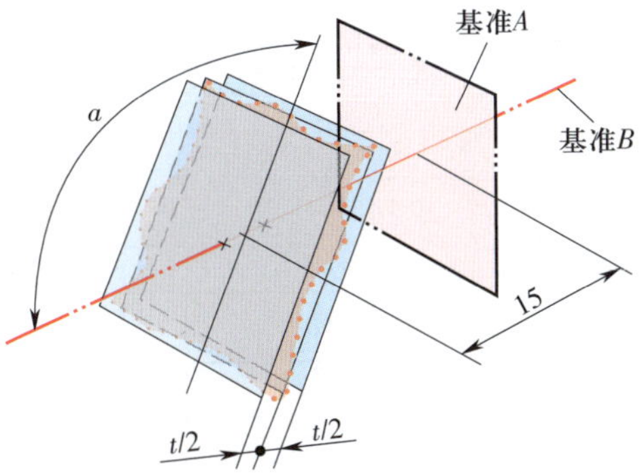 公差带为间距等于公差值 t 的两平行平面所限定的区域。该两平行平面对称于由相对于基准 A、B 的理论正确尺寸所确定的理论正确位置	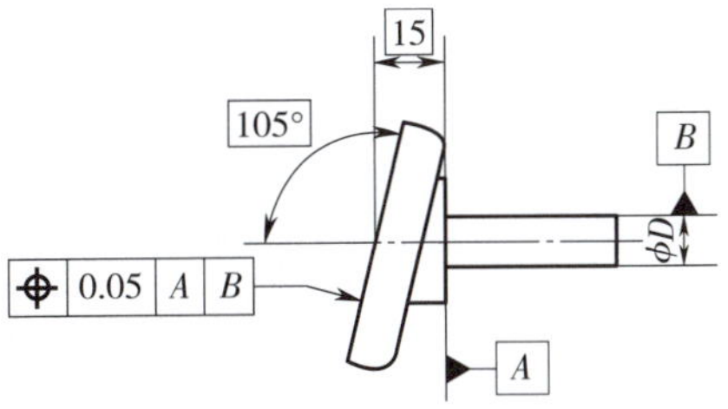 提取（实际）表面应限定在间距等于 0.05 mm 的两平行平面之间。该平行平面对称于由基准平面 A、基准轴线 B 与该被测表面所确定的理论正确位置

续表

位置公差		功用	公差带图示	标注示例
同心度和同轴度公差	点的同心度公差	用于限制点的同心度误差	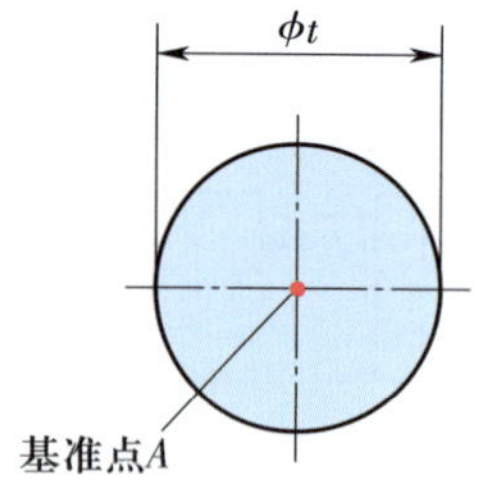 公差带为直径等于公差值 t 的圆周所限定的区域。公差值之前应使用符号“ϕ”。该圆周公差带的圆心与基准点重合	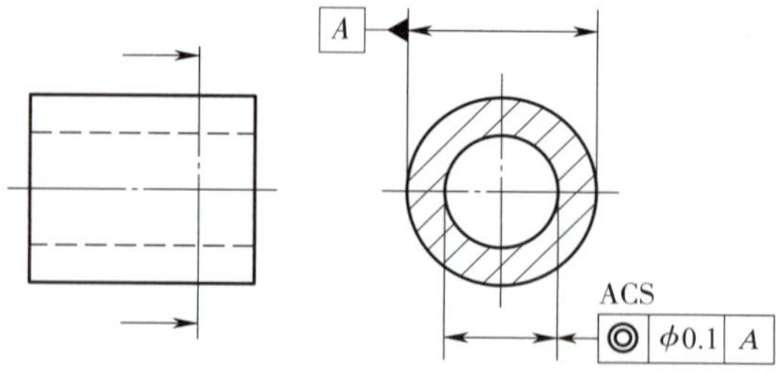 在任意横截面内，内圆的提取（实际）中心应限定在直径等于 0.1 mm、以基准点 A（在同一横截面内）为圆心的圆周内
	中心线的同轴度公差	用于限制中心线的同轴度误差	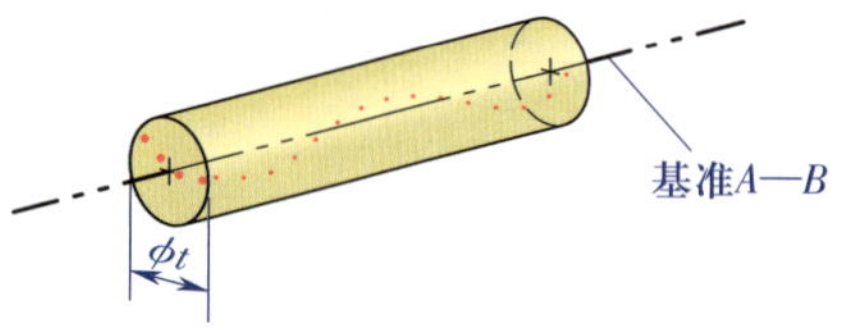 公差带为直径等于公差值 t 的圆柱面所限定的区域。该圆柱面的轴线与基准轴线重合	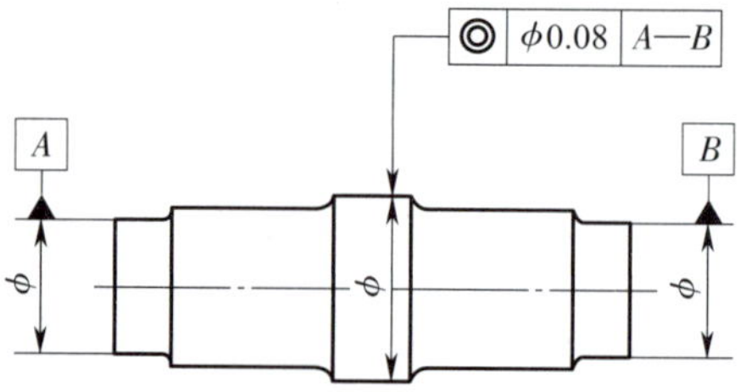 被测圆柱的提取（实际）中心线应限定在直径等于 0.08 mm、以公共基准轴线 $A—B$ 为轴线的圆柱面内
			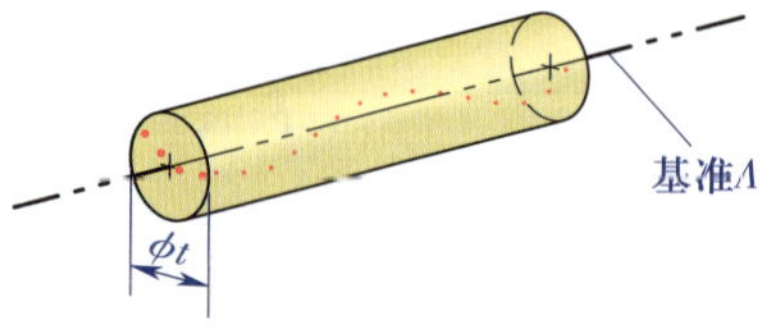 公差带为直径等于公差值 t 的圆柱面所限定的区域。该圆柱面的轴线与基准轴线重合	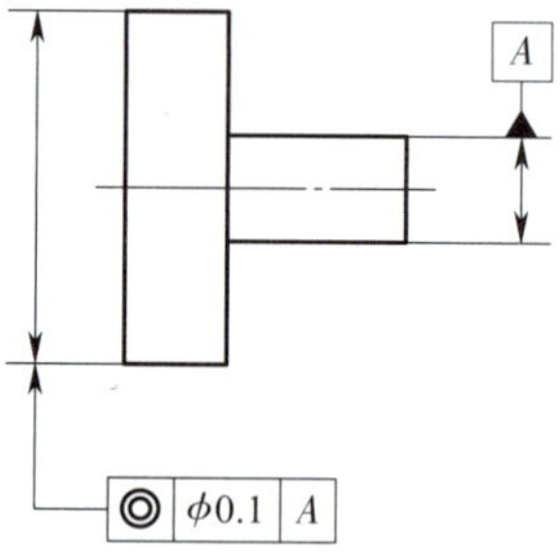 被测圆柱的提取（实际）中心线应限定在直径等于 0.1 mm、以基准轴线 A 为轴线的圆柱面内
			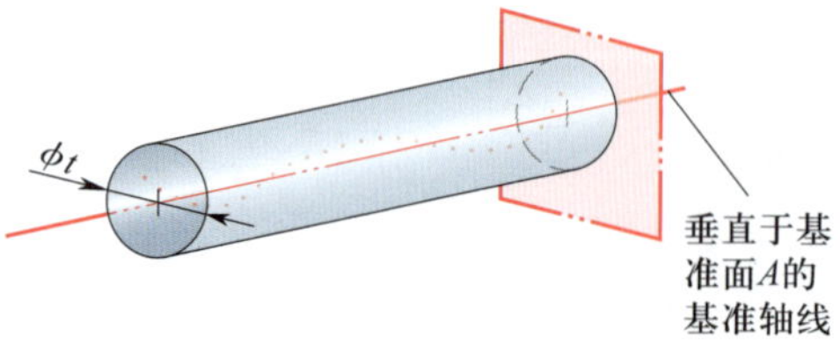 公差带为直径等于公差值 t 的圆柱面所限定的区域。该圆柱面的轴线与基准轴线重合	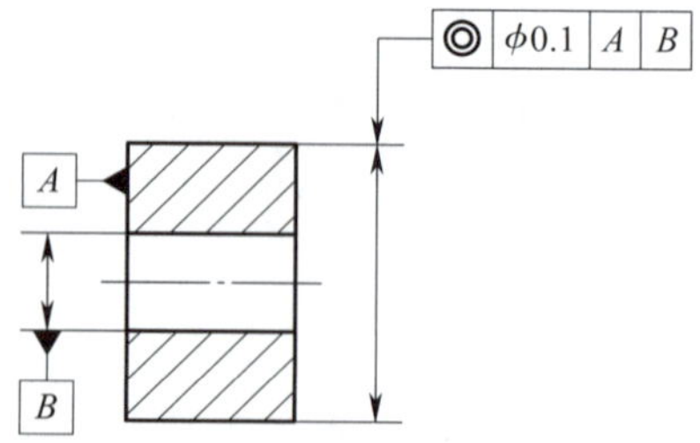 被测圆柱的提取（实际）中心线应限定在直径等于 0.1 mm、以垂直于基准平面 A 的基准轴线 B 为轴线的圆柱面内

续表

位置公差		功用	公差带图示	标注示例
对称度公差	中心平面的对称度公差	用于限制中心平面的对称误差	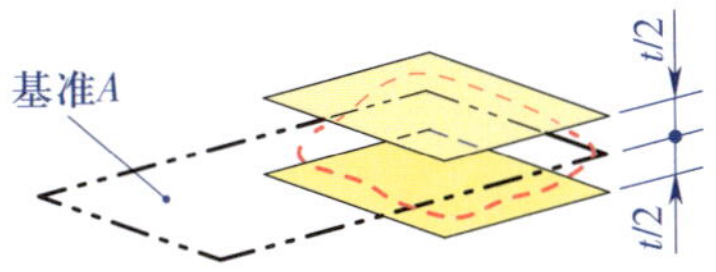 基准A t/2 t/2 公差带为间距等于公差值 t、对称于基准中心平面的两平行平面所限定的区域	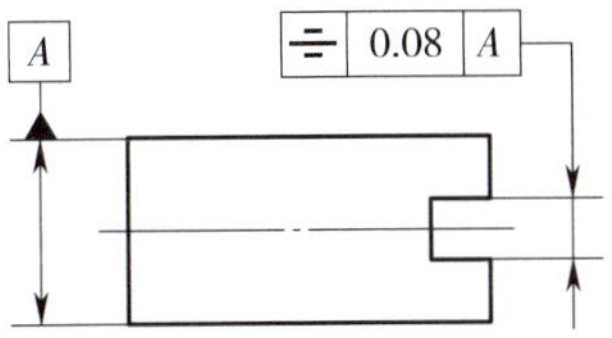 A 0.08 A 提取（实际）中心平面应限定在间距等于 0.08 mm，对称于基准中心平面 A 的两平行平面之间
				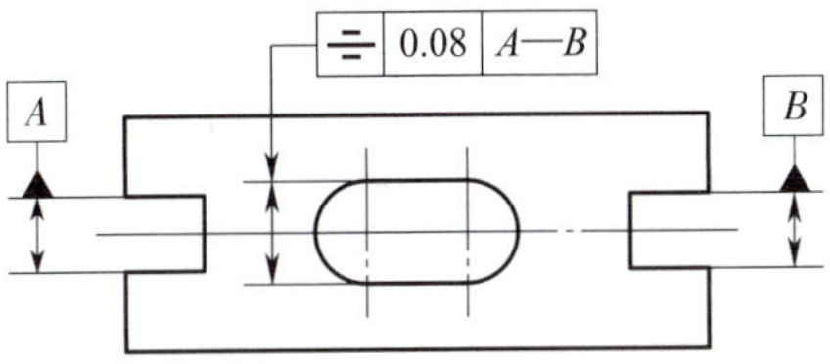 0.08 A—B A B 提取（实际）中心平面应限定在间距等于 0.08 mm、对称于公共基准中心平面 $A—B$ 的两平行平面之间

4. 跳动公差

跳动公差用来限制被测表面对基准轴线的变动。跳动公差的标注和解读见表 2–22。

表 2–22　　跳动公差的标注和解读

跳动公差		功用	公差带图示	标注示例
圆跳动公差	径向圆跳动公差	用于限制径向圆跳动误差	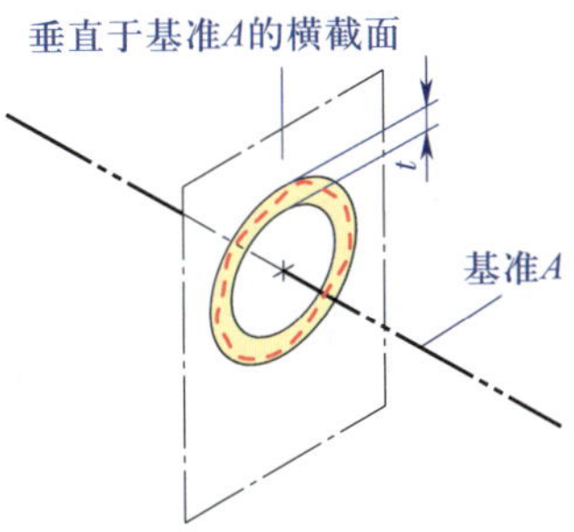 垂直于基准A的横截面 t 基准A 公差带为在任一垂直于基准轴线的横截面内、半径差等于公差值 t、圆心在基准轴线上的两同心圆所限定的区域	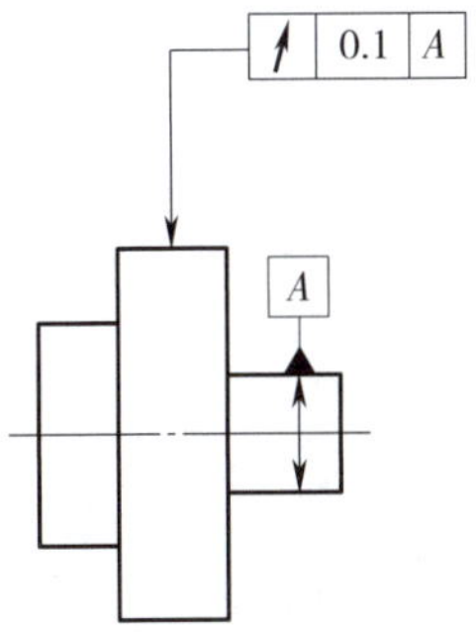 0.1 A A 在任一垂直于基准轴线 A 的横截面内，提取（实际）线应限定在半径差等于 0.1 mm、圆心在基准轴线 A 上的两共面同心圆之间

续表

跳动公差		功用	公差带图示	标注示例
圆跳动公差	径向圆跳动公差	用于限制径向圆跳动误差	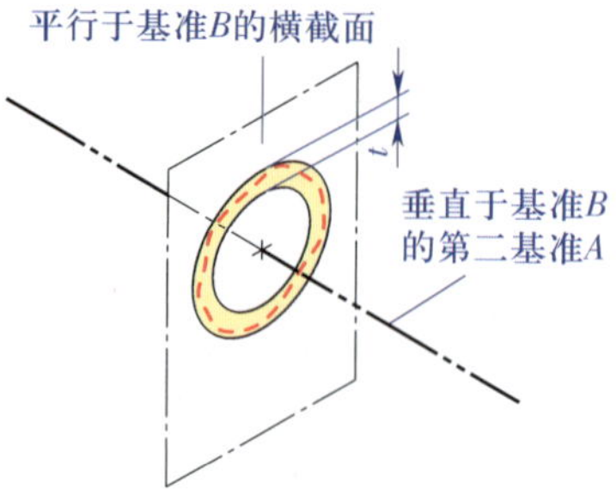 公差带为在任一垂直于基准轴线的横截面内、半径差等于公差值 t、圆心在基准轴线上的两同心圆所限定的区域	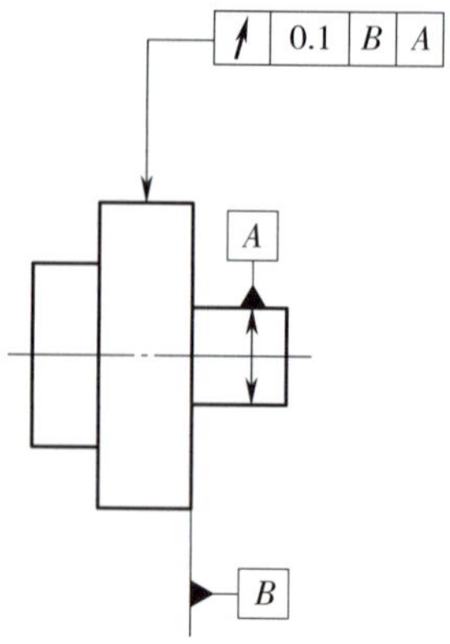 在任一平行于基准平面 B、垂直于基准轴线 A 的横截面上，提取（实际）圆应限定在半径差等于 0.1 mm、圆心在基准轴线 A 上的两共面同心圆之间
			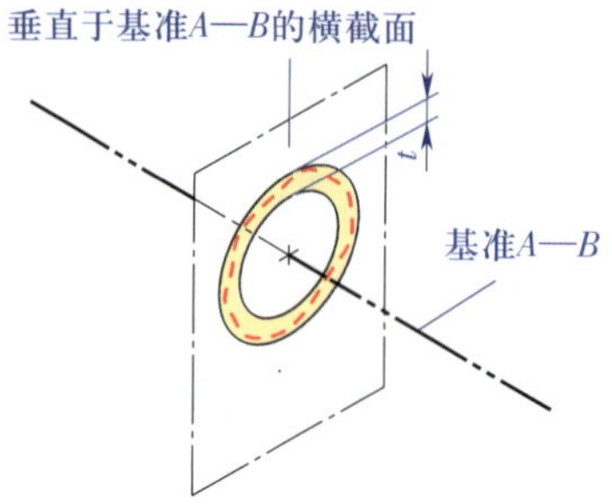 公差带为在任一垂直于基准轴线的横截面内、半径差等于公差值 t、圆心在基准轴线上的两同心圆所限定的区域	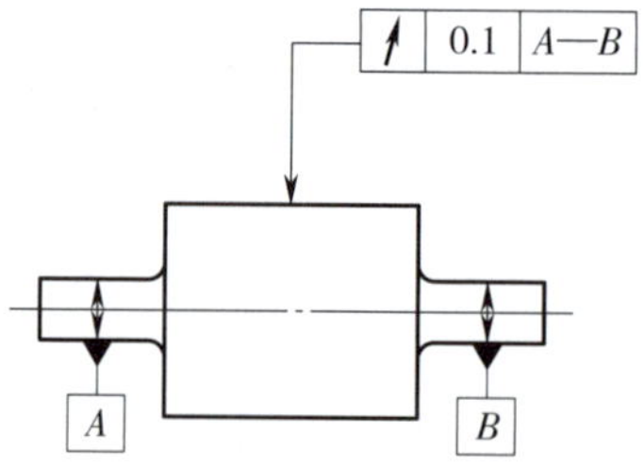 在任一垂直于公共基准轴线 $A—B$ 的横截面内，提取（实际）线应限定在半径差等于公差值 0.1 mm、圆心在基准轴线 $A—B$ 上的两共面同心圆之间
	轴向圆跳动公差	用于限制轴向圆跳动误差	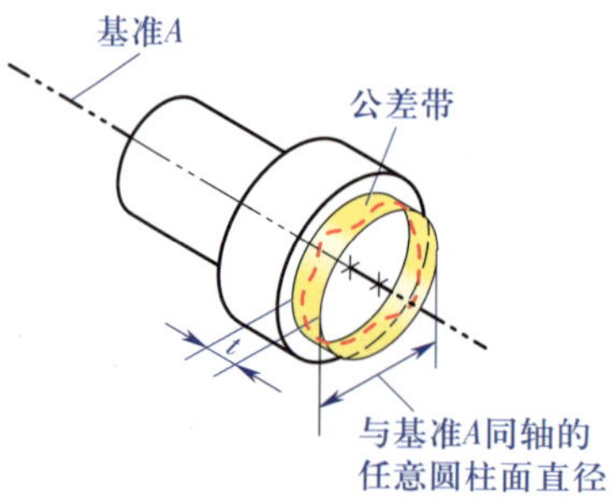 公差带为与基准轴线同轴的任一半径的圆柱截面上、间距等于公差值 t 的两圆所限定的圆柱面区域	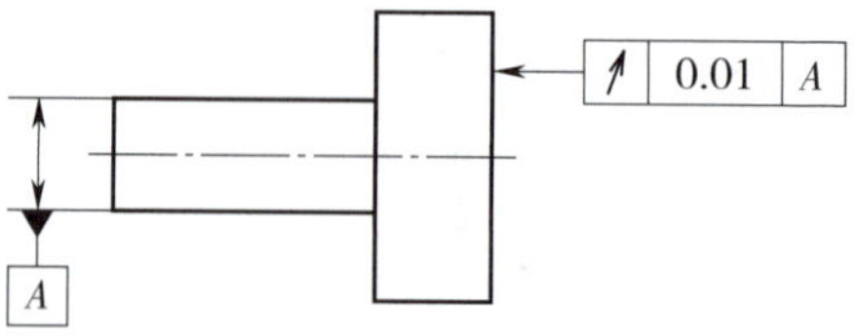 在与基准轴线 A 同轴的任一圆柱截面上，提取（实际）圆应限定在轴向距离等于 0.01 mm 的两个等圆之间

续表

跳动公差		功用	公差带图示	标注示例
圆跳动公差	斜向圆跳动公差	用于限制斜向圆跳动误差	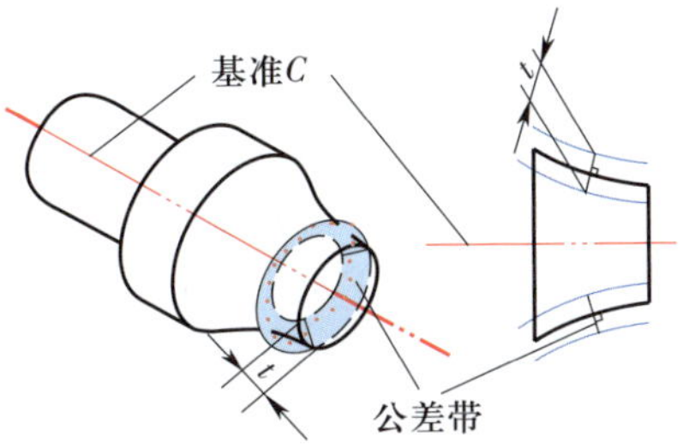 公差带为与基准轴线同轴的任一圆锥截面上、间距等于公差值 t 的两圆所限定的圆锥面区域 除非另有规定，公差带的宽度应沿规定几何要素的法向	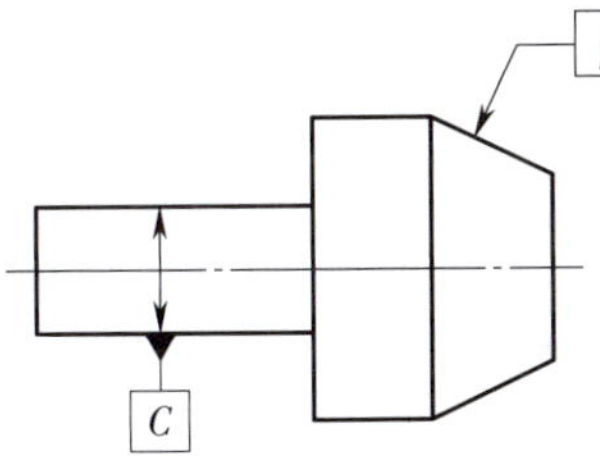 在与基准轴线 C 同轴的任一圆锥截面上，提取（实际）线应限定在素线方向间距等于 0.1 mm 的两不等圆之间，并且截面的锥角与被测要素垂直
				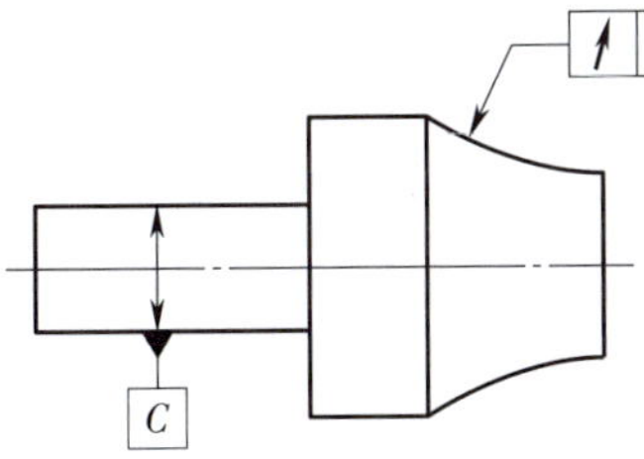 当被测要素的素线不是直线时，圆锥截面的锥角要随所测圆的实际位置而改变，以保持与被测要素垂直
	给定方向的圆跳动公差	用于限制给定方向的圆跳动误差	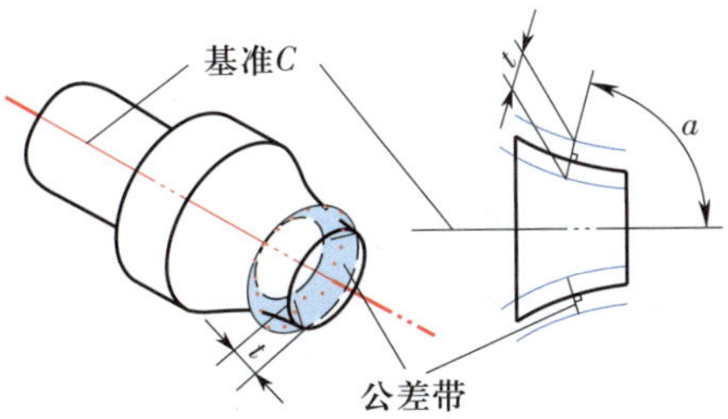 公差带为在轴线与基准轴线同轴的、具有给定锥角的任一圆锥截面上，间距等于公差值 t 的两不等圆所限定的区域	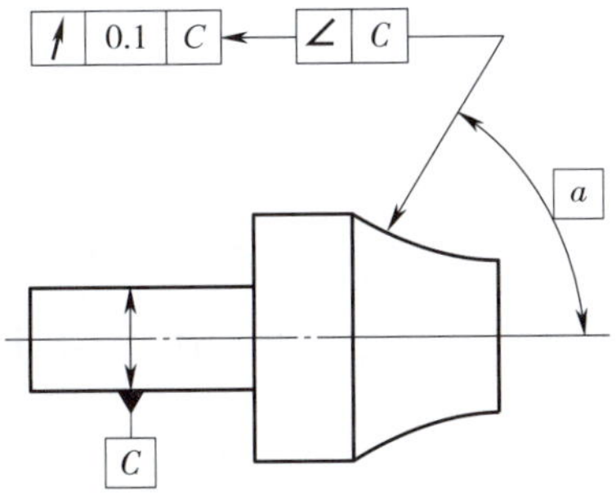 在相对于方向要素（给定角度）的任一圆锥截面上，提取（实际）线应限定在圆锥截面内间距等于 0.1 mm 的两圆之间

续表

跳动公差		功用	公差带图示	标注示例
全跳动公差	径向全跳动公差	用于限制径向全跳动误差	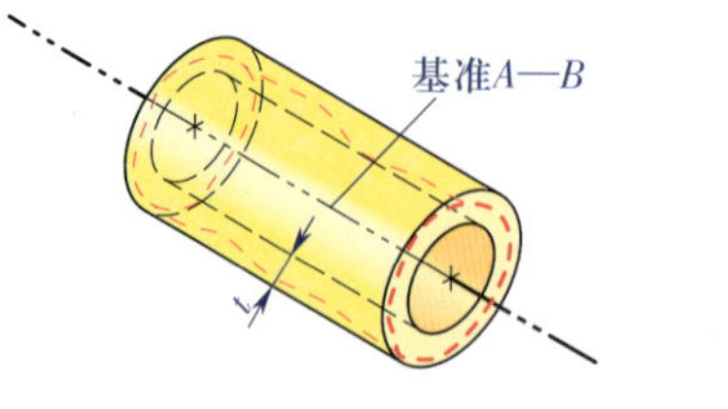 基准A—B 公差带为半径差等于公差值 t、与基准轴线同轴的两圆柱面所限定的区域	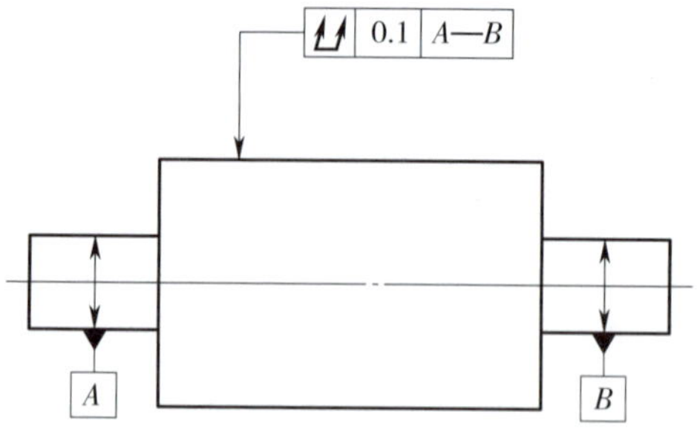 0.1 A—B A B 提取（实际）表面应限定在半径差等于 0.1 mm、与公共基准轴线 A—B 同轴的两圆柱面之间
	轴向全跳动公差	用于限制轴向全跳动误差	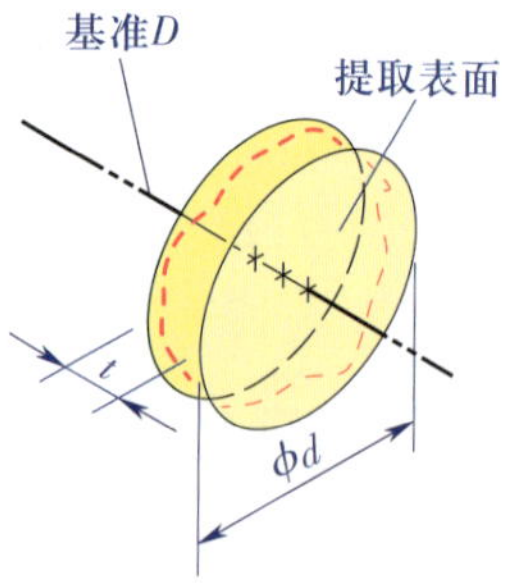 基准D 提取表面 t φd 公差带为间距等于公差值 t、垂直于基准轴线的两平行平面所限定的区域	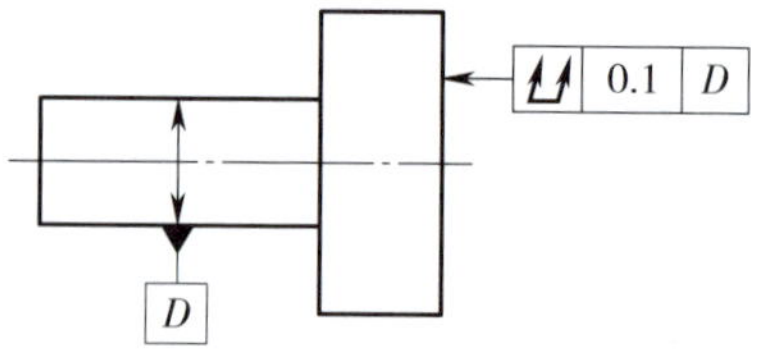 0.1 D D 提取（实际）表面应限定在间距等于 0.1 mm、垂直于基准轴线 D 的两平行平面之间

第三节　表面结构要求

表面结构是表面粗糙度、表面波纹度、表面缺陷、表面纹理和表面几何形状的总称。表面结构的各项要求在图样上的表示法在 GB/T 131—2006 中均有具体规定。

一、表面粗糙度及其评定参数

经过机械加工后的零件表面，如在放大镜或显微镜下观察，会发现许多高低不平的凸峰和凹谷，如图 2-19 所示。零件加工表面上具有较小间距和微小峰谷所组成的微观几何形状特性称为表面粗糙度。表面粗糙度与加工方法、切削刃形状和切削用量等各种因素有密切关系。

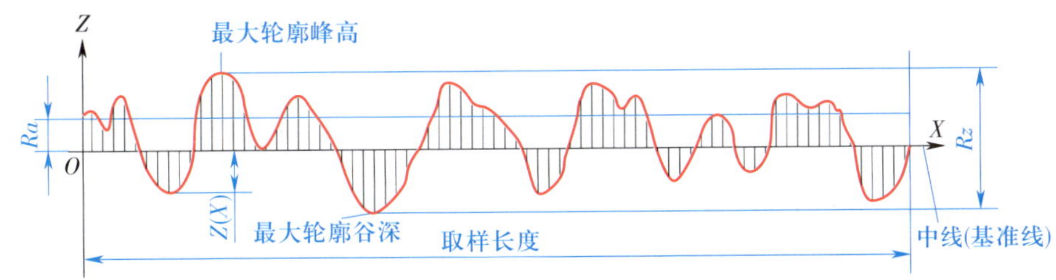

图 2-19 轮廓算术平均偏差 *Ra* 和轮廓最大高度 *Rz*

表面粗糙度是评定零件表面质量的一项重要技术指标，对零件的配合、耐磨性、耐腐蚀性以及密封性等都有显著影响，是零件图中必不可少的一项技术要求。

轮廓参数是我国机械图样中目前最常用的评定参数，评定粗糙度轮廓（*R* 轮廓）有 *Ra* 和 *Rz* 两个高度参数。

1. 轮廓算术平均偏差 *Ra*

它指在一个取样长度内，纵坐标 *Z*（*X*）绝对值的算术平均值（见图 2-19）。轮廓算术平均偏差 *Ra* 的数值规定及补充系列值见表 2-23。

表 2-23　　轮廓算术平均偏差 *Ra* 的数值规定及补充系列值　　μm

数值规定	0.012 0.025 0.05 0.1	0.2 0.4 0.8 1.6	3.2 6.3 12.5 25	50 100
补充系列值	0.008 0.010 0.016 0.020 0.032 0.040 0.063	0.080 0.125 0.160 0.25 0.32 0.50 0.63	1.00 1.25 2.0 2.5 4.0 5.0 8.0	10.0 16.0 20 32 40 63 80

2. 轮廓最大高度 *Rz*

它指在同一取样长度内，最大轮廓峰高与最大轮廓谷深之和的高度（见图 2-19）。轮廓最大高度 *Rz* 的数值规定及补充系列值见表 2-24。

表 2-24　　轮廓最大高度 *Rz* 的数值规定及补充系列值　　μm

数值规定	0.025 0.05 0.1 0.2	0.4 0.8 1.6 3.2	6.3 12.5 25 50	100 200 400 800	1 600
补充系列值	0.032 0.040 0.063 0.080 0.125 0.160 0.25 0.32	0.50 0.63 1.00 1.25 2.0 2.5 4.0 5.0	8.0 10.0 16.0 20 32 40 63 80	125 160 250 320 500 630 1 000 1 250	

表面粗糙度的选用应该既满足零件表面的功能要求，又要考虑经济合理。一般情况下，凡是零件上有配合要求或有相对运动的表面，表面粗糙度参数值要小。参数值越小，表面质量越高，但加工成本也越高。因此，在满足使用要求的前提下，应尽量选用较大的表面粗糙度参数值，以降低成本。

二、表面结构要求的图形符号

表面结构要求的图形符号分为基本图形符号、扩展图形符号和完整图形符号，每种符号都有特定的含义，见表 2–25。

表 2–25　　表面结构要求的图形符号（GB/T 131—2006）

名称		符号	说明
基本图形符号			由两条不等长的与标注表面成 60° 夹角的线段构成，仅用于简化代号标注，没有补充说明时不能单独使用
扩展图形符号	去除材料		在基本图形符号上加一短横线，表示指定表面是用去除材料的方法获得的，如通过车削、铣削、磨削等切削加工方法获得的表面
	不去除材料		在基本图形符号上加一圆圈，表示指定表面是用不去除材料的方法获得的，如通过铸造、锻造、冲压获得的表面
完整图形符号	允许任何工艺		当要求标注表面结构特征的补充信息时，应在图形符号的长边上加一条横线
	不去除材料		
	去除材料		

三、表面结构要求完整图形符号的组成

为了明确表面结构要求，除了标注表面结构要求的参数代号和数值外，必要时应标注补充要求，补充要求包括加工工艺、表面纹理及方向、加工余量等。表面结构要求各项内容的注写位置如图 2–20 所示。

在图 2–20 中，位置 a 注写表面结构的单一要求；位置 b 注写第二个或更多表面结构要求；位置 c 注写加工方法、表面处理、涂层或其他加工工艺要求，如车、磨、镀等加工方法；位置 d 注写所要求的表面纹理和纹理的方向；位置 e 注写加工余量，单位为 mm。常见表面结构要求辅助信息的标注方法见表 2–26。

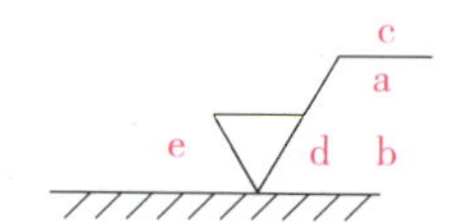

图 2–20　表面结构要求各项内容的注写位置

表 2-26　常见表面结构要求辅助信息的标注方法

注写内容	符号	标注方法及示例	说明
加工纹理	=	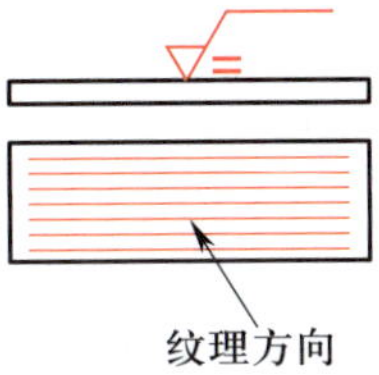 纹理方向	纹理平行于视图所在的投影面
	⊥	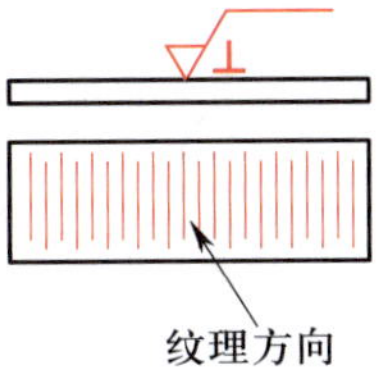 纹理方向	纹理垂直于视图所在的投影面
	×	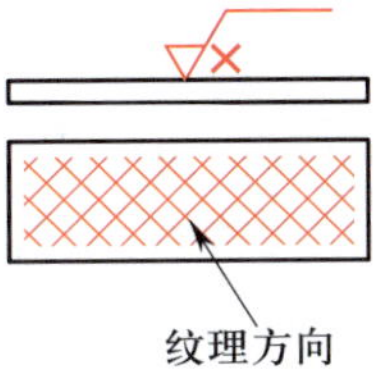 纹理方向	纹理呈两斜向交叉且与视图所在的投影面相交
	M	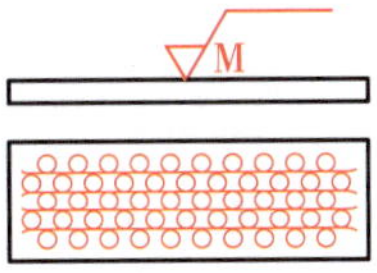	纹理呈多方向
	C	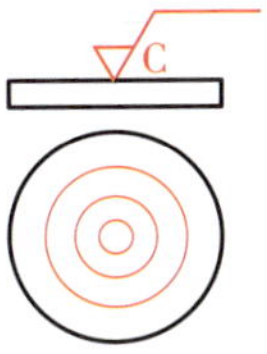	纹理呈近似同心圆且圆心与表面中心相关
	R	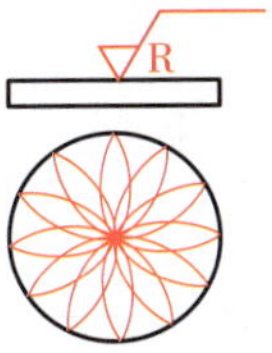	纹理呈近似放射状且与表面圆心相关
	P	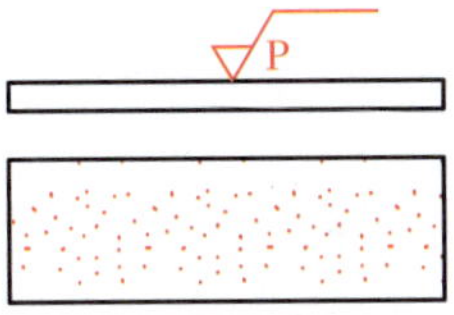	纹理呈微粒、凸起、无方向
加工方法		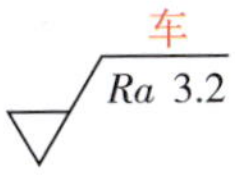 车 *Ra* 3.2	需要注明加工方法时，应用文字注写在完整图形符号的横线上方，如车、铣、钻、磨等
加工余量		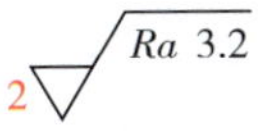 2 *Ra* 3.2	在同一图样中，有多个加工工序的表面可用数字标注出加工余量，如示例中的“2”

一般情况下，在表面结构要求的图形符号上主要标注轮廓算术平均偏差 *Ra* 和轮廓最大高度 *Rz*。标注时，其参数值前应标出相应的参数代号“*Ra*”或“*Rz*”。

常见表面结构要求的图形符号含义见表 2–27。

表 2–27　　常见表面结构要求的图形符号含义

表面结构要求的图形符号	含义
Ra 25	表示表面用不去除材料的方法获得，单向上限值，轮廓算术平均偏差 *Ra* 为 25 μm
Rz 0.8	表示表面用去除材料的方法获得，单向上限值，轮廓最大高度 *Rz* 为 0.8 μm
Ra 3.2	表示表面用去除材料的方法获得，单向上限值，轮廓算术平均偏差 *Ra* 为 3.2 μm
U Ra 3.2 L Ra 0.8	表示表面用去除材料的方法获得，双向极限值，轮廓算术平均偏差 *Ra* 的上限值为 3.2 μm，下限值为 0.8 μm
L Ra 3.2	表示表面用任意加工方法获得，单向下限值，轮廓算术平均偏差 *Ra* 为 3.2 μm

四、表面结构要求的图形符号画法

表面结构要求的图形符号画法见图 2–21，图中的 d' 、H_1 和 H_2（最小值）见表 2–28，其中，H_2 的高度取决于标注内容。

表面结构要求注写位置的画法见图 2–22，表面结构要求的图形符号尺寸见表 2–28，其中，H_2 取决于标注内容。

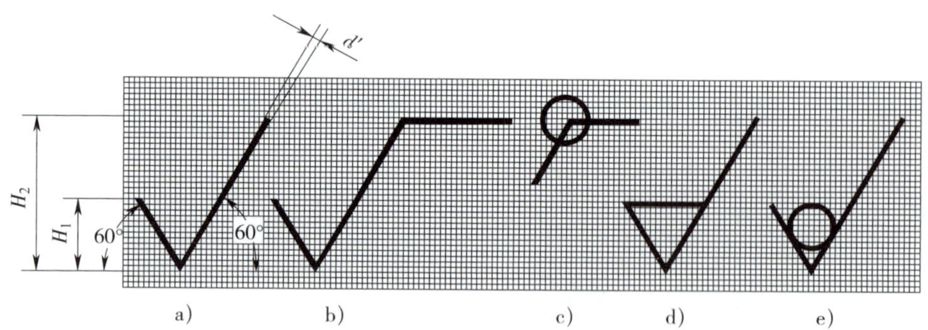

图 2–21　表面结构要求的图形符号画法

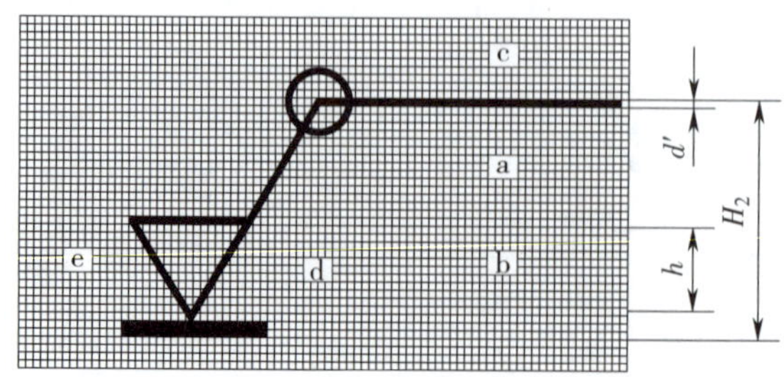

图 2–22　表面结构要求注写位置的画法

表 2-28　　表面结构要求的图形符号尺寸　　mm

数字和字母高度 h	2.5	3.5	5	7	10	14	20
符号线宽 d' 字母线宽 d	0.25	0.35	0.5	0.7	1	1.4	2
高度 H_1	3.5	5	7	10	14	20	28
高度 H_2（最小值）	7.5	10.5	15	21	30	42	60

注：H_2 取决于标注内容。

五、表面结构要求的标注

表面结构要求对每一表面一般只标注一次，并尽可能注在相应的尺寸及其公差的同一视图上，除非另有说明，所标注的表面结构要求是对完工零件表面的要求。表面结构要求的图形符号中注写了具体参数代号及数值等要求后即称为表面结构代号。表 2-29 所列为常见表面结构要求在图样中的标注。

表 2-29　　常见表面结构要求在图样中的标注

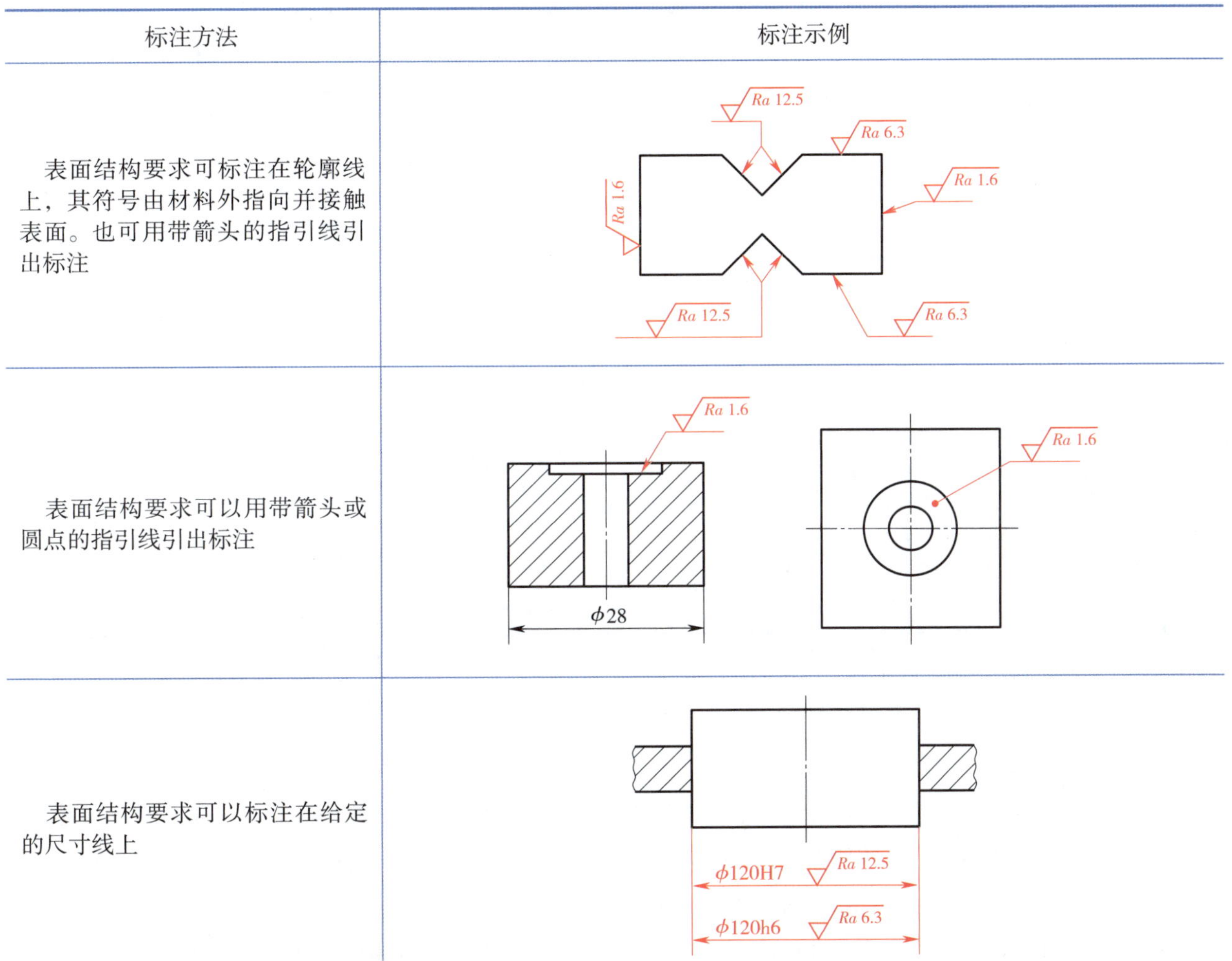

标注方法	标注示例
表面结构要求可标注在轮廓线上，其符号由材料外指向并接触表面。也可用带箭头的指引线引出标注	*Ra* 12.5, *Ra* 6.3, *Ra* 1.6, *Ra* 1.6, *Ra* 12.5, *Ra* 6.3
表面结构要求可以用带箭头或圆点的指引线引出标注	*Ra* 1.6, ϕ28, *Ra* 1.6
表面结构要求可以标注在给定的尺寸线上	ϕ120H7 *Ra* 12.5, ϕ120h6 *Ra* 6.3

续表

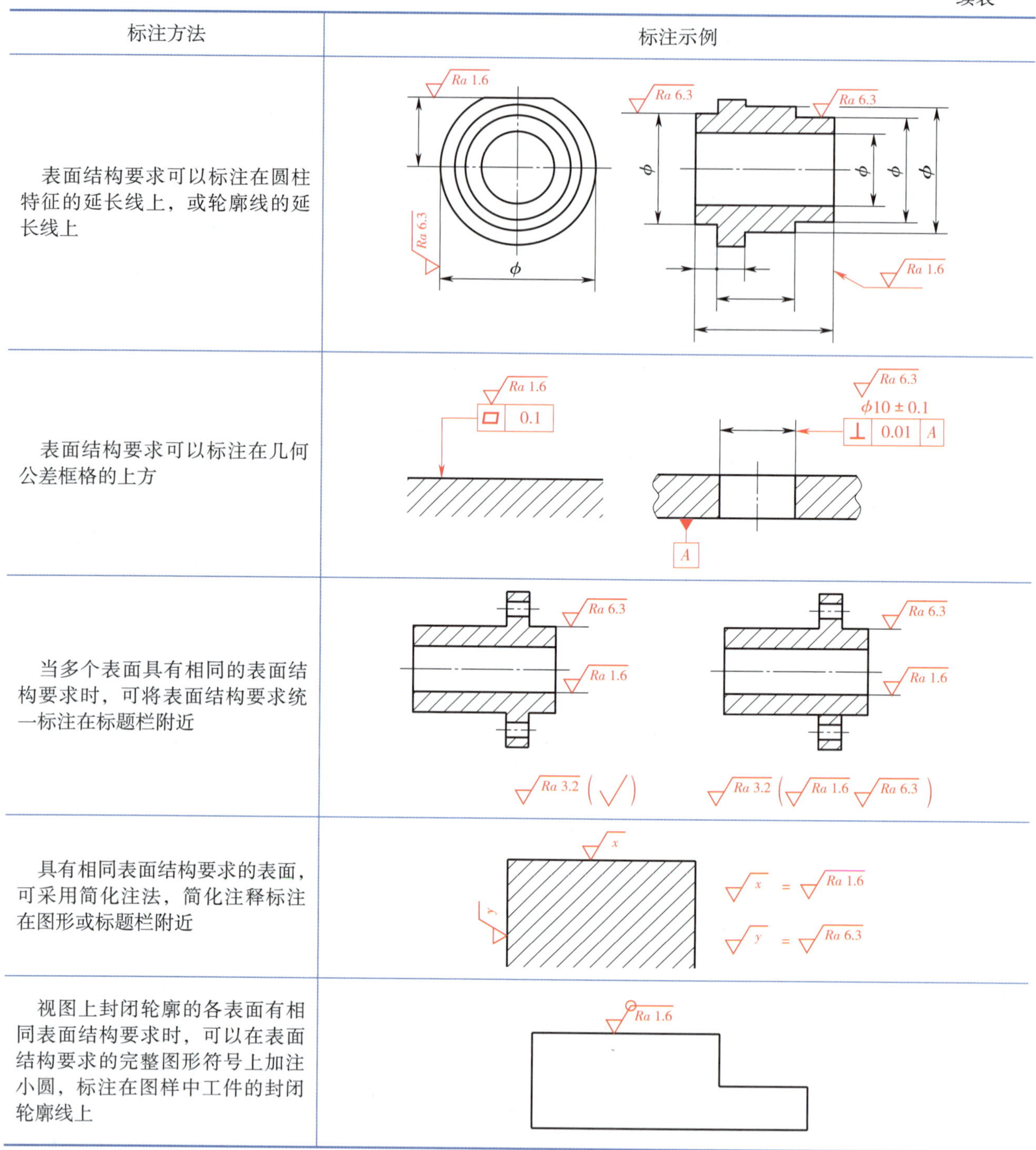

标注方法	标注示例
表面结构要求可以标注在圆柱特征的延长线上，或轮廓线的延长线上	Ra 1.6　Ra 6.3　ϕ　Ra 6.3　Ra 6.3　ϕ　ϕ　ϕ　ϕ　Ra 1.6
表面结构要求可以标注在几何公差框格的上方	Ra 1.6　□ 0.1　Ra 6.3　ϕ10 ± 0.1　⊥ 0.01 A　A
当多个表面具有相同的表面结构要求时，可将表面结构要求统一标注在标题栏附近	Ra 6.3　Ra 1.6　Ra 6.3　Ra 1.6　Ra 3.2 (√)　Ra 3.2 (Ra 1.6　Ra 6.3)
具有相同表面结构要求的表面，可采用简化注法，简化注释标注在图形或标题栏附近	x　y　x = Ra 1.6　y = Ra 6.3
视图上封闭轮廓的各表面有相同表面结构要求时，可以在表面结构要求的完整图形符号上加注小圆，标注在图样中工件的封闭轮廓线上	Ra 1.6

六、表面结构要求参数的选择

表面结构要求总的选择原则：在满足使用功能要求的前提下，参数的允许值应尽可能大，以降低加工成本。在具体选择时，多用类比法来确定表面结构要求的参数值，其选择原则如下：

1. 同一零件上，工作表面的表面结构要求参数值应比非工作表面小。
2. 摩擦表面的表面结构要求参数值应比非摩擦表面小，滚动摩擦表面的表面结构要求参数值应比滑动摩擦表面小。

3. 运动速度高、单位面积压力大的表面以及受交变应力作用的重要零件圆角、槽的表面结构要求参数值都应小。

4. 配合性质要求越稳定，其配合表面的表面结构要求参数值越小；配合性质相同时，小尺寸结合面的表面结构要求参数值应比大尺寸结合面小；公差等级相同时，轴的表面结构要求参数值应比孔的小。

5. 表面结构要求参数值应与尺寸公差及几何公差协调。一般来说，尺寸公差和几何公差小的表面，其表面结构要求参数值也应小。

6. 防腐性、密封性、美观性要求高的表面的表面结构要求参数值应较小。

7. 凡有关标准已对表面结构要求作出规定的（如与滚动轴承配合的轴颈和外壳孔、键槽、各级精度齿轮的主要表面等），则应按标准确定的表面结构要求参数值选用。

根据零件表面特征确定表面粗糙度的参考值见表 2–30。

表 2–30　　根据零件表面特征确定表面粗糙度的参考值　　μm

零件表面特征		*Ra*	*Rz*	相应加工方法	应用举例
粗糙表面	可见刀痕	>20 ~ 40	>80 ~ 160	粗车、粗刨、粗铣、钻、荒锉、锯割	半成品粗加工后的表面，非配合的加工表面，如轴端面，倒角，钻孔，齿轮、带轮的侧面，键槽底面，垫圈接触面等
	微见刀痕	>10 ~ 20	>40 ~ 80		
半光表面	微见加工痕迹	>5 ~ 10	>20 ~ 40	车、铣、镗、刨、钻、锉、荒磨、粗铰	轴上不安装轴承、齿轮处的非配合表面，紧固件的自由装配表面等
		>2.5 ~ 5	>10 ~ 20	车、铣、镗、刨、磨、锉、滚压、电火花加工、粗刮	半精加工表面，箱体、支架、端盖、套筒等与其他零件结合而无配合要求的表面，需要发蓝处理的表面等
	看不清加工痕迹	>1.25 ~ 2.5	>6.3 ~ 10	车、铣、镗、刨、磨、拉、刮、滚压、铣齿	接近于精加工表面，齿轮的齿面、定位销孔、箱体上安装轴承的镗孔表面
光表面	可辨加工痕迹的方向	>0.63 ~ 1.25	>3.2 ~ 6.3	车、铣、镗、拉、磨、刮、精铰、粗研、磨齿	要求保证定心及配合特性的表面，如锥销、圆柱销，与滚动轴承相配合的轴颈，磨削的齿轮表面，普通车床的导轨面，内、外花键定心表面等
	微辨加工痕迹的方向	>0.32 ~ 0.63	>1.6 ~ 3.2	精铰、精镗、磨、刮、滚压、研磨	要求配合性质稳定的配合表面，受交变应力作用的重要零件表面，较高精度车床的导轨面等
	不可辨加工痕迹的方向	>0.16 ~ 0.32	>0.8 ~ 1.6	布轮磨、精磨、研磨、超精加工、抛光	精密机床主轴圆锥孔，顶尖圆锥面，发动机曲轴、凸轮轴工作表面，高精度齿轮齿面等

续表

零件表面特征		*Ra*	*Rz*	相应加工方法	应用举例
极光表面	暗光泽面	>0.08 ~ 0.16	>0.4 ~ 0.8	精磨、研磨、抛光、超精车	精密机床主轴轴颈表面、气缸内表面、活塞销表面、仪器导轨面、阀的工作面、一般量规测量面等
	亮光泽面	>0.04 ~ 0.08	>0.2 ~ 0.4	超精磨、镜面磨削、精抛光	精密机床主轴轴颈表面，滚动导轨中的钢球、滚子和高速摩擦的工作表面等
	镜状光泽面	>0.01 ~ 0.04	>0.05 ~ 0.2		高压柱塞泵中柱塞和柱塞套的配合表面，中等精度仪器零件配合表面等
	镜面	≤ 0.01	≤ 0.05	镜面磨削、超精研	高精度量仪、量块的工作表面，高精度仪器摩擦机构的支承表面，光学仪器中的金属镜面等

第三章 金属材料及热处理

第一节 金属材料的分类与性能

一、金属材料的分类

金属材料是金属及其合金的总称，即指金属元素或以金属元素为主构成的，并具有金属特性的物质。通常把金属材料分为黑色金属和有色金属两大类，另外，习惯上通常将硬质合金也作为一个类别来单独划分。在黑色金属中，锰、铬通常作为合金元素存在于铁碳合金中，很少单独作为金属材料使用，所以黑色金属通常指钢铁材料。金属材料的分类如图 3–1 所示。

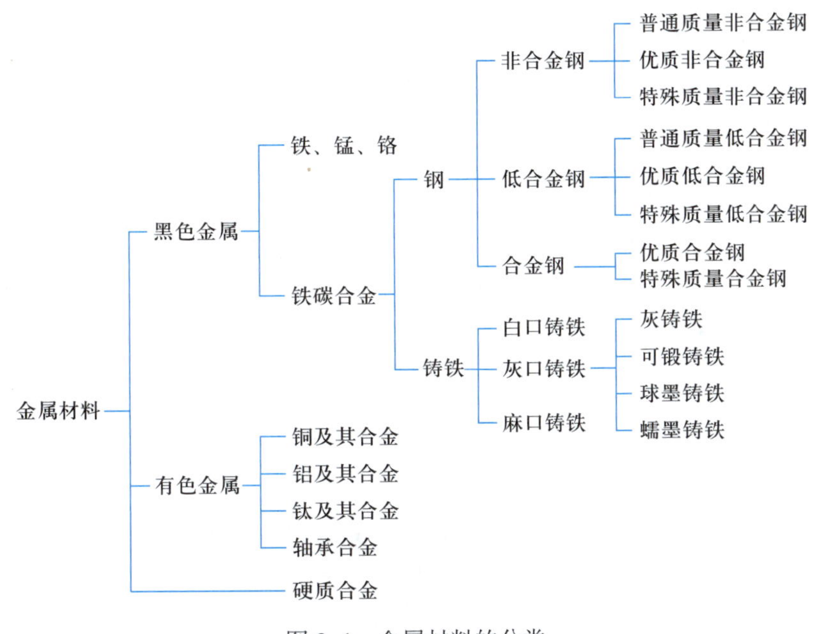

图 3–1　金属材料的分类

二、金属材料的性能

在机械制造中，根据不同的使用要求采用不同性能的材料，所以材料的性能是零件设计和选材的主要依据。金属材料的基本性能如图 3–2 所示。

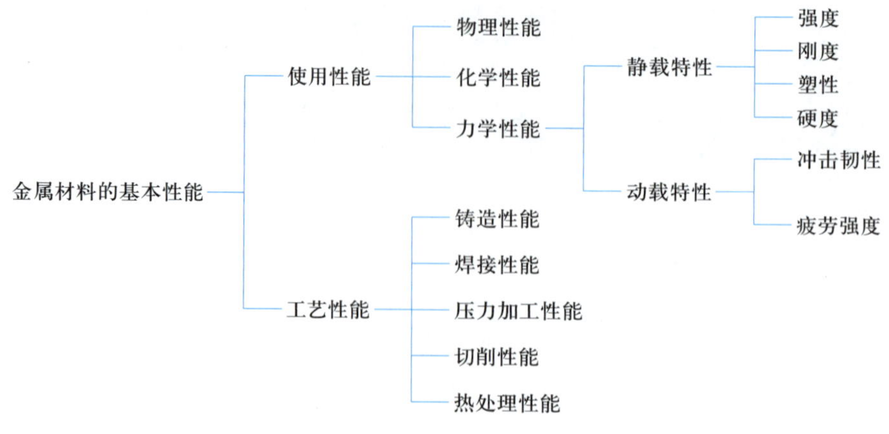

图 3-2 金属材料的基本性能

1. 物理性能

物理性能是材料固有的属性，金属材料的物理性能见表 3-1。

表 3-1 金属材料的物理性能

项目	定义
密度 / (g/cm^3)	指在一定温度下单位体积物质的质量
熔点 /℃	指材料从固态转变为液态的温度
导电性 /Ω · m	指传导电流的能力，用电阻率来衡量
导热性 / [W/ (m · K)]	指单位厚度金属在温差为 1 ℃时，每秒（s）从单位断面通过的热量，通常用热导率来衡量
热膨胀性（线膨胀系数）/ (1/℃)	材料随温度的改变而出现体积变化的现象
磁性	物质和磁场相互作用的性质

2. 化学性能

金属材料的化学性能见表 3-2。

表 3-2 金属材料的化学性能

项目	定义
耐腐蚀性 *Ka*/ (mm/ 年)	金属材料在常温下抵抗氧、水及其他化学物质腐蚀破坏的能力
高温抗氧化性	金属材料在高温时抵抗氧化作用的能力

3. 力学性能

金属材料的力学性能是指金属材料抵抗外力引起的变形和破坏的能力。常用的力学性能指标主要有强度、塑性、硬度、冲击韧性、疲劳强度等，见表 3-3。

表 3–3　**常用的力学性能指标**

力学性能指标		说明	公式	试验方法
强度	屈服强度 R_{eL}	当金属材料呈现屈服现象时，材料发生塑性变形而力不增加的应力点 屈服强度分为上屈服强度 R_{eH} 和下屈服强度 R_{eL}。在金属材料中，一般用下屈服强度代表其屈服强度	$R_{eL}=F_{eL}/S_o$ 式中　R_{eL}——试样的屈服强度，MPa（N/mm^2） F_{eL}——试样屈服时的最小载荷，N S_o——试样原始横截面面积，mm^2	拉伸试验
	抗拉强度 R_m	材料在断裂前所能承受的最大拉应力	$R_m=F_m/S_o$ 式中　R_m——抗拉强度，MPa（N/mm^2） F_m——试样在屈服阶段后所能抵抗的最大力（无明显屈服的材料，为试验期间的最大力），N S_o——试样原始横截面面积，mm^2	
	条件（名义）屈服强度 $R_{p0.2}$	除低碳钢、中碳钢及少数合金钢有屈服现象外，大多数金属材料没有明显的屈服现象，因此，对这些材料规定以产生 0.2% 残余伸长时的应力作为屈服强度，可以替代 R_{eL}	$R_{p0.2}=F_{p0.2}/S_o$ 式中　$R_{p0.2}$——试样的条件屈服强度，MPa（N/mm^2） $F_{p0.2}$——试样产生 0.2% 残余伸长时的最小载荷，N S_o——试样原始横截面面积，mm^2	
塑性	断后 伸长率 A	试样拉断后，标距的伸长量与原始标距之比的百分率 若改用 k=11.3 的比例试样测试，用"$A_{11.3}$"表示（k 为原始标距与横截面面积之比）	$A=\dfrac{L_u-L_o}{L_o}\times100\%$ 式中　A——断后伸长率，% L_o——试样原始标距长度，mm L_u——试样拉断后标距长度，mm	
	断面 收缩率 Z	试样拉断后，颈缩处面积变化量与原始横截面面积比值的百分率	$Z=\dfrac{S_o-S_u}{S_o}\times100\%$ 式中　Z——断面收缩率，% S_o——试样原始横截面面积，mm^2 S_u——试样拉断后颈缩处的横截面面积，mm^2	
硬度	布氏硬度 HBW	使用一定直径的硬质合金球压头，以规定试验力压入试样表面，并保持规定时间后卸除试验力，然后通过测量试样表面压痕直径来计算硬度或查布氏硬度表得出值 布氏硬度值用球面压痕单位面积上所承受的平均压力来表示，所以布氏硬度的单位为 MPa，但一般均不标出。布氏硬度和强度间有一定的近似比例关系，因而生产中较常用	$\mathrm{HBW}=F/S$ $=0.102\dfrac{2F}{\pi D(D-\sqrt{D^2-d^2})}$ 式中　S——球面压痕表面积，mm^2 F——试验力，N D——压头直径，mm d——压痕平均直径，mm	布氏硬度试验法

续表

力学性能指标		说明	公式	试验方法
硬度	洛氏硬度 HR	直接测量压痕深度来确定硬度值 120° 金刚石圆锥体或直径为 1.587 5 mm（1/16 in）的硬质合金球压头在总试验力 F_0+F_1（初载荷 F_0、主载荷 F_1）的作用下，压入试样的表面，经一定时间保持后撤去主载荷 F_1，仍保留初载荷 F_0，试样的弹性变形恢复，压头压入试样的残余深度为 h	（1）当压头为 120° 圆锥体时，洛氏硬度计算式为 $\mathrm{HR}=100-\dfrac{h}{0.002}$ （2）当使用球形压头时（除 T 标尺外），洛氏硬度计算式为 $\mathrm{HR}=130-\dfrac{h}{0.002}$ （3）洛氏硬度无单位 （4）同一台硬度计，当采用不同的压头和不同的总试验力时，可组成几种不同的洛氏硬度标尺：A、B、C、D、E、F、G、H、K、N、T，常用的洛氏硬度标尺有 A、B、C 三种，其中 C 标尺应用最广	洛氏硬度试验法
	维氏硬度 HV	将相对两面为 136° 的正四棱锥金刚石压头以选定的试验力（49～981 N）压入试样表面。经规定保持时间后，卸除试验力，测量压痕两对角线平均长度 d，用正四棱锥型压痕单位面积上所承受的平均压力来表示此硬度	$\mathrm{HV}=0.189\,1F/d^2$ 式中 F——试验力，N d——压痕两对角线长度的算数平均值，mm 根据 d 值查维氏硬度数值表即可得出硬度值	维氏硬度试验法
冲击韧性		先将被测材料加工成所需的冲击试样。试样分为带有 U 形缺口、V 形缺口和无缺口三种，其外形尺寸为 10 mm × 10 mm × 55 mm。试验时将试样缺口背对摆锤刀刃对称放置在砧座上，摆锤的刀刃半径分为 2 mm 和 8 mm 两种 试样放置好后，让摆锤从一定高度落下，将试样冲断。在这一过程中，用试样所吸收的能量 K 的大小作为衡量材料冲击韧性的指标，称为冲击吸收能量。冲击吸收能量越大，说明材料的冲击韧性越好	用 U 形和 V 形缺口试样测得的冲击吸收能量分别用 KU 和 KV 表示，单位 J（焦耳）。如 KU_2 就表示 U 形冲击试样在 2 mm 刀刃下的冲击吸收能量 KU_2 或 $KU_8=A_{\mathrm{KU1}}-A_{\mathrm{KU2}}$ KV_2 或 $KV_8=A_{\mathrm{KV1}}-A_{\mathrm{KV2}}$ 式中 A_{KU1} 或 A_{KV1}——摆锤具有的初势能，J A_{KU2} 或 A_{KV2}——摆锤具有的剩余势能，J	夏比摆锤冲击试验
疲劳强度 R_{-1}		指金属材料经无限多次交变应力作用而不发生破坏的最大应力 通过疲劳试验的方法测量。将材料制成试样，对其施加交变应力，观察交变应力 R 与试样断裂前的应力循环周次 N 的关系，金属承受的交变应力越小，则断裂前的应力循环周次 N 越多，反之则 N 越少	金属材料不可能做无数次交变应力试验。对于黑色金属，一般规定应力循环周次 10^7 而不断裂的最大应力为疲劳强度，有色金属、不锈钢等取应力循环周次 10^8	对称弯曲疲劳试验

4. 工艺性能

金属材料的工艺性能是指金属材料对不同加工工艺方法的适应能力，它包括的具体内容见表 3–4。

表 3–4　　金属材料的工艺性能

项目	定义	影响因素
铸造性能	指铸造成形过程中获得外形准确、内部健全铸件的能力	主要取决于金属的流动性、收缩性和偏析倾向等
锻压性能	用锻压成形方法获得优良锻件的难易程度	常用塑性和变形抗力两个指标来综合衡量。塑性越好，变形抗力越小，则金属的锻压性能越好 化学成分会影响金属的锻压性能，纯金属的锻压性能优于一般合金
焊接性能	指金属材料对焊接加工的适应性，也就是在一定焊接工艺条件下，获得优质焊接接头的难易程度	主要与材料化学成分有关（其中碳的影响最大）
切削加工性能	切削材料的难易程度	一般用切削后的表面质量（以表面粗糙度大小衡量）和刀具寿命来表示 改变钢的化学成分（如加入少量铅、磷等元素）和进行适当的热处理（如低碳钢进行正火，高碳钢进行球化退火）可改善钢的切削加工性能
热处理性能	金属材料在进行热处理时表现出来的性能，包括淬透性、淬硬性、过热敏感性、变形开裂倾向、回火脆性倾向、氧化脱碳倾向等，主要考虑其淬透性	非合金钢热处理变形的程度与其含碳量有关。一般情况下，含碳量越高，变形与开裂倾向越大，而非合金钢又比合金钢的变形开裂倾向严重

第二节　铁碳合金

合金是以一种金属为基础，加入其他金属或非金属，经过熔合而获得的具有金属特性的材料，即合金是由两种或两种以上的金属元素或金属与非金属元素所组成的金属材料。钢铁是现代工业中应用最为广泛的金属材料，它们均是以铁和碳为基本组元的合金，故又称为铁碳合金。

按含碳量的不同，铁碳合金可分为工业纯铁、钢和白口铸铁。含碳量小于 0.021 8% 的铁碳合金称为工业纯铁，含碳量不小于 0.021 8% 而小于 2.11% 的铁碳合金称为钢，含碳量不小于 2.11% 的铁碳合金称为白口铸铁。

钢按化学成分不同分为非合金钢、低合金钢和合金钢。

一、非合金钢

1. 非合金钢的分类

非合金钢即碳素钢，是最基本的铁碳合金，它是指冶炼时没有特意加入合金元素，且含碳量不小于 0.021 8% 而小于 2.11% 的铁碳合金。非合金钢的分类见表 3–5。

表 3–5 非合金钢的分类

分类方法	种类	说明
按含碳量分	低碳钢	含碳量≤ 0.25%
	中碳钢	含碳量为 0.25%～0.60%（不包含 0.25% 和 0.60%）
	高碳钢	含碳量≥ 0.60%
按质量等级分	普通非合金钢	钢中硫和磷的含量分别不大于 0.050% 和 0.045%
	优质非合金钢	钢中硫和磷的含量分别不大于 0.035% 和 0.035%
	高级优质非合金钢	钢中硫和磷杂质较少，即硫和磷的含量分别不大于 0.025% 和 0.025%
	特级优质非合金钢	钢中硫和磷杂质最少，即硫和磷的含量分别不大于 0.020% 和 0.020%
按用途分	碳素结构钢	主要用于制造建筑结构件、工程结构件，一般属于低碳钢，含碳量一般均小于 0.25%
	优质碳素结构钢	主要用于制造各种机械零件，含碳量一般均小于 0.7%
	碳素工具钢	主要用于制造各种刀具、量具和模具，含碳量一般均大于 0.7%
按冶炼时脱氧程度分	沸腾钢	脱氧程度不完全的钢
	镇静钢	脱氧程度完全的钢
	特殊镇静钢	比镇静钢脱氧程度更充分、更彻底的钢

2. 常用非合金钢的牌号、性能和用途

常用非合金钢的牌号采用国际通用的化学元素符号、汉语拼音字母和阿拉伯数字相结合的方法来表示。

（1）碳素结构钢

碳素结构钢是工程中应用最多的钢种之一，其牌号由以下四部分组成。

1）前缀符号 + 强度值（单位 MPa），其中前缀符号为代表屈服强度“屈”的汉语拼音首位字母“Q”。

2）（必要时）质量等级符号：A、B、C、D 级，从 A 到 D 依次提高。

3）（必要时）脱氧方法符号：F——沸腾钢、Z——镇静钢、TZ——特殊镇静钢，Z 与 TZ 符号在钢号组成表示方法中予以省略。

4）（必要时）在牌号尾加产品用途、特性和工艺方法表示符号。如压力容器用钢——R、锅炉用钢——G、桥梁用钢——Q 等。

常用碳素结构钢的牌号、性能和用途见表 3–6。

表 3–6 常用碳素结构钢的牌号、性能和用途

牌号	等级	性能	用途
Q195		具有好的塑性、韧性和焊接性，良好的压力加工性能，但强度较低	用于载荷小的零件、铁丝、垫铁、垫圈、开口销、拉杆、冲压件及焊接件等
Q215	A B		用于拉杆、垫圈、套圈、渗碳零件及焊接件等

续表

牌号	等级	性能	用途
Q235	A B C D	具有良好的塑性、韧性和焊接性，以及一定的强度和好的冷弯性能	用于金属结构件，心部要求不高的渗碳或氰化零件，拉杆、连杆、吊钩、车钩、螺栓、螺母、套筒、轴及焊接件，C、D级用于重要的焊接结构等
Q275	A B	具有较好的强度、塑性、切削加工性能和一定的焊接性能	用于转轴、心轴、吊钩、拉杆、摇杆、楔等强度要求不高的零件等
	C D		用于轴类、链轮、齿轮、吊钩等强度要求较高的零件等

（2）优质碳素结构钢

优质碳素结构钢的牌号用两位数字表示，这两位数字表示钢的平均含碳量的万分数。例如，45 表示平均含碳量为 0.45% 的优质碳素结构钢，08 表示平均含碳量为 0.08% 的优质碳素结构钢。

优质碳素结构钢根据钢中含锰量的不同，分为普通含锰量钢（ω_{Mn}=0.35%～0.80%）和较高含锰量钢（ω_{Mn}=0.7%～1.2%）两组。较高含锰量钢在牌号后面标出元素符号“Mn”，如 50Mn。

优质碳素结构钢的种类很多，常用优质碳素结构钢的牌号、性能和用途见表 3–7。

表 3–7　常用优质碳素结构钢的牌号、性能和用途

牌号	性能	用途
08	强度、硬度低，塑性极好	用于冲压件、压延件，如各类套筒、靠模、支架等
35	具有一定的强度，良好的塑性，冷变形塑性高	用于载荷较大但截面尺寸较小的各种机械零件，如轴销、轴、曲轴、横梁、连杆、垫圈、圆盘、螺栓、螺钉、螺母等
45	具有一定的塑性和韧性，较高的强度，切削加工性能良好，采用调质可获得很好的综合力学性能	用于较高强度的运动零件，如活塞、叶轮轴、连杆、蜗杆、齿条、齿轮、销等
60	具有相当高的强度、硬度及弹性，切削加工性能不高，冷变形塑性低，淬透性低	用于耐磨、强度较高、受力较大的零件或弹性零件，如轴、偏心轴、轧辊、离合器、钢丝绳、弹簧垫圈、弹簧圈、减震弹簧、凸轮等
45Mn	强度、韧性及淬透性均比 45 钢高，调质可获得较好的综合力学性能，切削加工性能较好	用于承受较大载荷及易磨损工作条件的零件，如曲轴、花键轴、轴、连杆、万向节轴、汽车半轴、啮合杆、齿轮、离合器盘、螺栓、螺母等
65Mn	具有高的强度和硬度，弹性良好，淬透性较好	用于受摩擦、高弹性、高强度的机械零件，如机床主轴、机床丝杠、弹簧卡、钢轨、螺旋滚子轴承的轴承套圈、板弹簧、螺旋弹簧、弹簧垫圈等

（3）碳素工具钢

碳素工具钢的牌号用汉字“碳”的汉语拼音的首字母“T”及后面的阿拉伯数字表示，其数字表示钢中平均含碳量的千分数。例如，T8 表示平均含碳量为 0.80% 的优质碳素工具钢。若为高级优质碳素工具钢，则在牌号后面标字母 A。

例如，T12A 表示平均含碳量为 1.2% 的高级优质碳素工具钢，如图 3–3 所示。

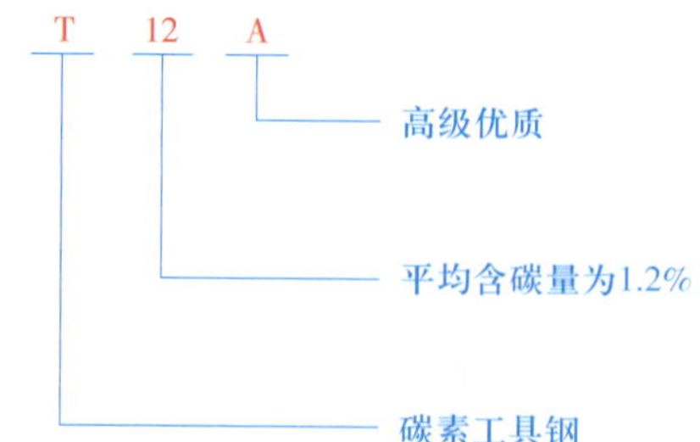

图 3-3 高级优质碳素工具钢牌号的标记示例

常用碳素工具钢的牌号、性能和用途见表 3-8。

表 3-8 常用碳素工具钢的牌号、性能和用途

牌号	性能	用途
T7	有较高的强度和一定的塑性，但切削加工性能较差	主要用于受冲击、有较高硬度和耐磨性要求的工具，如木工用的錾子、锤子、铁皮剪、麻花钻等
T8	在淬火加热时易过热，变形大，强度和塑性较低	主要用于工作时不易受热的工具，如木工铣刀、锪钻、斧、凿、冲子、手锯等
T10	在淬火加热时不易过热，仍保持细晶粒。韧性尚可，强度及耐磨性均较 T7 高些，但红硬性差，淬透性仍然不高，淬火变形大	主要用于麻花钻、车刀、刨刀、扩孔钻等受热工具和钻硬质石材的钻头等不受热的工具等
T12	含碳量高，淬火后有较多的过剩碳化物，因而硬度高、耐磨性好，但是韧性低	主要用于不受冲击，要求硬度高、耐磨性好的切削工具和测量工具，如刮刀、麻花钻、铰刀、扩孔钻、丝锥、板牙和千分尺等

（4）铸造碳钢

铸造碳钢的含碳量一般为 0.20% ~ 0.60%，如果含碳量过高，则塑性变差，铸造时易产生裂纹。

铸造碳钢的牌号是用“铸钢”两汉字汉语拼音的首字母“ZG”加两组数字组成的。第一组数字表示屈服强度，第二组数字表示抗拉强度，两组数字用“–”隔开。如 ZG270–500 表示屈服强度不小于 270 MPa、抗拉强度不小于 500 MPa 的铸造碳钢。

常用铸造碳钢的牌号、性能和用途见表 3–9。

表 3–9 常用铸造碳钢的牌号、性能和用途

牌号	性能	用途
ZG230–450	有一定的强度和较好的塑性、韧性，焊接性良好，切削加工性能尚可	用于受力不大、要求具有一定韧性的零件，如砧座、轴承盖、外壳、阀体、底板等
ZG270–500	有较高强度和较好塑性，铸造性能良好，焊接性较差，切削加工性能良好	用于轧钢机机架、连杆箱体、缸体、曲轴、轴承座等
ZG340–640	有高的强度、硬度和耐磨性，切削加工性能中等，焊接性差，裂纹敏感性高	用于齿轮、阀轮、叉头、车轮、棘轮、联轴器等

二、低合金钢

合金元素的质量分数处于低合金钢规定界限值范围内时，该钢则为低合金钢。低合金钢是在碳素结构钢的基础上加入了少量（一般总合金元素的质量分数不超过 3%）的合金元素而得到的。由于合金元素的强化作用，低合金钢比碳素结构钢（碳的质量分数相同）的强度高，并且具有良好的塑性、韧性、耐腐蚀性和焊接性能，广泛用于制造工程结构件。按主要性能和使用特点不同，常用低合金钢可分为低合金高强度结构钢、低合金耐候钢和低合金专业用钢等。

低合金高强度结构钢是应用较为广泛的一种低合金钢，常加入的合金元素有锰（Mn）、硅（Si）、钛（Ti）、铌（Nb）、钒（V）等，其含碳量较低，一般为 0.10% ~ 0.25%。

低合金高强度结构钢的牌号表示方法与碳素结构钢相同。常用低合金高强度结构钢的牌号、性能和用途见表 3–10。

表 3–10　　常用低合金高强度结构钢的牌号、性能和用途

牌号	性能	用途
Q345	具有良好的综合力学性能，塑性和焊接性良好，韧性较好	一般在热轧或正火状态下使用。适于制作桥梁、船舶、车辆、管道、锅炉、各种容器、油罐、电站、厂房结构、低温压力容器等结构件
Q390	具有良好的综合力学性能，塑性和韧性良好	一般在热轧状态下使用。适于制作锅炉汽包、中高压石油化工容器、桥梁、船舶、起重机、较高负荷的焊接件、连接构件等
Q420	具有良好的综合力学性能，优良的低温韧性，焊接性好，冷热加工性良好	一般在热轧或正火状态下使用。适于制作高压容器、重型机械、桥梁、船舶、机车车辆、锅炉及其他大型焊接结构件等
Q460		淬火、回火后用于大型挖掘机、起重运输机械、钻井平台等

三、合金钢

合金元素的质量分数处于合金钢规定界限值范围内时，该钢则为合金钢。即在非合金钢的基础上，为了改善钢的性能，在冶炼时有目的地加入一种或数种合金元素的钢。

1. 合金钢的分类

合金钢的分类方法很多，但最常用的是按用途划分和按质量等级划分，见表 3–11。

表 3–11　　合金钢的分类

分类依据	类别	说明
按用途划分	合金结构钢	用于制造机械零件和工程结构的钢，可分为合金渗碳钢、合金调质钢、合金弹簧钢、滚动轴承钢等
	合金工具钢	用于制造各种工具的钢，可分为合金刃具钢、合金模具钢和合金量具钢等
	特殊性能钢	具有某种特殊物理、化学性能的钢，如不锈钢、耐热钢、耐磨钢等
按质量等级划分	优质合金钢	在生产过程中需要特别控制质量和性能，但其对生产控制和质量要求不如特殊质量合金钢严格
	特殊质量合金钢	在生产过程中需要特别严格控制质量和性能

2. 合金钢的牌号

我国合金钢牌号采用含碳量、合金元素的种类及含量、质量等级来编号。

（1）合金结构钢的牌号

合金结构钢的牌号采用两位阿拉伯数字（含碳量）+ 元素符号 + 数字表示。前面两位数字表示钢的平均含碳量的万分数；元素符号表明钢中含有的主要合金元素，后面的数字表示该元素的平均含量。合金元素平均含量小于 1.5% 时不标，平均含量为 1.5% ~ 2.49%、2.5% ~ 3.49%……时，则相应地标以 2、3……如：40Cr 和 65Si2Mn 合金结构钢牌号的含义如图 3–4 所示。

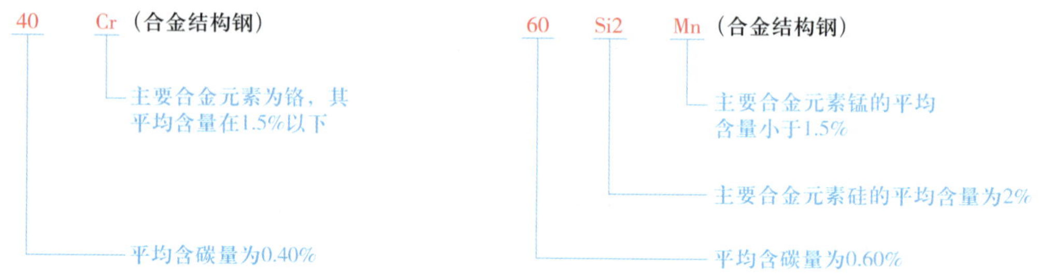

图 3–4 合金结构钢牌号的含义

（2）合金工具钢的牌号

合金工具钢的牌号和合金结构钢的区别仅在于含碳量的表示方法，它用一位数字表示平均含碳量的千分数，当平均含碳量大于或等于 1.0% 时，则不予标出。如：9SiCr 和 Cr12MoV 合金工具钢牌号的含义如图 3–5 所示。

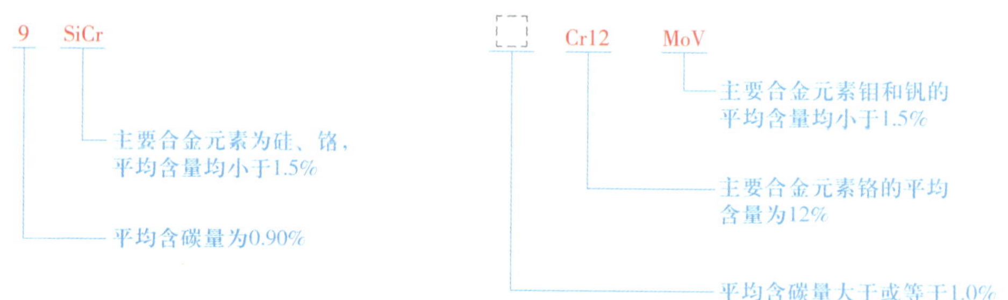

图 3–5 合金工具钢牌号的含义

（3）不锈钢和耐热钢的牌号

不锈钢和耐热钢的牌号表示方法与合金结构钢相同（两位数，以万分数计）。当材料只规定含碳量上限时，若含碳量上限 ≤ 0.10%，则以其上限值的 3/4 表示含碳量，如 06Cr18Ni9（含碳量不大于 0.08%）；若含碳量上限 >0.10%，则以其上限值的 4/5 表示含碳量，如 12Cr17（含碳量不大于 0.15%）。

当含碳量上限 ≤ 0.03%（超低碳）时，则以三位数表示含碳量最佳控制值（以十万分数计），如 015Cr19Ni11（含碳量上限为 0.02%）。

当含碳量规定有上、下限时，则采用平均含碳量表示（两位数，以万分数计），如 20Cr13（含碳量为 0.16% ~ 0.25%）。

（4）高速钢的牌号

高速钢的含碳量均不标出，如 W18Cr4V 的平均含碳量为 0.7%～0.8%。

（5）优质合金钢的牌号

在牌号的最后标上“A”，如 38CrMoAlA，表示含碳量为 0.38% 的优质合金结构钢。

3. 常用合金钢的牌号、性能和用途

（1）合金结构钢

1）合金渗碳钢。合金渗碳钢的含碳量为 0.10%～0.25%，可保证心部有足够的塑性和韧性；加入合金元素主要是为了提高钢的淬透性，使零件在热处理后表层和心部均得到强化。

合金渗碳钢具有高的表面硬度、耐磨性，心部有足够的强度和韧性，用于制造既要有优良的耐磨性和耐疲劳性又能承受冲击载荷作用的零件，常用的合金渗碳钢主要有：低淬透性的 20Cr、20MnV，中淬透性的 20CrMn、20CrMnTi，高淬透性的 12Cr2Ni4A、18Cr2Ni4WA 等。

2）合金调质钢。它是在中碳钢（30、35、40、45、50）的基础上加入一种或数种合金元素，以提高淬透性和耐回火性，在调质后具有良好的综合力学性能的钢。合金调质钢的含碳量一般为 0.25%～0.50%，热处理工艺是调质（淬火 + 高温回火）。

合金调质钢用来制造一些受力复杂、具有较高综合力学性能要求的零件，如发动机轴、连杆及传动齿轮等。常用的合金调质钢主要有：低淬透性的 40Cr、35SiMn, 中淬透性的 40CrMn、38CrMoAl, 高淬透性的 40CrNiMo、40CrMnMo 等。

3）合金弹簧钢。合金弹簧钢含碳量一般为 0.45%～0.70%。若含碳量过高，则塑性和韧性降低，疲劳极限也下降。合金弹簧钢中可加入的合金元素有 Mn、Si、Cr、V、Mo 等，主要作用是提高淬透性，同时能提高屈强比（R_{eL}/R_m），其中 Si 在这方面的作用最为突出。常用的合金弹簧钢的牌号有 55Si2Mn、65Mn、60Si2Mn、50CrVA 等。

4）滚动轴承钢。滚动轴承钢是特殊质量合金钢，用于制造滚动轴承的滚动体，内、外圈及量具、模具、低合金刃具等。应用最广的滚动轴承钢是高碳铬轴承钢，其含碳量为 0.95%～1.15%，含铬量为 0.40%～1.65%。加入合金元素铬是为了提高淬透性，提高钢的硬度、接触疲劳强度和耐磨性。制造大型轴承时，为了进一步提高淬透性，还可加入硅、锰等元素。常用滚动轴承钢的牌号有 GCr15、GCr15SiMn 等。

（2）合金工具钢

1）合金刃具钢。合金刃具钢主要用于制造车刀、铣刀、麻花钻等各种金属切削刀具。合金刃具钢要求具有高硬度、高耐磨性、高红硬性及足够的强度和韧性等。合金刃具钢分为低合金刃具钢和高速钢两种。

低合金刃具钢是在碳素工具钢的基础上加入少量合金元素的钢。钢中主要加入 Si、Cr、Mn、W、V 等元素，可提高淬透性、耐磨性并细化晶粒。低合金刃具钢的含碳量为 0.85%～1.10%。常用低合金刃具钢的牌号有 9SiCr、9Mn2V、CrWMn 等。

高速钢（又称锋钢）是一种用于制作中速或高速切削工具的高碳合金工具钢。高速钢具有良好的红硬性，当切削温度高达 600 ℃时，其硬度仍无明显下降情况。

高速钢中含有较多的碳（0.7%～1.5%）和大量的 W、Mo、Cr、V、Co 等强碳化物形成元素，

可形成大量的合金碳化物，以保证高速钢获得高硬度、高红硬性和高耐磨性。常用高速钢牌号有W18Cr4V、W6Mo5Cr4V2 等。

2）合金模具钢。用于制作模具的钢称为合金模具钢。根据工作条件不同，合金模具钢又可分为冷作模具钢、热作模具钢和塑料模具钢三类。

冷作模具钢用于制造使金属在冷状态下变形的模具，如冲裁模、拉丝模、弯曲模、拉深模等。这类模具工作时的实际温度一般不超过 300 ℃。

小型冷作模具可用碳素工具钢或低合金刃具钢来制造，如 T10A、T12、9SiCr、CrWMn、9Mn2V 等。大型冷作模具一般采用 Cr12、Cr12MoV 等高碳高铬钢制造。

热作模具钢用于制造使金属在高温下成形的模具，如热锻模、热挤压模、压铸模等，这类模具工作时型腔温度可达 600 ℃。

热作模具钢通常采用中碳合金钢（含碳量为 0.3%～0.6%）制造，常加入的合金元素有 W、Si、Cr、Mn、Mo、Ni、V 等。目前一般采用 5CrMnMo 和 5CrNiMo 制造热锻模，采用 3Cr2W8V 制造热挤压模和压铸模。

塑料制品大都是通过塑料模具压注出来的，目前塑料模具钢已纳入国家标准的有两种，即 3Cr2Mo 和 3Cr2MnNiMo，纳入行业标准的已有 20 多种，已在生产中推广应用的有 10 多种。

3）合金量具钢。合金量具钢用于制造各种量具，如千分尺、游标卡尺、块规、塞规等，制造量具没有专用钢种，碳素工具钢、合金工具钢和滚动轴承钢均可用来制造量具。

（3）不锈钢

不锈钢是一般不锈钢和耐酸钢的统称，能抵抗大气腐蚀的钢称为一般不锈钢，而在一些化学介质中能抵抗腐蚀的钢称为耐酸钢。一般不锈钢不一定耐酸，而耐酸钢一般都具有良好的耐腐蚀性能。

随着不锈钢中含碳量的增加，其强度、硬度和耐磨性相应提高，但耐腐蚀性下降。不锈钢中的基本合金元素是铬，含铬量都在 13% 以上。不锈钢中还含有镍、钛、锰、氮、铌等元素，以进一步提高耐腐蚀性或塑性。

常用的不锈钢按化学成分可分为铬不锈钢、铬镍不锈钢和铬锰不锈钢等，按金相组织特点又可分为奥氏体不锈钢、马氏体不锈钢和铁素体不锈钢等。

1）奥氏体不锈钢。奥氏体不锈钢是应用范围最广的不锈钢，其含碳量很低（≤ 0.15%），含铬量为 18%，含镍量为 9%。这种不锈钢习惯上称为 18-8 型不锈钢，属于铬镍不锈钢。常用的奥氏体不锈钢有 12Cr18Ni9、06Cr18Ni9N 等。

奥氏体不锈钢具有很高的耐腐蚀性和耐热性，其耐腐蚀性高于马氏体不锈钢。同时，它具有高塑性，适宜冷加工成形，焊接性能良好。此外，它无磁性，故可用于制造抗磁零件。

2）马氏体不锈钢。马氏体不锈钢的含碳量为 0.10%～1.20%，淬火后能得到马氏体，故称为马氏体不锈钢，它属于铬不锈钢，要经过淬火、回火后才能使用。马氏体不锈钢的耐腐蚀性、塑性和焊接性都不如奥氏体不锈钢和铁素体不锈钢，但由于它具有较好的力学性能，并具有一定的耐腐蚀性，故应用广泛。12Cr13、20Cr13 可用于制造汽轮机叶片、医疗器械等，30Cr13、40Cr13、68Cr13 等可用于制造医用手术器具、量具及轴承等耐磨件。

3）铁素体不锈钢。铁素体不锈钢的含碳量 <0.12%，含铬量为 11.50%～30%，属于铬不锈钢。它

具有良好的高温抗氧化性（700 ℃以下），特别是耐腐蚀性较好。但其力学性能不如马氏体不锈钢，塑性不及奥氏体不锈钢，故多用于受力不大的耐酸结构件和作为抗氧化钢使用，如各种家用不锈钢厨具、餐具等。常用的铁素体不锈钢有 10Cr17、022Cr30Mo2 等。

四、铸铁

铸铁是应用非常广泛的一种金属材料，机床的床身、台虎钳的钳体、底座等都是用铸铁制造的。在各类机器中，若按质量百分比计算，铸铁占整个机器质量的 45% ~ 90%。工业上常用的铸铁，含碳量一般为 2.5% ~ 4.0%，此外还含有硅（Si）、锰（Mn）、硫（S）、磷（P）等元素。

1. 铸铁的分类

碳在铸铁中的存在形式有两种：渗碳体和石墨。根据碳的存在形式不同，铸铁可分为白口铸铁（碳以渗碳体的形式存在）、麻口铸铁（碳以渗碳体和石墨的形式存在）和灰口铸铁（碳以石墨的形式存在）三种。工业上所用的铸铁几乎全部是灰口铸铁，根据灰口铸铁中石墨的形态不同，灰口铸铁可以分为灰铸铁、可锻铸铁、球墨铸铁和蠕墨铸铁，见表 3–12。

表 3–12　灰口铸铁的分类

类别	说明及应用
灰铸铁	石墨呈片状，又称普通灰铸铁或灰铁，是目前应用最广的一种铸铁
可锻铸铁	石墨呈团絮状，有较高的韧性和一定的塑性
球墨铸铁	石墨呈球状，简称球铁，其力学性能比普通灰铸铁高很多，在生产中的应用日益广泛
蠕墨铸铁	石墨呈蠕虫状，简称蠕铁，其力学性能介于灰铸铁和球墨铸铁之间

2. 常用铸铁的牌号、性能和用途

常用铸铁的牌号、性能和用途见表 3–13。

表 3–13　常用铸铁的牌号、性能和用途

名称		牌号	示例	性能	用途
灰铸铁		HT（“灰铁”两字汉语拼音首字母）+ 一组数字 如 HT150 表示最低抗拉强度为 150 MPa 的灰铸铁	HT100 HT150 HT200 HT350	有良好的铸造性能和切削加工性能，较高的耐磨性、减振性及低的缺口敏感性	用于机床床身、支柱、底座、刀架、齿轮箱、轴承座、泵体等
可锻铸铁	黑心可锻铸铁	KTH（“可铁黑”三字汉语拼音首字母）+ 两组数字 如 KTH300–06 表示最低抗拉强度为 300 MPa、最低断后伸长率为 6% 的黑心可锻铸铁	KTH300–06 KTH350–10 KTH370–12	强度、硬度低，塑性、韧性好，用于载荷不大、承受较高冲击、振动的零件	用于汽车、拖拉机的后桥外壳、管接头、机床扳手、低压阀门、管接头、农具等

续表

名称		牌号	示例	性能	用途
可锻铸铁	珠光体可锻铸铁	KTZ（"可铁珠"三字汉语拼音首字母）+ 两组数字 如 KTZ450-06 表示最低抗拉强度为 450 MPa、最低断后伸长率为 6% 的珠光体可锻铸铁	KTZ450-06 KTZ550-04 KTZ650-02	具有高的强度、硬度，用于载荷较大、耐磨损并有一定韧性要求的重要零件	用于曲轴、凸轮轴、连杆、齿轮、活塞环、轴套、万向接头、棘轮、扳手和传动链条等
球墨铸铁		QT（"球铁"两字汉语拼音首字母）+ 两组数字 如 QT400-18 表示最低抗拉强度为 400 MPa，最低断后伸长率为 18% 的球墨铸铁	QT400-18 QT600-3 QT800-2 QT900-2	具有很高的强度和较高的疲劳强度，又有良好的塑性和韧性。其综合力学性能接近钢	用于汽车、拖拉机或煤油机乃至火车的曲轴、凸轮轴，机床中的主轴，轧钢机的轧辊等
蠕墨铸铁		RuT（"蠕"字汉语拼音和"铁"字汉语拼音的首字母）+ 一组数字 如 RuT300 表示最低抗拉强度为 300 MPa 的蠕墨铸铁	RuT260 RuT300 RuT380 RuT420	强度接近球墨铸铁，并且有一定的韧性、较高的耐磨性；同时有和灰铸铁一样的良好的铸造性能和导热性	主要应用于承受循环载荷、要求组织致密、形状复杂的零件，如气缸盖、进排气管和钢锭模等

第三节　钢的热处理

热处理是指金属材料在固态下通过加热、保温和冷却的手段，获得预期组织结构和性能的工艺。加热、保温和冷却称为热处理的三要素，热处理工艺曲线如图 3-6 所示。热处理是强化金属材料、提高产品质量和寿命的主要途径之一，因此绝大部分重要的机械零件在制造过程中都必须进行热处理。

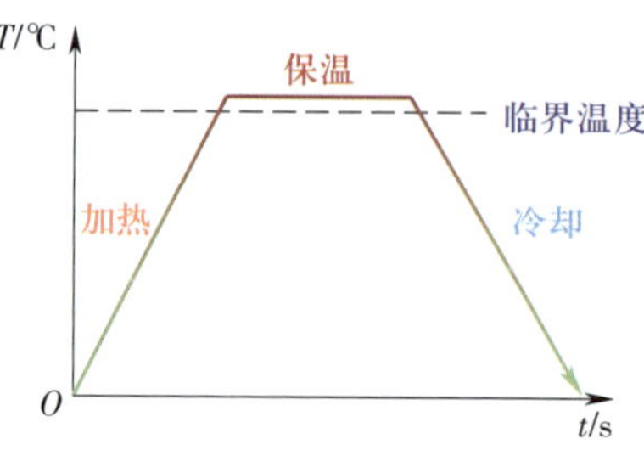

图 3-6　热处理工艺曲线

根据加热和冷却方法不同，钢的常用热处理方法分为整体热处理、表面热处理和化学热处理三大类，如图 3-7 所示。

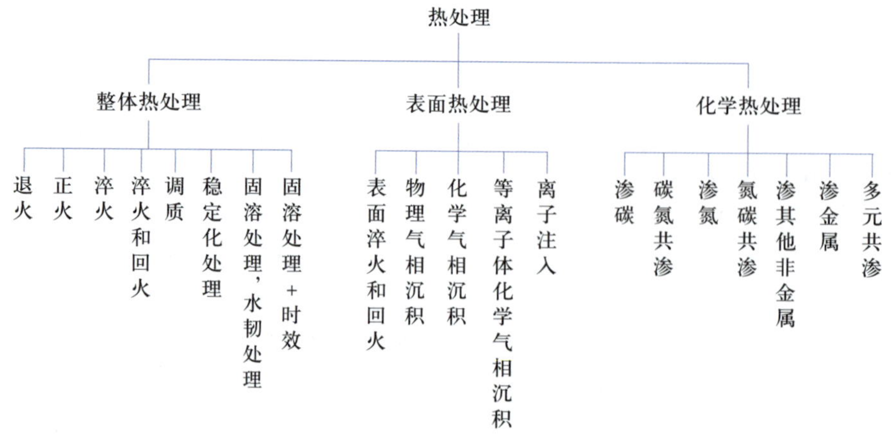

图 3-7　热处理方法的分类

一、整体热处理

整体热处理俗称常规热处理，常用的整体热处理方法主要有退火、正火、淬火、回火、调质、时效处理等。

1. 退火与正火

退火与正火热处理通常是在对钢进行机械加工前，为改善材料的冲压、切削等工艺性能以及调整材料内部的组织状态而进行的一种预备热处理工艺。不同成分的钢进行退火与正火时，加热的温度和冷却的方式也有所不同。退火与正火的方法、特点和应用见表 3–14。

表 3–14　　退火与正火的方法、特点和应用

类型	方法	特点	应用
退火	将钢加热到适当温度，保持一定时间，然后缓慢冷却（一般随炉冷却）	改善金属材料的塑性和韧性，使化学成分均匀化，去除残余应力或得到预期的力学性能	根据加热温度和目的的不同，常用的退火方法有完全退火、球化退火和去应力退火三种 完全退火主要用于中碳钢及低、中碳合金结构钢的锻件、铸件、热轧型材等，有时也用于焊接件 球化退火用于碳素工具钢、合金工具钢、滚动轴承钢等 去应力退火用于消除毛坯、构件和零件的内应力
正火	将钢加热到一定温度，保温适当时间后在空气中冷却	正火的冷却速度比退火快，故正火后得到的组织比较细密，强度、硬度比退火钢高	对于低、中碳合金结构钢，正火的主要目的是细化晶粒、均匀组织、提高力学性能，另外还可以起到调整硬度、改善切削加工性能的作用 对于力学性能要求不高的普通结构件，正火可作为最终热处理 对于高碳的过共析钢，正火的主要目的是改善组织，为球化退火和淬火做准备

2. 淬火、回火与调质

(1) 淬火

淬火是将钢加热到适当温度，经保温后快速冷却，以提高钢的强度、硬度和耐磨性的工艺方法。根据淬火时加热和冷却方法的不同，淬火可分为单液淬火、双介质淬火、分级淬火和等温淬火四种，其方法、特点和应用见表 3–15。

表 3–15　　淬火的方法、特点和应用

类型	方法	特点	应用
单液淬火	将加热好的钢直接放入单一的淬火介质中冷却到室温，非合金钢一般用水冷淬火，合金钢可用油冷淬火	冷却特性不够理想，容易导致硬度不足或开裂等缺陷	主要用于外形简单、尺寸较小的工件
双介质淬火	先将钢浸入冷却能力强的介质中，在组织还未开始转变时再迅速浸入另一种冷却能力弱的介质中，缓冷到室温	淬火内应力小，工件变形和开裂小，操作困难，不易掌握	主要用于碳素工具钢制造的易开裂的较小工件，如丝锥等

续表

类型	方法	特点	应用
分级淬火	将加热好的钢先浸入接近钢的组织转变温度的液态介质中，保持适当时间，待钢件的内、外层都达到介质温度后取出空冷	淬火内应力小，工件不易变形和开裂	主要用于淬透性好的合金钢或截面不大、形状复杂的非合金钢工件
等温淬火	先将加热好的钢快冷到组织转变温度区间（260 ~ 400 ℃），然后等温保持，使其转变为所需的理想组织	工件能获得较高的强度和硬度、较好的耐磨性和韧性，淬火内应力和淬火变形小	主要用于各种中、高碳工具钢和低碳合金钢制造的形状复杂、尺寸较小、韧性要求较高的模具、成形刀具等

（2）回火

回火是将淬火后的钢重新加热到某一较低温度，保温后再冷却到室温的热处理工艺。钢淬火后的组织处于不稳定状态，会自发地向稳定组织转变，从而引起工件变形甚至开裂。因此，淬火后必须马上进行回火处理，以稳定组织，消除内应力，防止工件变形、开裂，并获得所需的力学性能。由于钢最后的组织和性能由回火温度决定，所以生产中一般以工件所需的硬度来决定回火温度。根据回火温度的不同，回火可分为低温回火、中温回火和高温回火三种，其特点和应用见表 3–16。

表 3–16　　回火的特点和应用

类型	加热温度 /℃	特点	应用
低温回火	150 ~ 250	具有高的硬度、耐磨性和一定的韧性，硬度为 58 ~ 64HRC	用于刀具、量具、冷冲模以及其他要求高硬度、高耐磨性的零件
中温回火	350 ~ 500	具有高的弹性极限、屈服强度和适当的韧性，硬度为 40 ~ 50HRC	主要用于弹性零件及热锻模具等
高温回火	500 ~ 650	具有良好的综合力学性能（足够的强度与高韧性相配合），硬度为 200 ~ 330HBW	广泛用于重要的受力构件，如丝杠、螺栓、连杆、齿轮、曲轴等

（3）调质

生产中把淬火及高温回火相结合的热处理工艺称为“调质”。工件调质后可获得良好的综合力学性能，不仅强度较高，而且有较好的塑性和韧性，这就为零件在工作中承受各种载荷提供了有利条件。因此，重要的受力复杂的结构件一般均进行调质。

3. 时效处理

时效处理是将经冷塑性变形或铸造、锻造以及粗加工后的金属工件，在较高的温度环境下或保持室温放置，使其性能、形状、尺寸随时间而发生缓慢变化的热处理工艺。时效处理的目的是消除工件的内应力，稳定组织和尺寸，改善力学性能等。

（1）人工时效处理

将工件加热到一定温度（100 ~ 150 ℃），并在较短时间（5 ~ 20 h）内进行的时效处理，称为人工时效处理。

（2）自然时效处理

将工件置于室温或自然条件下，通过长时间（几天甚至几年）存放而进行的时效处理，称为自然时效处理。

二、表面热处理

表面热处理常用的方法是表面淬火。表面淬火是一种仅对工件表层进行淬火的热处理工艺。其原理是通过快速加热，仅使钢的表层达到红热状态，在热量尚未充分传到零件内部时就立即予以冷却。它不改变钢的表层化学成分，但改变表层组织。表面淬火只适用于中碳钢和中碳合金钢。

目前，表面淬火的方法很多，如火焰加热表面淬火、感应加热表面淬火、电接触加热表面淬火、激光加热表面淬火等。生产中最常用的方法是火焰加热表面淬火和感应加热表面淬火。

1. 火焰加热表面淬火

火焰加热表面淬火是应用氧 – 乙炔（或其他可燃气体）火焰对零件表面进行快速加热，并使其快速冷却的工艺，如图 3–8 所示。

淬硬层深度一般为 2 ~ 6 mm。这种方法的特点是：加热温度及淬硬层深度不易控制，容易导致过热和加热不均现象，淬火质量不稳定。但这种方法不需要特殊设备，故适用于单件或小批生产。

2. 感应加热表面淬火

感应加热表面淬火是利用感应电流在工件表层所产生的热效应使工件表面受到局部加热，并进行快速冷却的工艺，如图 3–9 所示。

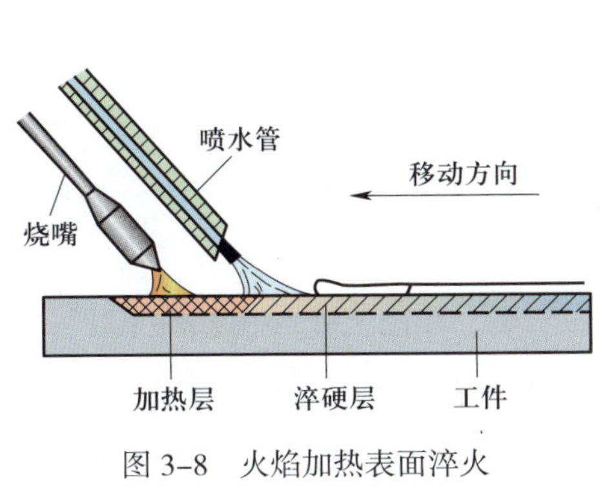

图 3–8 火焰加热表面淬火

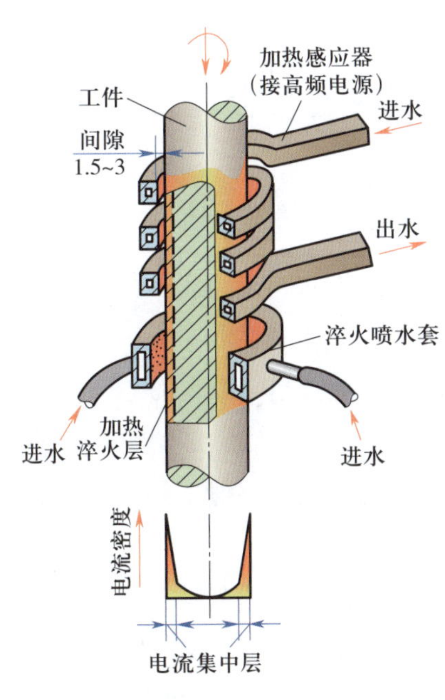

图 3–9 感应加热表面淬火

三、化学热处理

化学热处理是将工件置于一定温度的活性介质中较长时间保温，使一种或几种元素渗入其表层，以改变其化学成分、组织和力学性能的热处理工艺。与其他热处理工艺相比，化学热处理不仅改变了钢的组织，而且使其表层的化学成分发生了变化，因而能够更加有效地改变零件表层的性能。根据渗入元素的不同，常用的化学热处理有渗碳、渗氮、碳氮共渗等，其方法、特点和应用见表 3–17。

表 3–17 常用化学热处理的方法、特点和应用

类型	方法	特点	应用
渗碳	使碳原子渗入工件的表层	使低碳钢工件具有高碳钢的表层，再经过淬火和低温回火，使工件表层具有较高的硬度和耐磨性，而工件的心部仍然保持着低碳钢的韧性和塑性	主要用于低碳钢或低碳合金钢制造的要求耐磨的零件等
渗氮	在一定温度下和一定介质中使氮原子渗入工件表层	渗氮温度比较低，因而工件畸变较小，但渗层较浅，心部硬度较低	主要用于重要和复杂的精密零件，如精密丝杆、镗杆、排气阀、精密机床的主轴等
碳氮共渗	向工件的表层同时渗入碳和氮	渗碳与渗氮工艺的结合，既能达到渗碳的深度，又能达到渗氮的硬度，综合性能较好	应用广泛，常用于汽车和机床上的齿轮、蜗杆和轴类零件等

第四节　其他金属材料

一、铜及其合金

1. 纯铜

纯铜的密度为 8.96×10^3 kg/m^3，熔点为 1 083 ℃，其导电性和导热性仅次于金和银，是最常用的导电、导热材料。它的塑性非常好，易于冷、热压力加工，在大气及淡水中有良好的耐腐蚀性能，但在含有二氧化碳的潮湿空气中表面会产生绿色铜膜，称为铜绿。

纯铜中常含有 0.05%～0.30% 的杂质（主要有铅、铋、氧、硫和磷等），它们对铜的力学性能和工艺性能有很大的影响，一般不用于受力结构件。常用冷加工方法来制造电线、电缆、铜管以及配制铜合金等。

铜加工产品按化学成分不同可分为工业纯铜和无氧铜两类。我国工业纯铜有四个牌号，即一号纯铜、一点五号纯铜、二号纯铜和三号纯铜，其代号分别为 T1、T1.5、T2、T3；无氧铜的含氧量极低，质量分数不大于 0.003%，其代号有 TU00、TU0、TU1、TU2、TU3。纯铜代号中的数字越大，表示铜的纯度越低。

2. 铜合金

纯铜强度低，虽然冷加工变形可提高其强度，但塑性显著降低，不能制造受力的结构件。为了满足制造结构件的要求，工业上广泛采用在铜中加入合金元素的方法来制成性能得到强化的铜合金。常用的铜合金有高铜合金、黄铜、白铜和青铜等。

（1）高铜合金

1）高铜合金命名方法。以铜为基体金属，加入一种或几种微量元素以获得某些预定特性的合金称为高铜合金。用于冷、热压力加工的高铜合金，含铜量一般为 96.0%～99.3%（不包含 99.3%）。用于铸造的高铜合金，含铜量一般大于 94%。

高铜合金以“T+ 第一主添加元素化学符号 + 各添加元素含量（数字间以“-”隔开）”命名。含铬量为 0.50%～1.5%、含锆量为 0.05%～0.25%的高铜，其牌号如下：

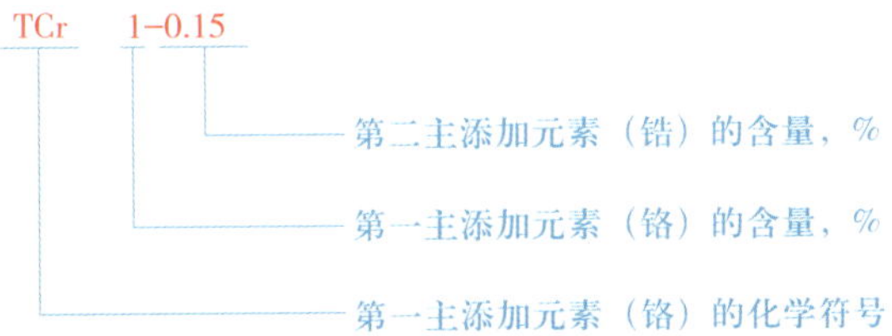

2）常用铍高铜合金。铍高铜合金的力学性能与含铍量和热处理工艺有关。其强度和硬度随含铍量的增加而很快提高，但含铍量超过 2% 以后提高速度逐渐变缓，塑性却显著降低。

铍高铜合金通过淬火及时效处理后能获得很高的强度和硬度（R_m=1 250～1 400 MPa，硬度为 40～50HBW，A=2%～4%），超过其他铜合金的强度。铍高铜合金不但强度高，而且弹性极限、疲劳强度、耐磨性、耐腐蚀性也都很高，另外，它还具有良好的导电、导热性能，具有耐寒、无磁性、受冲击时不产生火花等一系列优点，是力学、物理、化学综合性能很好的一种铜合金。只是价格较贵限制了它的使用。

铍高铜合金主要用来制作各种精密仪器中重要的弹性零件，耐腐蚀、耐磨损的零件，如航海罗盘仪中重要零件及防爆工具等。

（2）黄铜

黄铜是以锌为主添加合金元素的铜合金，具有良好的力学性能，易加工成形，对大气、海水有相当好的耐腐蚀能力，是应用最广的有色金属材料。黄铜按其所含合金元素的种类可分为普通黄铜和特殊黄铜两类；按生产方式可分为压力加工黄铜和铸造黄铜两类。常用黄铜的牌号和用途见表 3-18。

表 3-18　　常用黄铜的牌号和用途

组别	牌号	用途
普通压力加工黄铜	H68	制作双金属片、热水管、艺术品、证章、复杂冲压件、散热器、波纹管、轴套、弹壳等
	H62	制作销钉、铆钉、螺钉、螺母、垫圈、夹线板、弹簧等
特殊压力加工黄铜	HSn90-1	制作船舶上的零件、汽车和拖拉机上的弹性套管等

续表

组别	牌号	用途
特殊压力加工黄铜	HMn58-2	制作弱电电路上使用的零件等
	HPb59-1	制作热冲压及切削加工零件，如销钉、螺钉、螺母、轴套等
铸造黄铜	ZCuZn38	制作法兰、阀座、手柄、螺母等
	ZCuZn40Mn2	制作在淡水、海水、蒸气中工作的零件，如阀体、阀杆、泵管接头等

（3）白铜

白铜是以镍为主添加合金元素的铜合金。Ni 和 Cu 在固态下能完全互溶，所以各类铜镍合金均为单相 α 固溶体，具有良好的冷、热加工性能，不能进行热处理强化，只能用固溶强化和加工硬化来提高其强度。白铜具有高的耐腐蚀性和优良的冷、热加工性能，是精密仪器仪表、化工机械、医疗器械及工艺品制造中的重要材料。

白铜的牌号用“B”加含镍量表示，三元以上的白铜用“B”加第二个主添加元素符号及除基元素铜外的成分数字组表示。如 B30 表示含镍量为 30% 的白铜；BMn3-12 表示含镍量为 3%、含锰量为 12% 的锰白铜。常用的白铜牌号有 B25、B30、BFe10-1-1、BFe30-1-1、BMn3-12 等。

（4）青铜

除了黄铜和白铜外的铜基合金称为青铜。按主添加元素种类的不同，青铜可分为锡青铜、铝青铜、硅青铜和铍青铜等。按生产方式的不同，青铜可分为压力加工青铜和铸造青铜两类。

压力加工青铜的代号由“Q”+ 主添加元素的元素符号及含量 + 其他加入元素的含量组成。例如 QSn4-3 表示含锡量 4%、含锌量 3%、其余为铜的锡青铜；QAl7 表示含铝量 7%、其余为铜的铝青铜。铸造青铜的牌号表示方法和铸造黄铜的牌号表示方法相同，均由“ZCu”+ 主添加元素符号 + 主添加元素含量 + 其他加入元素的元素符号及含量组成，如 ZCuSn5Pb5Zn5、ZCuAl9Mn2 等。常用青铜的牌号有 QSn4-3、QSn4-4-4、QAl7、QBe2、ZCuSn5Pb5Zn5、ZCuSn10Pb1、ZCuPb30 等。

二、铝及铝合金

铝是一种具有良好导电性、导热性及延展性的轻金属。1 g 铝可拉成 37 m 的细丝，其直径小于 2.5×10^{-5} m；也可展成面积达 50 m^2 的铝箔，其厚度只有 8×10^{-7} m。铝具有很强的导电能力，被大量用于电气设备和高压电缆。如今铝已被广泛应用于制造金属器具、工具、体育设备等。

铝中加入少量的铜、镁、锰等形成的铝合金，具有坚硬、美观、轻巧耐用、长久不锈的优点，是制造飞机的理想材料。据统计，一架飞机大约有 50 万个用铝合金做的铆钉。用铝及铝合金制造的飞机元件质量约占飞机总质量的 70%；每枚导弹的用铝量占其总质量的 10% ~ 15%，因此铝被人们称作“会飞”的金属。

1. 铝及铝合金的性能特点

（1）密度小，熔点低，导电性、导热性好，磁化率低

纯铝的密度为 2.72×10^3 kg/m^3，仅为铁的 1/3 左右，熔点为 660.4 ℃，导电性仅次于银、铜、金。

铝合金的密度也很低，熔点更低，但导电性、导热性不如纯铝。铝及铝合金的磁化率极低，属于非铁磁材料。

（2）抗大气腐蚀性能好

铝和氧的化学亲和力大，在空气中铝及铝合金表面会很快形成一层致密的氧化膜，可防止内部继续氧化。但在碱和盐的水溶液中，氧化膜易被破坏，因此不能用铝及铝合金制作的容器盛放盐溶液和碱溶液。

（3）加工性能好

纯铝具有较高的塑性（A=30%～50%，Z=80%），易于压力加工成形，并有良好的低温性能。纯铝的强度低，即使经冷变形强化，也不能直接用于制造受力的结构件，而铝合金通过冷变形和热处理，具有低合金钢的强度。因此，铝及铝合金被广泛应用于电气工程、航空航天、汽车制造等各个领域。

2. 铝及铝合金的分类

铝及铝合金的分类如图 3-10 所示。

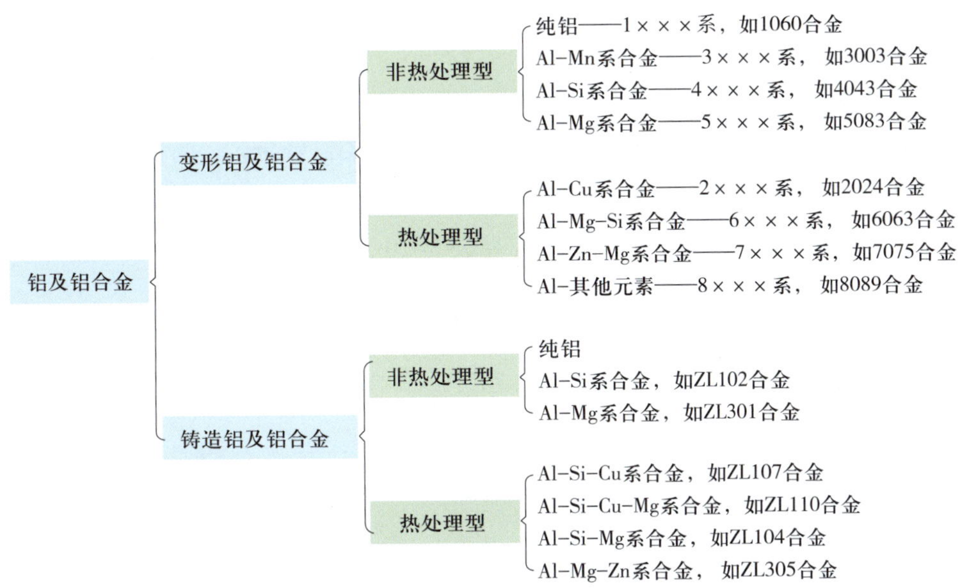

图 3-10　铝及铝合金的分类

3. 纯铝的牌号和用途

纯铝分未压力加工产品（铸造纯铝）和压力加工产品（变形铝）两种。

根据《铸造有色金属及其合金牌号表示方法》（GB/T 8063—2017）的规定，铸造纯铝的牌号由“Z”和铝的化学元素符号以及表明含铝量的数字组成。如 ZA199.5 表示含铝量为 99.5% 的铸造纯铝。根据《变形铝及铝合金牌号表示方法》（GB/T 16474—2011）的规定，铝的质量分数不低于 99.00% 的纯铝，其牌号用四位字符体系的方法命名，即用 1××× 表示，牌号的最后两位数字表示铝的最低质量分数（百分数）×100 后的小数点后面两位数字；牌号第二位的字母表示原始纯铝的改型情况，如字母 A 表示原始纯铝。例如，牌号 1A30 表示含铝量为 99.30% 的原始纯铝。若为其他字母（B～Y），则表示原始纯铝的改型，与原始纯铝相比，其元素含量略有改变。

变形铝的牌号、化学成分和用途见表 3-19。

表 3-19　变形铝的牌号、化学成分和用途

旧牌号	新牌号	化学成分（质量分数）/%		用途
		Al	杂质总量	
L1	1070	99.7	0.3	制作垫片、电容、电子管隔离罩、电线、电缆、导电体和装饰件等
L2	1060	99.6	0.4	
L3	1050	99.5	0.5	
L4	1035	99.0	1.0	
L5	1200	99.0	1.0	制作不受力而具有某种特性的零件，如电线保护套管、通信系统的零件、垫片和装饰件等

4. 铝合金的牌号和用途

（1）变形铝合金

按国家标准 GB/T 16474—2011 的规定，我国变形铝及铝合金采用国际四位数字体系牌号和四位字符体系牌号两种命名方法。化学成分已在国际牌号注册组织注册命名的铝及铝合金，直接采用四位数字体系牌号；国际牌号注册组织未命名的，则按四位字符体系牌号命名。两种牌号命名方法的区别仅在第二位，字符体系牌号第二位为大写拉丁字母。

1）牌号第一位数字表示铝及铝合金的组别，见表 3-20。

表 3-20　铝及铝合金的组别

组别	牌号系列
纯铝（含铝量不小于 99.00%）	1×××
以铜为主要合金元素的铝合金	2×××
以锰为主要合金元素的铝合金	3×××
以硅为主要合金元素的铝合金	4×××
以镁为主要合金元素的铝合金	5×××
以镁和硅为主要合金元素的铝合金	6×××
以锌为主要合金元素的铝合金	7×××
以其他合金元素为主要合金元素的铝合金	8×××
备用合金组	9×××

2）牌号第二位数字（国际四位数字体系）或字母（四位字符体系）表示原始纯铝或铝合金的改型情况。

①数字 0 或字母 A 表示原始纯铝和原始合金。

②如果是 1～9 或 B～Y（C、I、L、N、O、P、Q、Z 八个字母除外）中的一个，则表示改型情况。

③最后两位数字用以标识同一组中不同的铝合金。

常用变形铝合金的类别、牌号和用途见表 3-21。

表 3-21 常用变形铝合金的类别、牌号和用途

类别	代号	牌号	用途
防锈铝合金	LF2	5A02	制作在液体中工作的中等强度的焊接件、冷冲压件和容器、骨架零件等
	LF21	3A21	制作要求高的塑性和良好的焊接性，在液体或气体介质中工作的低载荷零件，如油箱、油管、液体容器、饮料罐等
硬铝合金	LY11	2A11	制作各种要求中等强度的零件和构件、冲压的连接部件、空气螺旋桨叶片、局部镦粗的零件（如螺栓、铆钉）
	LY12	2A12	用量最大。制作各种要求高载荷的零件和构件（但不包括冲压件和锻件），如飞机上的骨架零件、蒙皮、翼梁、铆钉等
	LY8	2B11	主要作为铆钉材料等
超硬铝合金	LC3	7A03	主要制作受力结构的铆钉等
	LC4 LC9	7A04 7A09	制作承力构件和高载荷零件，如飞机上的大梁、桁条、加强框、蒙皮、起落架零件等，通常多用以取代 2A12
锻铝合金	LD5	2A50	制作形状复杂、中等强度的锻件和冲压件，如内燃机活塞、压气机叶片、叶轮、圆盘以及其他在高温下工作的复杂锻件等
	LD7	2A70	
	LD8	2A80	
	LD10	2A14	制作高负荷、形状简单的锻件和模锻件

（2）铸造铝合金

1）铸造铝合金代号。按国家标准 GB/T 1173—2013 的规定，铸造铝合金代号是由表示铸铝的汉语拼音字母 ZL 及其后面的三个阿拉伯数字组成。ZL 后面的第一位数字表示合金的系列（1 为 Al-Si 系，2 为 Al-Cu 系，3 为 Al-Mg 系，4 为 Al-Zn 系），后两位为合金的顺序号，如 ZL102、ZL203、ZL302、ZL401；优质合金在其代号后附加字母 A。

2）铸造铝合金牌号。按国家标准 GB/T 8063—2017 的规定，铸造铝合金牌号由“铸”的汉语拼音首字母“Z”、铝的化学元素符号 Al、主要合金元素的化学符号（其中混合稀土元素符号统一用 RE 表示）以及表示主要合金元素名义百分含量的数字组成。当添加合金元素多于两个时，合金牌号中应列出足以表明合金主要特性的元素符号及其名义百分含量的数字。添加合金元素符号按其名义百分含量递减的次序排列。如：

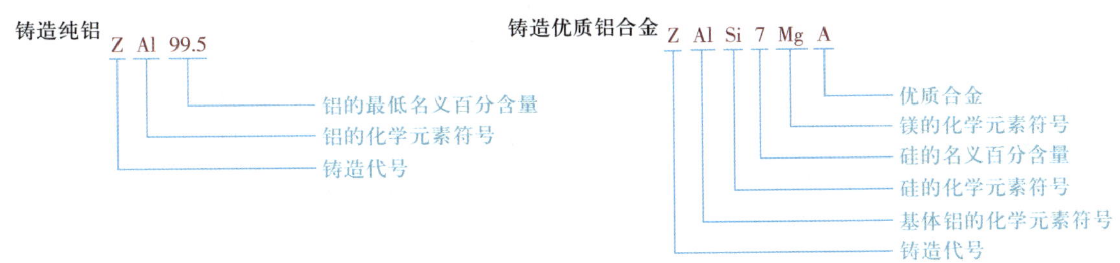

3）压铸铝合金的牌号。压铸铝合金的牌号是用汉语拼音首字母 YZ+ 基本元素（铝元素）符号 + 主要添加合金元素符号 + 主要添加合金元素的百分含量表示。例如，YZAlSi12 表示 Si 含量为 12%、余量为铝的压铸铝合金，其代号为 YL102。

常用铸造铝合金的牌号和用途见表 3–22。

表 3–22 常用铸造铝合金的牌号和用途

代号	牌号	用途
ZL101	ZAlSi7Mg	制作工作温度低于 185 ℃的飞机、仪器零件，如汽化器等
ZL102	ZAlSi12	制作工作温度低于 200 ℃，承受低载，要求好的气密性的零件，如仪表、抽水机壳体等
ZL105	ZAlSi5Cu1Mg	制作形状复杂、在 225 ℃以下工作的零件，如风冷发动机的气缸头、油泵体、机壳等
ZL108	ZAlSi12Cu2Mg1	制作有高温、高强度及低膨胀系数要求的零件，如高速内燃机活塞等耐热零件
ZL201	ZAlCu5Mn	制作在 175 ~ 300 ℃温度下工作的零件，如内燃机气缸、活塞、支臂等
ZL202	ZAlCu10	制作形状简单、要求表面光滑的中等承载零件
ZL301	ZAlMg10	制作在大气或海水中工作，工作温度低于 150 ℃，承受大振动载荷的零件等
ZL401	ZAlZn11Si7	制作工作温度低于 200 ℃，形状复杂的汽车、飞机零件等

三、钛及钛合金

钛是一种新金属，由于它具有一系列优异特性，被广泛用于航空、航天、化工、石油、冶金、轻工、电力、海水淡化、舰艇和日常生活器具等领域。

1. 纯钛（Ti）

纯钛是一种银白色并具有同素异构转变现象的金属。纯钛的密度小（4.508×10^3 kg/m^3），熔点高（1 677 ℃），热膨胀系数小，塑性好，容易加工成形，可制成细丝、薄片；在 550 ℃以下有很好的耐腐蚀性，不易氧化，在海水和蒸气中的耐腐蚀性比铝合金、不锈钢和镍合金好。

工业纯钛的牌号用“TA+ 顺序号”表示，如 TA3 表示 3 号工业纯钛，顺序号越大，杂质含量越高，强度、硬度越高，塑性、韧性越差。

2. 钛合金

常用的钛合金可以分为 α 型、α－β 型、β 型三类。钛合金的牌号用“T+ 合金类别代号 + 顺序号”表示，“T”是“钛”的汉语拼音首字母，合金类别代号 A、B、C 分别表示 α 型、β 型、α－β 型钛合金。例如，TA6 表示 6 号 α 型钛合金，TC4 表示 4 号 α－β 型钛合金。

（1）α 型钛合金

它的主要合金元素有 Al 和 Sn。由于此类合金的 α 型钛向 β 型钛转变温度较高，因而在室温或较高温度下均为单相 α 固溶体组织，不能进行热处理强化。常温下，它的硬度低于其他钛合金，但高温（500～600 ℃）条件下其强度最高。α 型钛合金组织稳定，焊接性能良好。常用 α 型钛合金的牌号和用途见表 3–23。

表 3–23 常用 α 型钛合金的牌号和用途

牌号	用途
TA5	与纯钛 TA1、TA2 等用途相似
TA6	制作在低于 400 ℃环境下工作的焊接零件，如飞机骨架、气压泵壳体、叶片等
TA7	制作在低于 500 ℃环境下长期工作的零件和各种模锻件

（2）β 型钛合金

β 型钛合金中主要加入铜、铬、铝、钒和铁等促使 β 相稳定的元素，它们在正火或淬火时容易将高温 β 相保留到室温组织，得到较稳定的 β 相组织。这类合金具有良好的塑性，在 540 ℃以下具有较高的强度，但其生产工艺复杂，合金密度大，故在生产中用途不广。

（3）α–β 型钛合金

这类合金除含有铬、钼、钒等 β 相稳定元素外，还含有锡、铝等 α 相稳定元素。在冷却到一定温度时发生 β → α 相转变，室温下为 α–β 两相组织。

α–β 型钛合金的强度、耐热性和塑性都比较好，并可以热处理强化，应用范围较广。应用最广的是 TC4（钛铝钒合金），它具有较高的强度和良好的塑性，在 400 ℃时组织稳定，强度较高，抗海水腐蚀能力强。α–β 型钛合金的牌号和用途见表 3–24。

表 3–24 α–β 型钛合金的牌号和用途

牌号	用途
TC1	制作在低于 400 ℃环境下工作的冲压件和焊接件
TC2	制作在低于 500 ℃环境下工作的焊接件和模锻件
TC4	制作在低于 400 ℃环境下长期工作的零件，如各种锻件、容器、泵、坦克履带、舰船耐压壳体等
TC6	制作在低于 350 ℃环境下工作的各种零件
TC10	制作在低于 450 ℃环境下长期工作的零件

第四章 机械制造工艺

第一节 机械制造工艺基本术语

一、生产过程和工艺过程

1. 生产过程

生产过程是指将原材料转变为成品的全过程。对机械制造而言，生产过程一般包括以下内容：原材料、半成品和成品的运输和保存；生产和技术准备工作，如产品的开发和设计、工艺及工艺装备的设计与制造等；毛坯制造和处理，工件的机械加工，热处理及其他表面处理；部件或产品的装配、检测、调试、包装等。

2. 工艺过程

在生产过程中，凡是改变生产对象的形状、尺寸、相对位置或性质等，使其成为成品或半成品的过程称为工艺过程。工艺过程是生产过程中的主要部分。机械加工车间中采用机械加工的方法，直接改变毛坯的形状、尺寸和表面质量等，使其成为零件的过程称为机械加工工艺过程。

机械加工工艺过程是由一个或若干个顺序排列的工序组成的，而工序又由安装、工位、工步和进给组成。

（1）工序

一个或一组工人，在一个工作地对一个或同时对几个工件所连续完成的那一部分工艺过程称为工序。划分工序的依据是工作地是否发生变化和工作是否连续。

（2）安装

工件在加工前，确定工件在机床上或夹具中占有正确位置的过程称为定位。工件定位后将其固定，使其在加工过程中保持定位位置不变的操作称为夹紧。将工件在机床上或夹具中定位、夹紧的过程称为装夹。

工件（或装配单元）经一次装夹后所完成的那一部分工序称为安装。在一道工序中，工件可能安装一次或多次才能完成加工。工件在加工过程中，应尽量减少安装次数，因为多一次安装就会增加安装时间，还会增大装夹误差。

（3）工位

为了完成一定的工序部分，一次装夹工件后，工件（或装配单元）与夹具或设备的可动部分一起相对刀具或设备的固定部分所占据的每一个位置，称为工位。

（4）工步

在加工表面（或装配时的连接表面）和加工（或装配）工具不变的情况下，所连续完成的那一部分工序称为工步。划分工步的依据是加工表面和加工工具是否变化。

（5）进给

在一个工步内，若被加工表面需切除的余量较大，可分几次切削，每次切削称为一次进给。

二、生产纲领和生产类型

1. 生产纲领

企业在计划期内应当生产的产品产量和进度计划称为生产纲领。计划期通常为一年，所以生产纲领又称年产量。零件的生产纲领还包括一定的备品和废品的数量，可按下式计算：

$$N=Qn(1+\alpha)(1+\beta)$$

式中　N——零件的年产量，件／年；

Q——产品的年产量，台／年；

n——每台产品中该零件的数量，件／台；

α——备品的百分率，%；

β——废品的百分率，%。

2. 生产类型

生产类型是指企业（或车间、工段、班组、工作地）生产专业化程度，一般分为单件生产、大量生产和成批生产三种类型。

（1）单件生产

单件生产是指产品品种多，而每一种产品的结构、尺寸不同，产量很少，各个工作地点的加工对象经常改变，且很少重复的生产类型。如新产品试制、重型机械和专用设备的制造等均属于单件生产。

（2）大量生产

大量生产是指产品数量大，大多数工作地点长期按一定节拍进行某一个零件的某一道工序的加工。如汽车、摩托车、柴油机等的生产均属于大量生产。

（3）成批生产

成批生产是指一年中分批轮流地制造几种不同的产品，每种产品均有一定的数量，工作地点的加工对象周期性地重复。如机床、电动机等均属于成批生产。

每一次投入或产出的同一产品（或零件）的数量称为生产批量，简称批量。批量可根据零件的年产量及一年中的生产批数计算确定。一年的生产批数根据用户的需要、零件的特征、流动资金的周转、仓库容量等具体情况确定。

按批量的多少，成批生产又可分为小批、中批和大批生产三种。在工艺中，小批生产和单件生产相似，常合称为单件、小批量生产；大批生产和大量生产相似，常合称为大批大量生产；成批生产通常仅指中批生产。生产类型和生产纲领的关系见表 4–1。

表 4–1 生产类型和生产纲领的关系

生产类型		生产纲领（台 / 年或件 / 年）		
		轻型零件（4 kg 以下）	中型零件（4 ~ 30 kg）	重型零件（30 kg 以上）
单件生产		≤ 100	≤ 10	≤ 5
成批生产	小批生产	＞ 100 ~ 500	＞ 10 ~ 150	＞ 5 ~ 100
	中批生产	＞ 500 ~ 5 000	＞ 150 ~ 500	＞ 100 ~ 300
	大批生产	＞ 5 000 ~ 50 000	＞ 500 ~ 5 000	＞ 300 ~ 1 000
大量生产		＞ 50 000	＞ 5 000	＞ 1 000

生产类型不同，产品和零件的制造工艺、工艺装备、设备、技术措施、经济效果等也不相同。大批大量生产采用高效率的工艺装备及专用机床，加工成本低，经济效益高。单件、小批量生产通常采用通用设备及工艺装备，生产效率低，加工成本高。数控加工主要用于单件、小批量生产和成批生产。各种生产类型的工艺特征见表 4–2。

表 4–2 各种生产类型的工艺特征

工艺特征	单件、小批量生产	成批生产	大批大量生产
毛坯的制造方法及加工余量	铸件用木模手工造型，锻件用自由锻。毛坯精度低，加工余量大	部分铸件用金属模造型，部分锻件用模锻。毛坯精度及加工余量中等	铸件广泛采用金属模造型，锻件广泛采用模锻以及其他高效方法，毛坯精度高，加工余量小
机床设备及其布置	通用机床、数控机床。按机床类别采用机群式布置	部分通用机床、数控机床及高效机床。按工件类别分工段排列	广泛采用高效专用机床及自动机床。按流水线和自动线排列
工艺装备	多采用通用夹具、刀具和量具。靠划线和试切法达到精度要求	广泛采用夹具，部分靠找正装夹达到精度要求，较多采用专用刀具和量具	广泛采用高效率的夹具、刀具和量具，用调整法达到精度要求
工人技术水平	需技术熟练工人	需技术比较熟练的工人	对操作工人的技术要求较低，对调整工人的技术要求较高
工艺文件	有工艺过程卡，关键工序要工序卡。数控加工工序要详细工序卡和程序单等文件	有工序过程卡，关键零件要工序卡，数控加工工序要详细工序卡和程序单等文件	有工艺过程卡和工序卡，关键工序要调整卡和检验卡
生产效率	低	中	高
成本	高	中	低

三、机械加工工艺文件

将工艺规程的内容填入一定格式的卡片，即形成工艺文件。工艺文件是指导工人操作和用于生产、工艺管理的技术文件，常用的机械加工工艺文件有以下三种。

1. 机械加工工艺过程卡

机械加工工艺过程卡简称过程卡或路线卡，见表 4–3。它是以工序为单位说明一个工件全部加工过程的工艺卡。机械加工工艺过程卡包括工序名称、工序内容、车间、工段、设备、工艺装备、工时等，主要用于单件、小批量生产的生产管理。

表 4–3　　机械加工工艺过程卡

<table>
<tr><td colspan="3" rowspan="2">机械加工
工艺过程卡</td><td>产品型号</td><td></td><td>零（部）件图号</td><td colspan="4"></td></tr>
<tr><td>产品名称</td><td></td><td>零（部）件名称</td><td></td><td>共　页</td><td>第　页</td></tr>
<tr><td>材料
牌号</td><td></td><td>毛坯
种类</td><td></td><td>毛坯外
形尺寸</td><td></td><td>每毛坯
可制件数</td><td></td><td>每台
件数</td><td></td><td>备注</td><td></td></tr>
<tr><td rowspan="2">工序号</td><td rowspan="2">工序名称</td><td rowspan="2">工序内容</td><td rowspan="2">车间</td><td rowspan="2">工段</td><td rowspan="2">设备</td><td rowspan="2">工艺装备</td><td colspan="2">工时</td></tr>
<tr><td>单件</td><td>最终</td></tr>
<tr><td>1</td><td></td><td></td><td></td><td></td><td></td><td></td><td colspan="2"></td></tr>
<tr><td>2</td><td></td><td></td><td></td><td></td><td></td><td></td><td colspan="2"></td></tr>
<tr><td>3</td><td></td><td></td><td></td><td></td><td></td><td></td><td colspan="2"></td></tr>
<tr><td>4</td><td></td><td></td><td></td><td></td><td></td><td></td><td colspan="2"></td></tr>
<tr><td></td><td></td><td></td><td></td><td></td><td></td><td></td><td></td><td></td><td></td><td rowspan="2">设计
（日期）</td><td rowspan="2">审核
（日期）</td><td rowspan="2">标准化
（日期）</td><td rowspan="2">会签
（日期）</td></tr>
<tr><td></td><td></td><td></td><td></td><td></td><td></td><td></td><td></td><td></td><td></td></tr>
<tr><td>标
记</td><td>处
数</td><td>更改
文件号</td><td>签
字</td><td>日
期</td><td>标
记</td><td>处
数</td><td>更改
文件号</td><td>签
字</td><td>日
期</td><td></td><td></td><td></td><td></td></tr>
</table>

2. 机械加工工艺卡

机械加工工艺卡以工序为单元，详细说明产品（或零部件）在某一工艺阶段中的工序、工序内容、工艺参数、工时以及采用的设备和工艺装备等。机械加工工艺卡见表 4–4，它是工艺准备、生产管理和指导操作的一种主要技术文件，广泛用于批量生产的零件和小批量生产的重要零件。

3. 机械加工工序卡

机械加工工序卡是在机械加工工艺过程卡或机械加工工艺卡的基础上，对每道工序所编制的一种工艺文件。一般具有工序简图，并详细说明该工序每个工步的工步内容、工艺参数、工时以及所用设备和工艺装备等，用以指导工人进行具体操作，其内容比机械加工工艺卡更详细，常用于大批大量生产中。机械加工工序卡见表 4–5。

表 4–4 **机械加工工艺卡**

（工厂）	机械加工工艺卡	产品型号		零（部）件图号		共 页
		产品名称		零（部）件名称		第 页

材料牌号		毛坯种类		毛坯外形尺寸		每毛坯可制件数		每台件数		备注	

工序	装夹	工步	工序内容	同时加工件数	切削用量				设备名称及编号	工艺装备名称及编号			技术等级	工时	
					背吃刀量/mm	切削速度/（m/min）	主轴转速/（r/min）	进给量/（mm/r）		夹具	刀具	量具		单件	最终

										编制（日期）	审核（日期）	会签（日期）
标记	处数	更改文件号	签字	日期	标记	处数	更改文件号	签字	日期			

表 4–5 **机械加工工序卡**

××××	机械加工工序卡	产品型号		零（部）件图号		共 页
		产品名称		零（部）件名称		第 页

（工序简图）	车间	工序号	工序名称	材料牌号
	毛坯种类	毛坯外形尺寸	每毛坯可制件数	每台件数
	设备名称	设备型号	设备编号	同时加工件数

夹具名称	夹具编号	切削液	
工位器具名称	工位器具编号	工序工时	
		最终	单件

工步号	工步内容	工艺装备	主轴转速/（r/min）	切削速度/（m/min）	进给量/（mm/r）	背吃刀量/mm	进给次数	工步工时	
								机动	辅助

										设计（日期）	审核（日期）	标准化（日期）	会签（日期）
标记	处数	更改文件号	签字	日期	标记	处数	更改文件号	签字	日期				

第二节　基准的选择

一、基准的概念及分类

1. 基准的概念

零件是由若干表面组成的，它们之间有一定的相互位置和距离尺寸的要求。在加工过程中，也必须相应地以某个或某几个表面为依据来加工有关表面，以保证零件图上所规定的要求。零件表面间的各种相互依赖关系就引出了基准的概念。

所谓基准，就是用来确定生产对象上几何要素的几何关系所依据的那些点、线、面。

2. 基准的分类

根据功用不同，基准可分为设计基准和工艺基准两大类。

（1）设计基准

设计基准是指零件设计图样上用来确定其他点、线、面位置的基准。如图 4–1a 所示零件，对尺寸 30 mm 而言，*B* 面是 *A* 面的设计基准，或者 *A* 面是 *B* 面的设计基准，它们互为设计基准。如图 4–1b 所示零件，对于径向圆跳动而言，ϕ40h6 圆柱面的轴线是 ϕ30h6 圆柱面的设计基准，而 ϕ40h6 圆柱面的设计基准是它本身的轴线。如图 4–1c 所示零件，对尺寸 44.5 mm 而言，键槽底面的设计基准是圆柱面的下素线 *D*。图 4–1d 所示零件，对尺寸 *S*ϕ50 mm 来说，球面的设计基准是球心。

对于整个零件而言，往往有很多位置尺寸和位置精度要求，但在各个方向上通常有一个主设计基准。主设计基准常与装配基准重合。如图 4–1b 所示零件，轴向的主设计基准是 *A* 面，径向的主设计基准是 ϕ40h6 外圆柱面的轴线。

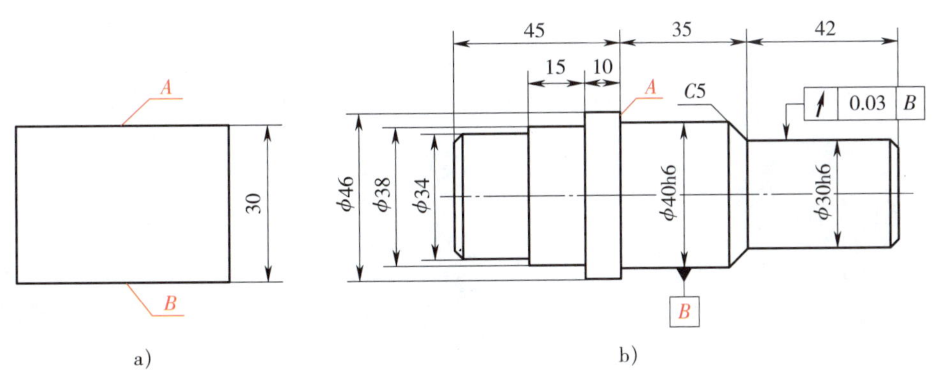

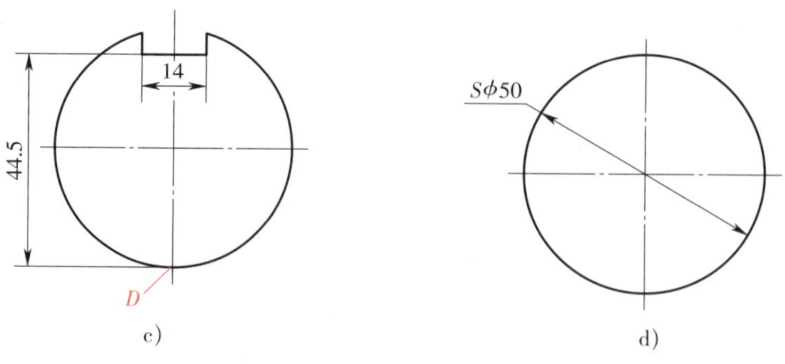

图 4–1 设计基准示例

a）平面类零件 b）轴类零件 c）键槽类零件 d）球类零件

（2）工艺基准

工艺基准是指工艺过程中所采用的基准。按其作用不同，工艺基准可分为工序基准、定位基准、测量基准和装配基准。

1）工序基准。工序基准是指工序图上用来确定本工序所加工表面加工后的尺寸、形状和位置的基准。如图 4–2 所示某钻孔工序的工序图，工序基准为 *A* 面。某工序加工应达到的尺寸称为工序尺寸，如图 4–2 所示尺寸（20 ± 0.1）mm 和 $\phi 5^{+0.12}_{0}$ mm。

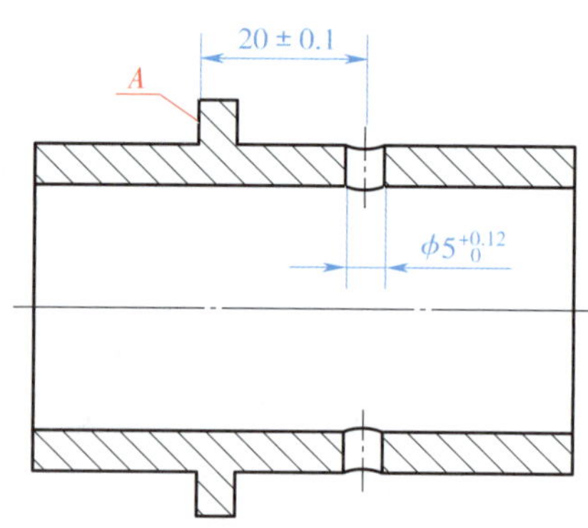

图 4–2 某钻孔工序的工序图

2）定位基准。在加工中用作定位的基准称为定位基准。定位基准用来确定工件在机床上或夹具中的正确位置。在使用夹具时，其定位基准就是工件与夹具定位组件相接触的点、线、面。如铣削套筒键槽（见图 4–3a）时的两种定位情形：以平面定位（见图 4–3b）时，工件的下素线是定位基准；以心轴定位（见图 4–3c）时，工件以孔轴线作为定位基准。

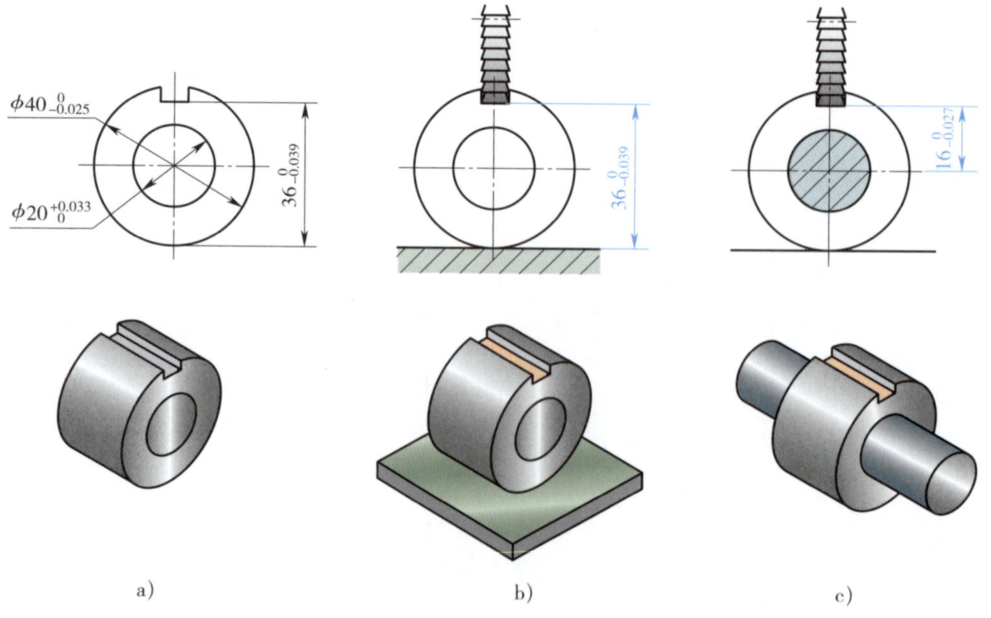

图 4–3 铣削套筒键槽时的定位基准

a）套筒键槽 b）以平面定位铣削套筒键槽 c）以心轴定位铣削套筒键槽

3）测量基准。测量时所采用的基准称为测量基准。如图 4–4 所示，测量 7 mm 尺寸时，以小圆柱面上素线 A 为测量基准；测量 50 mm 尺寸时，以大圆柱面的下素线 B 为测量基准。测量基准可以是点、线、面。

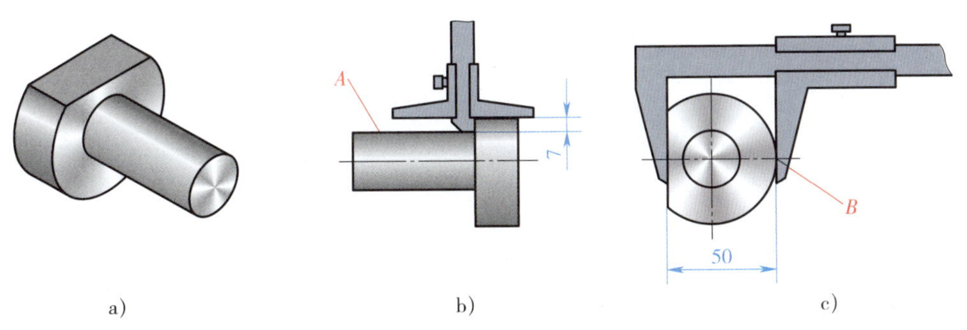

图 4–4　测量基准

a）零件　b）A 为测量基准　c）B 为测量基准

4）装配基准。装配时用来确定零件或部件在产品中的相对位置所采用的基准称为装配基准。如图 4–5 所示，齿轮装配在轴上，则齿轮的孔 A 及端面 B 为装配基准。

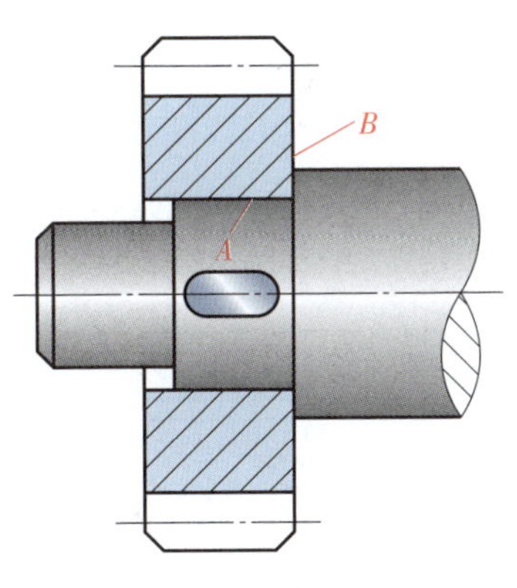

图 4–5　装配基准

二、定位基准的选择

定位基准分为粗基准和精基准。在机械加工的第一道工序中，只能使用毛坯上未加工的表面作为定位基准，这种基准称为粗基准。在以后的工序中，可以采用已加工过的表面作为定位基准，这种基准称为精基准。

1. 粗基准的选择原则

选择粗基准时，必须保证以下两个基本要求：其一，要保证所有加工表面都有足够的加工余量；其二，应保证工件加工表面和不加工表面之间有一定的位置精度。具体可按下列原则选择：

（1）相互位置要求原则

选取与加工表面相互位置精度要求较高的不加工表面作为粗基准，以保证不加工表面与加工表面的位置要求。如果零件上有多个不加工表面，则应以其中与加工表面相互位置精度要求高的不加工表面为粗基准。如图 4–6a 所示的零件，为了保证壁厚均匀，应选择不加工的孔及内表面为粗基准。如图 4–6b 所示的零件，径向有三个不加工表面，若 ϕA 外圆表面与 $\phi 50^{+0.1}_{0}$ mm 孔之间的壁厚均匀度要求较高，则应选择 ϕA 外圆为径向粗基准。

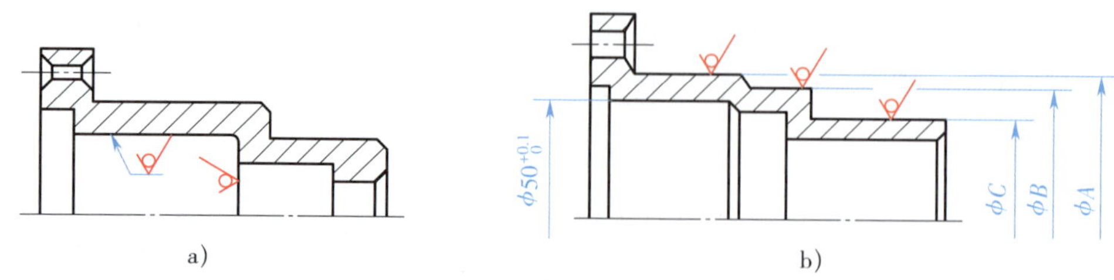

图 4–6　选择不加工的表面为粗基准

a）以不加工孔为粗基准　b）以不加工外圆为粗基准

（2）加工余量合理分配原则

对于全部表面都需要加工的零件，应该选择加工余量最小的表面作为粗基准，这样不会因为位置偏移而造成余量太小的部位加工不出来。如图 4–7 所示台阶轴，毛坯大、小端外圆有 5 mm 的偏心，应以加工余量较小的 ϕ58 mm 外圆表面作粗基准。如果选 ϕ114 mm 外圆作粗基准加工 ϕ58 mm 外圆，则无法加工出 ϕ50 mm 外圆。

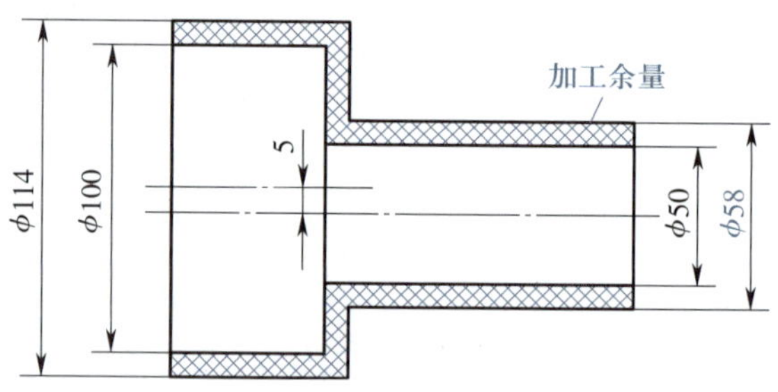

图 4–7　台阶轴的粗基准选择

（3）重要表面原则

为保证重要表面的加工余量均匀，应选择重要表面为粗基准。如图 4–8 所示床身导轨的加工，为了保证导轨面的金相组织均匀一致并且有较高的耐磨性，应使其加工余量小而均匀。因此，应先选择导轨面为粗基准，加工与床腿的连接面，如图 4–8a 所示，然后以连接面为精基准，加工导轨面，如图 4–8b 所示，这样才能保证加工导轨面时被切去的金属层尽可能薄而且均匀。

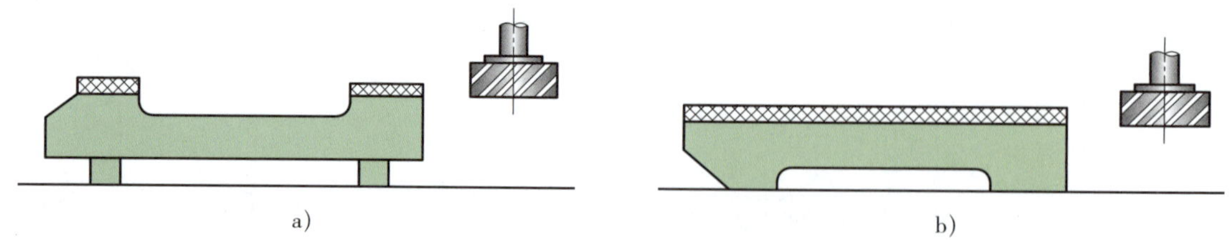

图 4–8　床身导轨加工粗基准的选择

a）加工与床腿的连接面时以导轨面为粗基准　b）加工导轨面时以连接面为精基准

（4）不重复使用原则

粗基准未经加工，表面比较粗糙且精度低，二次安装时，其在机床上（或夹具中）的实际位置可能与第一次安装时不一样，从而产生定位误差，导致相应加工表面出现较大的位置误差。因此，粗基准一般不应重复使用。如图 4–9 所示的零件，若在加工端面 A 和内孔 C、钻孔 D 时，均使用未经加工

的表面 B 定位，则钻孔的位置精度就会相对于内孔和端面产生偏差。当然，若毛坯制造精度较高，而工件加工精度要求不高，则粗基准也可重复使用。

（5）便于工件装夹原则

作为粗基准的表面，应尽量平整、光滑，没有飞边、冒口、浇口或其他缺陷，以便使工件定位准确、夹紧可靠。

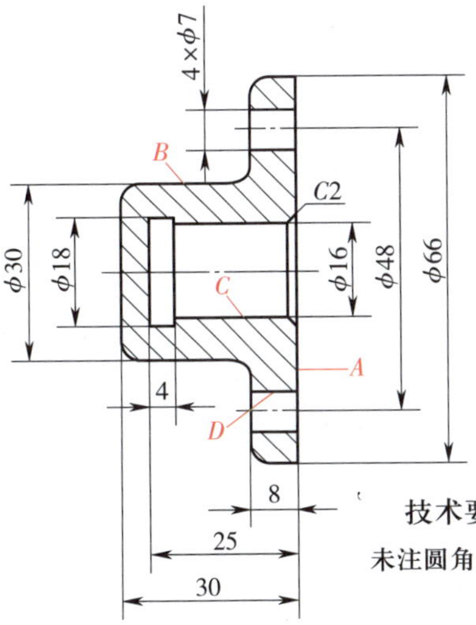

技术要求
未注圆角为R3。

图 4-9 粗基准重复使用的误差

2. 精基准的选择原则

选择精基准考虑的重点是如何保证工件的加工精度，并使工件装夹准确、可靠、方便，以及夹具结构简单。选择精基准一般应遵循下列原则：

（1）基准重合原则

直接选择加工表面的设计基准为定位基准，称为基准重合原则。采用基准重合原则可以避免由定位基准与设计基准不重合而引起的定位误差（基准不重合误差）。如图 4-10a 所示的零件，欲加工孔 3，其设计基准是面 2，要求保证尺寸 A。在用调整法加工时，若以面 1 为定位基准，如图 4-10b 所示，则直接保证的尺寸是 C，尺寸 A 是通过控制尺寸 B 和 C 间接保证的。因此，尺寸 A 的公差为

$$T_A=A_{max}-A_{min}=C_{max}-B_{min}-(C_{min}-B_{max})=T_B+T_C$$

由此可以看出，尺寸 A 的加工误差中增加了一个从定位基准（面 1）到设计基准（面 2）之间尺寸 B 的误差，这个误差就是基准不重合误差。由于基准不重合误差的存在，只有提高本道工序尺寸 C 的加工精度，才能保证尺寸 A 的精度；当本道工序 C 的加工精度不能满足要求时，还需提高前道工序尺寸 B 的加工精度，增加了加工的难度。若按图 4-10c 所示用面 2 定位，则符合基准重合原则，可以直接保证尺寸 A 的精度。

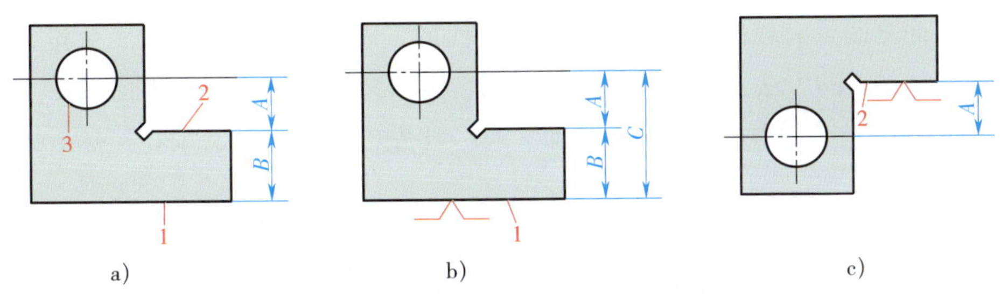

图 4-10 设计基准与定位基准的关系
a）工件 b）设计基准与定位基准不重合 c）设计基准与定位基准重合

应用基准重合原则时，要具体情况具体分析。定位过程中产生的基准不重合误差是在用夹具装夹时，采用调整法加工一批工件时产生的。若用试切法加工，设计要求的尺寸一般可直接测量，不存在基准不重合误差问题。在带有自动测量功能的数控机床上加工时，可在工艺中安排坐标系检测工步，即每个工件加工前由数控系统自动控制测量头检测设计基准并自动计算、修正坐标值，消除基准不重合误差。在这种情况下，可不必遵循基准重合原则。

（2）基准统一原则

同一工件的多道工序尽可能选择同一个定位基准，称为基准统一原则。这样既可保证各加工表面间的相互位置精度，避免或减少因基准转换而引起的误差，又简化了夹具的设计与制造工作，降低了成本，缩短了生产准备周期。例如，轴类工件以两中心孔定位加工各台阶外圆表面，可保证各台阶外圆表面的同轴度精度。

基准重合和基准统一原则是选择精基准的两个重要原则，但实际生产中有时会遇到两者相互矛盾的情况。此时，若采用统一定位基准能够保证加工表面的尺寸精度，则应遵循基准统一原则；若不能保证尺寸精度，则应遵循基准重合原则，以免使工序尺寸的实际公差值减小，增大加工难度。

（3）自为基准原则

对于研磨、铰孔等精加工或光整加工工序，要求加工余量小而均匀，选择加工表面本身作为定位基准，称为自为基准原则。例如，图 4–11 所示为在磨削机床床身导轨面时，在磨头上装百分表找正导轨面本身以保证加工余量均匀，从而满足对导轨面的质量要求。另外，采用浮动铰刀铰孔、用拉刀拉孔、在无心磨床上磨削外圆以及珩孔等都是以加工表面本身为定位基准的。

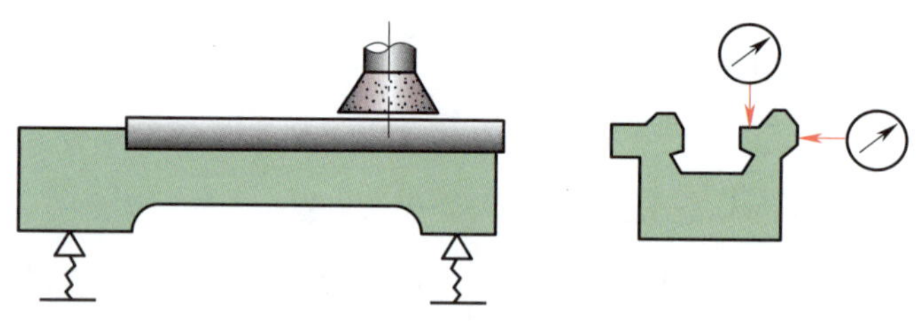

图 4–11　机床导轨面自为基准加工

采用自为基准原则时，只能提高加工表面本身的尺寸精度、形状精度，而不能提高加工表面的位置精度，加工表面的位置精度应由前道工序保证。

（4）互为基准原则

为使各加工表面之间具有较高的位置精度，或为使加工表面具有均匀的加工余量，可采取两个加工表面互为基准反复加工的方法，称为互为基准原则。例如，图 4–12 所示的轴承座，ϕC 外圆的轴线对 ϕD 孔轴线同轴度公差为 $\phi 0.02$ mm。在精加工时，首先以外圆定位磨削孔，然后以孔定位磨削外圆，以达到同轴度要求。

（5）便于装夹原则

所选精基准应能保证工件定位准确、稳定，装夹方便、可靠，夹具结构简单、适用，操作方便、灵活。同时，定位基准应有足够大的接触面积，以承受较大的切削力。

3. 辅助基准的选择

在切削加工过程中，有时找不到合适的表面作为定位基准，为了方便装夹和易于获得所需要的加工精度，可在工件上特意加工出供定位用的表面。这种为了满足工艺需要，在工件上专门设计的定位面称为辅助基准。

辅助基准在切削加工中应用比较广泛，如加工轴类工件所用的两个中心孔，它不是工件的工作表面，只是出于工艺上的需要才加工的。又如图 4-13 所示的工件，为安装方便，毛坯上专门铸出工艺搭子，也是典型的辅助基准，加工完毕应将其从工件上切除。

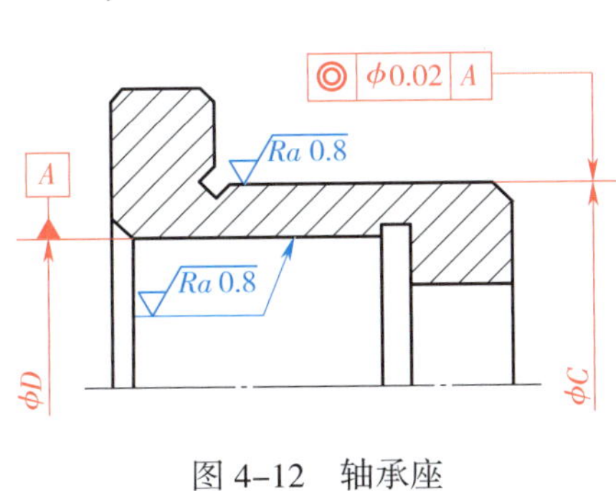

图 4-12　轴承座

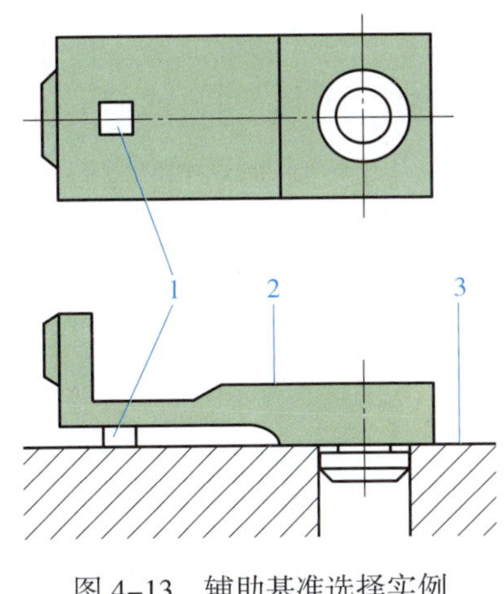

图 4-13　辅助基准选择实例

1—工艺搭子　2—加工表面　3—定位面

第三节　工艺路线的拟定

一、毛坯的选择

1. 毛坯种类的选择

机械加工常用的毛坯有铸件、锻件和型材等，选用时应考虑以下因素：

(1) 零件的材料及其力学性能

零件的材料大致确定了毛坯的种类。例如，铸铁和青铜零件使用铸造毛坯；当钢质零件的形状不复杂而力学性能要求不高时常用棒料，力学性能要求高时宜用锻件。

(2) 零件的结构、形状和外形尺寸

如台阶轴零件，各台阶直径相差不大时可用棒料，相差较大时宜用锻件。外形尺寸大的零件一般用自由锻件或砂型铸造毛坯，中、小型零件可用模锻或特种铸造毛坯。

(3) 生产类型

大批大量生产应采用精度和生产效率都比较高的毛坯制造方法，如铸件应采用金属模机械造型，锻件应采用模锻或精密锻；单件、小批量生产则应采用木模手工造型铸件或自由锻锻件。

(4) 毛坯车间的生产条件

必须结合现有生产条件来确定毛坯，也应考虑毛坯车间的近期发展情况，以及是否可以由专业化企业提供毛坯。

(5) 利用新工艺、新技术、新材料的可能性

如采用精密铸造、精密锻造、冷轧、冷挤压、粉末冶金制造毛坯，或采用异型钢材及工程材料等。

2. 毛坯的形状与尺寸

应使毛坯的形状与尺寸尽量接近零件，从而实现少屑或无屑加工。但由于现有毛坯制造技术及成本的限制，以及机电产品性能对零件加工精度和表面质量的要求越来越高，故毛坯的某些表面需留有一定的加工余量，以便通过机械加工达到零件的技术要求。毛坯制造尺寸与零件图样尺寸的差值称为毛坯加工余量，毛坯制造尺寸的公差称为毛坯公差，两者都与毛坯的制造方法有关，其值可参阅有关工艺手册。

二、加工方法的选择

1. 外圆表面加工方法的选择

外圆表面的主要加工方法是车削和磨削。当表面粗糙度值要求较小时，还要经光整加工。常用的外圆表面的加工方案见表 4–6。

表 4–6　常用的外圆表面的加工方案

加工方案	经济加工精度等级	表面粗糙度值 Ra/μm	适用范围
粗车	IT13 ~ IT11	50 ~ 12.5	适用于淬火钢以外的各种金属
粗车→半精车	IT10 ~ IT8	6.3 ~ 3.2	
粗车→半精车→精车	IT8 ~ IT6	1.6 ~ 0.8	
粗车→半精车→精车→滚压（或抛光）	IT7 ~ IT6	0.2 ~ 0.025	
粗车→半精车→磨削	IT7 ~ IT6	0.8 ~ 0.4	主要用于淬火钢，也可用于未淬火钢，但不宜加工有色金属
粗车→半精车→粗磨→精磨	IT6 ~ IT5	0.4 ~ 0.1	
粗车→半精车→粗磨→精磨→超精加工（或轮式超精磨）	IT6 ~ IT5	0.1 ~ 0.012	
粗车→半精车→粗磨→金刚石车	IT6 ~ IT5	0.4 ~ 0.025	主要用于要求较高的有色金属的加工
粗车→半精车→粗磨→精磨→超精磨或镜面磨	IT5 以上	0.025 ~ 0.012	用于极高精度的外圆加工
粗车→半精车→粗磨→精磨→研磨	IT5 以上	0.1 ~ 0.012	

2. 内孔表面加工方法的选择

内孔表面加工方法有钻孔、扩孔、铰孔、镗孔、拉孔、磨孔和光整加工等。常用的内孔加工方案见表 4–7。

表 4–7 常用的内孔加工方案

加工方案	经济加工精度等级	表面粗糙度值 Ra/μm	适用范围
钻	IT13 ~ IT11	50 ~ 12.5	加工未淬火钢及铸铁的实心毛坯，也可加工有色金属，孔径小于 20 mm
钻→铰	IT9 ~ IT8	3.2 ~ 1.6	
钻→铰→精铰	IT8 ~ IT7	1.6 ~ 0.8	
钻→扩	IT11 ~ IT10	12.5 ~ 6.3	加工未淬火钢及铸铁的实心毛坯，也可加工有色金属，但是孔径大于 20 mm
钻→扩→铰	IT9 ~ IT8	3.2 ~ 1.6	
钻→扩→粗铰→精铰	IT8 ~ IT7	1.6 ~ 0.8	
钻→扩→机铰→手铰	IT7 ~ IT6	0.4 ~ 0.1	
钻→扩→拉	IT9 ~ IT7	1.6 ~ 0.1	大批大量生产（精度由拉刀的精度而定）
粗镗（或扩孔）	IT12 ~ IT11	12.5 ~ 6.3	除淬火钢外各种材料，毛坯有铸出孔或锻出孔
粗镗（或粗扩）→半精镗（或精扩）	IT9 ~ IT8	3.2 ~ 1.6	
粗镗（或扩）→半精镗（或精扩）→精镗（或铰）	IT8 ~ IT7	1.6 ~ 0.8	
粗镗（或扩）→半精镗（或精扩）→精镗（或铰）→浮动镗刀精镗	IT7 ~ IT6	0.8 ~ 0.4	
粗镗（或扩）→半精镗→磨孔	IT8 ~ IT7	0.8 ~ 0.2	主要加工淬火钢，也可加工未淬火钢，但不宜加工有色金属
粗镗（或扩）→半精镗→粗磨→精磨	IT7 ~ IT6	0.2 ~ 0.1	
粗镗→半精镗→精镗磨→金刚镗	IT7 ~ IT6	0.2 ~ 0.05	主要加工精度要求高的有色金属
钻→（扩）→粗铰→精铰→珩磨 钻→（扩）→拉→珩磨 粗镗→半精镗→精镗磨→珩磨	IT7 ~ IT6	0.2 ~ 0.025	加工精度要求很高的孔
以研磨代替上述方案中的珩磨	IT6 以上	0.1 ~ 0.025	

3. 平面加工方法的选择

平面的主要加工方法有铣削、刨削、车削、磨削和拉削等，精度要求高的平面还需要经研磨或刮削加工。常用的平面加工方案见表 4–8。

表 4–8 常用的平面加工方案

加工方案	经济加工精度等级	表面粗糙度值 Ra/μm	适用范围
粗车→半精车	IT11 ~ IT8	6.3 ~ 3.2	工件的端面
粗车→半精车→精车	IT8 ~ IT7	1.6 ~ 0.8	
粗车→半精车→磨削	IT7 ~ IT6	0.8 ~ 0.4	
粗刨（或粗铣）→精刨（或精铣）	IT10 ~ IT8	6.3 ~ 1.6	不淬硬平面（端铣的表面粗糙度可较小）

续表

加工方案	经济加工精度等级	表面粗糙度值 $Ra/\mu m$	适用范围
粗刨（或粗铣）→精刨（或精铣）→刮研	IT8 ~ IT7	0.8 ~ 0.2	精度要求较高的不淬硬平面，批量较大时宜采用宽刃精刨方案
粗刨（或粗铣）→精刨（或精铣）→宽刃精刨	IT8 ~ IT7	0.8 ~ 0.2	
粗刨（或粗铣）→精刨（或精铣）→磨削	IT8 ~ IT7	0.8 ~ 0.2	精度要求较高的淬硬平面或不淬硬平面
粗刨（或粗铣）→精刨（或精铣）→粗磨→精磨	IT7 ~ IT6	0.4 ~ 0.025	
粗刨→拉	IT9 ~ IT7	0.8 ~ 0.2	大量生产中较小的不淬硬平面
粗铣→精铣→磨削→研磨	IT5 以上	0.1 ~ 0.006	高精度平面

4. 平面轮廓和曲面轮廓加工方法的选择

（1）平面轮廓常用的加工方法有数控铣、线切割及磨削等。对如图 4–14a 所示的内平面轮廓，当曲率半径较小时，可采用数控线切割方法加工。若选择铣削的方法，因铣刀直径受最小曲率半径的限制，直径太小，刚度不足，会产生较大的加工误差。对图 4–14b 所示的外平面轮廓，可采用数控铣削方法加工，常用粗铣→精铣方案，也可采用数控线切割方法加工。对精度及表面质量要求高的轮廓表面，在数控铣削加工后，再进行数控磨削加工。数控铣削加工适用于除淬火钢以外的各种金属，数控线切割加工适用于各种金属，数控磨削加工适用于除有色金属以外的各种金属。

（2）立体曲面加工方法主要是数控铣削，多用球头铣刀，以“行切法”加工，如图 4–15 所示。根据曲面形状、刀具形状以及精度要求等通常采用两轴半联动或三轴联动。对精度和表面质量要求高的曲面，当用三轴联动的“行切法”加工不能满足要求时，可用模具铣刀，选择四轴或五轴联动加工。

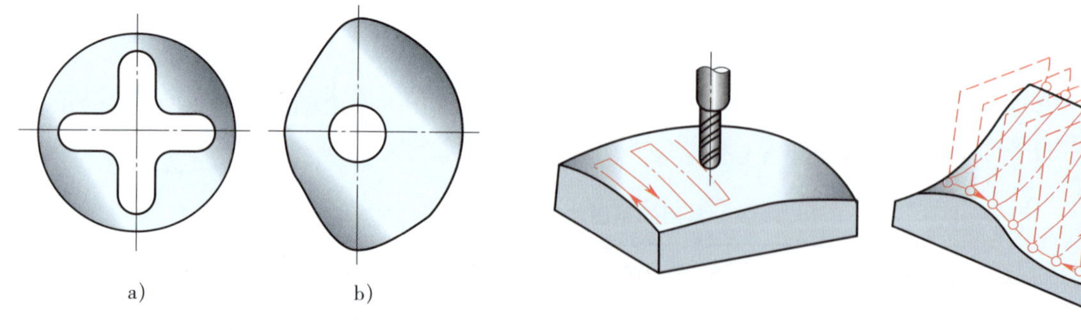

图 4–14 平面轮廓类零件

a）内平面轮廓 b）外平面轮廓

图 4–15 立体曲面的“行切法”加工

5. 影响表面加工方法的因素

所选择表面加工方法应能满足零件的质量、良好的加工经济性和高的生产效率要求。为此还应考虑下列各因素：

（1）要考虑经济加工精度和加工成本要求。任何一种加工方法获得的加工精度和表面粗糙度都有一个相当大的范围，但只有在某一个较窄的范围内才是经济的，这一定范围内的加工精度即为该加工方法的经济加工精度。它是指在正常加工条件下（采用符合质量标准的设备、工艺装备和标准等级的工人，不延长加工时间）所能达到的加工精度，相应的表面粗糙度称为经济粗糙度。在选择加工方法时，应根据工件的精度要求选择与经济加工精度相适应的加工方法。例如，尺寸精度为IT7级、表面粗糙度值为$Ra0.4\ \mu m$的外圆表面，采用精车可以达到精度要求，但不如采用磨削经济。

当精度达到一定程度后，要继续提高精度，成本会急剧上升。例如，外圆车削时，将精度从IT7级提高到IT6级，此时需要价格较高的金刚石车刀，很小的背吃刀量和进给量，增加了刀具费用，延长了加工时间，大大地增加了加工成本。对于同一表面加工，采用的加工方法不同，加工成本也不一样。常用加工方法的经济加工精度及表面粗糙度可查阅有关工艺手册。

（2）要考虑工件的结构和尺寸大小。例如，回转工件可以采用车削或磨削等方法加工孔，而箱体上IT7级精度的孔一般不宜采用车削或磨削加工，而通常采用镗削或铰削加工。孔径小的孔宜采用铰削，孔径大的或长度较短的孔则宜用镗削。

（3）要考虑生产效率和经济性要求。大批大量生产时，应采用高效率的先进工艺，如平面和孔的加工采用拉削代替普通的铣削、刨削和镗削等加工方法，甚至可以从根本上改变毛坯的制造方法，如用粉末冶金来制造油泵齿轮，用蜡模铸造柴油机上的小零件等，均可以大大减少机械加工的劳动量。

（4）要考虑企业或车间的现有设备情况和技术条件。选择加工方法时应充分利用现有设备，挖掘企业潜力，发挥工人的积极性和创造性。但也应考虑不断改进现有的加工方法和设备，采用新技术和提高工艺水平，此外还应考虑设备负荷的平衡。

三、加工阶段的划分

为保证加工质量和合理地使用设备、人力，零件的加工过程通常按工序性质不同，可分为粗加工、半精加工和精加工三个阶段。有时在精加工之后还有专门的光整加工阶段。当毛坯余量特别大、表面非常粗糙时，在粗加工之前还要安排荒加工。

1. 加工阶段的任务

各个加工阶段可归纳为以下几个方面的任务：

（1）荒加工

荒加工的任务是及时发现毛坯的缺陷，避免不合格的毛坯进入机械加工车间。为了减少运输量，荒加工阶段常在毛坯车间进行。

（2）粗加工

粗加工的任务是切除毛坯上大部分多余的金属，使毛坯在形状和尺寸上接近零件成品。因此，这个阶段的主要问题是如何获得高的生产效率。

（3）半精加工

半精加工的任务是使主要表面达到一定的加工精度，保证一定的精加工余量，为主要表面的精加工（如精车、精磨等）做好准备。同时完成一些次要表面的加工，如扩孔、攻螺纹、铣键槽等。半精加工阶段一般安排在热处理之前进行。

（4）精加工

精加工的任务是保证主要加工表面达到图样规定的尺寸精度和表面质量要求。在这个阶段中，各表面的加工余量都较小，主要考虑的问题是获得较高的加工精度和表面质量。

（5）光整加工

当零件加工精度（尺寸精度在 IT6 级以上）和表面质量（表面粗糙度值 $Ra \leqslant 0.2\ \mu m$）要求很高时，在精加工阶段之后还要进行光整加工。其主要目标是提高尺寸精度，减小表面粗糙度值，但一般不用来提高位置精度。

2. 划分加工阶段的目的

（1）有利于保证产品的质量。工件按阶段依次加工，有利于消除或减小变形对加工精度的影响。在粗加工阶段，切除的金属层较厚，产生的切削力和切削温度都较高，所需的夹紧力也较大，因而工件会产生较大的弹性变形和热变形。此外，从加工表面切除一层金属后，残余在工件中的内应力会重新分布，也会使工件产生变形。加工过程划分加工阶段后，粗加工工序的加工误差可以通过半精加工和精加工予以修正，使加工质量得到保证。

（2）有利于合理使用设备。粗加工余量大，切削用量大，要求采用功率大、刚度高、效率高、精度要求不高的设备。精加工切削力小，对机床破坏小，采用精度高的设备。这样充分发挥了设备各自的特点，既能提高生产效率，又能延长精密设备的使用寿命。

（3）便于及时发现毛坯的缺陷。在粗加工或荒加工后即可发现毛坯的各种缺陷（如气孔、砂眼和加工余量不足等），便于及时修补或决定报废，以免继续加工造成浪费。

（4）便于热处理工序的安排。为了在机械加工工序中插入必要的热处理工序，同时使热处理发挥充分的效果，就自然而然地把机械加工工艺过程划分为几个阶段，并且每个阶段各有其特点及应该达到的目的。如加工精密主轴时，在粗加工后一般要安排去应力处理，半精加工后进行淬火，在精加工后进行冷处理及低温回火，最后进行光整加工。

（5）精加工、光整加工安排在后，可保护精加工和光整加工过的表面少受损伤或不受损伤。加工阶段的划分也不应绝对化，应根据零件的质量要求、结构特点和生产纲领灵活掌握。

四、工序的划分

1. 工序划分的原则

在制定工艺路线时，当选定了各表面的加工方法及划分加工阶段后，就可将同一加工阶段中各表面的加工组合成若干个工序。组合时可采用工序集中或工序分散的原则。

（1）工序集中原则

工序集中是指将工件的加工集中在少数几道工序内完成，而每一道工序的加工内容较多。采用工序集中原则的优点如下：有利于采用高效的专用设备和数控机床，提高生产效率；减少工序数目，缩短工艺路线，简化生产计划和生产组织工作；减少机床数量、操作工人数和占地面积；减少工件装夹次数，不仅保证了各加工表面间的相互位置精度，而且减少了夹具数量和装夹工件的辅助时间。缺点是专用设备和工艺装备投资大，调整及维修比较麻烦，生产准备周期较长，不利于转产。

（2）工序分散原则

工序分散是指将工件的加工分散在较多的工序内完成，每道工序的加工内容很少。采用工序分散原则的优点如下：加工设备和工艺装备结构简单，调整和维修方便，操作简单，转产容易；有利于选择合理的切削用量，减少机动时间。缺点是工序数目多，工艺路线较长，所需设备及工人人数多，占地面积大，生产组织工作复杂，且工件装夹次数多，生产辅助时间长，工件的多次装夹会降低各表面的相互位置精度。

2. 工序划分的方法

工序划分主要考虑生产纲领、现场生产条件及零件本身的结构和技术要求等。

（1）大批量生产时，若使用多刀、多轴等高效机床，可按工序集中原则划分；若在组合机床组成的自动线上加工，工序可按分散原则划分。单件、小批量生产时，工序划分通常采用集中原则。成批生产时，工序可按集中原则划分，也可按分散原则划分，应根据具体情况确定。

（2）对于尺寸大的重型零件，由于装卸和搬运困难，一般采用工序集中的原则；对于结构简单、尺寸小的零件，可以采用工序分散的原则。

（3）若零件的尺寸精度和形状精度要求较高，则采用工序分散原则，可以采用高精度的机床保证加工要求。

（4）若零件的位置精度要求较高，则采用工序集中的原则，可以在一次装夹中加工，保证较高的位置精度。

随着现代数控技术的发展，特别是加工中心的应用，工艺路线的安排更多地趋向于工序集中原则。

五、加工顺序的安排

零件的加工工序通常包括切削加工、热处理和辅助工序等，这些工序的顺序直接影响到零件的加工质量、生产效率和加工成本。因此，在设计工艺路线时，应合理安排好切削加工工序、热处理工序和辅助工序的顺序，并解决好工序间的衔接问题。

1. 切削加工工序的安排

一个零件往往有多个表面需要加工，这些表面不仅本身有一定的精度要求，而且各表面间还有一定的位置精度要求。为了达到这些要求，各表面的加工顺序不能随意安排，一般应遵循以下原则：

（1）基面先行原则

加工一开始，总是把作为精基准的表面加工出来。因为定位基准的表面越精确，装夹误差就越小，所以任何零件的加工过程总是先对定位基准面进行粗加工和半精加工，必要时还要进行精加工。例如，轴类零件总是先加工中心孔，再以中心孔为精基准加工外圆表面和端面；箱体类零件总是先加工定位用的平面和两个定位孔，再以平面和定位孔为精基准加工孔系和其他平面。

（2）先粗后精原则

先粗后精原则是指各表面的加工顺序按照粗加工→半精加工→精加工→光整加工的顺序依次进行，这样才能逐步提高零件加工表面的精度和减小表面粗糙度值。

（3）先主后次原则

先安排主要表面的加工，后安排次要表面的加工。这里所谓的主要表面，是指装配基面、工作面等，次要表面是指非工作表面（如自由表面、键槽、紧固用的光孔和螺纹孔及精度要求低的表面等）。由于次要表面的加工工作量比较小，而且它们又往往与主要表面有位置要求，因此，次要表面的加工一般放在主要表面达到一定的精度后，且在最后精加工或光整加工之前进行。

（4）先面后孔原则

对箱体类、支架类、机体类等零件，平面轮廓尺寸较大，用平面定位比较稳定可靠，故一般先加工平面，再加工孔和其他尺寸。这样安排加工顺序，一方面用加工过的平面定位，稳定可靠；另一方面在加工过的平面上加工孔，比较容易，并能提高孔的加工精度，特别是钻孔，孔的轴线不易偏斜。

（5）先内后外原则

对既有内表面又有外表面的零件，在制定其加工方案时，通常应安排先加工内形和内腔，后加工外形表面。即先以外表面定位加工内表面，再以精度高的内表面定位加工外表面，这样可以保证高的同轴度精度，并且使所用的夹具简单，同时是因为控制内表面的尺寸和形状比较困难，刀具刚度相应较低，刀尖（刃）的使用寿命易受切削热影响而缩短，以及在加工中清除切屑比较困难等。

2. 热处理工序的安排

为提高零件材料的力学性能，改善材料的切削加工性能，消除残余内应力，在工艺过程中要适当安排一些热处理工序。热处理工序在工艺路线中的安排主要取决于零件的材料和热处理的目的。一般可分为以下三种：

（1）预备热处理

预备热处理安排在机械加工之前，其目的是改善材料的切削加工性能，消除毛坯内应力，细化晶粒，均匀组织。例如，对于含碳量（质量分数）超过0.5%的非合金钢，一般采用退火，以降低硬度；对于含碳量低于0.5%的非合金钢，一般采用正火，以提高材料的硬度，使切削时切屑不粘刀，表面光滑。由于调质（淬火后再进行500～650 ℃的高温回火）能得到组织细密、均匀的回火索氏体，因此，有时也用作预备热处理。

（2）消除残余内应力热处理

毛坯在制造和机械加工过程中产生的内应力会引起工件变形和开裂，为稳定尺寸，保证产品质量，要安排消除残余内应力热处理。常用的处理方法有时效处理（分人工时效处理和自然时效处理）和深冷处理。

消除残余内应力热处理最好安排在粗加工之后精加工之前，对于精度要求不太高的零件，一般把去除残余内应力的人工时效和退火安排在毛坯进入机加工车间之前进行。对精度要求高的复杂零件，在机加工过程中通常安排两次时效处理：铸造→粗加工→时效处理→半精加工→时效处理→精加工。对高精度零件，如精密丝杠、精密主轴等，应安排多次消除残余内应力热处理，甚至采用深冷处理以稳定尺寸。

深冷处理一般安排在淬火后进行，然后回火。但是为了防止内应力过大产生裂纹，在淬火之后先回火，然后进行深冷处理，再以稍低的温度进行第二次回火。

（3）最终热处理

最终热处理的目的是提高零件的强度、表面硬度和耐磨性等，一般安排在精加工之前进行，以便通过精加工纠正热处理引起的变形。常用的方法有淬火、表面淬火、渗碳、渗氮和碳氮共渗等。由于淬火后材料的塑性和韧性很差，有很大的内应力，易于开裂，组织不稳定，材料的性能和尺寸要发生变化等原因，淬火后必须进行回火。

3. 辅助工序的安排

辅助工序主要包括检验、清洗、去毛刺、去磁、倒钝锐边、涂防锈油和平衡等。

检验工序是主要的辅助工序，除了在每道工序中需要进行检验外，为了保证产品质量，必要时还应安排专门的检验工序，即中间检验和成品检验。中间检验通常安排在粗加工全部结束后、精加工之前，或重要工序前后，或工件从一个车间转向另一个车间前后。成品检验安排在零件全部加工结束后，应按零件图的全部要求进行检验。

钳工去毛刺工序一般安排在检验工序之前，或易于产生毛刺的工序（如铣削、钻削、拉削等）之后，或下道工序作为定位基准的表面加工之后。对于形状复杂的工件，为了减少热处理变形，防止由于内应力集中而产生裂纹，应在热处理工序之前安排钳工去毛刺工序。为了保证表面处理质量，在表面处理之前也应安排钳工去毛刺工序。

特种检验的种类较多，有无损检验、气密性试验、平衡性试验等。其中常见的是无损检验，如射线探伤（安排在机械加工工序之前进行）、超声探伤（安排在粗加工阶段进行）、磁粉探伤（安排在精加工阶段进行）、渗碳探伤（安排在工艺过程的最后阶段进行）等。

为了提高零件的耐腐蚀性、耐磨性、疲劳强度及外观的美观性等，还常采用表面处理的方法。表面处理工序一般安排在工艺过程的最后阶段进行。表面处理后，工件的尺寸和表面粗糙度变化一般均不大。但当零件的精度要求较高时，应进行工艺尺寸链的计算。

六、选择机床和工艺装备

拟定了零件的加工工艺路线后，便明确了各工序的任务，然后就可以确定各工序所使用的机床和工艺装备。

1. 机床的选择

选择机床其实就是选择机床的类型、规格和精度。

（1）机床的类型

常用机床有车床、铣床、刨床、镗床、插床、磨床、滚齿机、磨齿机、钻床及各类数控机床等。

（2）机床的主要规格

机床的主要规格应与所加工零件的外轮廓尺寸相适应，加工小零件选小型机床，加工大零件选大型机床，确保设备合理使用。

（3）机床精度

机床精度应与工序要求的加工精度相适应。

2. 工艺装备的选择

（1）夹具的选择

单件、小批量生产应尽量选用通用夹具，如各种卡盘、机用平口钳、分度头等。为提高生产效率，应积极推广使用组合夹具或拼装夹具。大批量生产应采用高生产效率的气动、液压传动的专用夹具。夹具的精度应与加工精度相适应。

（2）刀具的选择

一般采用标准刀具，必要时也可采用高生产效率的复合刀具及专用刀具。刀具的类型、规格及精度应符合加工要求。

（3）量具的选择

单件、小批量生产采用通用量具，如游标卡尺、千分尺等。大批量生产应采用各种量规和一些高效的专用量具。量具的精度必须与加工精度相适应。

七、时间定额的确定

时间定额是指在一定生产条件下，规定生产一件产品或完成一道工序所需消耗的时间。它是安排生产计划、计算生产成本的重要依据，还是新建或扩建企业（或车间）时计算设备和工人数量的依据。一般通过对实际操作时间的测定与分析计算相结合的方法确定。使用中，时间定额还应定期修订，以保持其与先进制造技术水平一致。

完成一个零件的一道工序的时间定额称为单件时间定额。包括下列几个部分：

1. 基本时间 T_j

基本时间是指直接用于改变生产对象的尺寸、形状、相互位置、表面状态或材料性质等的工艺过程所消耗的时间。对于切削加工而言，基本时间是指切除材料所消耗的机动时间，包括真正用于切削加工的时间以及切入与切出时间。

2. 辅助时间 T_f

辅助时间是指为实现工艺过程所必须进行的各种辅助动作所消耗的时间。辅助动作包括装卸工件、开停机床、改变切削用量、测量工件、引进和退出刀具等。确定辅助时间的方法主要有以下几种：

（1）在大批量生产中，将各辅助动作分解，然后采用实测的方法确定各分解动作所需消耗的时间，最后予以综合。

（2）在中批量生产中，可根据以往统计资料来确定。

（3）在小批量生产中，按基本时间的一定百分比进行估算，并在实际生产中进行修改，使之趋于合理。

基本时间和辅助时间的总和称为作业时间，它是直接用于制造产品或零部件所消耗的时间。

3. 布置工作场地时间 T_b

布置工作场地时间是指为使加工正常进行，工人照管工作场地（如更换刀具、润滑机床、清理切屑、收拾工具等）所消耗的时间。它不是直接消耗在每个零件上的时间，而是消耗在一个工作班内的时间，再折算到每一个零件上。一般按作业时间的 2%～7% 估算。

4. 休息和生理需要时间 T_x

休息和生理需要时间是指工人在工作班内恢复体力和满足生理上需要所消耗的时间。T_x 按一个工作班为计算单位，再折算到每个工件上。对普通机床操作工人，一般按作业时间的 2% 估算。

5. 准备和终结时间 T_e

准备和终结时间是指工人为了生产一批产品或零部件，进行准备和结束工作所消耗的时间。包括：加工一批工件前熟悉工艺文件、准备毛坯和工艺装备、安装刀具和夹具、调整机床等准备工作，加工一批工件后拆下和归还工艺装备、发送成品等结束工作。T_e 是消耗在一批工件上的时间，因而，分解到每一个工件的时间为 T_e/n。其中，n 为批量。

综上所述，单个工件的工时定额 T_c 计算方法如下：

$$T_c=T_j+T_f+T_b+T_x+T_e/n$$

第四节　加工余量的确定

一、加工总余量和工序余量

确定工序尺寸时，首先要确定加工余量。所谓加工余量，是指使加工表面达到所需的精度和表面质量而应切除的金属层厚度。加工余量有工序余量和加工总余量之分。工序余量是指相邻两工序的工序尺寸之差；加工总余量是指毛坯尺寸与零件图的设计尺寸之差，它等于各工序余量之和。即

$$Z_\Sigma=\sum_{i=1}^{n} Z_i$$

式中　Z_Σ——加工总余量，mm；

Z_i——工序余量，mm；

n——工序数量。

由于工序尺寸有公差，实际切除的余量是一个变量，因此，工序余量分为基本余量（又称公称余量）、最大工序余量和最小工序余量。

为了便于加工，工序尺寸的公差一般按入体原则标注，即被包容面的工序尺寸取上极限偏差为零，包容面的工序尺寸取下极限偏差为零，毛坯尺寸的公差一般采取双向对称分布。

工序余量与工序尺寸及其公差的关系如图 4–16 所示。

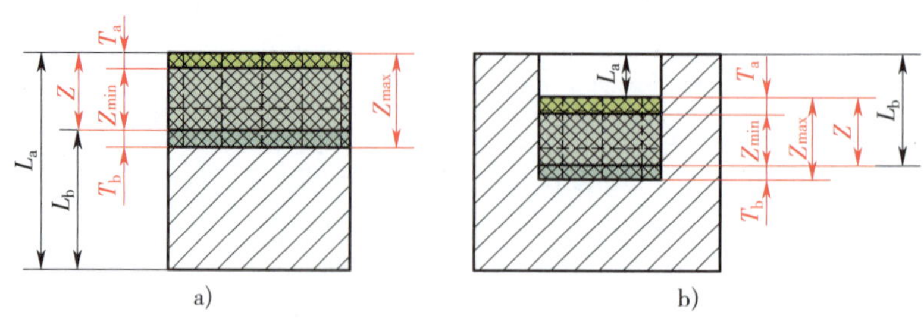

图 4–16 工序余量与工序尺寸及其公差的关系

a）被包容面 b）包容面

工序的基本余量、最大工序余量和最小工序余量可按下式计算：

对于被包容面：

$$Z=L_a-L_b$$

$$Z_{max}=L_{amax}-L_{bmin}=Z+T_b$$

$$Z_{min}=L_{amin}-L_{bmax}=Z-T_a$$

对于包容面：

$$Z=L_b-L_a$$

$$Z_{max}=L_{bmax}-L_{amin}=Z+T_b$$

$$Z_{min}=L_{bmin}-L_{amax}=Z-T_a$$

式中 Z——工序余量的公称尺寸，mm；

Z_{max}——最大工序余量，mm；

Z_{min}——最小工序余量，mm；

L_a——上工序的公称尺寸，mm；

L_b——本工序的公称尺寸，mm；

T_a——上工序的尺寸公差，mm；

T_b——本工序的尺寸公差，mm。

加工余量有单边余量和双边余量之分。平面的加工余量则指单边余量，它等于实际切削的金属层厚度。图 4–16a 所示表面的加工余量为非对称的单边加工余量。对于内孔和外圆等回转体表面，在机械加工过程中，加工余量有时指双边余量，即以直径方向计算，实际切削的金属层厚度为加工余量的一半，如图 4–17 所示。

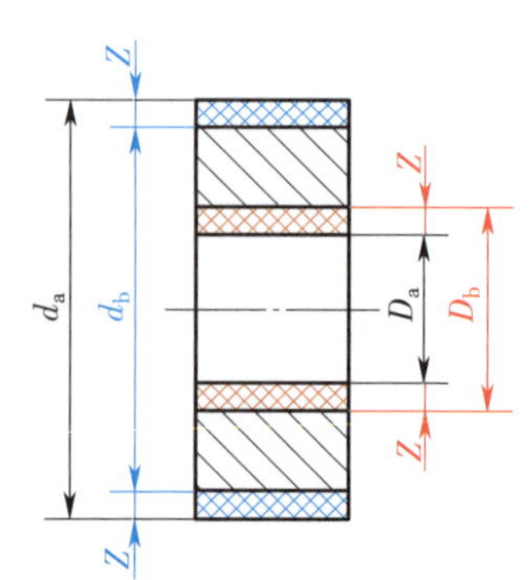

图 4–17 双边余量

对于外圆表面：

$$2Z=d_a-d_b$$

对于内孔表面：

$$2Z=D_b-D_a$$

式中 $2Z$——直径上的加工余量，mm；

D_a、d_a——上工序的公称尺寸，mm；

D_b、d_b——本工序的公称尺寸，mm。

二、影响加工余量的因素

加工余量的大小对零件的加工质量和制造的经济性有较大的影响。加工余量过大，会浪费原材料及机械加工的工时，增加机床、刀具及能源等的消耗；加工余量过小，则不能消除上工序留下的各种误差、表面缺陷和本工序的装夹误差，容易造成废品。因此，应根据影响加工余量大小的因素合理地确定加工余量。影响加工余量大小的因素有下列几种：

1. 上工序的各种表面缺陷和误差

（1）上工序表面粗糙度值 Ra

由于尺寸测量是在表面粗糙度的高度上进行的，任何后续工序都应减小表面粗糙度值，因此，在加工中首先要把上工序所形成的表面粗糙度切去，如图 4–18 所示。

（2）上工序的表面缺陷层 D_a

由于切削加工都在工件表面留下一层塑性变形层，这一层金属的组织已遭破坏，因此必须在本工序中将表面缺陷层 D_a 全部切去，如图 4–18 所示。

（3）上工序的尺寸公差 T_a

从图 4–16 可知，上工序的尺寸公差 T_a 直接影响本工序的基本余量，因此，本工序的余量应包含上工序的尺寸公差 T_a。

（4）上工序的几何误差（也称空间误差）ρ_a

当几何公差与尺寸公差之间的关系是包容原则时，尺寸公差控制几何误差，可不计 ρ_a 值。但当几何公差与尺寸公差之间是独立原则或最大实体原则时，尺寸公差不控制几何误差，此时加工余量中要包括上工序的几何误差 ρ_a。如图 4–19 所示的小轴，其轴线有直线度误差 ω，应在本工序中纠正，因而直径方向的加工余量应增加 2ω。

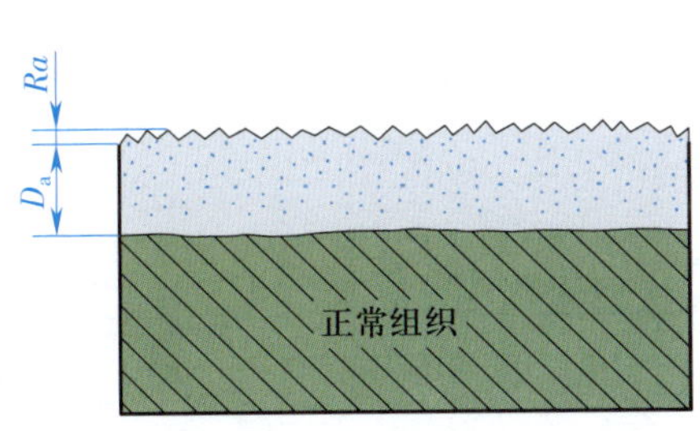

图 4–18 表面粗糙度及表面缺陷层

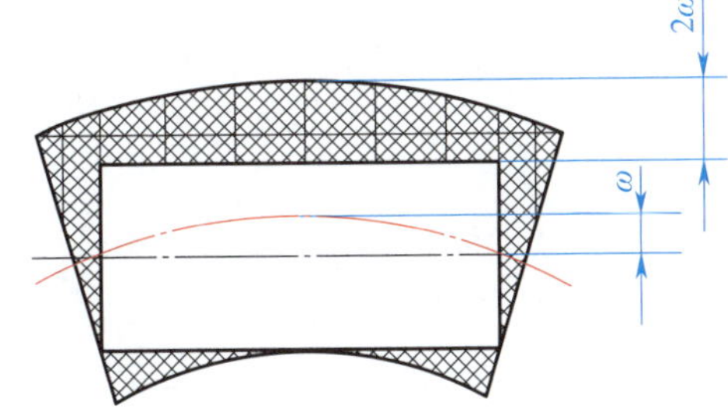

图 4–19 轴线弯曲对加工余量的影响

2. 本工序的装夹误差 ε_b

装夹误差包括定位误差、夹紧变形引起的装夹误差及夹具本身的误差。受装夹误差的影响，工件待加工表面偏离了正确位置，因此确定加工余量时还应考虑装夹误差的影响。如图 4–20 所示，用三爪自定心卡盘夹持工件外圆磨削内孔时，由于三爪自定心卡盘定心不准，使工件轴线偏离主轴回转轴线 e 值，导致内孔磨削余量不均匀，甚至造成局部表面无加工余量的情况。为保证全部待加工表面有足够的加工余量，孔的直径余量应增加 $2e$。

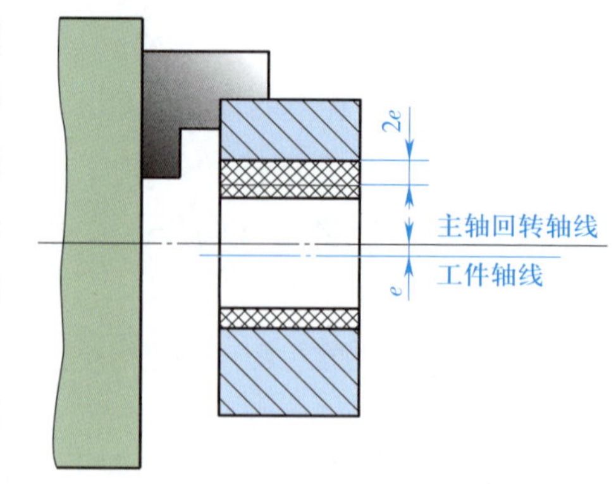

图 4–20　装夹误差对加工余量的影响

几何误差 ρ_a 和装夹误差 ε_b 都具有方向性，它们的合成应为向量和。综上所述，工序余量的组成可用下式来表示：

对单边余量：

$$Z_b=T_a+Ra+D_a+|\rho_a+\varepsilon_b|$$

对双边余量：

$$2Z_b=T_a+2（Ra+D_a）+2|\rho_a+\varepsilon_b|$$

应用上述公式时，可视具体情况做适当修正。例如，用拉刀、浮动铰刀、浮动镗刀加工孔时，都是自为基准，加工余量不受装夹误差 ε_b 和几何误差 ρ_a 中的位置误差的影响。此时加工余量的计算公式可修正为

$$2Z_b=T_a+2（Ra+D_a）$$

在无心磨床上磨削外圆或用两顶尖装夹工件车削外圆时，装夹误差 ε_b 可以忽略不计，此时加工余量的计算公式可修正为

$$2Z_b=T_a+2（Ra+D_a）+2\rho_a$$

又如，外圆表面的光整加工，若以减小表面粗糙度为主要目的，如研磨、超精加工等，则加工余量的计算公式为

$$2Z_b=2Ra$$

若还需进一步提高尺寸精度和几何精度时，则加工余量的计算公式为

$$2Z_b=T_a+2Ra+2\rho_a$$

三、确定加工余量的方法

1. 经验估算法

经验估算法是凭工艺人员的实践经验估计加工余量。为避免因余量不足而产生废品，所估余量一般偏大，仅用于单件、小批量生产。

2. 查表修正法

将根据企业生产实践和试验研究积累的有关加工余量的资料制成表格，并汇编成手册，确定加工余量时，可先从手册中查得所需数据，然后结合企业的实际情况进行适当修正。这种方法目前应用最

广泛。查表时应注意表中的余量值为基本余量值，对称表面的加工余量是双边余量，非对称表面的加工余量是单边余量。

3. 分析计算法

分析计算法是根据上述的加工余量计算公式和一定的试验资料，对影响加工余量的各项因素进行综合分析和计算来确定加工余量的一种方法。用这种方法确定的加工余量比较经济合理，但前提是必须有比较全面和可靠的试验资料，目前，这种方法只在材料十分贵重以及军工生产或少数大量生产的企业中采用。

四、确定加工余量的原则

1. 总加工余量（毛坯余量）和工序余量要分别确定。总加工余量的大小与所选择的毛坯制造精度有关。粗加工工序的加工余量不能用查表法确定，而是由总加工余量减去其他各工序余量之和获得。
2. 大零件取大加工余量。零件越大，切削力、内应力引起的变形越大。因此，工序加工余量应取大一些，以便通过本工序消除变形量。
3. 加工余量要充分，防止因加工余量不足而造成废品。加工余量中应包含热处理引起的变形。
4. 采用最小加工余量原则。在保证加工精度和加工质量的前提下，加工余量越小越好，以缩短加工时间，减少材料消耗，降低加工费用。

第五节　工序尺寸及其公差的确定

零件上的设计尺寸一般要经过几道机械加工工序的加工才能得到，每道工序所应保证的尺寸称为工序尺寸，与其相应的公差即工序尺寸的公差。工序尺寸及其公差的确定不仅取决于设计尺寸、加工余量及各工序所能达到的经济加工精度，而且还与定位基准、工序基准、测量基准、编程坐标系原点的确定及基准的转换有关。因此，计算工序尺寸及其公差时，应根据不同的情况采用不同的方法。

一、基准重合时工序尺寸及其公差的计算

当工序基准、测量基准、定位基准或编程原点与设计基准重合时，工序尺寸及其公差直接由各工序的加工余量和所能达到的精度确定。其计算方法是由最后一道工序开始向前推算，具体步骤如下：

1. 确定毛坯总余量和工序余量。
2. 确定工序尺寸公差。最终工序尺寸公差等于零件图上设计尺寸公差，其余工序尺寸公差按经济加工精度确定。
3. 计算工序公称尺寸。从零件图上的设计尺寸开始向前推算，直至毛坯尺寸。最终工序公称尺寸

等于零件图上的公称尺寸，其余工序公称尺寸等于后道工序公称尺寸加上或减去后道工序余量。

4. 标注工序尺寸公差。最后一道工序的尺寸公差按零件图上设计尺寸标注，中间工序尺寸公差按入体原则标注，毛坯尺寸公差按双向标注。

例 图 4–21a 所示为某法兰盘零件上的一个孔，孔径为 $60^{+0.03}_{0}$ mm，表面粗糙度值为 $Ra0.8$ μm，毛坯采用铸钢件，需要淬火热处理。试确定其各工序尺寸及公差。

解：ϕ60 mm 的孔可以直接铸出，零件精度为 IT7 级，工艺路线为粗镗→半精镗→磨孔。从《机械加工工艺手册》查出各工序余量、经济加工精度和表面粗糙度值，填入表 4–9 所列的第二、第四、第六列内；计算各工序公称尺寸，并填入表 4–9 的第三列内；再按入体原则和对称原则确定各工序尺寸的上、下极限偏差，填入表 4–9 的第五列内。工艺基准与设计基准重合时工序尺寸及其公差计算示例如图 4–21 所示。

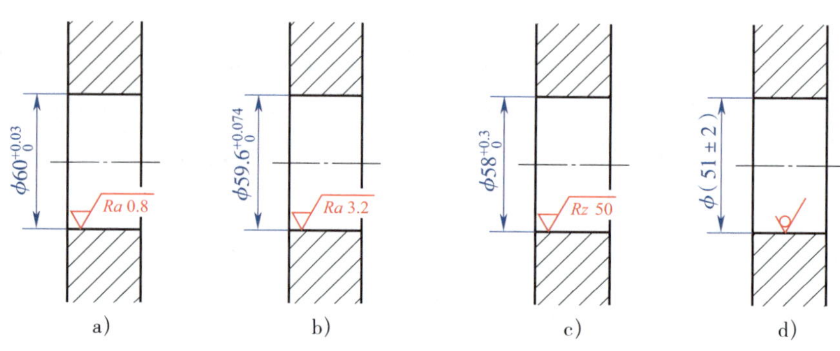

图 4–21　工艺基准与设计基准重合时工序尺寸及其公差计算示例

表 4–9　　工序尺寸及其公差的计算

工序名称	工序余量 /mm	工序公称尺寸 / mm	经济加工精度 / mm	工序尺寸标注 / mm	表面粗糙度值 / μm
磨	0.4	60	IT7（$^{+0.03}_{0}$）	$\phi60^{+0.03}_{0}$	$Ra0.8$
半精镗	1.6	60–0.4=59.6	IT9（$^{+0.074}_{0}$）	$\phi59.6^{+0.074}_{0}$	$Ra3.2$
粗镗	7	59.6–1.6=58	IT12（$^{+0.3}_{0}$）	$\phi58^{+0.3}_{0}$	$Rz50$
毛坯	9	58–7=51	±2	ϕ(51±2)	—

二、基准不重合时工序尺寸及其公差的计算

当工序基准、测量基准、定位基准或编程原点与设计基准不重合时，工序尺寸及其公差的确定需要借助工艺尺寸链的基本知识和计算方法，通过解工艺尺寸链才能获得。

1. 工艺尺寸链的基本知识

（1）工艺尺寸链的定义和特征

1）工艺尺寸链的定义。在机器装配或零件加工过程中，互相联系且按一定顺序排列的封闭尺寸组合称为尺寸链。其中，由单个零件在加工过程中的各有关工艺尺寸所组成的尺寸链称为工艺尺寸链。

如图 4-22a 所示，图中尺寸 A_1、A_Σ为设计尺寸，先以底面定位加工上表面，得到尺寸 A_1，当用调整法加工凹槽时，为了使定位稳定可靠并简化夹具，仍然以底面定位，按尺寸 A_2 加工凹槽，于是该零件在加工时并未直接予以保证的尺寸 A_Σ就随之确定。这样相互联系的尺寸 A_1—A_2—A_Σ，就构成一个如图 4-22b 所示的封闭尺寸组合，即工艺尺寸链。

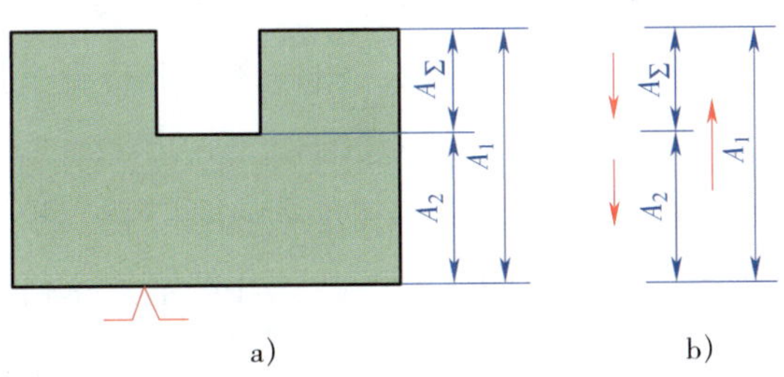

图 4-22　定位基准与设计基准不重合的工艺尺寸链
a）零件图　b）工艺尺寸链

如图 4-23a 所示零件，尺寸 A_1 及 A_Σ为设计尺寸。在加工过程中，因尺寸 A_Σ不便直接测量，若以面 1 为测量基准，按容易测量的尺寸 A_2 加工，就能间接保证尺寸 A_Σ。这样相互联系的尺寸 A_1—A_2—A_Σ也同样构成一个工艺尺寸链，如图 4-23b 所示。

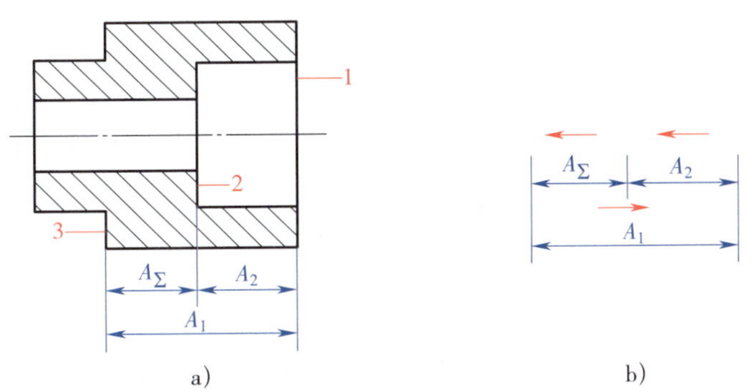

图 4-23　测量基准与设计基准不重合的工艺尺寸链
a）零件图　b）工艺尺寸链

2）工艺尺寸链的特征。通过以上分析可知，工艺尺寸链具有以下两个特征：

①关联性。任何一个直接保证的尺寸及其精度的变化必将影响间接保证的尺寸及其精度。如图 4-22 和图 4-23 所示尺寸链中，尺寸 A_1 和 A_2 的变化都将引起尺寸 A_Σ的变化。

②封闭性。尺寸链中各个尺寸的排列呈封闭性，如图 4-22 和图 4-23 所示 A_1—A_2—A_Σ，首尾相接组成封闭的尺寸组合。

3）工艺尺寸链的组成。可以把组成工艺尺寸链的各个尺寸称为环。图 4-22 和图 4-23 中的尺寸 A_1、A_2、A_Σ都是工艺尺寸链的环，它们可分为两种：

①封闭环。工艺尺寸链中间接得到的尺寸称为封闭环。它的尺寸随着别的环的变化而变化。图 4-22 和图 4-23 中的尺寸 A_Σ均为封闭环。一个工艺尺寸链中只有一个封闭环。

②组成环。工艺尺寸链中除封闭环以外的其他环称为组成环。根据对封闭环的影响不同，组成环

又可分为增环和减环。

增环是当其他组成环不变，该环增大（或减小），使封闭环随之增大（或减小）的组成环。图 4–22 和图 4–23 中的尺寸 A_1 即为增环。

减环是当其他组成环不变，该环增大（或减小），使封闭环随之减小（或增大）的组成环。图 4–22 和图 4–23 中的尺寸 A_2 即为减环。

为了迅速判别增环和减环，可采用下述方法：在工艺尺寸链图上，先给封闭环任意确定一方向并画出箭头，然后沿此方向环绕尺寸链回路依次给每一组成环画出箭头，凡箭头方向与封闭环相反的则为增环，相同的则为减环。

（2）工艺尺寸链计算的基本公式

工艺尺寸链计算的关键是正确地确定封闭环；否则，计算结果是错的。封闭环的确定取决于加工方法和测量方法。

工艺尺寸链的计算方法有极大极小法和概率法两种。生产中一般多采用极大极小法，其基本计算公式如下：

1）封闭环的公称尺寸。封闭环的公称尺寸 A_Σ 等于所有增环的公称尺寸 A_i 之和减去所有减环的公称尺寸 A_j 之和，即

$$A_\Sigma=\sum_{i=1}^{m}A_i-\sum_{j=1}^{n}A_j$$

式中　m——增环的环数；

　　　n——减环的环数。

2）封闭环的极限尺寸。封闭环的上极限尺寸 $A_{\Sigma\max}$ 等于所有增环的上极限尺寸 $A_{i\max}$ 之和减去所有减环的下极限尺寸 $A_{j\min}$ 之和，即

$$A_{\Sigma\max}=\sum_{i=1}^{m}A_{i\max}-\sum_{j=1}^{n}A_{j\min}$$

封闭环的下极限尺寸 $A_{\Sigma\min}$ 等于所有增环的下极限尺寸 $A_{i\min}$ 之和减去所有减环的上极限尺寸 $A_{j\max}$ 之和，即

$$A_{\Sigma\min}=\sum_{i=1}^{m}A_{i\min}-\sum_{j=1}^{n}A_{j\max}$$

3）封闭环的上、下极限偏差。封闭环的上极限偏差 $ES_{A\Sigma}$ 等于所有增环的上极限偏差 ES_{Ai} 之和减去所有减环的下极限偏差 EI_{Aj} 之和，即

$$ES_{A\Sigma}=\sum_{i=1}^{m}ES_{Ai}-\sum_{j=1}^{n}EI_{Aj}$$

封闭环的下极限偏差 $EI_{A\Sigma}$ 等于所有增环的下极限偏差 EI_{Ai} 之和减去所有减环的上极限偏差 ES_{Aj} 之和，即

$$EI_{A\Sigma}=\sum_{i=1}^{m}EI_{Ai}-\sum_{j=1}^{n}ES_{Aj}$$

4）封闭环的公差。封闭环的公差 $T_{A\Sigma}$ 等于所有组成环的公差 T_{Ai} 之和，即

$$T_{A\Sigma}=\sum_{i=1}^{m+n}T_{Ai}$$

2. 工艺尺寸链封闭环的选择

在零件加工工艺方案确定后，就可以确定其中的一个尺寸作为封闭环。为此，将工艺尺寸链封闭环的选择原则归纳如下：

（1）选择工艺尺寸链的封闭环时，尽量与零件图样上的尺寸封闭环一致，以免产生工序公差的“压缩现象”。

（2）选择工艺尺寸链的封闭环时，尽可能选择公差大的尺寸作为封闭环，以便使组成环分得较大的公差。

（3）选择工艺尺寸链的封闭环时，尽可能选择不容易测量的尺寸作为封闭环。

（4）选择工艺尺寸链的封闭环时，要注意两个或多个尺寸链中的“公共环”，它在某一尺寸链中作了封闭环，则在其他尺寸链中必为组成环，这种情况就称为“封闭环的一次性”。

（5）选择工艺尺寸链的封闭环时，要注意所求解的尺寸链的环数最少，从而使组成环能获得较大的公差，这就称为“最短尺寸链的原则”。

（6）选择工艺尺寸链的封闭环时，通常选择加工余量作为封闭环。

3. 工序尺寸计算示例

采用调整法加工工件时，如果加工表面的定位基准与设计基准不重合，就要进行尺寸换算，并重新标注工序尺寸。

例 如图 4–24 所示零件，尺寸 $60_{-0.12}^{\ 0}$ mm 已经加工完成，现以 B 面定位精铣 D 面，试求工序尺寸 A_2。

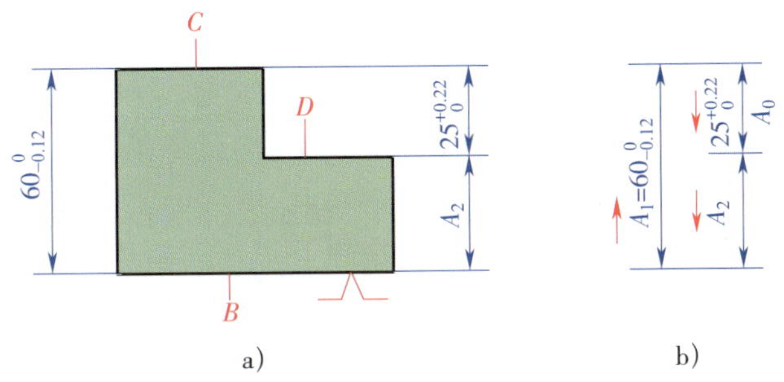

图 4–24 定位基准与设计基准不重合的工序尺寸计算

a）零件图 b）工艺尺寸链

解：当以 B 面定位加工 D 面时，将按工序尺寸 A_2 进行加工，设计尺寸 $A_0=25_{\ 0}^{+0.22}$ mm 是本工序间接保证的尺寸，为封闭环。其尺寸链如图 4–24b 所示，尺寸 A_2 的计算如下：

$$25\text{ mm}=60\text{ mm}-A_2,\ 即\ A_2=35\text{ mm}$$

$$0=-0.12\text{ mm}-ES_{A2},\ 即\ ES_{A2}=-0.12\text{ mm}$$

$$+0.22\text{ mm}=0-EI_{A2},\ 即\ EI_{A2}=-0.22\text{ mm}$$

工序尺寸 $A_2=35_{-0.22}^{-0.12}$ mm。

第六节　典型零件的加工工艺

一、轴类零件的加工工艺

1. 轴类零件的功用、结构及技术要求

（1）功用

轴类零件是机械加工中经常遇到的典型零件之一。在机器中，它主要用于支承传动件和传递转矩，保证安装在轴上的零件的回转精度。

（2）结构

轴类零件是回转体零件，其长度大于直径，主要由内外圆柱面、内外圆锥面、螺纹、花键、键槽、横向孔、沟槽等组成。轴类零件根据其结构形式的不同，可分为光轴、空心轴、半轴、台阶轴、花键轴、十字轴、偏心轴、曲轴、凸轮轴等，如图 4–25 所示。

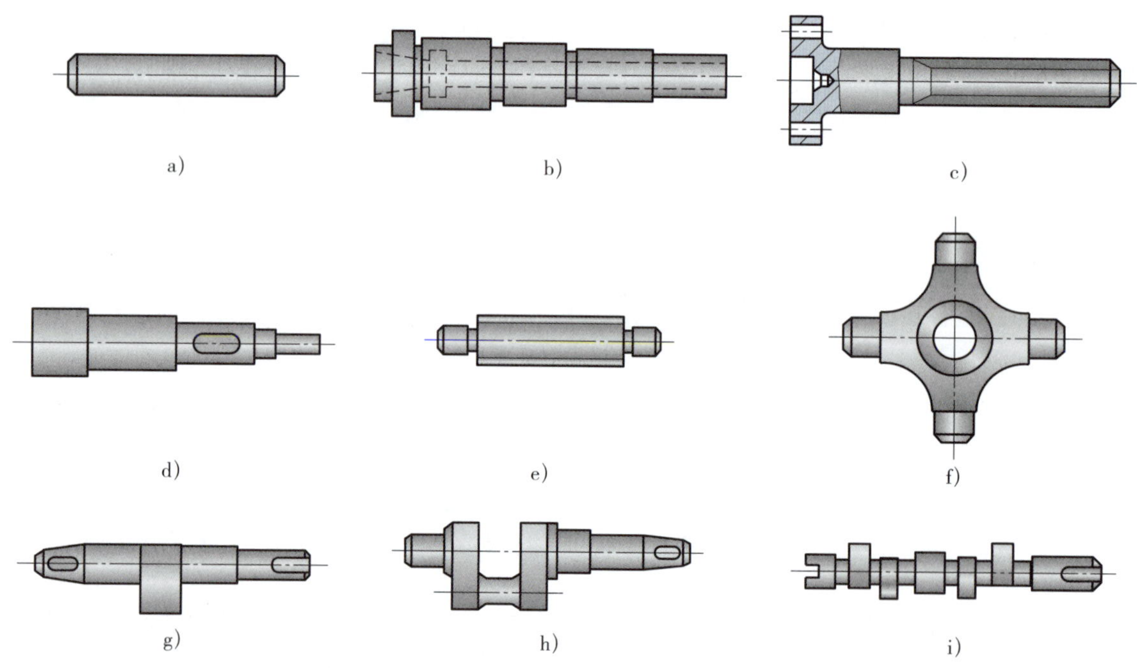

图 4–25　轴的种类

a）光轴　b）空心轴　c）半轴　d）台阶轴　e）花键轴

f）十字轴　g）偏心轴　h）曲轴　i）凸轮轴

（3）技术要求

轴类零件的技术要求是设计者根据轴的主要功用以及使用条件确定的，通常有以下几个方面：

1）加工精度。轴的加工精度主要包括结构要素的尺寸精度、几何精度。

尺寸精度主要指结构要素的直径和长度的精度。直径的精度由使用要求和配合性质确定，对于主

要起支承作用的轴颈，通常为 IT9 ~ IT6 级；特别重要的轴颈，可为 IT5 级。轴的长度精度要求一般不严格，常按未注公差尺寸加工；要求较高时，其允许公差为 0.05 ~ 0.2 mm。

形状精度主要指轴颈的圆度、圆柱度等，由于轴的形状误差直接影响与之相配合的零件接触质量和回转精度，因此，一般限制在直径公差范围内；要求较高时，可取直径公差的 1/4 ~ 1/2，或另外规定允许偏差。

位置精度、方向精度、跳动精度包括装配传动件的配合轴颈对装配轴承的支承轴颈的同轴度、径向圆跳动度及端面对轴线的垂直度等。普通精度的轴，其配合轴颈对支承轴颈的径向圆跳动公差一般为 0.01 ~ 0.03 mm，高精度的轴为 0.005 ~ 0.010 mm。

2）表面粗糙度。轴类零件主要表面粗糙度是根据其运转速度和尺寸精度等级决定的。支承轴颈的表面粗糙度值一般为 *Ra*0.8 ~ 0.2 μm，配合轴颈的表面粗糙度值一般为 *Ra*3.2 ~ 0.8 μm。

3）其他要求。为改善轴类零件的切削加工性能或提高综合力学性能，延长其使用寿命，还必须根据轴的材料和使用条件规定相应的热处理要求。常用的热处理工艺有正火、调质和表面淬火等。

2. 轴类零件的材料及毛坯

（1）材料

对于不重要的轴，可采用普通碳素结构钢，如 Q235A、Q255A 等，不经热处理直接加工使用。一般的轴，可采用优质碳素结构钢，如 35 钢、45 钢、50 钢等。对于中等精度且转速较高的轴，可选用 40Cr 等合金结构钢；精度较高的轴，可选用轴承钢 GCr15 和弹簧钢 65Mn 等，也可选用球墨铸铁；对于高转速、重载荷条件下工作的轴，选用 20CrMnTi、20Mn2B、20Cr 等低碳合金钢或 38CrMoAl 氮化钢。

（2）毛坯

对于光轴和直径相差不大的台阶轴，一般采用圆棒型材作为毛坯。对于直径相差较大的台阶轴和比较重要的轴，应采用锻件作为毛坯，其中，大批量生产采用模锻，单件、小批量生产采用自由锻。对于结构复杂的轴，可采用球墨铸铁件或锻件作为毛坯。

3. 轴类零件的加工工艺分析

（1）划分加工阶段

按照先粗后精的原则，将粗、精加工分开进行。先完成各表面的粗加工，再完成半精加工和精加工，而主要表面的精加工则放在最后进行。轴是回转体，各外圆表面的粗加工、半精加工一般采用车削，精加工采用磨削，有些精密轴类零件的轴颈表面还需要进行光整加工。

粗加工外圆表面时，应先加工大直径外圆，再加工小直径外圆，以免因直径差增大而使小直径处的刚度下降，成为极易引起弯曲变形和振动的薄弱环节。

轴上的花键、键槽等表面的加工一般都安排在外圆精车之后、磨削之前进行。轴上的螺纹一般有较高的精度要求，通常应安排在半精加工之后、淬火之前进行加工。如安排在淬火之后，则无法进行车削加工。

通过划分加工阶段，有利于保证轴类零件的加工质量。

(2)选择定位基准

在轴类零件的加工过程中，常用两中心孔作为定位基准。由于轴类零件各外圆表面的同轴度及端面对轴线的垂直度是轴类零件相互位置精度的主要项目，而这些表面的设计基准一般都是轴线，因此，采用两中心孔定位符合基准重合原则。由于轴的加工工序较多，每道工序都采用两中心孔为基准，也符合基准统一原则。但在选择时要考虑工件加工的实际情况，粗加工、精加工采用的基准应有所不同。

(3)安排热处理工序

热处理工序一般可分为预备热处理和最终热处理两大类。

1)预备热处理。为改善金属组织和切削加工性能而进行的热处理称为预备热处理，包括正火、退火、调质和时效处理。通常，正火、退火安排在毛坯制造之后、粗加工之前，时效处理安排在粗加工、半精加工之间，调质可安排在粗加工、精加工之间。

2)最终热处理。为了提高零件的硬度、强度等力学性能而进行的热处理称为最终热处理，包括淬火、表面淬火、渗碳和渗氮。通常，最终热处理工序安排在工艺路线后段，在表面最终加工之前进行。渗氮前应进行调质。

4. 生产实例分析

传动轴是轴类零件中使用最多、结构最为典型的一种台阶轴，如图 4–26 所示。该轴为小批量生产，材料选择 45 钢，淬火后硬度为 40 ~ 45HRC。试分析其加工工艺过程。

(1)结构分析

如图 4–26 所示传动轴的主要结构要素有圆柱面、螺纹、键槽等，该轴为典型的台阶轴结构，有两个支承轴颈。

(2)技术要求

在如图 4–26 所示的传动轴中，支承轴颈是轴的装配基准，其加工精度和表面质量一般要求较高。两端轴颈的尺寸精度为 IT7 级，表面粗糙度值为 *Ra*0.8 μm；用于安装齿轮的轴颈的尺寸精度为 IT7 级，表面粗糙度值为 *Ra*1.6 μm；左右两端轴颈的圆度公差为 0.02 mm；轴上各配合面对两端轴颈公共轴线的径向圆跳动公差为 0.02 mm，可保证齿轮平稳传动。

(3)毛坯选用

由于该传动轴为小批量生产，材料为 45 钢，形状简单，精度要求中等，各段轴颈直径尺寸相差较大，故选用锻件毛坯。

(4)加工阶段划分

此传动轴在加工时划分为以下三个加工阶段：

1)粗加工阶段。车端面，钻中心孔，粗车各处外圆。

2)半精加工阶段。半精车各处外圆，车螺纹，铣键槽等。

3)精加工阶段。修研中心孔，粗、精磨各处外圆。

(5)定位基准选择

如图 4–26 所示的传动轴粗加工时以外圆表面为定位基准。半精车加工时，采用外圆表面和中心孔作为定位基准，即一夹一顶装夹工件，如图 4–27 所示。精加工时，采用两中心孔作为定位基准，即两顶尖装夹工件，如图 4–28 所示。

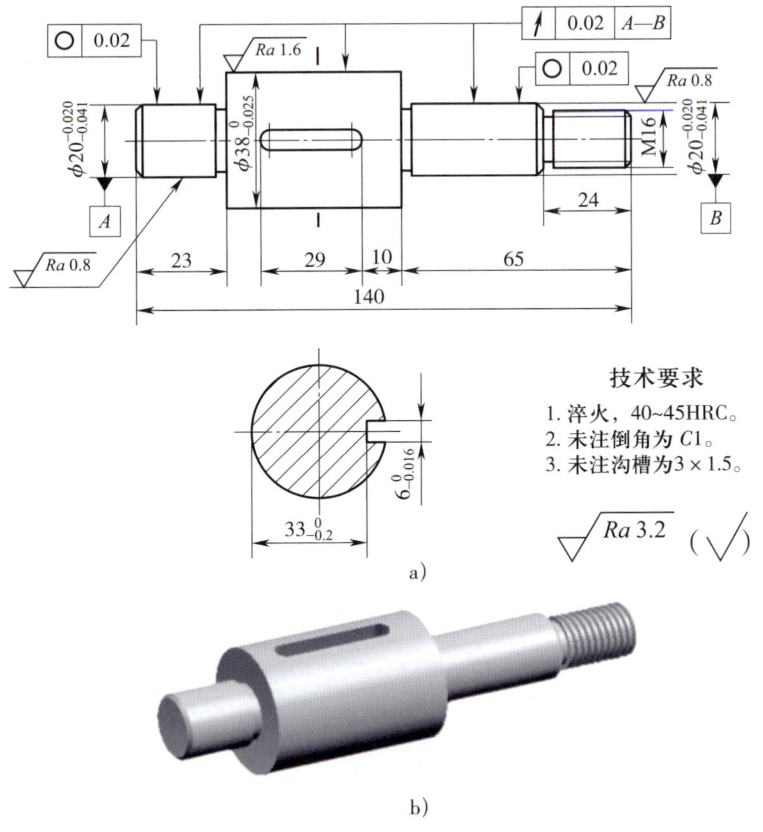

图 4-26　传动轴

a）零件图　b）立体图

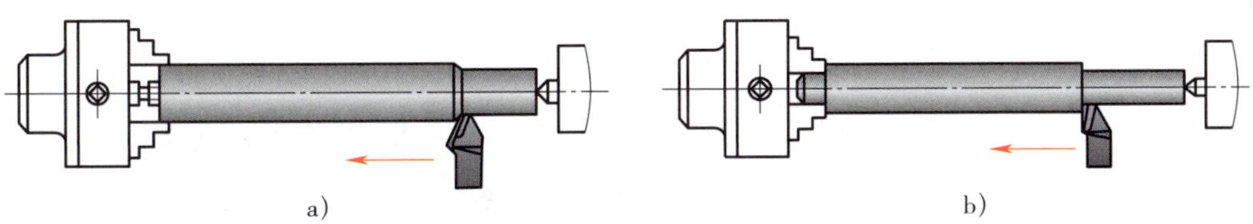

图 4-27　一夹一顶装夹工件

a）采用限位支承　b）利用工件台阶限位

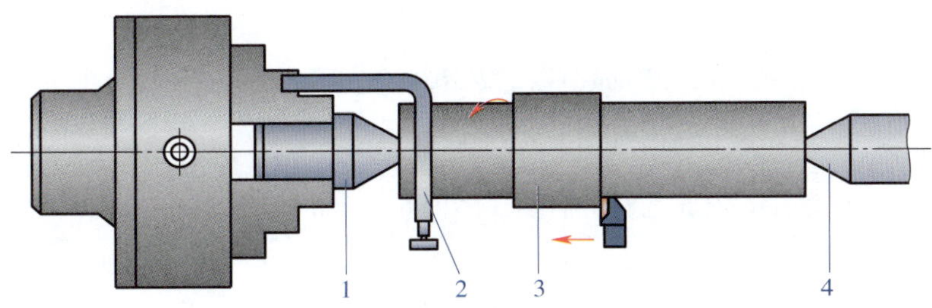

图 4-28　两顶尖装夹工件

1—前顶尖　2—鸡心夹头　3—工件　4—后顶尖

（6）热处理工序

由于该轴采用的是锻件毛坯，加工前应安排退火，以消除毛坯的内应力和改善材料的切削加工性能。传动轴最终热处理是淬火，该工序应放在半精加工之后、粗磨和精磨之前进行，即在车削螺纹和铣键槽之后进行。为了保证磨削精度，在淬火之后，应安排修研中心孔工序。

（7）传动轴的加工工艺

综合上述分析，传动轴的加工工艺如下：

锻造毛坯→热处理（退火）→粗车→半精车→车螺纹→铣键槽→热处理（淬火）→修研中心孔→粗磨→精磨。

（8）传动轴的加工工序

传动轴的加工工序见表 4–10。

表 4–10 传动轴的加工工序

工序号	工序名称	工序内容	定位基准	加工设备
1	锻	锻造毛坯		空气锤
2	热处理	退火		退火炉
3	粗车	车一端面，钻中心孔；车另一端面并控制总长 140 mm，钻中心孔	外圆	卧式车床
4	粗车	（1）粗车左端外圆至 $\phi 40$ mm × 77 mm、$\phi 22$ mm × 22 mm （2）粗车右端外圆至 $\phi 22$ mm × 64 mm、$\phi 18$ mm × 23 mm	外圆	卧式车床
5	半精车	（1）车左端倒角 C1 mm （2）半精车左端 $\phi 20_{-0.041}^{-0.020}$ mm 和 $\phi 38_{-0.025}^{0}$ mm 外圆，直径留 0.5 mm 余量，长度至尺寸要求 （3）车左端 3 mm × 1.5 mm 槽至尺寸要求	中心孔	数控车床
6	车螺纹	（1）车右端倒角 C1 mm （2）半精车 M16 螺纹大径至 $\phi 15.8$ mm （3）半精车 $\phi 20_{-0.041}^{-0.020}$ mm 外圆，直径留 0.5 mm 余量，长度至尺寸要求 （4）车右端两处 3 mm × 1.5 mm 槽至尺寸要求 （5）车 M16 螺纹	中心孔	数控车床
7	铣	粗、精铣键槽至尺寸要求	中心孔	立式铣床
8	热处理	淬火，40 ~ 45HRC		淬火炉
9	钳	修研中心孔		钻床
10	粗磨	粗磨左端 $\phi 20_{-0.041}^{-0.020}$ mm 外圆至 $\phi 20.06_{-0.04}^{0}$ mm	中心孔	外圆磨床
11	粗磨	粗磨 $\phi 38_{-0.025}^{0}$ mm 外圆至 $\phi 38.06_{-0.04}^{0}$ mm	中心孔	外圆磨床
12	粗磨	粗磨右端 $\phi 20_{-0.041}^{-0.020}$ mm 外圆至 $\phi 20.06_{-0.04}^{0}$ mm	中心孔	外圆磨床
13	精磨	精磨左端 $\phi 20_{-0.041}^{-0.020}$ mm 外圆至尺寸要求	中心孔	外圆磨床
14	精磨	精磨 $\phi 38_{-0.025}^{0}$ mm 外圆至尺寸要求	中心孔	外圆磨床
15	精磨	精磨右端 $\phi 20_{-0.041}^{-0.020}$ mm 外圆至尺寸要求	中心孔	外圆磨床
16	检验	检验		

二、套类零件的加工工艺

1. 套类零件的功用、结构及技术要求

（1）功用

套类零件是机械设备中常见的一种零件，它的应用范围很广泛，如支承旋转轴的滑动轴承、钻套、轴承衬套、内燃机上的气缸套、液压系统中的液压缸等，如图 4–29 所示。

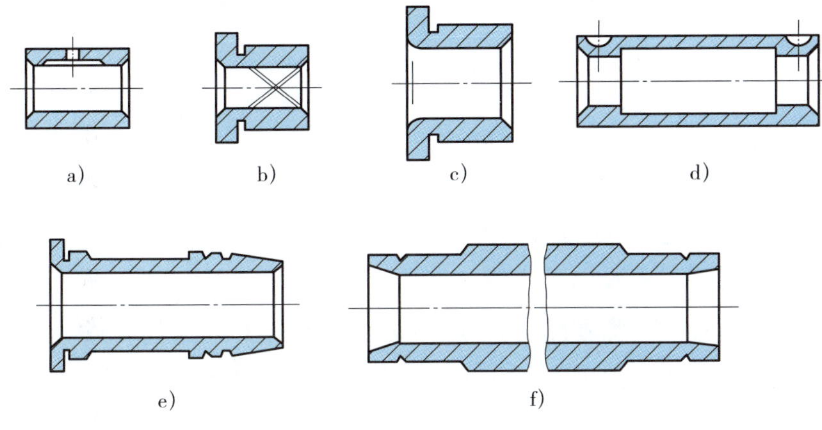

图 4–29 套类零件

a）、b）滑动轴承 c）钻套 d）轴承衬套 e）气缸套 f）液压缸

（2）结构

由于功用不同，套类零件的结构和尺寸有着很大的差别，但它们的共同特点是主要工作表面为内孔和外圆表面，几何精度要求较高，表面粗糙度值较小，孔壁较薄且易变形，零件的长度一般大于孔的直径。

（3）技术要求

套类零件的技术要求主要是根据其基本功用和使用条件确定的，通常有以下几个方面：

1）加工精度。加工精度主要包括结构要素的尺寸精度、几何精度。

①尺寸精度。滑动轴承孔和需要与其他零件精确配合孔的尺寸精度要求较高，一般为 IT8 ~ IT7 级，精密轴承甚至为 IT6 级。液压系统中滑阀孔的尺寸精度要求为 IT6 级，甚至更高；由于配合的活塞上有密封圈过渡，液压缸内孔的尺寸精度要求较低，一般为 IT9 级。套类零件的外圆大多是支承表面，常与箱体或机架上的孔形成过盈配合或过渡配合，其尺寸精度通常为 IT7 ~ IT6 级。

②形状精度。一般套类零件孔的形状误差要求控制在孔径公差之内，精密轴套则要求控制在孔径公差的 1/3 ~ 1/2；对于长套筒的内孔，除有圆度要求外，还有圆柱度要求。套类零件外圆的形状误差控制在外径公差以内，其端面大都有一定的平面度要求。

③位置精度。套类零件内孔和外圆的同轴度要求较高，通常取 0.01 ~ 0.05 mm；对于装配到箱体或机架上再加工内孔的套筒零件，内孔和外圆的同轴度要求可大幅降低。工作时承受轴向载荷的套类零件端面大多是加工和装配时的定位基面，故与孔的轴线有较高的垂直度要求，一般为 0.02 ~ 0.05 mm。

2）表面粗糙度。一般套类零件内孔的表面粗糙度值为 $Ra1.6\sim0.1$ μm。液压缸内孔的表面粗糙度值一般为 $Ra0.4\sim0.2$ μm，外圆的表面粗糙度值通常取 $Ra6.3\sim0.8$ μm。

3）其他要求。由于工作条件的需要和使用材料的因素，不同套类零件有不同的热处理要求。常用的热处理工艺有退火、表面淬火和渗碳等。

2. 套类零件的材料及毛坯

套类零件一般用钢、铸铁、青铜、黄铜等材料制成，材料的选择主要取决于工作条件。套类零件的毛坯类型与所用材料、结构、形状和尺寸大小有关，常采用型材、锻件或铸件。毛坯内孔直径小于 20 mm 时大多选用棒料；孔径较大、长度较长的零件常用无缝钢管或带孔的铸件、锻件制造。

3. 套类零件的加工工艺分析

套类零件的结构特点是壁厚较薄，刚度低，内孔与外圆有较高的相互位置精度要求，所以，加工工艺上要解决如何保证位置精度和防止加工变形的问题。

（1）保证相互位置精度的工艺措施

为保证位置精度要求，加工套类零件时应遵循基准统一原则和互为基准原则，即在一次装夹中完成内孔、外圆及端面的全部加工。由于这种方法工序比较集中，当工件结构尺寸较大时不易实现，故多用于尺寸较小的套类零件加工。

当一次装夹不能同时完成内孔和外圆加工时，内孔和外圆的加工采用互为基准、反复加工的原则。

（2）防止套类零件变形的工艺措施

套类零件一般都存在壁较薄、径向刚度较低、容易变形等问题。在加工过程中，套类零件往往由于受夹紧力、切削力和切削热等诸多因素的影响而变形，致使加工精度降低，因此，在分析套类零件的变形时，可以从导致变形的因素开始分析，针对产生变形的因素采取有效措施。套类零件变形的因素及工艺措施见表 4–11。

表 4–11 套类零件变形的因素及工艺措施

变形的因素		工艺措施
外力	夹紧力	（1）夹紧力均匀分布，如图 4–30 所示 （2）轴向夹紧，如图 4–31 所示 （3）增加套类零件毛坯的刚度，如增加辅助凸边，内、外表面同时加工，如图 4–32 所示
	切削力	（1）增大刀具的主偏角 （2）内、外表面同时加工，如图 4–32 所示 （3）粗、精加工分开进行
	重力	增加辅助支承
	离心力	配重
内力	内应力重新分布	（1）退火、时效 （2）划分加工阶段

续表

变形的因素			工艺措施
内力	热效应	切削热	（1）选择合理的刀具角度和切削用量 （2）浇注充分的切削液 （3）留有充分的冷却时间
		热处理	（1）改变热处理方法 （2）将热处理工序安排在精加工之前

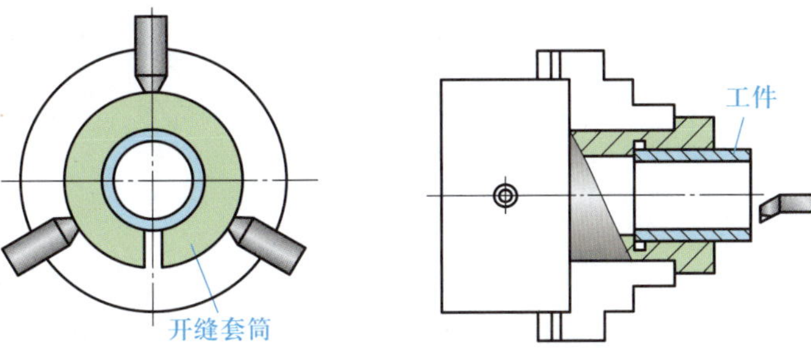

图 4–30　夹紧力均匀分布

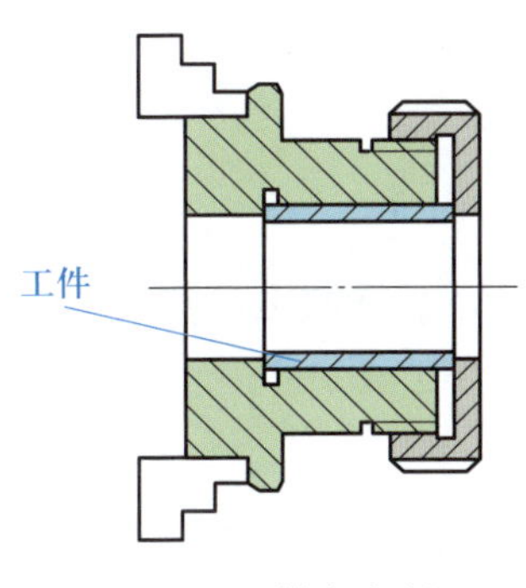

图 4–31　轴向夹紧

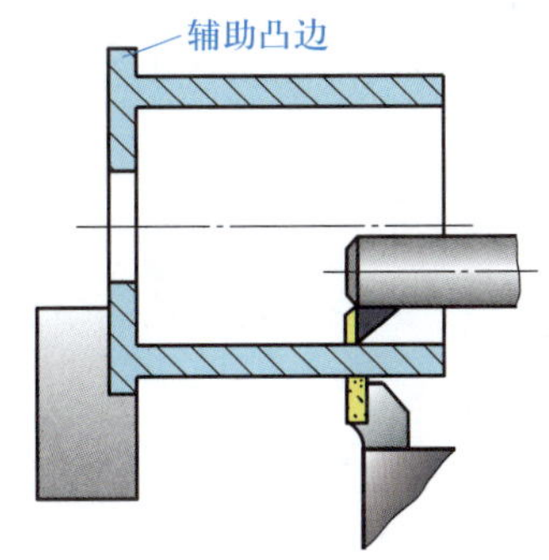

图 4–32　增加辅助凸边，内、外表面同时加工

（3）套类零件在加工时应注意的问题

套类零件的主要加工方法是车削和磨削，加工表面大多是具有同一回转轴线的内孔、外圆和端面，可在一次装夹中完成加工，较容易保证内、外表面的同轴度，端面对轴线的垂直度以及外圆、端面对轴线的跳动要求。对于精度要求较高的套类零件，可在粗车或半精车后以外圆和内孔互为基准反复磨削，满足其同轴度、垂直度和跳动要求。

4. 生产实例分析

图 4–33 所示的轴承套是结构较为典型的一种套类零件，该轴承套材料为 HT200，批量生产。现分析该零件的加工工艺过程。

（1）功用

图 4–33 所示的轴承套主要起支承或导向作用。

（2）结构

图 4–33 所示的轴承套的主要结构要素有外圆柱面、内孔表面、端面、外沟槽等，该轴承套属短套筒类零件。

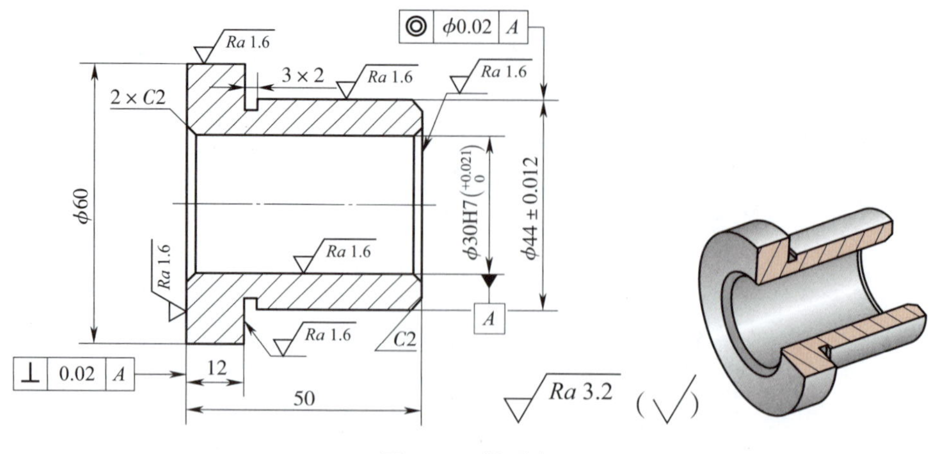

图 4–33 轴承套

(3) 技术要求

图 4–33 所示的轴承套中，外圆 ϕ(44 ± 0.012) mm 主要与轴承座内孔相配合，其尺寸精度为 IT7 级，表面粗糙度值为 *Ra*1.6 μm；内孔 ϕ30H7 主要与传动轴相配合，其尺寸精度为 IT7 级，表面粗糙度值为 *Ra*1.6 μm；两端面的表面粗糙度值均为 *Ra*1.6 μm；ϕ(44 ± 0.012) mm 外圆轴线对 ϕ30H7 内孔轴线的同轴度公差为 ϕ0.02 mm，可保证轴承在传动中的平稳性；轴承套的左端面对 ϕ30H7 内孔轴线的垂直度公差为 0.02 mm。

(4) 材料及毛坯

此轴承套的材料为铸铁。其形状简单，精度要求中等，但内孔尺寸较大，故毛坯选用直径为 65 mm 的铸铁棒料，四件合一。

(5) 保证几何精度的工艺措施

如何保证几何精度是该零件加工的主要工艺问题之一，可以从定位基准和装夹方法选择等方面采取措施，尽可能在一次安装中完成内孔、外圆及端面的全部加工。当一次安装不能同时完成内孔、外圆表面加工时，内孔、外圆的加工采用互为基准、反复加工的方法进行加工。

(6) 加工工艺过程分析

如图 4–33 所示，轴承套外圆及内孔的精度均为 IT7 级，采用精车可以满足要求。内孔加工方案为钻孔→粗车→精车。车内孔时应与左端面一同加工，保证端面与内孔轴线的垂直度，然后以内孔为基准，利用小锥度心轴装夹加工外圆和另一端面。

(7) 轴承套的加工工序

表 4–12 为轴承套的加工工序。粗车外圆时，可采用四件合一的方法来提高生产效率。

表 4–12　　轴承套的加工工序

工序号	工序名称	工序内容	定位基准	加工设备
1	下料	ϕ65 mm × 240 mm，按四件合一加工下料	毛坯外圆	锯床
2	车	(1) 车一端面 (2) 掉头，车另一端面，钻中心孔	毛坯外圆	卧式车床

续表

工序号	工序名称	工序内容	定位基准	加工设备
3	车	（1）车 ϕ60 mm 外圆达到图样要求，长度至 55 mm；车 ϕ（44±0.012）mm 外圆至 ϕ44.5 mm，长度至 37.5 mm （2）钻 ϕ28 mm 孔，长度至 55 mm （3）切断，控制长度尺寸 51 mm （4）完成四件的加工	毛坯外圆	卧式车床
4	车	（1）用三爪自定心卡盘装夹 ϕ44.5 mm 外圆，车左端面，控制工件总长 50.5 mm （2）粗、精车 ϕ30H7 内孔至尺寸要求 （3）两端内孔倒角 $C2$ mm	ϕ44.5 mm 外圆	数控车床
5	车	（1）以 ϕ30H7 孔配合心轴装夹，车 ϕ（44±0.012）mm 外圆至尺寸要求，倒角 $C2$ mm （2）车 3 mm×2 mm 退刀槽，并控制长度尺寸 12 mm 至图样要求 （3）车长度尺寸 50 mm 至要求	ϕ30H7 内孔	数控车床
6	检验	按图样要求检测尺寸精度、几何精度和表面质量		

第五章 机械传动与零部件

第一节 带 传 动

一、带传动的组成、工作原理和类型

1. 带传动的组成

由带和带轮组成传递运动和动力的传动称为带传动。如图 5–1 所示，带传动一般由固定在主动轴 3 上的主动带轮 4、固定在从动轴 1 上的从动带轮 5 和紧套在两轮上的挠性带 2 组成。

2. 带传动的工作原理

带传动是依靠带与带轮接触面间的摩擦力（或啮合力）来传递运动和动力的。静止时，带轮两边带上的拉力相等。传动时，由于传递载荷的关系，两边带上的拉力会有一定的差值，拉力大的一边称为紧边（主动边），拉力小的一边称为松边（从动边）。如图 5–2 所示，当主动带轮 1 按图示方向转动时，上边是紧边，下边是松边。

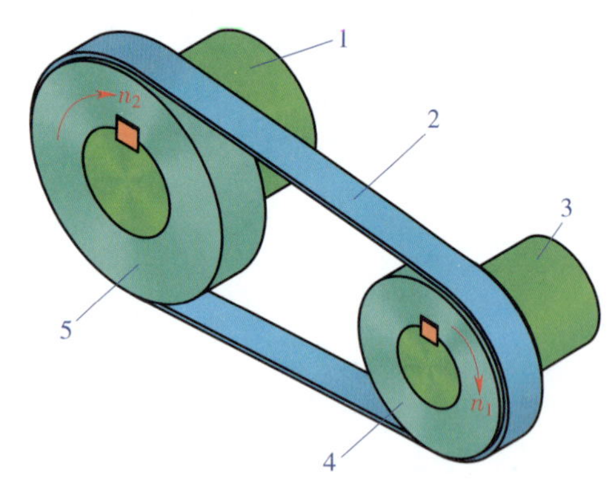

图 5–1　带传动的组成

1—从动轴　2—挠性带　3—主动轴　4—主动带轮　5—从动带轮

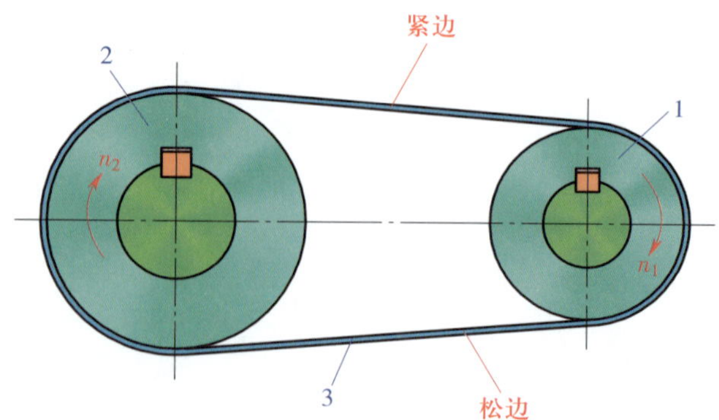

图 5–2　带传动的工作原理

1—主动带轮　2—从动带轮　3—挠性带

3. 带传动的传动比

在机械传动系统中，始端主动带轮与末端从动带轮的角速度或转速的比值称为传动比，又称速比。带传动的传动比就是主动带轮转速 n_1 与从动带轮转速 n_2 之比，用 i_{12} 表示为

$$i_{12}=\frac{n_1}{n_2}$$

式中　n_1——主动带轮转速，r/min；

n_2——从动带轮转速，r/min。

4. 带传动的类型、特点与应用

带传动可分为摩擦型带传动和啮合型带传动两类。摩擦型带传动按带的剖面形状又可分为平带传动、V 带传动和多楔带传动等。啮合型带传动主要是指同步带传动。常用带传动的类型、特点及应用见表 5-1。

表 5-1　　常用带传动的类型、特点及应用

<table>
<tr><th colspan="2">类型</th><th>简图</th><th colspan="2">特点及应用</th></tr>
<tr><td rowspan="3">摩擦型带传动</td><td>平带传动</td><td></td><td>平带截面系扁平矩形，具有较好的柔性，传递功率及速度范围较宽。平带传动具有结构简单、带长及带宽均无严格限制和便于选用等特点。主要用于中心距较大的场合</td><td rowspan="3">过载时存在打滑现象，传动比不准确，但具有过载保护作用</td></tr>
<tr><td>V 带传动</td><td></td><td>V 带的截面呈等腰梯形。V 带只与轮槽的两个侧面接触。在同样大小的张紧力作用下，V 带传动较平带传动能产生更大的摩擦力，传递动力的能力强，传动比较大，结构紧凑。应用最广泛，一般机械传动中常用 V 带传动</td></tr>
<tr><td>多楔带传动</td><td></td><td>多楔带兼有平带和 V 带的优点，其柔性好，摩擦力大，传递功率大，并解决了多根 V 带因长度误差而受力不均匀的问题。主要用于传递较大功率且要求结构紧凑的场合</td></tr>
</table>

续表

类型		简图	特点及应用
啮合型带传动	同步带传动		靠齿的啮合传递动力，传动比准确，传动效率高，张紧力小，轴承承受压力小，传动平稳，传动精度高，传递功率大。常用于汽车、数控机床、扫描仪、打印机等传动精度要求较高的场合

二、V 带传动

V 带传动是由一条或数条 V 带和 V 带轮组成的摩擦传动。V 带安装在相应的轮槽内，仅与轮槽的两侧接触，而不与槽底接触。工作时，V 带张紧在轮槽中，依靠 V 带两侧面与轮槽侧面之间产生的摩擦力传递动力，如图 5-3 所示。V 带传动主要有普通 V 带传动和窄 V 带传动两种形式。一般情况多使用普通 V 带传动，窄 V 带传动适用于传递动力大而又要求传动装置结构紧凑的场合。

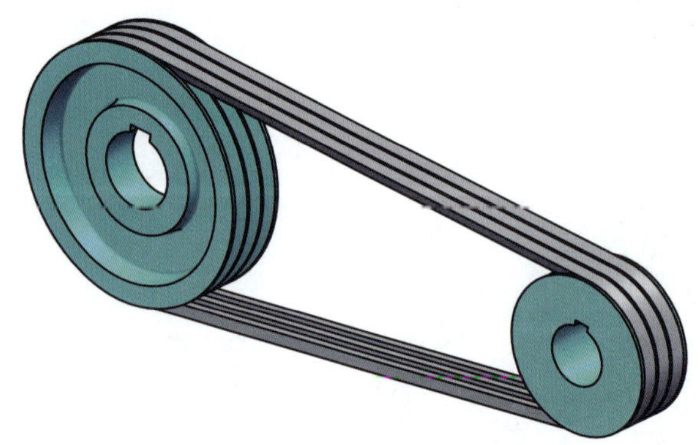

图 5-3 V 带传动

1. V 带的组成和截面主要几何参数

(1) V 带的组成

V 带是截面为等腰梯形或近似等腰梯形的传动带，其工作面为两侧面，带与轮槽底面不接触。V 带截面的形状如图 5-4 所示。

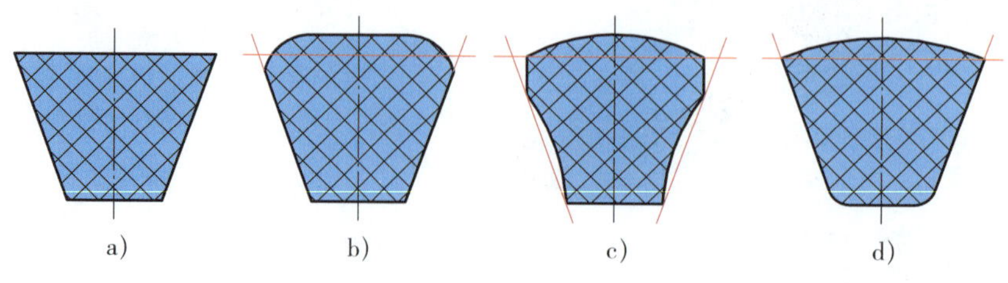

图 5-4 V 带截面的形状

V 带根据其结构分为包边 V 带和切边 V 带两种，切边 V 带又有普通切边 V 带、压缩层夹布切边 V 带、有齿切边 V 带等形式，其组成如图 5-5 所示。

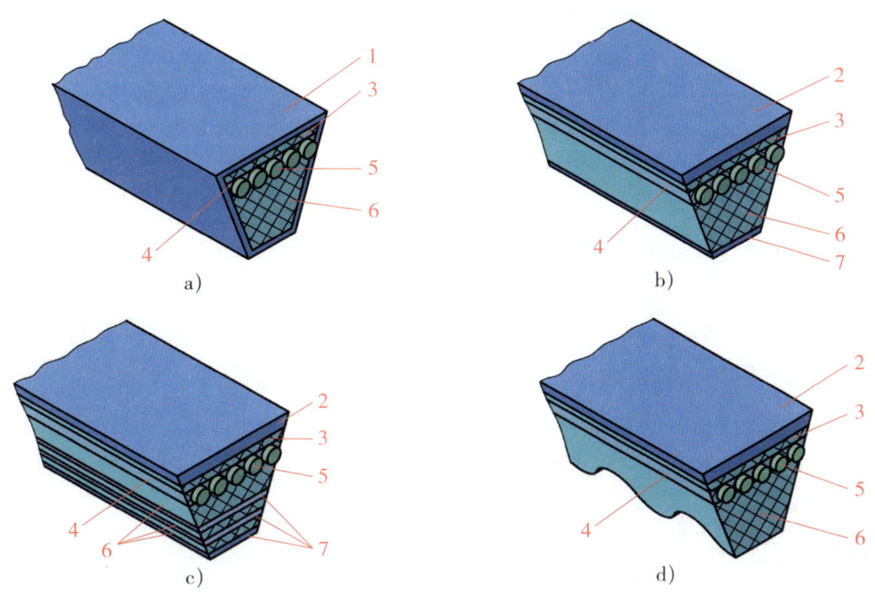

图 5-5　V 带的组成

a）包边 V 带　b）普通切边 V 带　c）压缩层夹布切边 V 带　d）有齿切边 V 带

1—包布　2—顶布　3—顶胶　4—缓冲胶　5—抗拉体　6—底胶　7—底布

（2）V 带截面主要几何参数

V 带截面主要几何参数有顶宽 W、节宽 W_p、高度 T、相对高度 T/W_p、楔角等，如图 5-6 所示。

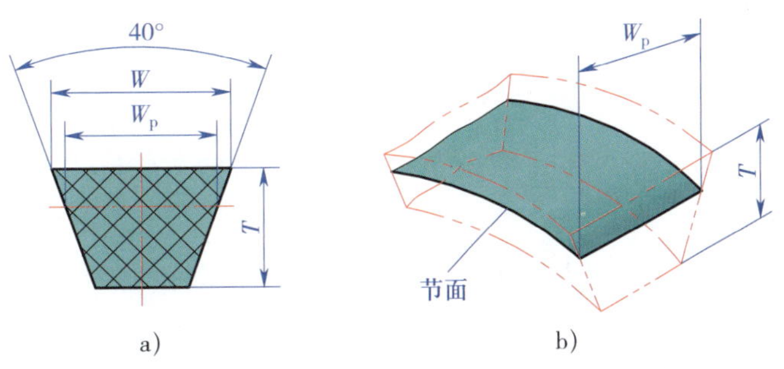

图 5-6　V 带截面主要几何参数

1）顶宽 W。V 带截面中梯形轮廓的最大宽度称为顶宽 W。

2）节宽 W_p。V 带绕带轮弯曲时，外部受拉伸长，内部受压缩短，长度和宽度均保持不变的面层称为节面，节面的宽度称为节宽 W_p。

3）高度 T。高度 T 是指 V 带截面梯形轮廓的高度。

4）相对高度 T/W_p。相对高度 T/W_p 是指 V 带的高度与其节宽之比，系无量纲的值。普通 V 带的相对高度近似为 0.7，窄 V 带的相对高度近似为 0.9。相同节宽的普通 V 带与窄 V 带截面的比较如图 5-7 所示。

5）楔角。楔角是指 V 带两侧面所夹的锐角，普通 V 带和窄 V 带的楔角皆为 40°。

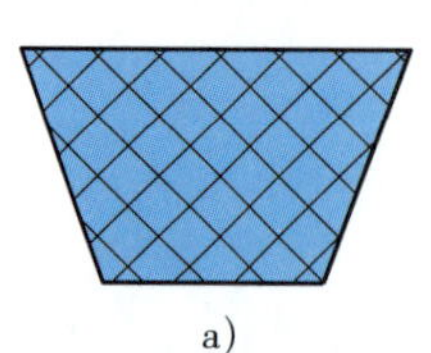

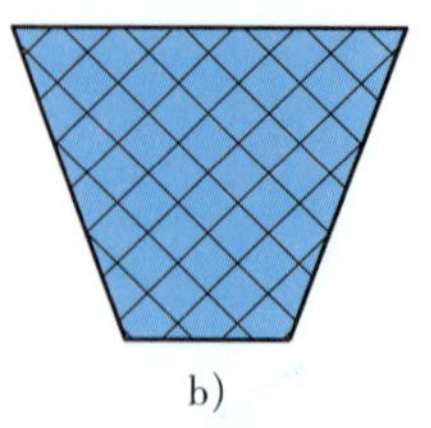

a)　　b)

图 5-7　相同节宽的普通 V 带与窄 V 带截面的比较

a）普通 V 带　b）窄 V 带

2. V 带轮的组成和主要几何参数

（1）V 带轮的组成

V 带轮从功能上分为轮缘、轮辐和轮毂三部分，轮槽制作在轮缘上，如图 5-8 所示。

（2）V 带轮的主要几何参数（见图 5-9）

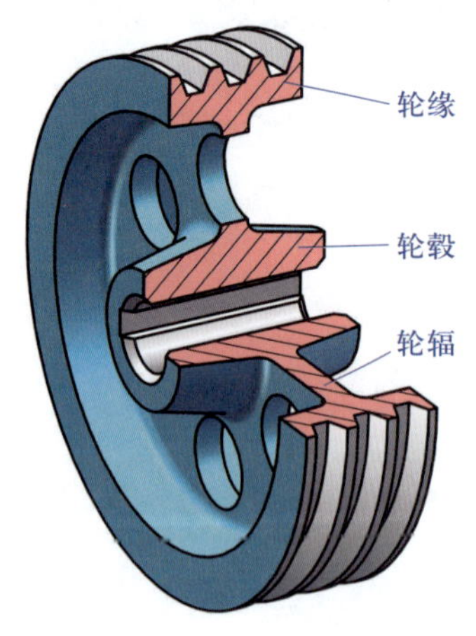

图 5-8　V 带轮的组成

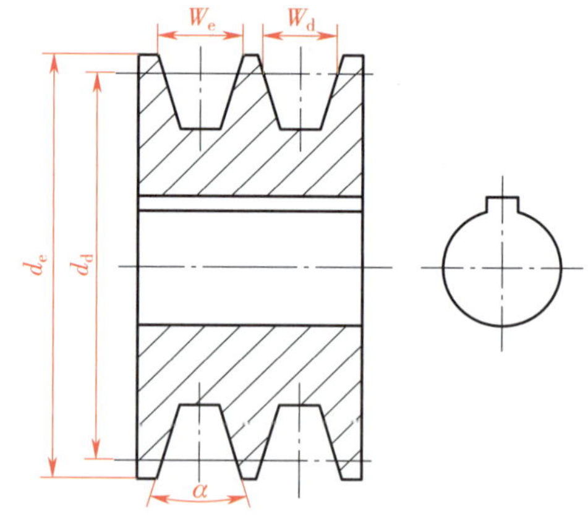

图 5-9　V 带轮的主要几何参数

1）基准宽度 W_d 和有效宽度 W_e。V 带轮的基准宽度 W_d 是槽形轮廓上与所配用 V 带的节面处于同一位置的宽度，与 V 带的节宽一致。

V 带轮的有效宽度 W_e 是指轮槽两直侧边的最外端的宽度，即轮槽的顶宽。

2）基准直径 d_d 和有效直径 d_e。V 带轮的基准直径 d_d 是指轮槽基准宽度处带轮的直径。V 带轮的有效直径 d_e 是指轮槽有效宽度处带轮的直径。

3）槽角 α。槽角 α 是指轮槽截面两侧边的夹角。

3. V 带和 V 带轮的型号、尺寸及材料

普通 V 带是指楔角为 40°，相对高度约为 0.7 的 V 带。窄 V 带是指楔角为 40°，相对高度约为 0.9 的 V 带。

V 带传动的带和带轮有两种尺寸制，即基准宽度制和有效宽度制。基准宽度制是以 V 带轮的基准宽度定义 V 带轮的轮槽尺寸和 V 带的截面尺寸，有效宽度制是以 V 带轮的有效宽度定义 V 带轮的轮槽尺寸和 V 带的截面尺寸。普通 V 带传动只有基准宽度制，窄 V 带传动有基准宽度制和有效宽度制两种尺寸制。

（1）V 带的型号、尺寸及标记

1）V 带的型号和截面尺寸。普通 V 带（基准宽度制）按截面尺寸由小到大分为 Y，Z，A、AX，B、BX，C、CX，D，E 七种型号，其截面尺寸见表 5–2。基准宽度制窄 V 带按截面尺寸由小到大分为 SPZ、SPA、SPB、SPC 四种，有效宽度制窄 V 带按截面尺寸由小到大分为 9N、9NX，15N、15NX，25N 三种，窄 V 带的截面尺寸见表 5–3。在相同条件下，截面尺寸越大，则传递的功率越大。

表 5–2　　普通 V 带截面尺寸（摘自 GB/T 13575.1—2022）　　mm

型号	Y	Z	A、AX	B、BX	C、CX	D	E
节宽 W_p	5.3	8.5	11.0	14.0	19.0	27.0	32.0
顶宽 W	6.0	10.0	13.0	17.0	22.0	32.0	38.0
高度 T	4.0	6.0	8.0	11.0	14.0	19.0	23.0

表 5–3　　窄 V 带的截面尺寸　　mm

型号	基准宽度制（摘自 GB/T 13575.1—2022）				有效宽度制（摘自 GB/T 13575.2—2022）		
	SPZ	SPA	SPB	SPC	9N、9NX	15N、15NX	25N
节宽 W_p	8.5	11.0	14.0	19.0	—	—	—
顶宽 W	10.0	13.0	17.0	22.0	9.5	16.0	25.5
高度 T	8.0	10.0	14.0	18.0	8.0	13.5	23.0

2）V 带的基准长度 L_d 和有效长度 L_e。V 带受力后会变长。V 带的基准长度 L_d 是指 V 带在规定的张紧力下，位于测量带轮基准直径上的周线长度。V 带的有效长度 L_e 是指 V 带在规定的张紧力下，位于测量带轮有效直径上的周线长度。普通 V 带的基准长度系列见表 5–4，基准宽度制窄 V 带的基准长度系列见 GB/T 13575.1—2022，有效宽度制窄 V 带的有效长度系列见 GB/T 13575.2—2022。

表 5–4　　普通 V 带的基准长度系列（摘自 GB/T 13575.1—2022）　　mm

型号							型号			
Y	Z	A、AX	B、BX	C、CX	D	E	A、AX	B、BX	C、CX	D
200	405	630	930	1 565	2 740	4 600	1 940	2 700	5 380	10 700
224	475	700	1 000	1 760	3 100	5 040	2 050	2 870	6 100	12 200
250	530	790	1 100	1 950	3 330	5 420	2 200	3 200	6 815	13 700
280	625	890	1 210	2 195	3 730	6 100	2 300	3 600	7 600	15 200
315	700	990	1 370	2 420	4 080	6 850	2 480	4 060	9 100	—
355	780	1 100	1 560	2 715	4 620	7 650	2 700	4 430	10 700	—
400	920	1 250	1 760	2 880	5 400	9 150	—	4 820	—	—
450	1 080	1 430	1 950	3 080	6 100	12 230	—	5 370	—	—
500	1 330	1 550	2 180	3 520	6 840	13 750	—	6 070	—	—
—	1 420	1 640	2 300	4 060	7 620	15 280	—	—	—	—
—	1 540	1 750	2 500	4 600	9 140	16 800	—	—	—	—

3）V 带的标记。国家标准规定，每条 V 带应有水洗不掉的明显标志，至少包含标记、制造商名或商标、制造年月。V 带的标记由型号、基准长度（有效长度）和标准编号三部分组成。

普通 V 带的标记示例如下：

基准宽度制窄 V 带的标记示例如下：

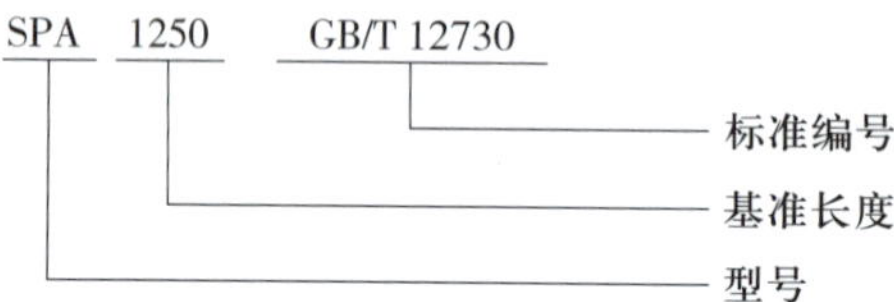

有效宽度制窄 V 带的标记示例如下：

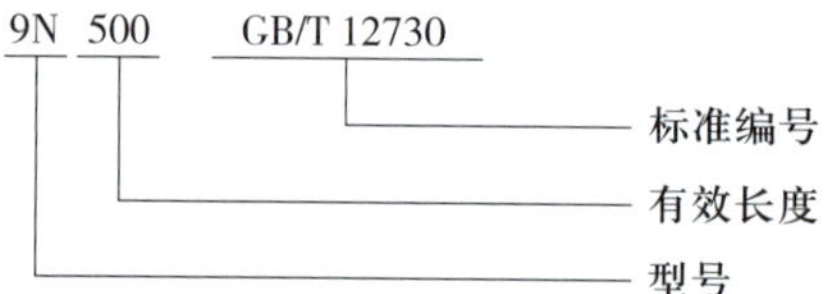

（2）V 带轮的槽型、尺寸及结构

1）V 带轮的槽型及尺寸。V 带轮的槽型及尺寸要与 V 带一致，如图 5–10 所示。普通 V 带轮槽型也分为 Y，Z，A、AX，B、BX，C、CX，D，E 七种，其轮槽截面尺寸见表 5–5，基准宽度制窄 V 带轮的轮槽截面尺寸见 GB/T 13575.1—2022，有效宽度制窄 V 带轮的轮槽截面尺寸见 GB/T 13575.2—2022。

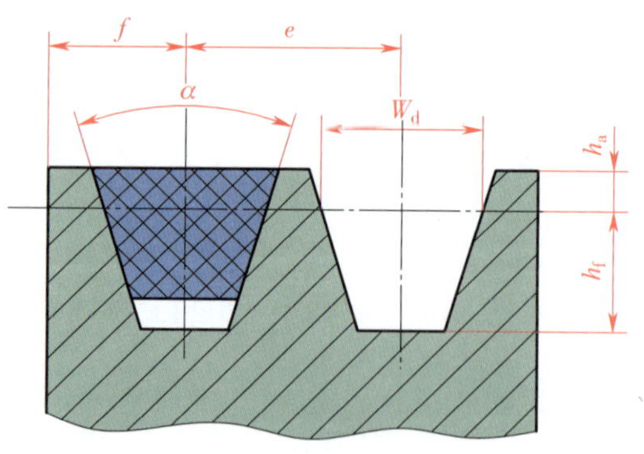

图 5–10 V 带轮的槽型及尺寸

表 5–5 普通 V 带轮的轮槽截面尺寸（摘自 GB/T 13575.1—2022） mm

槽型	W_d	h_{amin}	h_{fmin}	e	f_{min}	槽角 α			
						32°	34°	36°	38°
						与 α 对应的 d_d			
Y	5.3	1.6	4.7	8	6	≤ 60	—	>60	—
Z	8.5	2	7	12	7	—	≤ 80	—	>80
A、AX	11	2.75	8.7	15	9.0	—	≤ 118	—	>118
B、BX	14	3.5	10.8	19	11.5	—	≤ 190	—	>190
C、CX	19	4.8	14.3	25.5	16	—	≤ 315	—	>315
D	27	8.1	19.9	37	23	—	—	≤ 475	>475
E	32	9.6	23.4	44.5	28	—	—	≤ 600	>600

2）V 带轮的基准直径 d_d 和有效直径 d_e。普通 V 带轮和基准宽度制窄 V 带轮以基准直径 d_d 作为设计带轮的公称直径，有效宽度制窄 V 带轮则以有效直径 d_e 作为设计带轮的公称直径，它们是设计 V 带轮的主要参数之一，数值已标准化，设计时应按国家标准规定的标准系列值选用。普通 V 带轮的基准直径见表 5–6，基准宽度制窄 V 带轮的基准直径见 GB/T 13575.1—2022，有效宽度制窄 V 带轮的基准直径见 GB/T 13575.2—2022。在 V 带传动中，V 带轮基准直径（或有效直径）越小，V 带在 V 带轮上的弯曲变形越严重，V 带的弯曲应力越大，从而缩短 V 带的使用寿命。为了保证 V 带的使用寿命，国家标准对各种槽型的 V 带轮都规定了最小基准直径 d_{dmin}（或最小有效直径 d_{emin}），普通 V 带轮的最小基准直径见表 5–6 中基准直径系列的最小数值。

表 5–6　普通 V 带轮基准直径（摘自 GB/T 13575.1—2022） mm

槽型	基准直径 d_d
Y	20　22.4　25　28　31.5　35.5　40　45　50　56　80　90　100　112　125
Z	50　56　63　71　75　80　90　100　112　125　132　140　150　160　180　200　224　250　280　315　355　400　500　630
A、AX	75　80　85　90　95　100　106　112　118　125　132　140　150　160　180　200　224　250　280　315　355　400　450　500　560　630　710　800
B、BX	125　132　140　150　160　170　180　200　224　250　280　315　355　400　450　500　560　600　630　710　750　800　900　1 000　1 120
C、CX	200　212　224　236　250　265　280　300　315　335　355　400　450　500　560　600　630　710　750　800　900　1 000　1 120　1 250　1 400　1 600　2 000
D	355　375　400　425　450　475　500　560　600　630　710　750　800　900　1 000　1 060　1 120　1 250　1 400　1 500　1 600　1 800　2 000
E	500　530　560　600　670　710　800　900　1 000　1 120　1 250　1 400　1 500　1 600　1 800　2 000　2 240　2 500

3）普通 V 带轮的槽角 α。普通 V 带和窄 V 带的楔角皆为 40°，但安装在 V 带轮上后，V 带弯曲程度不同会使其楔角产生不同的变化。为了保证 V 带和 V 带轮的轮槽工作面接触良好，V 带轮的槽角 α 需要根据 V 带轮的槽型和基准直径（或有效直径）合理选择。V 带截面尺寸小或 V 带轮基准直径 d_d 小的 V 带传动中，V 带变形严重，对应的 V 带轮的槽角应小，反之槽角应大。普通 V 带轮的槽角 α 见表 5–5，基准宽度制窄 V 带轮的槽角 α 见 GB/T 13575.1—2022，有效宽度制窄 V 带轮的槽角 α 见 GB/T 13575.2—2022。

4）V 带轮的结构形式。V 带轮按结构形式分为实心式 V 带轮（见图 5–11）、腹板式 V 带轮（见图 5–12）、孔板式 V 带轮（见图 5–13）和轮辐式 V 带轮（见图 5–14）四种。一般而言，V 带轮的基准直径较小时可采用实心式 V 带轮，基准直径较大时可采用腹板式或孔板式 V 带轮，当带轮基准直径大于 300 mm 时可采用轮辐式 V 带轮。

（3）V 带和 V 带轮的材料

V 带的包布、顶布和底布一般采用含氯丁二烯的棉、聚酯纤维织物等材料；顶胶、底胶和缓冲胶可采用天然橡胶、丁苯橡胶、氯丁橡胶和丁腈橡胶等材料；抗拉体的材料要具有较小的断裂伸长率和较大的断裂强度，多为聚酯线绳，也有的采用芳纶与钢丝等材料。

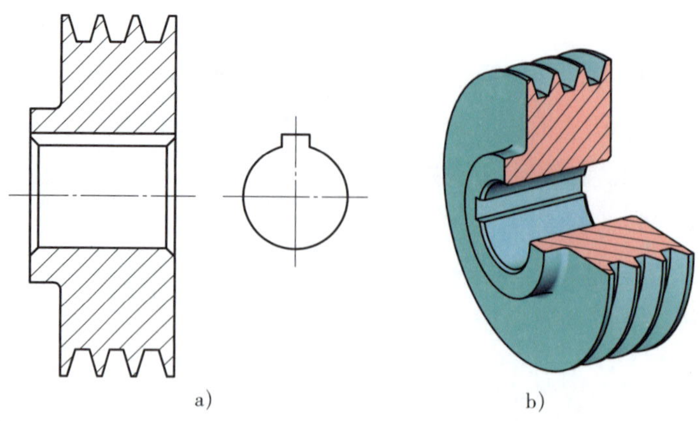

图 5-11 实心式 V 带轮

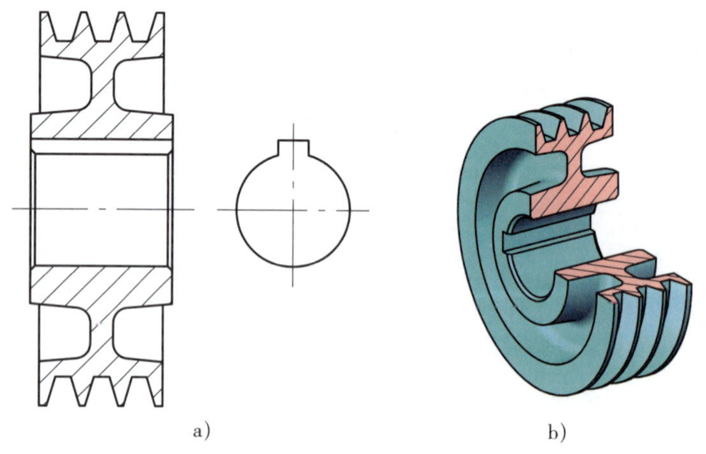

图 5-12 腹板式 V 带轮

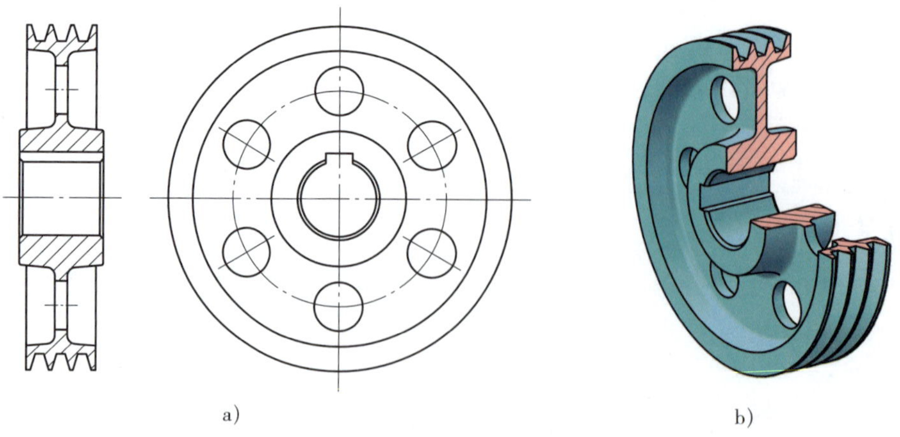

图 5-13 孔板式 V 带轮

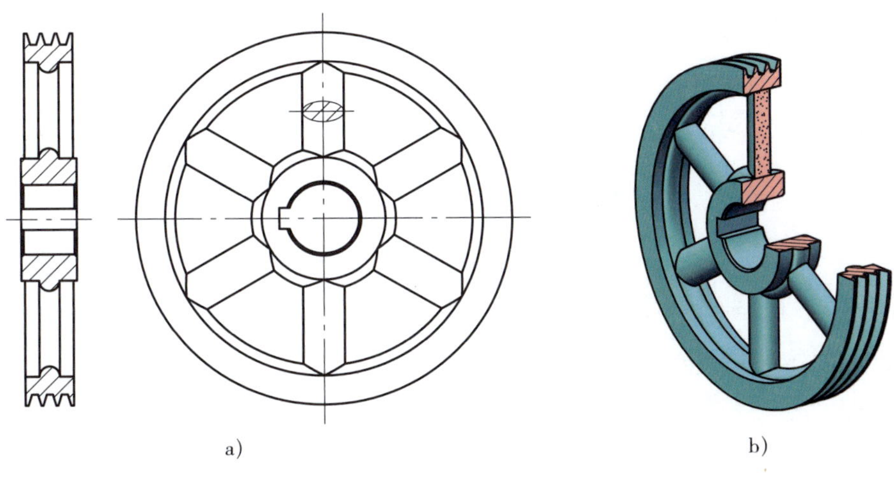

图 5–14　轮辐式 V 带轮

普通 V 带轮通常用灰铸铁制造，带速较高时可采用铸钢，功率较小的传动可采用铸造铝合金或工程塑料等。

4. V 带传动的主要参数

（1）传动比 i

根据带传动的传动比计算公式，对于 V 带传动，如果不考虑 V 带与 V 带轮间打滑因素的影响，其传动比计算公式可用主、从动带轮的基准直径来表示：

$$i_{12}=\frac{n_1}{n_2}=\frac{d_{d2}}{d_{d1}}$$

式中　n_1——主动带轮的转速，r/min；

n_2——从动带轮的转速，r/min。

d_{d1}——主动带轮的基准直径，mm；

d_{d2}——从动带轮的基准直径，mm。

通常情况下，V 带传动的传动比 $i \leqslant 7$，常用 2 ~ 7。

（2）小 V 带轮的包角 θ_1

带轮的包角是指带与带轮接触弧所对应的圆心角，如图 5–15 所示。包角的大小反映了带与带轮轮缘表面间接触弧的长短。两带轮中心距 C 越大，小带轮包角 θ_1 也越大，带与带轮接触弧也越长，

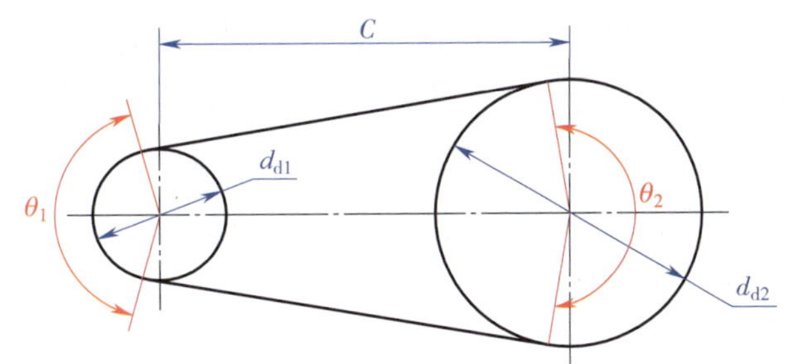

图 5–15　带轮的包角

θ_1—小带轮包角　θ_2—大带轮包角　C—中心距

d_{d1}—小带轮基准直径　d_{d2}—大带轮基准直径

带传递功率能力就越强；反之，带传递功率能力则越弱。为了使 V 带传动可靠，一般要求小 V 带轮的包角 $\theta_1 \geqslant 120°$。

小 V 带轮包角的计算公式为：

$$\theta_1 \approx 180° - \left(\frac{d_{d2} - d_{d1}}{C}\right) \times 57.3°$$

式中 θ_1——小 V 带轮包角，(°)；

d_{d1}——小 V 带轮基准直径，mm；

d_{d2}——大 V 带轮基准直径，mm；

C——中心距，mm。

(3) 中心距 C

中心距 C 是两带轮中心连线的长度（见图 5-15）。两带轮中心距越大，带的传动能力越强；但中心距过大，又会使整个装置不够紧凑，在高速传动时易使带产生振动，反而使带的传动能力下降。因此，两带轮中心距一般为两带轮基准直径之和（$d_{d1}+d_{d2}$）的 0.7 ~ 2 倍。

(4) 带速 v

带速 v 一般取 5 ~ 25 m/s。带速 v 过高或过低都不利于带的传动。带速太低，在传递功率一定时所需圆周力增大，容易引起打滑；带速太高，离心力又会使带与带轮间的压紧程度减小，传动能力降低。

(5) V 带的根数 Z

V 带的根数 Z 影响到带的传动能力。根数越多，传递功率越大，所以 V 带传动中所需 V 带的根数应按具体的传递功率大小而定。但为了使各 V 带受力比较均匀，V 带的根数不宜过多，一般取 2 ~ 5 根为宜，最多不能超过 10 根，否则应改选型号或加大带轮直径后重新设计。

5. V 带传动的安装与维护

(1) 套装 V 带时不得强行撬入，应将中心距缩小，待 V 带进入轮槽后再进行张紧。张紧时应在传动装置同一边上试一下每根 V 带的松紧程度，如不均匀，可空转几圈使其均匀后再张紧到规定的位置。在生产实践中，往往根据经验来调整 V 带的张紧程度，在中等中心距的 V 带传动中，一般以拇指能将 V 带按下 15 mm 左右时的张紧程度为合适，如图 5-16 所示。

(2) 安装 V 带轮时，两带轮的轴线应相互平行，两带轮轮槽的对称平面应重合，其偏角误差应小于 20′，V 带轮的安装位置如图 5-17 所示。

(3) V 带的型号与 V 带轮要一致。V 带安装后，V 带顶面与带轮外缘表面平齐（新安装时略高出一些），底面与轮槽底面间有一定的间隙，这样 V 带的两侧面和轮槽的工作面之间可充分接触，如图 5-18a 所示。图 5-18b 和图 5-18c 所示为 V 带与 V 带轮型号不一致的情况。

(4) 为保证安全生产和 V 带的清洁，应给带传动装置加装防护罩。

(5) V 带不宜与酸、碱、油等介质接触，工作温度一般不应超过 60 ℃，以防 V 带过快老化。

6. V 带传动的张紧方法

在安装 V 带传动装置时，V 带是以一定的拉力紧套在带轮上的，但经过一段时间运转后，V 带会因为塑性变形和磨损而松弛，影响正常工作。因此，需要定期检查与调整 V 带的张紧程度，以恢复和保持必需的张紧力，保证 V 带传动具有足够的传动能力。V 带传动常用的张紧方法见表 5-7。

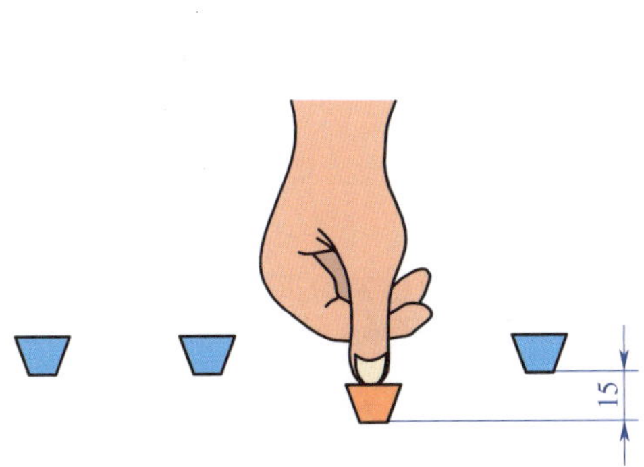

图 5-16　V 带的张紧程度

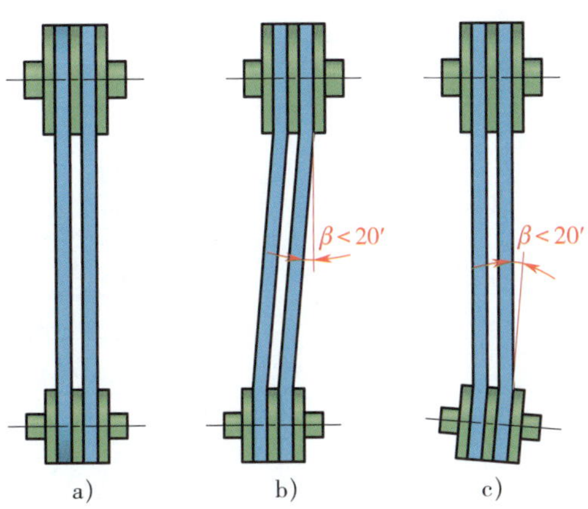

图 5-17　V 带轮的安装位置

a）理想位置　b）、c）允许位置

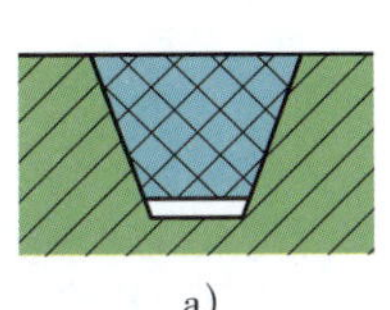

a)

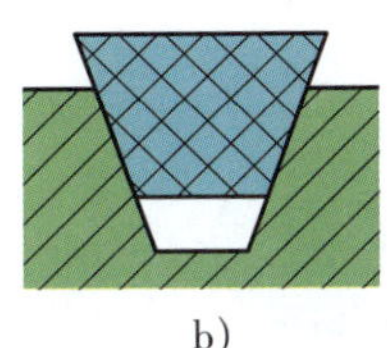

b)

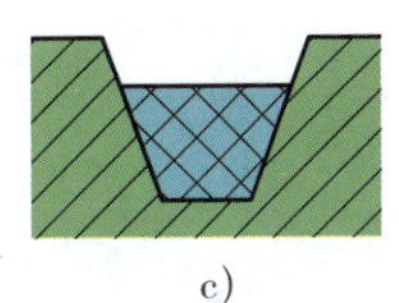

c)

图 5-18　V 带在 V 带轮中的安装情况

a）型号一致　b）、c）型号不一致

表 5-7　　V 带传动常用的张紧方法

张紧方法	结构简图	原理及应用
调整中心距	电动机　V带　调节螺钉　滑道	转动调节螺钉可使电动机沿垂直其转轴方向移动，从而实现 V 带的张紧。该方法适用于水平或接近水平的传动
	摆架　销轴　调节螺母	转动调节螺母，可使摆架绕销轴转动，从而改变 V 带的张紧程度。该方法适用于竖直或接近竖直的传动

续表

张紧方法	结构简图	原理及应用
调整中心距	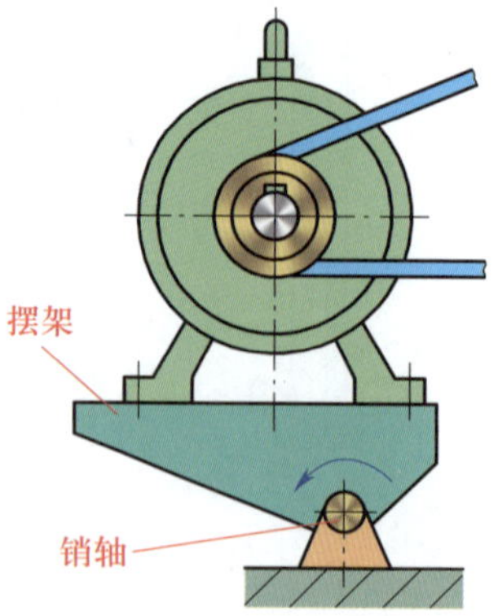 摆架 销轴	靠电动机及摆架的重力使电动机绕销轴摆动，实现自动张紧。该方法多用于小功率传动
采用张紧轮	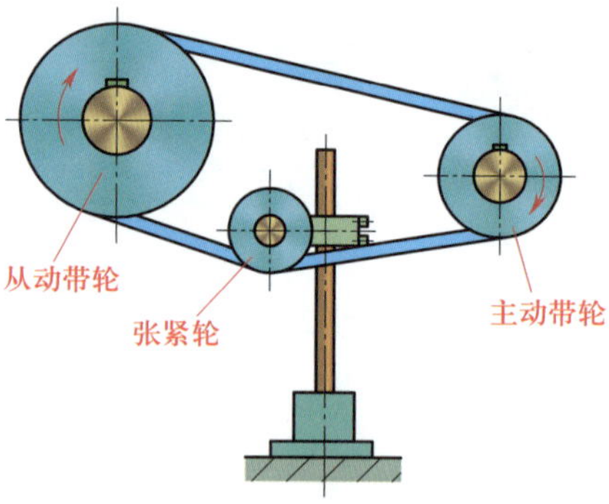 从动带轮 张紧轮 主动带轮	当两带轮的中心距不能调整（定中心距）时，可采用张紧轮将带张紧。张紧轮应置于松边内侧且靠近大带轮处，以减少张紧轮对小带轮包角的影响

三、同步带传动

同步带传动是啮合型带传动，它通过传动带内表面上等距分布的横向齿与带轮上的相应齿槽啮合来传递运动和动力，如图 5–19 所示。与 V 带传动相比，同步带传动的带轮和传动带之间没有相对滑动，能够保证准确的传动比。

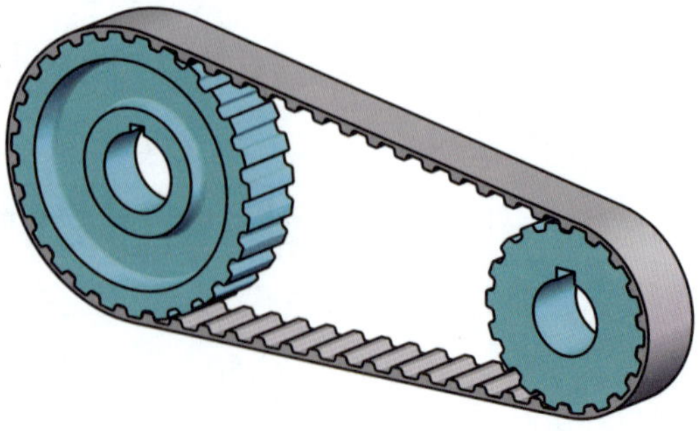

图 5–19　同步带传动

1. 同步带的结构与类型

（1）同步带的结构

同步带是具有等距横向齿的环形传动带，一般由齿布、带齿、芯绳和带背四部分组成，如图 5–20 所示。带背和带齿合称为带体，其材料一般多用聚氨酯或橡胶等。芯绳采用抗拉强度很高的钢丝绳或玻璃纤维绳等。采用高耐磨织物的齿布包裹在整个带齿的齿面上，起保护带齿的作用。

（2）同步带的类型

同步带的类型很多，常用的有梯形齿同步带和圆弧齿同步带，其齿形如图 5–21 所示，梯形齿同步带的齿廓为梯形，圆弧齿同步带的齿廓为圆弧。

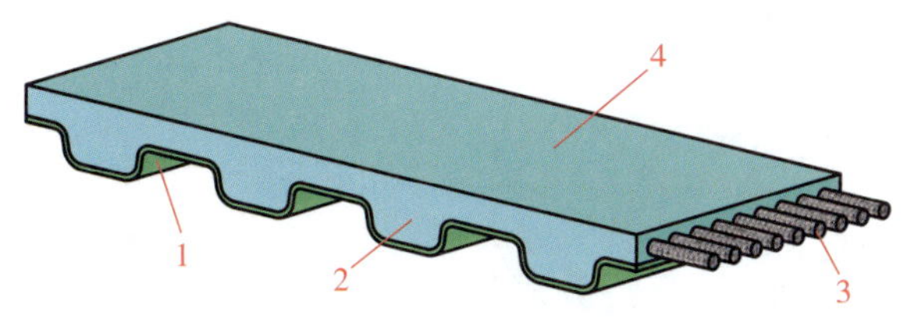

图 5-20　同步带的结构
1—齿布　2—带齿　3—芯绳　4—带背

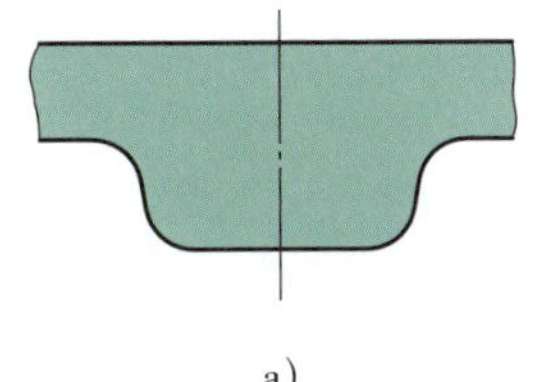

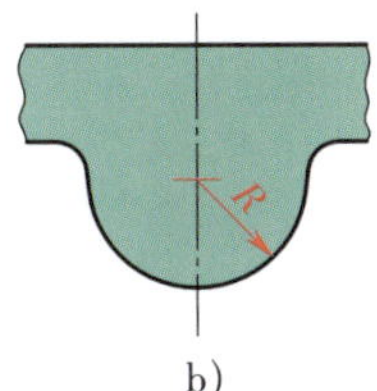

图 5-21　同步带齿形
a）梯形齿　b）圆弧齿

同步带按齿的分布情况分为单面齿同步带（单面有齿）和双面齿同步带（双面有齿）两种类型。双面齿同步带又分为对称双面齿同步带（型式代号为 DA）和交错双面齿同步带（型式代号为 DB）。图 5-22 所示为双面梯形齿同步带。

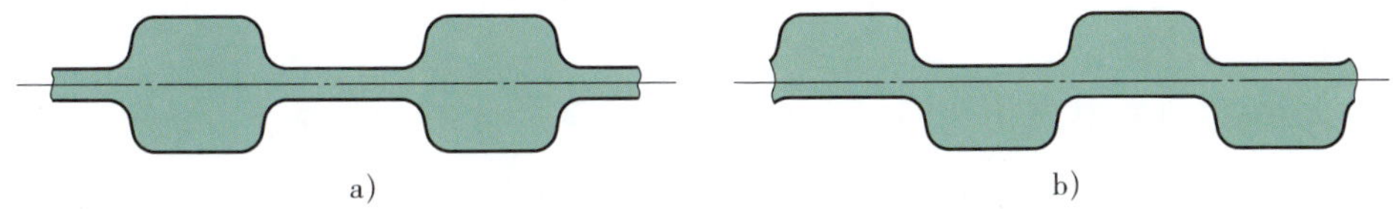

图 5-22　双面梯形齿同步带
a）对称双面梯形齿同步带（DA 型）　b）交错双面梯形齿同步带（DB 型）

梯形齿同步带分为周节制梯形齿同步带、T 型梯形齿同步带和 AT 型梯形齿同步带，周节制梯形齿同步带以英寸（in）制为标准，T 型和 AT 型梯形齿同步带以毫米（mm）制为标准。周节制梯形齿同步带最为常用，分为 MXL、XXL、XL、L、H、XH、XXH 七种型号，其承载能力由小到大逐渐递增。

2. 同步带轮

每种类型和规格的同步带都有与之对应的同步带轮，梯形齿同步带轮和圆弧齿同步带轮的齿形如图 5-23 所示。同步带轮分为无挡圈同步带轮和有挡圈同步带轮两种，其结构如图 5-24 所示。同步带轮常用材料有铝合金、钢、铸铁、不锈钢、尼龙、铜、橡胶、POM 聚甲醛塑料（赛钢）等，其中以 45 钢、铝合金最为常见。

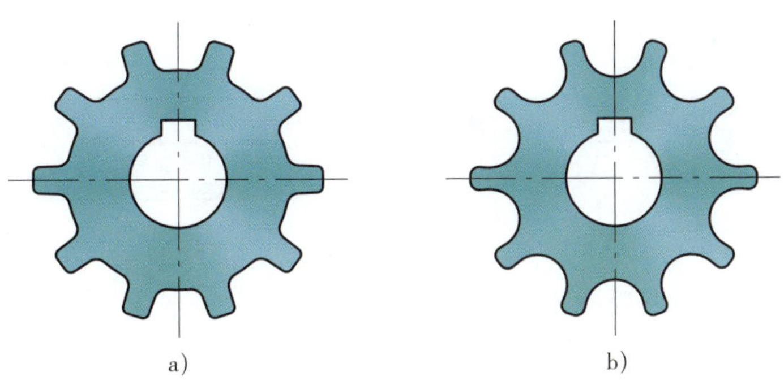

图 5-23　同步带轮的齿形
a）梯形齿　b）圆弧齿

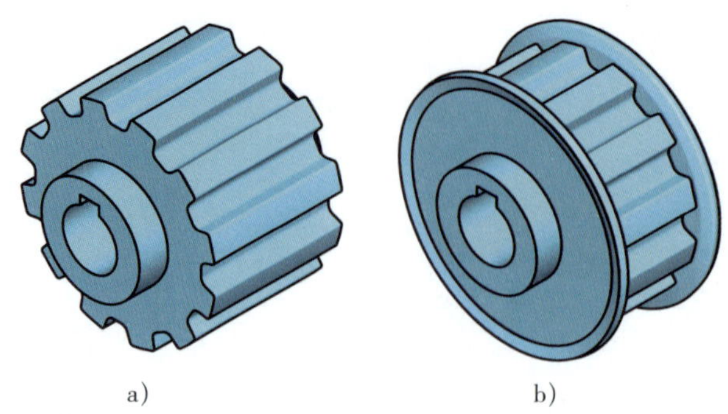

图 5–24 同步带轮的结构
a）无挡圈同步带轮 b）有挡圈同步带轮

3. 同步带传动的主要参数

（1）同步带的主要参数

1）节线长 L_p。当带垂直其底边弯曲时，在带中保持原长度不变的任意一条周线称为节线，同步带的节线如图 5–25 所示。芯绳的中心线与节线重合。节线的长度称为节线长 L_p，它是同步带的公称长度。

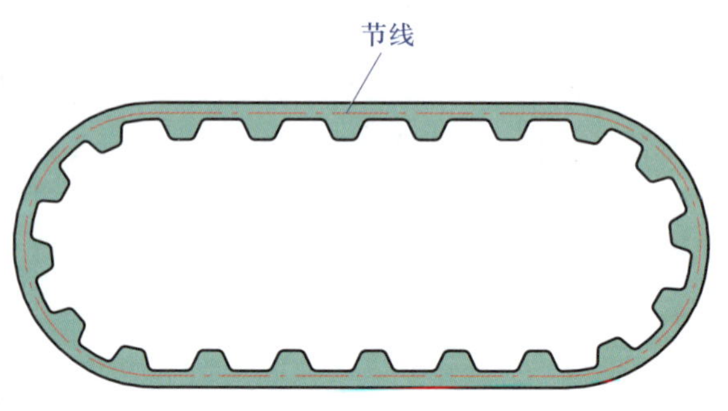

图 5–25 同步带的节线

2）带齿节距 P_b。在规定的张紧力下，带的纵截面上相邻两齿对称中心线的直线距离称为带齿节距 P_b，如图 5–26 所示。

3）带宽 b_s。带背面的横向尺寸称为带宽 b_s，如图 5–26 所示。

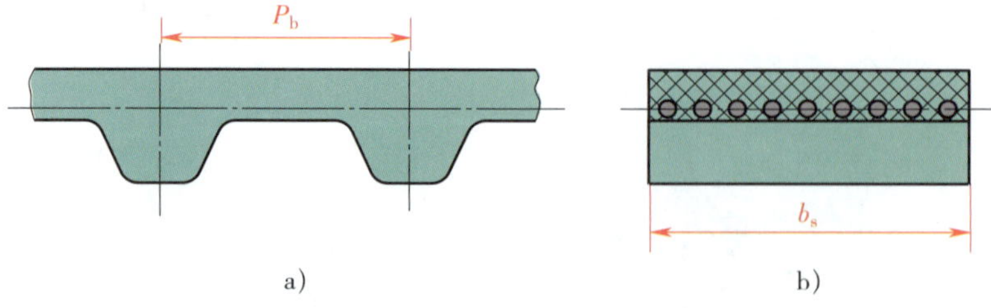

图 5–26 同步带的带齿节距和带宽
a）带齿节距 b）带宽

（2）同步带轮的主要参数

1）节径 d。节圆是指带轮上与带的节线重合的圆，其直径称为节径 d，如图 5–27 所示。

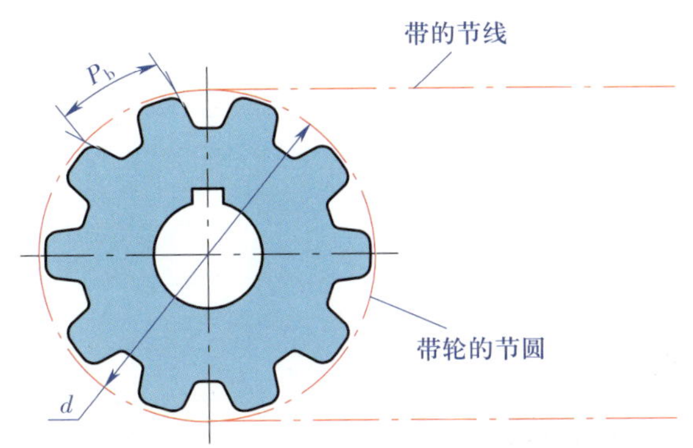

图 5-27 同步带轮的节径和节距

2）节距 P_b。节圆上相邻两齿同侧齿面间的弧长称为节距 P_b，如图 5-27 所示。

4. 同步带的标记

不同类型的同步带，其标记方法有所不同。周节制梯形齿同步带的标记由长度代号、型号、宽度代号组成；对于双面齿同步带，还应在最前面表示出型式代号 DA 或 DB。同步带的标记示例如下：

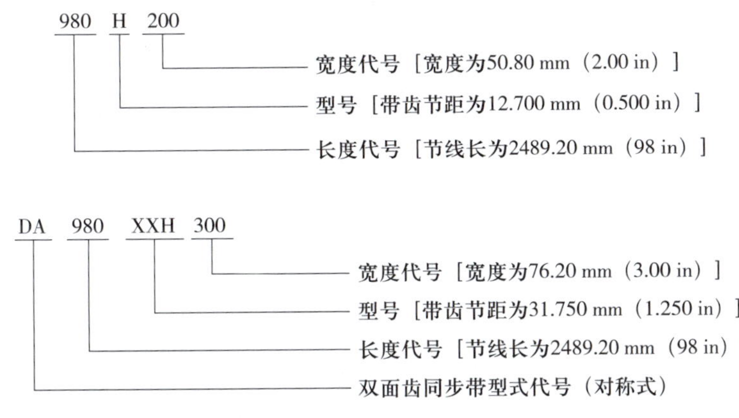

第二节 链 传 动

链传动是指通过链条将主动链轮的运动和动力传递到从动链轮的一种传动形式。其种类很多，最常见的是滚子链传动和齿形链传动。

一、链传动的组成及工作原理

链传动由分装在两平行轴上的链轮和绕于两链轮上的链条所组成，如图 5-28 所示。它通过链轮轮齿与链节相啮合而传递运动和动力。

在链传动中，主动链轮每转过一个齿，链条移动一个链节，从动链轮被链条带动转过一个齿。如

图 5–29 所示，设主动链轮的齿数为 z_1、从动链轮的齿数为 z_2，当主动链轮的转速为 n_1、从动链轮的转速为 n_2 时，单位时间内主动链轮转过的齿数 z_1n_1 与从动链轮转过的齿数 z_2n_2 相等，即

$$z_1n_1=z_2n_2 \text{ 或 } \frac{n_1}{n_2}=\frac{z_2}{z_1}$$

图 5–28　链传动的组成

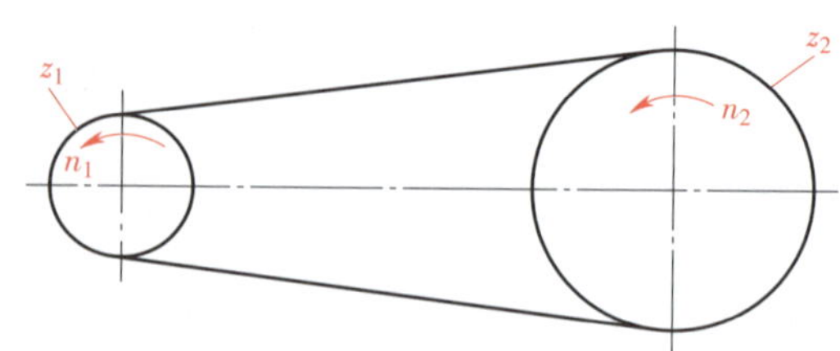

图 5–29　链传动

主动链轮的转速 n_1 与从动链轮的转速 n_2 之比称为链传动的传动比，表达式为

$$i_{12}=\frac{n_1}{n_2}=\frac{z_2}{z_1}$$

式中　i_{12}——传动比；

n_1、n_2——主、从动链轮的转速，r/min；

z_1、z_2——主、从动链轮的齿数。

二、滚子链

常用的滚子链主要有单排链、双排链和三排链三种结构形式，如图 5–30 所示。链条中的零件由非合金钢或合金钢制造，并经表面淬火处理，强度和硬度高，耐磨性好。滚子链的承载能力与排数成正比，但排数越多各排受力越不均匀，所以排数不能过多，一般不超过四排。

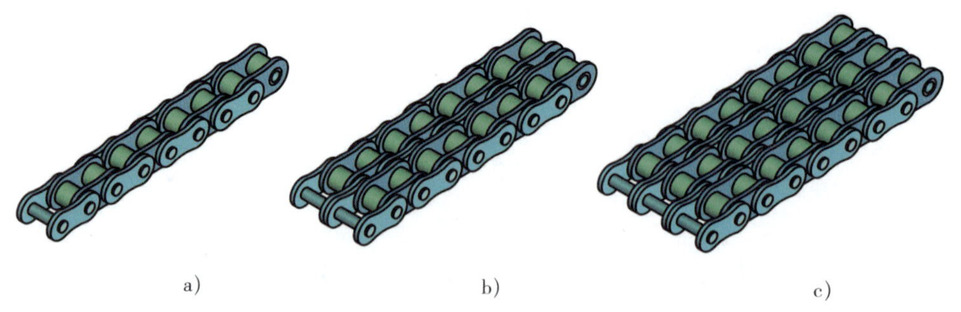

图 5–30　滚子链

a）单排链　b）双排链　c）三排链

1. 滚子链的结构

图 5–31 所示为单排滚子链的结构，它由内链板 4、外链板 2、销轴 1、套筒 3、滚子 5 等组成。销轴 1 与外链板 2、套筒 3 与内链板 4 之间采用过盈配合，而销轴 1 与套筒 3、滚子 5 与套筒 3 之间则采用间隙配合，以保证链节屈伸时，内链板 4 与外链板 2 之间能相对转动，滚子 5 与套筒 3、套筒 3 与

销轴 1 之间可以自由转动。当链条与链轮啮合时，滚子与链轮轮齿相对滚动，两者之间主要是滚动摩擦，从而减少了链条和链轮轮齿的磨损。

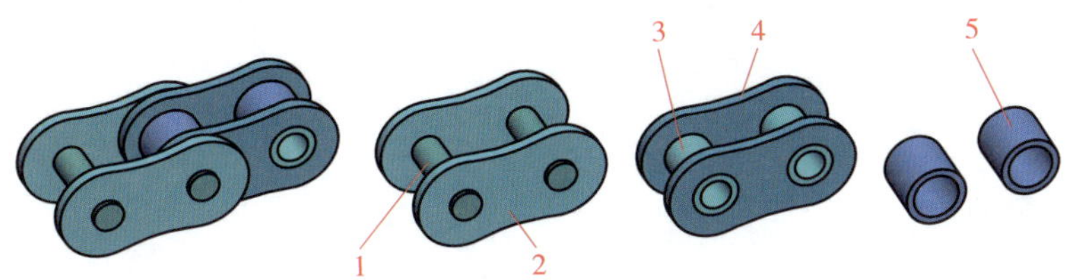

图 5-31　单排滚子链的结构

1—销轴　2—外链板　3—套筒　4—内链板　5—滚子

如图 5-32a、b 所示，滚子链接头处一般可用弹簧锁片或开口销锁定。当链节数为奇数时，接头需采用过渡链节，如图 5-32c 所示。过渡链节不仅制造复杂，而且抗拉强度较低，因此尽量不采用。

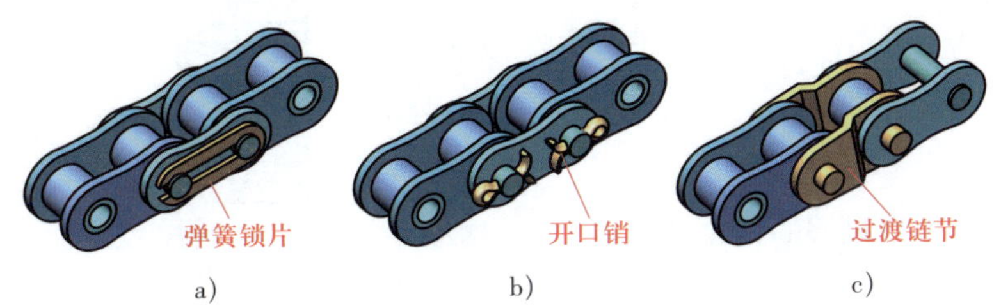

图 5-32　滚子链接头形式

a）弹簧锁片接头　b）开口销接头　c）过渡链节接头

2. 滚子链的主要参数及标示

（1）节距

链条相邻两销轴轴线之间的距离称为节距，用符号 P 表示，如图 5-33 所示。节距是滚子链的主要参数，链的节距越大，承载能力越强，但链传动的结构尺寸相应增大，传动的振动、冲击和噪声也相应严重。因此，应用时尽可能选用小节距的链。高速、大功率传动时，可选用小节距的双排链或多排链。

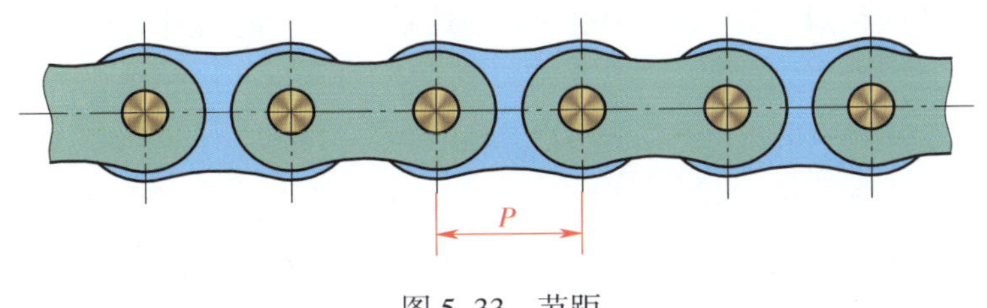

图 5-33　节距

（2）节数

链节是组成链条的最小单元，链条的节数是指每一根链条中链节的总数，滚子链的长度与节数有关。为了使链条两端便于连接，节数应尽量选取偶数，以便连接时正好使内链板和外链板相接。

（3）链条速度

链条速度不宜过大，链条速度越大，链条与链轮间的冲击力也越大，会使传动不平稳，同时加速链条和链轮的磨损。一般要求链条速度不大于 15 m/s。

（4）滚子链的标记

滚子链是标准件，其标记形式为：链号 – 排数。例如“16B–1”表示链号为 16B 的单排链。依据链号可查阅国家标准《传动用短节距精密滚子链、套筒链、附件和链轮》（GB/T 1243—2024）得到滚子链的相关尺寸。国家标准规定链号应标记在链条上。

三、滚子链链轮

滚子链链轮要与滚子链配套，其种类分为单排、双排和多排等。滚子链链轮的轮齿形状如图 5–34 所示。

为保证传动平稳，减少冲击和动载荷，小链轮齿数不宜过少，一般应大于 17。大链轮齿数也不宜过多，齿数过多除了增大传动尺寸和质量外，还会出现跳齿和脱链等现象，通常大链轮齿数一般应小于 120。由于滚子链的节数常取偶数，为使链条与链轮轮齿磨损均匀，链轮齿数一般应取与链节数互为质数的奇数。

链轮材料应保证轮齿有足够的强度和耐磨性，一般可采用灰铸铁、低碳钢、中碳钢、低碳合金钢、中碳合金钢等。链轮齿面一般都经过热处理，达到一定的硬度。

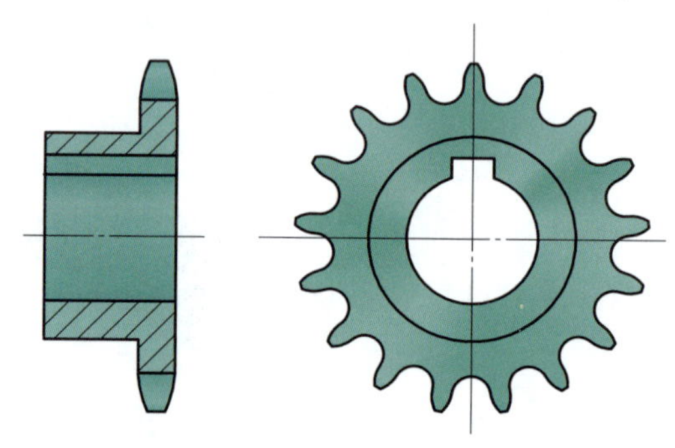

图 5–34　滚子链链轮的轮齿形状

第三节　螺纹连接和螺旋传动

一、螺纹连接

螺纹连接是指通过螺纹构成的连接，多为可拆卸连接。螺纹连接具有结构简单、连接可靠、装拆方便等优点。

1. 螺纹连接的类型和应用

螺纹连接在生产实践中应用很广，常见的螺纹连接有螺栓连接、双头螺柱连接、螺钉连接和紧定螺钉连接四种类型，其类型、特点及应用见表 5–8。

2. 螺纹连接的预紧与防松

（1）螺纹连接的预紧

螺纹连接在装配时一般都需要拧紧螺栓、螺母或螺钉等，即对螺纹连接进行预紧。预紧的目的，一方面是防止螺纹连接松动；另一方面是可以使被连接件接合面之间摩擦力增大，以提高传递载荷的能力。但预紧力不能过大，过大则会损伤螺纹。控制螺纹连接预紧力的方法见表 5–9。

表 5–8　　螺纹连接的类型、特点及应用

类型	图示	特点	应用
螺栓连接	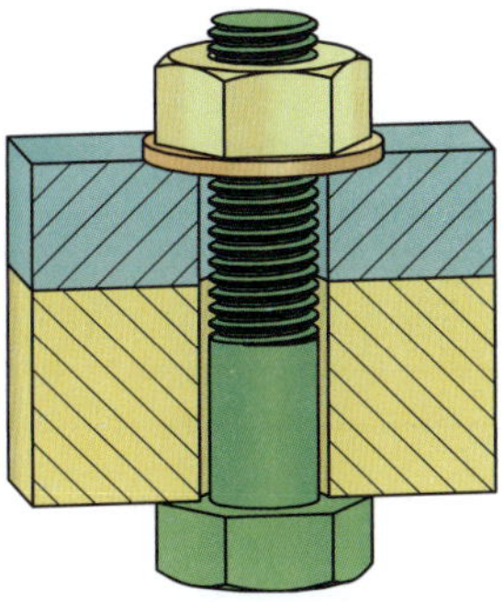	螺栓穿过两被连接件上的通孔并加螺母紧固。结构简单，装拆方便，成本低，应用广泛	用于两被连接件上均为通孔且有足够装配空间的场合
双头螺柱连接	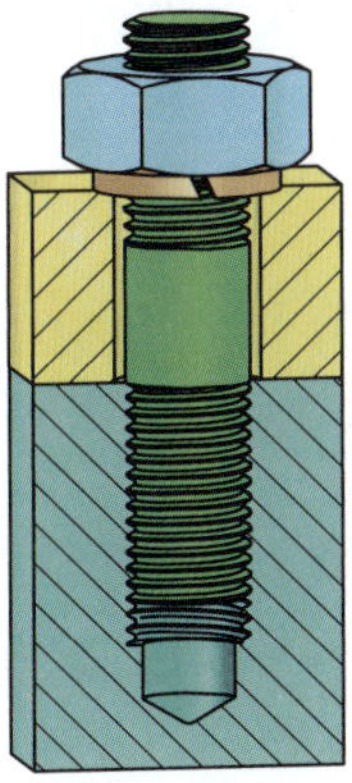	螺柱的旋入端靠螺纹配合的过盈及螺纹尾部的台阶（或螺尾最后几圈较浅的螺纹）拧紧在被连接件之一的螺纹孔中，装上另一个被连接件后，加垫圈并用螺母紧固。拆卸上侧被连接件时，只需拧下螺母，故被连接件上的螺纹不易损坏	用于受结构限制或被连接件之一为不通孔并需经常拆卸的场合
螺钉连接	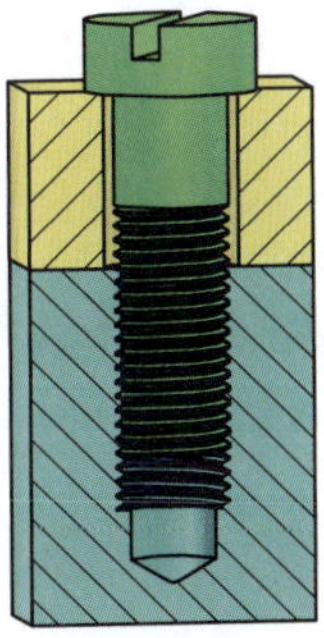	螺钉（也可以是螺栓）穿过一个被连接件上的通孔而直接拧入另一个被连接件的螺纹孔内并紧固。若经常拆卸，则被连接件上的螺纹易损坏	用于被连接件之一较厚，不便加工通孔，且不必经常拆卸的连接
紧定螺钉连接	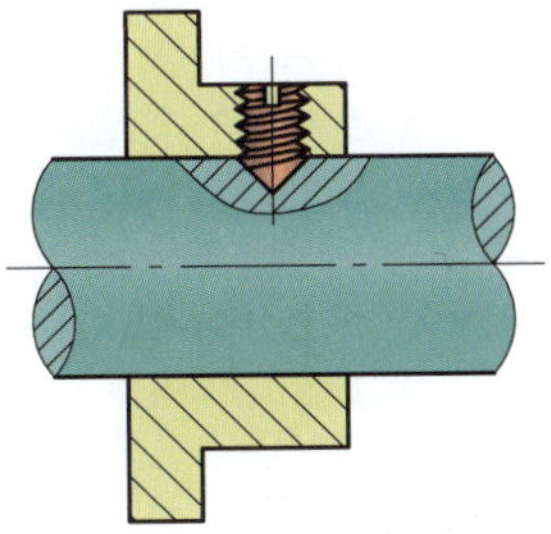	紧定螺钉拧入一个被连接件上的螺纹孔并用其端部顶紧另一个被连接件	用于固定两被连接件的相互位置，并可传递不大的力或扭矩

表 5-9 控制螺纹连接预紧力的方法

方法	特点及应用
感觉法	靠操作者在拧紧时的感觉和经验。方法简单，经济实用，常用于普通的螺纹连接
力矩法	用测力矩扳手或定力矩扳手控制预紧力。费用较低，误差较小，应用广泛
测量螺栓伸长法	通过测量螺栓的伸长来控制预紧力，其应用条件是螺栓预紧力引起的螺栓伸长必须在弹性变形范围内。误差非常小，但使用麻烦，费用高，用于特殊需要的场合
螺母转角法	首先把螺母拧紧到“密贴”的位置，再将螺母旋转一下预定的角度。在汽车工业和钢结构中应用广泛

（2）螺纹连接的防松

螺纹连接的防松即防止螺纹副的相对转动。螺纹连接一般采用牙型为三角形的单线普通螺纹，其螺纹升角 ϕ 为 1.5° ~ 3.5°，具有自锁性能；同时螺纹零件端面与支承面之间还存在摩擦力，因此在静载荷下螺纹连接不会自行松开。但在冲击、振动和交变载荷作用下，摩擦力会瞬时减小或消失，连接有可能松动，因此必须考虑防松措施。

螺纹连接常用的防松方法有摩擦防松、机械防松和破坏螺纹防松三种。

1）摩擦防松。摩擦防松是指使螺纹副中有不随连接载荷而变的压力，始终有摩擦力防止其相对转动，摩擦防松常用的方法见表 5-10。

表 5-10 摩擦防松常用的方法

形式	结构	特点及应用
双螺母防松		先用 80% 的规定力矩拧紧下面的螺母，再用 100% 的规定力矩拧紧上面的螺母，使螺栓在旋合段内受拉而螺母受压 结构简单、成本低，但质量增大。多用于低速重载或载荷平稳的场合
弹簧垫圈防松		依靠弹簧垫圈在压平后产生的弹力及其切口尖角嵌入被连接件及紧固件支承面，起防松作用 结构简单、成本低、使用方便，但由于弹力不均匀，也不十分可靠，多用于不太重要的连接。采用鞍形或波形垫圈可明显提高防松效果

2）机械防松。机械防松是用金属元件锁住螺纹副，使其不能做相对转动，机械防松常用的方法见表 5–11。

表 5–11　　机械防松常用的方法

形式	结构	特点及应用
开口销防松	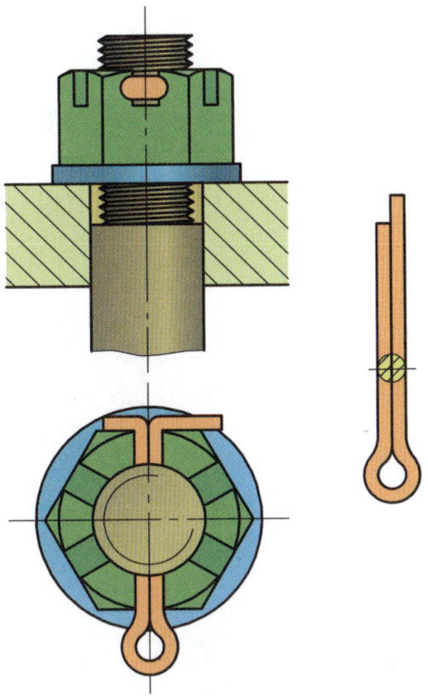	开口销穿过螺母的槽口并插入螺栓上的径向销孔中，使螺母、螺栓不能相对转动 防松可靠，但不便装配，不适用于双头螺柱的防松。多用于交变载荷、振动场合的重要部位连接的防松，如飞行器、汽车等
止动垫圈防松	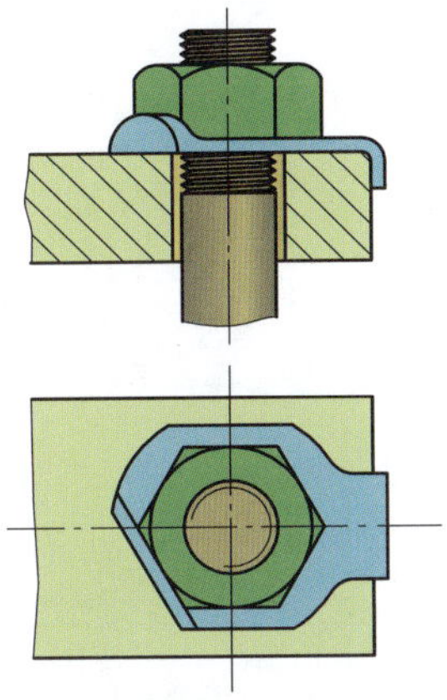	首先将单耳止动垫圈套在螺栓上，拧好六角螺母（未拧紧），将单耳止动垫圈的单耳紧靠被压紧件的边沿弯折，然后拧紧螺母，再将止动垫圈另一侧的圆形边缘竖立起来，贴在六角螺母的侧平面上，以实现防松 防松可靠，但需要被连接件具有一定的安装结构
串联钢丝防松	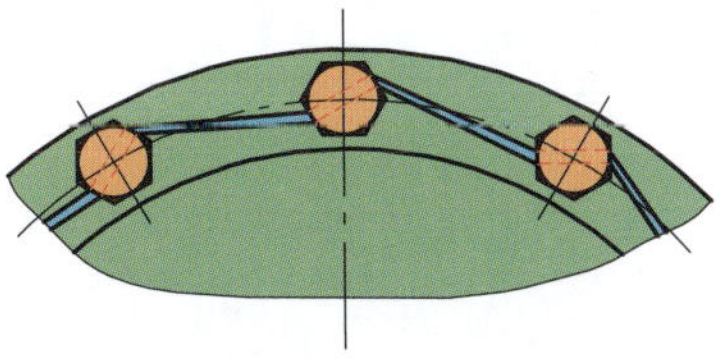 正确 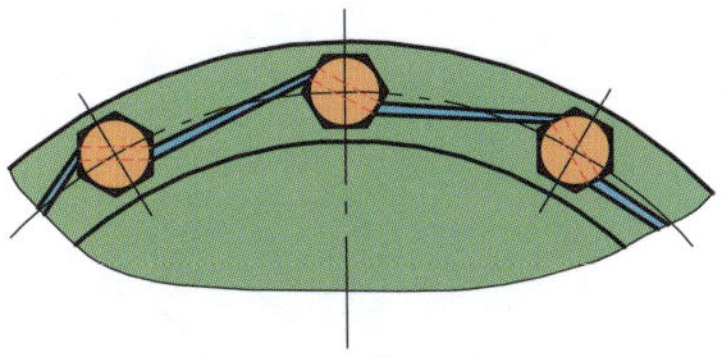 错误	螺栓头部钻有小孔，使用时将低碳钢丝穿入小孔并盘紧，以防止螺栓松脱。但要注意，钢丝盘绕的方向应是使螺栓旋紧的方向，图示为用于右旋螺纹的防松 相互制约，防松可靠，也适用于双头螺柱的防松

3）破坏螺纹防松。破坏螺纹防松是指将螺栓和螺母上的螺纹通过焊接、铆接、冲点或用黏结剂粘接等方法连为一体，具体见表 5-12。

表 5-12 破坏螺纹防松

形式	结构	特点及应用
焊接防松		拧紧螺母后，将螺母和螺栓焊接在一起。防松可靠，但拆卸困难，且拆后螺纹连接件不能再使用。用于不拆卸场合
铆接防松		螺栓杆末端外露（1.0～1.5）*P* 长度，拧紧螺母后将螺栓铆死。用于低强度螺栓、不拆卸的场合
冲点防松		在螺杆靠近螺母处通过冲点将螺杆上的螺纹破坏，以防止螺纹连接松动。可冲单点或多点，防松性能一般，只适用于低强度紧固件
粘接防松	涂黏结剂	在旋合螺纹间涂黏结剂，使螺纹副旋紧后粘接在一起。防松可靠，且有密封作用。应根据使用场合选用适当的黏结剂。用于不拆卸场合

二、螺旋传动

螺旋传动是利用螺杆（丝杠）和螺母组成的螺旋副来实现传动的。按螺旋副之间的摩擦状态，可将螺旋传动分为滑动螺旋传动和滚动螺旋传动。滑动螺旋传动又分为普通螺旋传动和差动螺旋传动两种类型。

1. 普通螺旋传动

由一个螺杆和一个螺母组成的简单螺旋副实现的传动称为普通螺旋传动。

（1）普通螺旋传动的形式

普通螺旋传动的形式可以分为单动螺旋传动和双动螺旋传动两类。

1）单动螺旋传动。单动螺旋传动是指螺栓或螺母有一件不动，另一件既旋转又移动的普通螺旋传动。单动螺旋传动有两种运动形式，其中一种形式是螺母不动，螺杆旋转并做直线运动；另一种形式是螺杆不动，螺母旋转并做直线运动。单动螺旋传动的运动形式见表 5–13。

表 5–13 单动螺旋传动的运动形式

运动形式	应用实例	工作过程
螺母不动，螺杆旋转并做直线运动	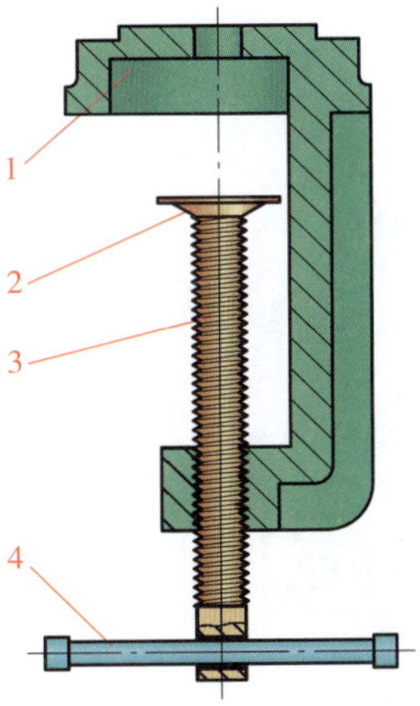 1 2 3 4 桌虎钳底座夹紧装置 1—固定座 2—压紧盘 3—螺杆 4—手柄	当螺杆做旋转运动时，螺杆连同其上的压紧盘向上运动，将桌虎钳固定在桌面上；或向下运动，以便将桌虎钳从桌面上拆下
螺杆不动，螺母旋转并做直线运动	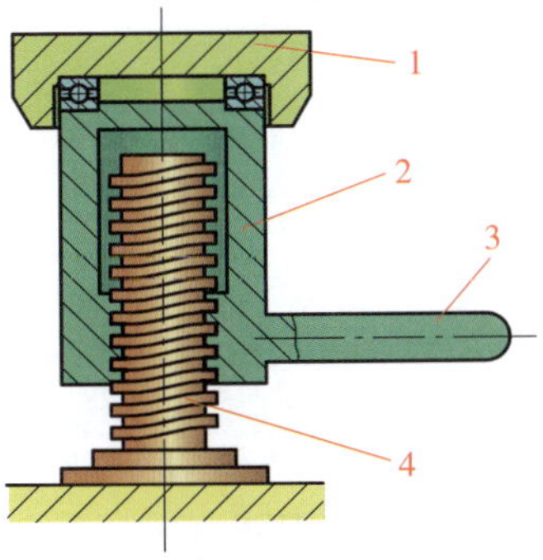 1 2 3 4 螺旋千斤顶 1—托盘 2—螺母 3—手柄 4—螺杆	螺杆连接在底座上固定不动，转动手柄使螺母旋转，并做上升或下降的直线移动，从而举起或放下托盘

2）双动螺旋传动。双动螺旋传动是指螺杆和螺母都做运动的普通螺旋传动。双动螺旋传动有两种运动形式，其中一种形式是螺杆原位旋转，螺母做直线运动；另一种形式是螺母原位旋转，螺杆做直线运动。双动螺旋传动的运动形式见表 5–14。

表 5-14 双动螺旋传动的运动形式

运动形式	应用实例	工作过程
螺杆原位旋转，螺母做直线运动	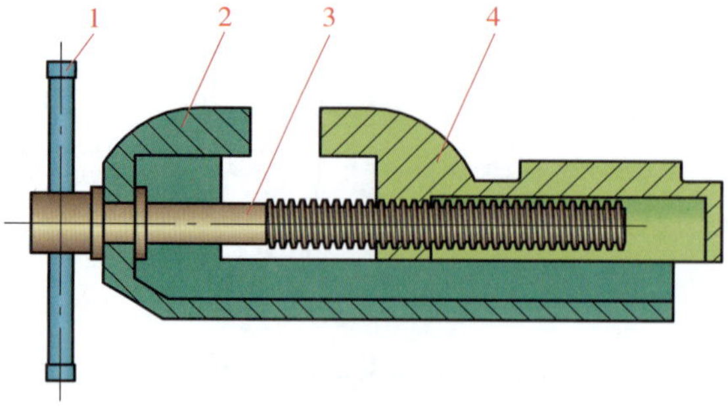 桌虎钳夹紧工件机构 1—手柄 2—固定钳身 3—螺杆 4—活动钳身（螺母）	转动手柄时，螺杆与手柄一起旋转，使活动钳身（螺母）左右移动，从而实现对工件的夹紧和松开
螺母原位旋转，螺杆做直线运动	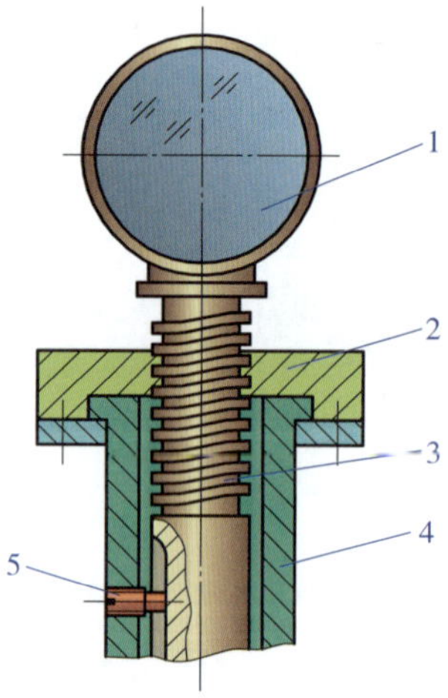 观察镜螺旋调整装置 1—观察镜 2—螺母 3—螺杆 4—机架 5—紧定螺钉	螺母做旋转运动时，螺杆带动观察镜向上或向下移动，从而实现对观察镜的上下调整

（2）普通螺旋传动运动方向的判定

在普通螺旋传动中，螺杆或螺母的移动方向可用左、右手法则判断。具体方法如下：

1）左旋螺纹用左手判断，右旋螺纹用右手判断。

2）弯曲四指，其指向与螺杆（或螺母）旋转方向相同。

3）拇指指向与螺杆轴线方向一致。

4）若为单动，拇指的指向即为螺杆（或螺母）的移动方向；若为双动，与拇指指向相反的方向即为螺杆（或螺母）的移动方向。

图 5-35 所示为管钳，螺杆相对钳座旋转并做直线运动。该机构属于螺杆既做旋转运动又做直线运动的单动螺旋传动。根据图示可判断螺纹的旋向为右旋，所以用右手法则判别。当螺杆按箭头所示方向旋转时，螺杆向下运动，带动活动钳口夹紧管件。

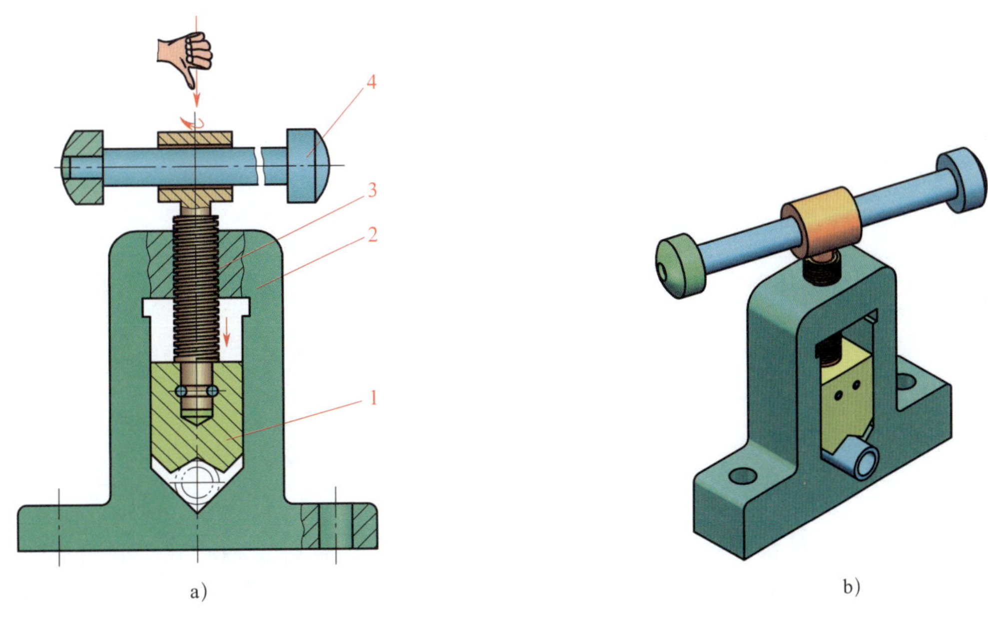

图 5-35　管钳

1—活动钳口　2—钳座　3—螺杆　4—手柄

图 5-36 所示为机用虎钳，螺杆只能做旋转运动，螺母带动活动钳身做直线运动。该机构属于螺杆旋转、螺母做直线运动的双动螺旋传动，根据图示可判断螺纹的旋向为右旋，所以用右手法则判别。当螺杆按箭头所示方向旋转时，螺母向拇指指向的反方向运动，即向左移动。

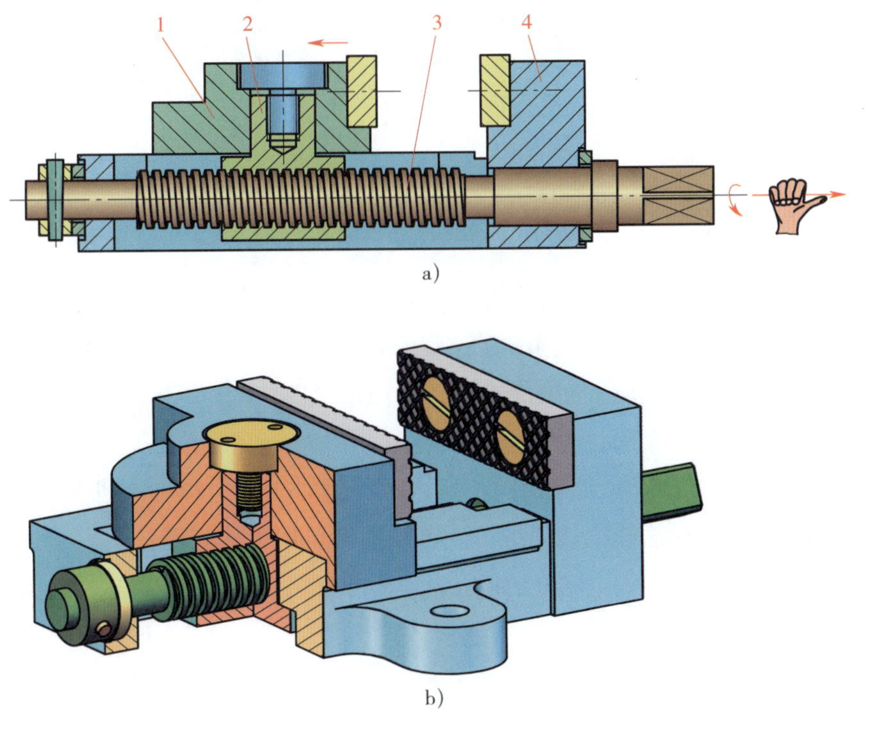

图 5-36　机用虎钳

1—活动钳身　2—螺母　3—螺杆　4—固定钳身

（3）普通螺旋传动直线移动距离的计算

普通螺旋传动中，螺杆（螺母）相对于螺母（螺杆）每旋转一周，螺杆（螺母）就移动一个导程的距离。因此，螺杆（螺母）移动距离 L 等于旋转周数 N 与导程 P_h 的乘积：

$$L=NP_h$$

式中 L——螺杆（螺母）移动距离，mm；

N——旋转周数；

P_h——螺纹的导程，mm。

2. 差动螺旋传动

差动螺旋传动是指由两个导程或（和）旋向不同的螺旋副组成的传动。

（1）差动螺旋传动的种类

根据传动中两螺旋副的旋向，差动螺旋传动可分为旋向相同的差动螺旋传动和旋向相反的差动螺旋传动两种形式。

1）旋向相同的差动螺旋传动。旋向相同的差动螺旋传动是指螺杆上两段螺纹旋向相同而螺距不同的差动螺旋传动。如图 5–37 所示，螺杆上有两段螺纹（导程分别为 P_{h1} 和 P_{h2}），分别与固定螺母（机架）、活动螺母组成两个螺旋副，这两个螺旋副组成的传动，使活动螺母与螺杆产生不一致的轴向运动。

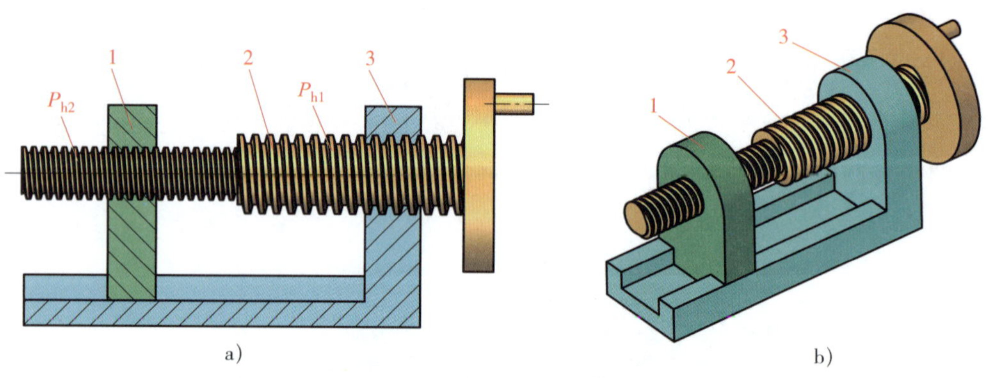

图 5–37 旋向相同的差动螺旋传动

1—活动螺母 2—螺杆 3—固定螺母（机架）

2）旋向相反的差动螺旋传动。旋向相反的差动螺旋传动是指螺杆（或螺母）上两螺纹旋向相反的传动。图 5–38 所示为紧绳器，其螺杆两侧的螺纹旋向相反。图 5–39 所示的紧绳器是在一个零件上加工了两个不同旋向的内螺纹，与相应旋向的螺杆配合，也能起到与图 5–38 所示紧绳器相同的作用。

（2）差动螺旋传动螺母移动距离计算及方向判断

旋向相同的差动螺旋传动的螺纹旋向相同，所以螺杆相对于固定螺母（机架）的移动方向与活动螺母相对螺杆的移动方向相反，这样，活动螺母的移动距离可用下式表示：

$$L=N（P_{h1}-P_{h2}）$$

式中 L——活动螺母移动距离，mm；

N——旋转周数；

P_{h1}——固定螺母导程，mm；

P_{h2}——活动螺母导程，mm。

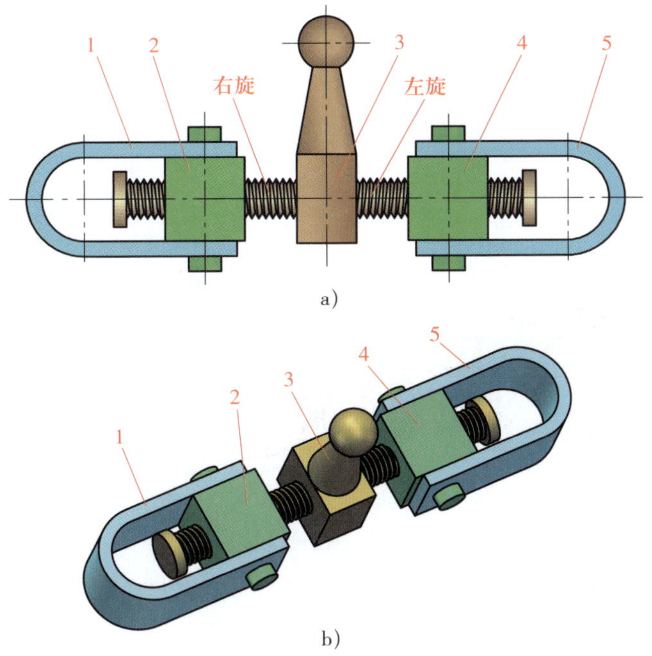

图 5-38　紧绳器（一）

1、5—拉环　2、4—带销轴的螺母块　3—带手柄的螺杆

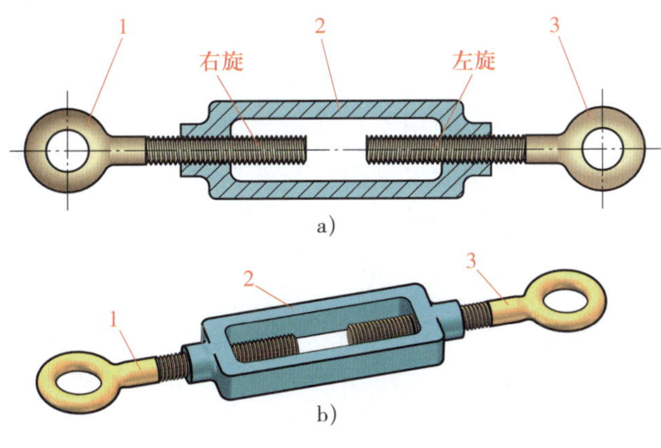

图 5-39　紧绳器（二）

1、3—拉环　2—螺母连接环

若 L 的计算结果为正值，则活动螺母的实际移动方向与螺杆的移动方向相同；若计算结果为负值，则活动螺母实际移动方向与螺杆移动方向相反。

当两段螺纹旋向相反时，活动螺母的移动距离为

$$L=N(P_{h1}+P_{h2})$$

3. 滚动螺旋传动

（1）滚动螺旋传动的工作原理

在螺旋传动的螺杆和螺母间的螺旋滚道中置入滚动体（一般为钢质滚珠），就构成了滚动螺旋传

动，这种螺旋副又称为滚珠丝杠副。如图 5-40 所示，在丝杠和螺母上均制有圆弧形螺旋槽，将它们装配在一起便形成了螺旋滚道，滚珠安装在滚道中。当丝杠或螺母转动时，滚珠在螺旋滚道内滚动，变滑动摩擦为滚动摩擦。滚动螺旋副的螺母上有滚动体的循环通道，与螺旋滚道形成循环回路，使滚珠在螺旋滚道内循环。

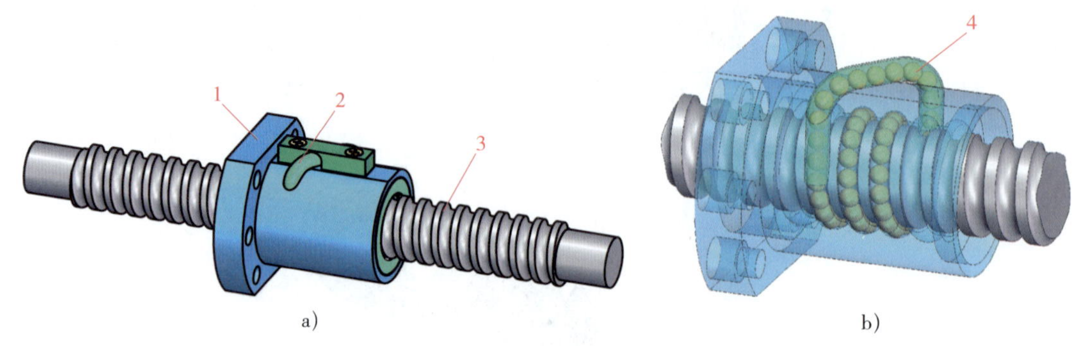

图 5-40　滚动螺旋传动

1—螺母　2—导套　3—丝杠　4—滚珠

（2）滚动螺旋传动的防护与润滑

1）滚动螺旋传动的防护。滚动螺旋传动应避免硬质灰尘或切屑等污物进入，因此必须装有防护装置。如果滚珠丝杠副在机床上外露，则应采用封闭的防护罩，如采用螺旋弹簧钢带套管、伸缩套管以及折叠式套管等。安装时将防护罩的一端连接在滚珠螺母的侧面，另一端固定在滚珠丝杠的支承座上。如果滚珠丝杠副处于隐蔽位置，则可采用密封圈防护，密封圈装在螺母的两端。密封圈分为接触式弹性密封圈和非接触式密封圈两种。接触式弹性密封圈采用耐油橡胶或尼龙制成，其内孔做成与丝杠螺旋滚道相配的形状，防尘效果好，但由于存在接触压力，使摩擦力矩略有增加。非接触式密封圈又称迷宫式密封圈，它采用硬质塑料制成，其内孔与丝杠螺旋滚道的形状相反，并稍有间隙，这样可避免摩擦力矩，但是防尘效果差。工作中应安装避免碰击的防护装置，防护装置损坏后应及时更换。

2）滚动螺旋传动的润滑。使用润滑剂可提高滚动螺旋传动的耐磨性及传动效率。润滑剂可分为润滑油和润滑脂两大类。润滑油一般为全损耗系统用油，润滑脂可采用锂基润滑脂。润滑脂一般加在螺旋滚道和安装螺母的壳体空间内，而润滑油则经过壳体上的油孔注入螺母的空间内。滚珠丝杠上的润滑脂应每半年更换一次。更换时，首先清洗丝杠上的旧润滑脂，然后涂上新的润滑脂。用润滑油润滑的滚珠丝杠副，可在机床每次工作前加油一次。

4. 滑动螺旋副的材料及热处理

螺杆材料应具有较高的强度和良好的加工性。不经热处理的螺杆可选 Q235、Q275 等碳素结构钢，或选 45、50 等优质碳素结构钢。对于重要传动，要求耐磨性高的螺杆，可选 40Cr、65Mn 等合金钢并进行淬火热处理，或选合金渗碳钢 20CrMnTi 进行渗碳后淬火热处理以提高耐磨性。对于精密的螺旋传动，要求螺杆热处理后有较好的尺寸稳定性，可选用合金工具钢 CrWMn 并进行淬火热处理，或选用优质合金调质钢 38CrMoAlA 并进行渗氮热处理。

螺母材料除了要有足够的强度外，和螺杆配合后还应具有较低的摩擦因数和较高的耐磨性。要求较高时，可选铸造锡青铜 ZCuSn10P1 和 ZCuSn5Pb5Zn5；低速重载时，可选用铸造铝青铜 ZCuAl9Mn2、ZCuAl10Fe3 或铸造黄铜 ZCuZn38；轻载低速时可选用球墨铸铁。

5. 滑动螺旋传动的润滑

对小型轻载的滑动螺旋传动，可选用低黏度的 L-AN 全损耗系统用油；中型或载荷较重的滑动螺旋传动应采用一般黏度的 L-AN 全损耗系统用油或涡轮机油；大型、重载的滑动螺旋传动应用高黏度（黏度等级 100 以上）的齿轮油。对加油方便的小型机械的滑动螺旋传动，可采用手浇或滴油润滑；对有外露部分的滑动螺旋传动，则直接向螺杆（或螺母）加油润滑；对不能靠自然流入进行润滑的滑动螺旋传动，则需采用加压给油的方式进行润滑。

不同类型机床的滑动螺旋传动，其润滑的要求也不同。如立式车床中的滑动螺旋传动，其表面压力高达 10 MPa，所以必须选用黏度高、耐磨性好的导轨油；精密机床中的滑动螺旋传动要求长期保持其精度、较小的温升和较小的摩擦因数，宜选用黏度低及耐磨性好的轴承油或液压油。

第四节　齿 轮 传 动

齿轮是一个有齿构件，它与另一个有齿构件通过共轭齿面的相继啮合，从而传递运动和动力。齿轮传动是利用齿轮副来传递运动和动力的一种机械传动，可以传递空间任意两轴间的运动，且传动准确可靠，效率高。

一、齿轮传动的常用类型

齿轮传动的常用类型见表 5-15。

表 5-15　齿轮传动的常用类型

分类方法		类型和图例			
两轴平行	按轮齿方向	类型	直齿圆柱齿轮传动	斜齿圆柱齿轮传动	人字齿圆柱齿轮传动
		图例			

续表

分类方法		类型和图例			
两轴平行	按啮合情况	类型	外啮合齿轮传动	内啮合齿轮传动	齿轮齿条传动
		图例			
两轴不平行		类型	相交轴齿轮传动		交错轴斜齿圆柱齿轮传动
			直齿锥齿轮传动	曲线齿锥齿轮传动	
		图例			

二、齿轮传动的传动比

齿轮传动由主动齿轮和从动齿轮组成，如图 5–41 所示。当齿轮互相啮合时，主动齿轮 1 的轮齿逐个推动从动齿轮 2 的轮齿使从动齿轮转动，从而将主动齿轮的运动和动力传递给从动齿轮。当主动齿轮转过一个齿时，从动齿轮也转过一个齿，且单位时间内主动齿轮转过的齿数与从动齿轮转过的齿数应相等，即

$$n_1z_1=n_2z_2$$

得到齿轮传动的传动比 i_{12} 为

$$i_{12}=\frac{n_1}{n_2}=\frac{z_2}{z_1}$$

式中　n_1、n_2——主、从动齿轮的转速，r/min；

z_1、z_2——主、从动齿轮的齿数。

上式说明，齿轮传动的传动比是主动齿轮转速与从动齿轮转速之比，也等于两齿轮齿数之反比。

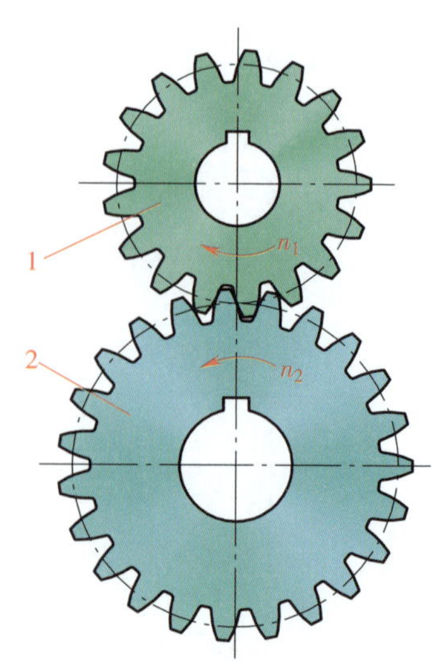

图 5–41　齿轮传动的组成
1—主动齿轮　2—从动齿轮

三、直齿圆柱齿轮传动

1. 渐开线齿廓

（1）渐开线的形成

渐开线的形成如图 5–42 所示，在平面上，一条直线 *AB* 沿着一个固定圆的外侧做纯滚动时，此直线上一点 *K* 的轨迹 *CD* 称为圆的渐开线；形成渐开线的“基本圆”称为基圆，它的半径用 r_b 表示；直线 *AB* 称为发生线。

由渐开线的形成可知，渐开线具有以下性质：

1）发生线 *AB* 沿基圆滚过的长度等于基圆上被滚过的弧长，即 $NK=\overset{\frown}{NC}$。

2）因 *N* 点是发生线 *AB* 沿基圆滚动时的瞬时速度中心，故发生线 *KN* 是渐开线在 *K* 点的法线。又因发生线始终与基圆相切，所以渐开线上任一点的法线必与基圆相切。

（2）压力角

渐开线上某点的法线（正压力方向线）与该点的速度方向线所夹的锐角 α_K 称为渐开线在该点的压力角，如图 5–43 所示。压力角的计算公式为

$$\cos\alpha_K=\frac{ON}{OK}=\frac{r_b}{OK}$$

式中 α_K——*K* 点的压力角，(°)；

r_b——基圆半径，mm。

由压力角的计算公式不难看出，渐开线上各点的压力角是不相等的，渐开线在基圆上的压力角为 0°，*K* 点离基圆越远压力角越大。

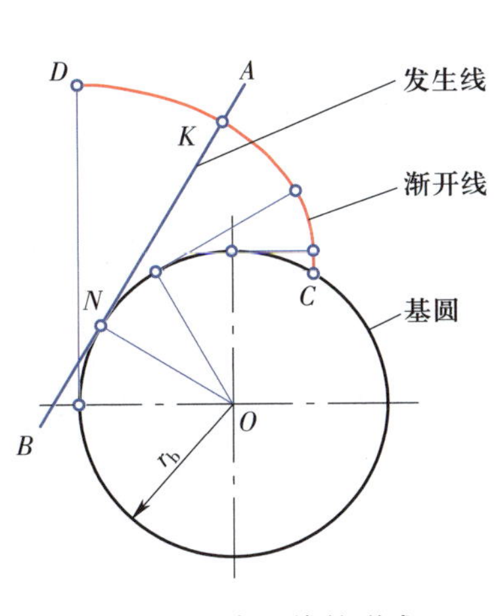

图 5–42 渐开线的形成

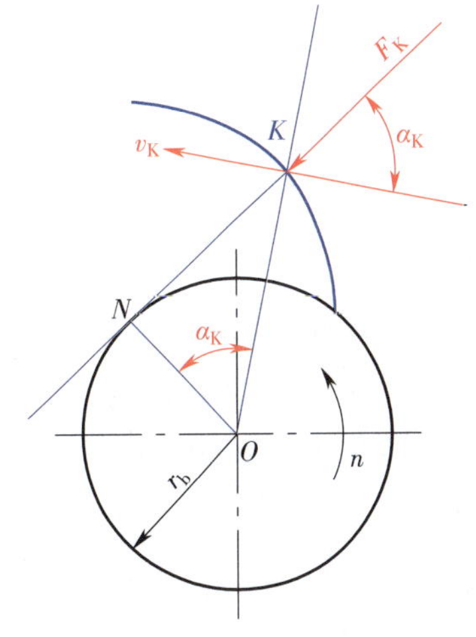

图 5–43 渐开线的压力角

（3）渐开线齿廓的啮合特性

以同一个基圆上产生的两条反向渐开线为齿廓的齿轮就是渐开线齿轮。渐开线齿廓（见图 5–44）啮合时具有以下特性：

1）能保证瞬时传动比恒定，保证传动的平稳性，振动和冲击较小。

2）齿轮在啮合过程中，即使两齿轮的实际中心距与设计的中心距稍有改变，其瞬时传动比仍能保持不变，从而保证齿轮在实际工作中，因制造、安装误差或轴承磨损而导致齿轮的中心距产生微小改变时，仍能保持良好的传动性能。

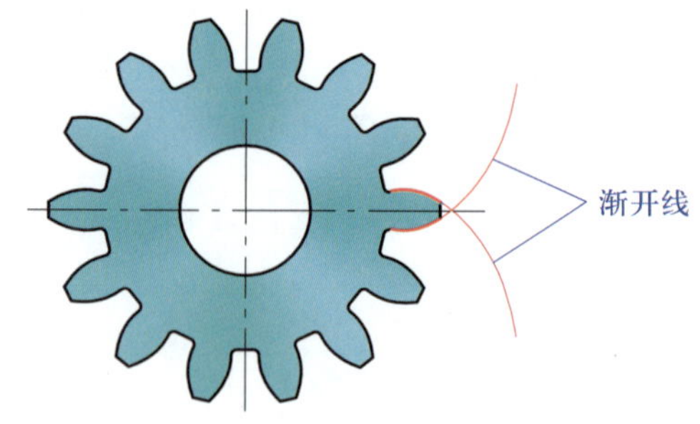

图 5-44 渐开线齿廓

2. 渐开线直齿圆柱齿轮的啮合传动

（1）渐开线直齿圆柱齿轮传动的类型及应用

两外齿轮相互啮合的传动称为外啮合齿轮传动，一个内齿轮与一个外齿轮啮合的传动称为内啮合齿轮传动，如图 5-45 所示。

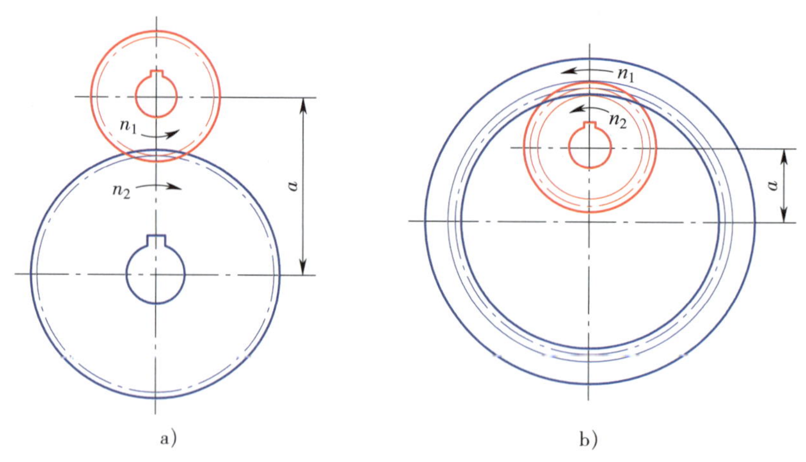

图 5-45 渐开线直齿圆柱齿轮啮合传动

a）外啮合 b）内啮合

外啮合两齿轮的旋转方向相反，内啮合两齿轮的旋转方向相同。由于外齿轮加工较为方便，机械中大部分情况下都是采用外啮合齿轮传动；当要求齿轮传动的两轴平行、旋转方向相同且结构紧凑时，可采用内啮合齿轮传动。

（2）渐开线直齿圆柱齿轮正确啮合的条件

1）两齿轮的模数必须相等，即 $m_1=m_2$。

2）两齿轮分度圆上的压力角必须相等，即 $\alpha_1=\alpha_2$。

（3）齿侧间隙

齿轮啮合传动时，为了在啮合齿廓之间形成润滑油膜，避免轮齿因摩擦发热膨胀而卡死，齿廓之间必须留有间隙，此间隙称为齿侧间隙，简称侧隙。在机械设计中，齿轮都是按照无齿侧间隙的理想情况计算其公称尺寸的。但是在实际中，考虑到齿轮加工和安装误差，以及齿面滑动摩擦会导致热膨胀等因素，齿轮必须具有一定的侧隙。侧隙的大小与齿轮的大小、精度、安装和应用情况有关。获得侧隙的方法有两种：一种是在齿厚不变的情况下，通过改变中心距的基本偏差来获得不同的侧隙；另一种是在中心距不变的情况下，通过改变齿厚的上极限偏差来得到不同的侧隙。

四、斜齿圆柱齿轮传动

1. 斜齿圆柱齿轮齿廓的形成

渐开线直齿圆柱齿轮的齿廓实际上是一个渐开面，它是发生面在基圆柱上做纯滚动时，其上任意一条与基圆柱母线 NN' 平行的直线 KK' 的运动轨迹，如图 5–46a 所示。当一对直齿圆柱齿轮相互啮合时，两轮齿面的接触线是平行于轴线的直线，如图 5–46b 所示。

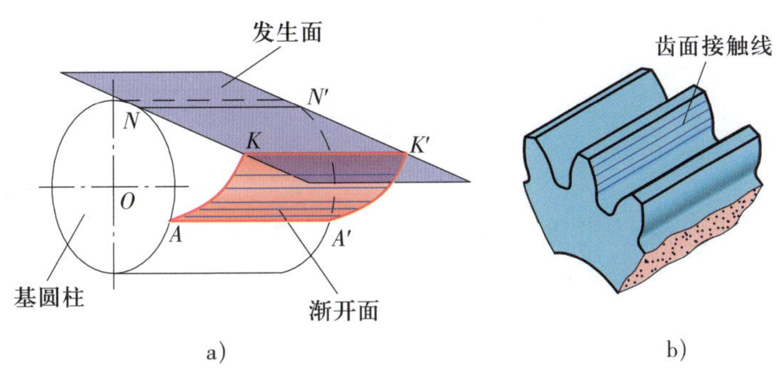

图 5–46　直齿圆柱齿轮齿廓的形成

a）齿廓形成　b）齿面接触线

斜齿圆柱齿轮的齿廓在形成时，发生面上的直线 KK' 不与基圆柱母线 NN' 平行，而是与其成一个夹角 β_b，如图 5–47a 所示。直线 KK' 的运动轨迹形成了一个螺旋形的空间曲面（称为渐开线螺旋面），β_b 称为基圆柱上的螺旋角。因此斜齿圆柱齿轮的端面齿廓仍然是渐开线，一对相互啮合的斜齿圆柱齿轮仍然符合渐开线齿廓的啮合特性。

当一对斜齿圆柱齿轮啮合时，两齿轮齿面的接触线是一条与轴线倾斜的直线，且其接触线的长度是变化的，如图 5–47b 所示。

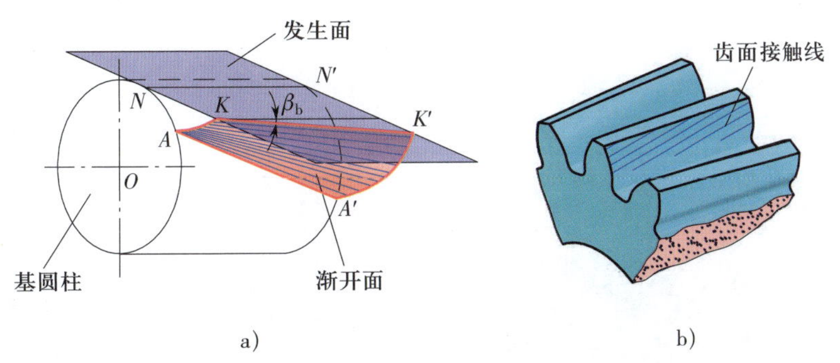

图 5–47　斜齿圆柱齿轮齿廓的形成

a）齿廓形成　b）齿面接触线

2. 斜齿圆柱齿轮的主要参数

由于斜齿圆柱齿轮的齿面是螺旋形的，轮齿在垂直于螺旋方向的法向齿形与端面渐开线齿形不同，因此它有法向几何参数（以下标 n 表示）和端面几何参数（以下标 t 表示）。加工斜齿轮时，刀具沿着轮齿的螺旋线方向进行切削，斜齿轮传动时的受力方向是轮齿接触处的法向，故规定斜齿圆柱齿轮的法向参数为标准值。而斜齿圆柱齿轮的端面齿廓是标准的渐开线，其啮合原理、几何尺寸计算方法与直齿圆柱齿轮完全相同，因此，斜齿圆柱齿轮的许多几何尺寸需按端面参数计算。

(1) 螺旋角

斜齿圆柱齿轮与直齿圆柱齿轮一样，也有齿顶圆柱面、齿根圆柱面、分度圆柱面等，它们与齿廓相交的螺旋线的螺旋角是不同的，平时所说的螺旋角均指分度圆柱面上的螺旋角。如图 5-48 所示为斜齿圆柱齿轮分度圆柱面展开图，其螺旋线展开后成为一条直线，该直线与轴线的夹角即斜齿圆柱齿轮的螺旋角，用 β 表示。β 值越大，轮齿倾斜程度越大，因而传动平稳性越好，但轴向力也越大，所以一般取 $\beta=8°\sim30°$，常用 $\beta=8°\sim15°$。

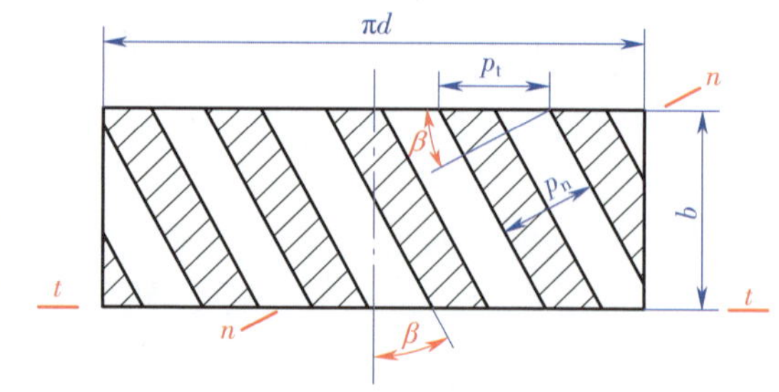

图 5-48　斜齿圆柱齿轮分度圆柱面展开图

(2) 模数

根据图 5-48 所示的几何关系，可知：

$$p_n=p_t\cos\beta$$

式中　p_n——法向齿距，mm；

p_t——端面齿距，mm。

由于 $p_n=\pi m_n$，$p_t=\pi m_t$，故斜齿圆柱齿轮法向模数与端面模数的关系为

$$m_n=m_t\cos\beta$$

在加工斜齿圆柱齿轮时，刀具的切削方向沿着轮齿的螺旋线方向；而斜齿圆柱齿轮传动时，受力方向是轮齿接触处的法向。国家标准规定斜齿圆柱齿轮的法向模数为标准值。

(3) 压力角

在斜齿圆柱齿轮上，法向压力角 α_n 和端面压力角 α_t 也是不同的，它们之间的关系为

$$\tan\alpha_n=\tan\alpha_t\cdot\cos\beta$$

国家标准规定法向压力角取标准值，即 $\alpha_n=20°$。

(4) 旋向

斜齿圆柱齿轮轮齿的旋向分为左旋和右旋。其判定方法为：将齿轮轴线竖直放置，轮齿自左至右上升者为右旋，反之为左旋，如图 5-49 所示。

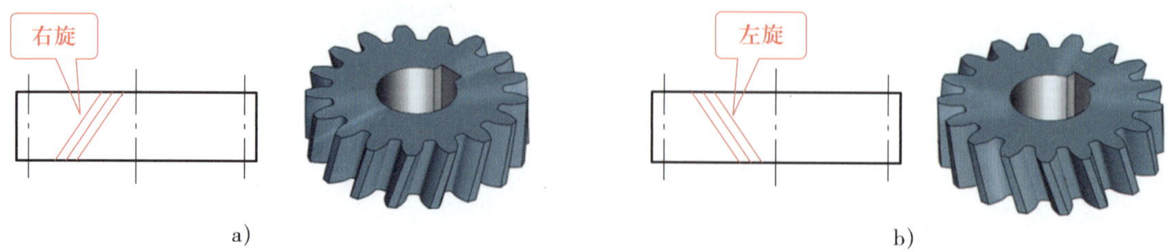

图 5-49　斜齿圆柱齿轮轮齿的旋向判定方法

a）右旋　b）左旋

3. 斜齿圆柱齿轮的正确啮合条件

一对外啮合斜齿圆柱齿轮用于平行轴传动时的正确啮合条件如下：

（1）两齿轮法向模数相等，即 $m_{n1}=m_{n2}=m$。

（2）两齿轮法向压力角相等，即 $\alpha_{n1}=\alpha_{n2}=\alpha$。

（3）两齿轮螺旋角相等、旋向相反，即 $\beta_1=-\beta_2$。

五、齿轮齿条传动

齿条是指在一个面上具有一系列相同等距离齿的平板或直杆，可以看作为直径无穷大的外圆柱齿轮。当外圆柱齿轮的圆心位于无穷远处时，其上各圆的直径趋向于无穷大，齿轮上的分度圆、齿顶圆和齿根圆等各圆成为互相平行的直线，渐开线齿廓也变成直线齿廓（对齿面而言则为平面），齿轮即演化成为齿条。如图 5–50 所示，齿条分为直齿条和斜齿条。

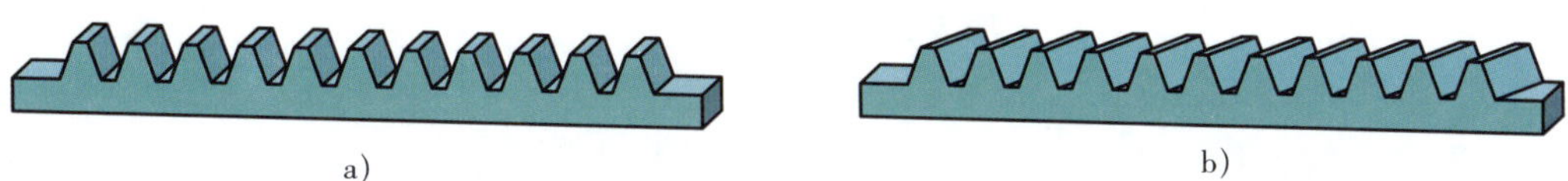

图 5–50　齿条

a）直齿条　b）斜齿条

齿轮齿条传动可以将齿轮的旋转运动转换为齿条的直线运动，或将齿条的直线运动转换为齿轮的旋转运动，图 5–51 所示为直齿圆柱齿轮和直齿条啮合的齿轮齿条传动机构。

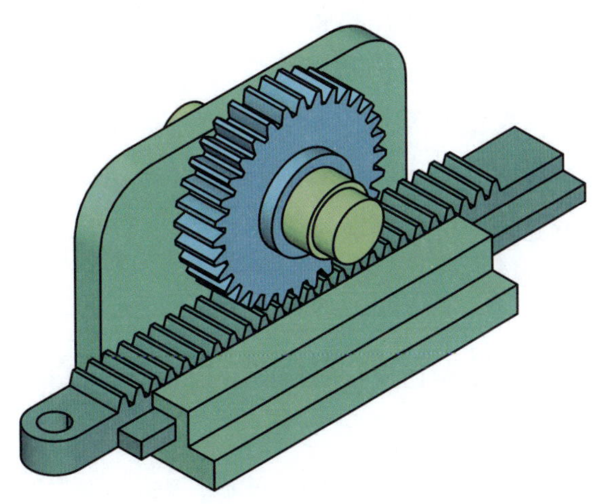

图 5–51　齿轮齿条传动机构

六、直齿锥齿轮传动

锥齿轮是指分度曲面为圆锥面的齿轮，其类型有直齿锥齿轮、曲线齿锥齿轮和斜齿锥齿轮等。其中直齿锥齿轮应用最广，直齿锥齿轮传动如图 5–52 所示。直齿锥齿轮用于两轴相交时的传动，两轴间的交角可以任意，在实际应用中多采用两轴互相垂直的传动形式。

由于锥齿轮的轮齿分布在圆锥面上，所以轮齿的尺寸沿着齿宽方向变化，大端轮齿的尺寸大，小端轮齿的尺寸小。为了便于测量，并使测量时的相对误差尽量小，规定以大端参数作为标准参数。

为保证正确啮合，直齿锥齿轮传动应满足以下条件：

（1）两齿轮的大端模数相等，即 $m_1=m_2=m$。

（2）两齿轮的压力角相等，即 $\alpha_1=\alpha_2=\alpha$。

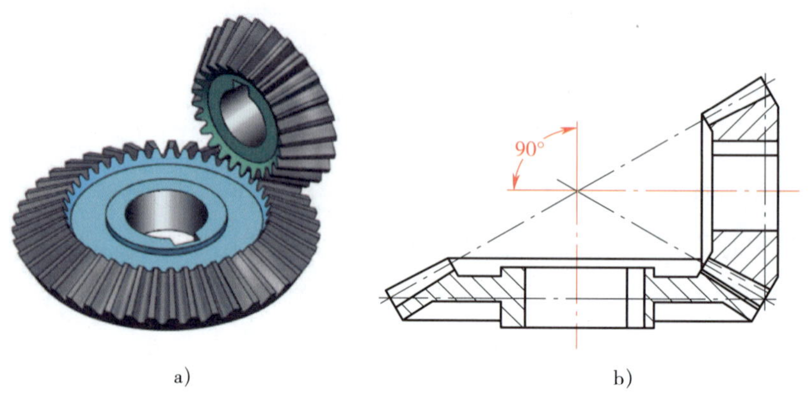

图 5–52 直齿锥齿轮传动

七、齿轮常用材料

制造齿轮的材料有很多，常用的有锻钢、铸钢和铸铁。

1. 锻钢

锻钢韧性好、耐冲击，还可通过热处理改善其力学性能，提高齿面的硬度，故最适于制造齿轮。除尺寸过大或结构形状复杂的齿轮毛坯只宜铸造外，一般齿轮毛坯均由锻钢制成。常用锻钢是含碳量为 0.15% ~ 0.6% 的优质碳素结构钢和合金结构钢，如 45、40Cr、35SiMn、20Cr、20CrMnTi、12Cr2Ni4A、35CrAlA 和 38CrMoAlA 等。合金结构钢根据所含金属的成分及性能，可分别使材料的韧性、抗冲击性能、耐磨性及抗胶合能力等获得提高。

2. 铸钢

铸钢的耐磨性及强度均较好，用于制造齿轮的材料有 ZG310–570 和 ZG340–640 等，常用于尺寸较大、结构形状复杂不易锻造的齿轮。

3. 铸铁

铸铁的塑性、韧性、耐磨性和抗冲击性能都较差，但其抗胶合、抗点蚀的能力较好，用于制造齿轮的材料有 QT500–7、QT600–3、HT200、HT300 等。铸铁齿轮常用于对强度要求不高但要求耐磨的场合。

八、齿轮的热处理

根据材料的不同，齿轮常用的热处理主要有表面淬火、渗碳后淬火、调质、正火、渗氮等。

1. 表面淬火

表面淬火一般用于中碳钢和中碳合金钢，如 45、40Cr 等，齿面硬度可达 50 ~ 55HRC。由于齿面接触强度高、耐磨性好，而轮齿心部未淬硬，齿轮仍有较高的韧性，故能承受一定的冲击载荷。表面淬火的方法有高频淬火和火焰淬火等。

2. 渗碳后淬火

渗碳后淬火用于含碳量为 0.15% ~ 0.25% 的低碳钢和低碳合金钢，如 20Cr、20CrMnTi 等。渗碳后淬火可使齿面硬度达 56 ~ 62HRC，齿面接触强度高、耐磨性好，而轮齿心部仍保持较高的韧性，常用于受冲击载荷的重要齿轮传动。

3. 调质

调质一般用于中碳钢和中碳合金钢，如 45、40Cr 等。调质后齿面硬度一般为 210 ~ 280HBW，因硬度不高，故可在热处理后精切齿形，且在使用中易于跑合。

4. 正火

正火能消除内应力、细化晶粒、改善力学性能和切削加工性能。强度要求不高的齿轮可用中碳钢（正火处理）。大直径的齿轮可用铸钢（正火处理）。

5. 渗氮

渗氮是一种化学热处理。渗氮后不再进行其他热处理，齿面硬度可达 60 ~ 62HRC。因渗氮处理温度低，齿的变形小，因此适用于难以磨齿的场合，如内齿轮。常用的渗氮钢为 38CrMnAlA。

九、齿轮的结构

按结构不同齿轮可分为齿轮轴、实心式齿轮、腹板式齿轮和轮辐式齿轮等。

1. 齿轮轴

对于直径较小的钢制齿轮，若其齿根圆直径与轴径相差不大，应将齿轮与轴制成一体，称为齿轮轴，如图 5-53 所示。

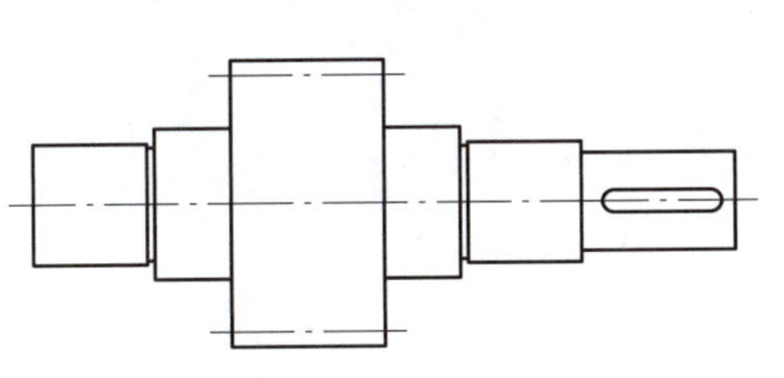

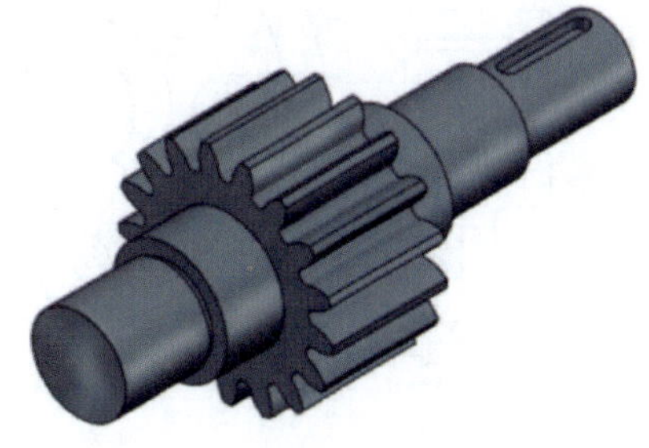

a）

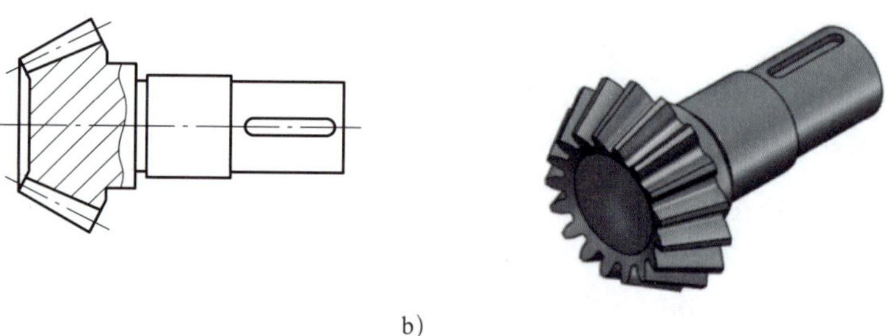

b）

图 5–53　齿轮轴

a）圆柱齿轮轴　b）锥齿轮轴

2. 实心式齿轮

当齿轮的齿顶圆直径 $d_a \leqslant 200$ mm，且齿根圆到键槽底部的径向距离 $e>2.5$ mm 时，可采用实心式结构，实心式齿轮如图 5–54 所示。

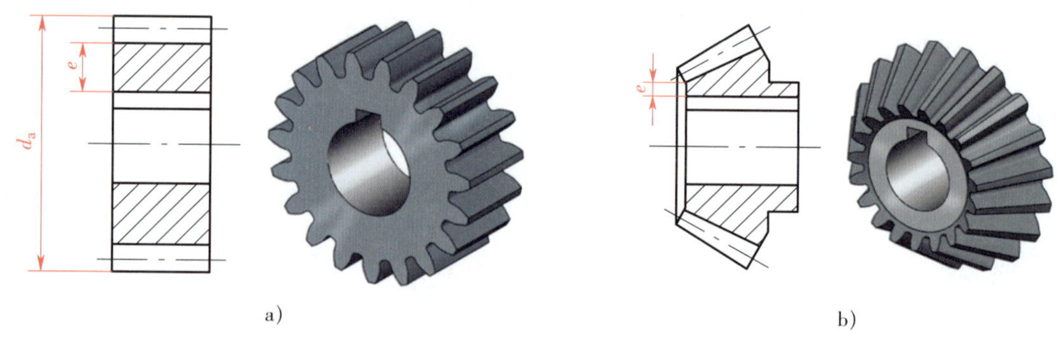

a）　b）

图 5–54　实心式齿轮

a）圆柱齿轮　b）锥齿轮

3. 腹板式齿轮

当齿轮的齿顶圆直径 d_a=200 ~ 500 mm 时，可采用腹板式结构，腹板式齿轮如图 5–55 所示。

4. 轮辐式齿轮

当齿轮的齿顶圆直径 d_a>500 mm 时，可采用轮辐式结构，轮辐式齿轮如图 5–56 所示。

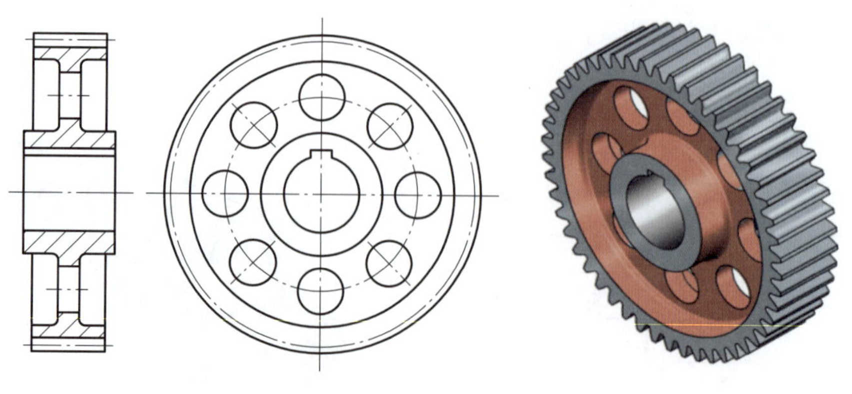

a）

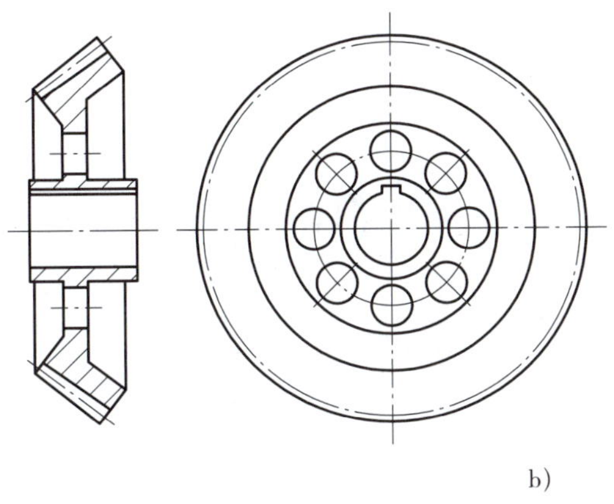

b)

图 5-55　腹板式齿轮

a）圆柱齿轮　b）锥齿轮

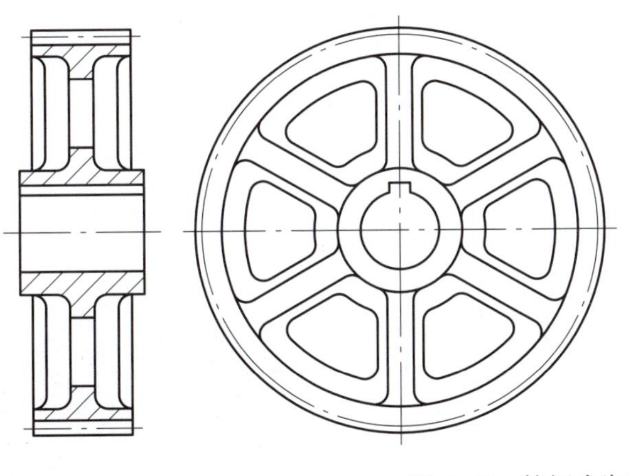

图 5-56　轮辐式齿轮

第五节　蜗 杆 传 动

蜗杆传动是指由蜗杆与蜗轮互相啮合组成的交错轴间的齿轮传动，如图 5-57 所示。通常由蜗杆作为主动件带动蜗轮转动，并传递运动和动力，其两轴线在空间一般交错成 90°。

一、蜗杆

蜗杆传动相当于两轴交错成 90° 的斜齿轮传动，只是小齿轮的螺旋角很大，而直径却很小，因而在圆柱面上形成了连续的螺旋齿，这种只有一个或几个螺旋齿的斜齿轮就是蜗杆。蜗杆的类型很多，如阿基米德圆柱蜗杆、法向直廓圆柱蜗杆、渐开线圆柱蜗杆、锥面包络圆柱蜗杆和圆弧圆柱蜗杆。最常用的蜗杆为阿基米德圆柱蜗杆，其形状如图 5-58 所示。图中 *I—I* 剖切面通过蜗杆的轴线，称为轴向面；*n—n* 剖切面垂直于蜗杆齿廓，称为法面。阿基米德圆柱蜗杆的轴向齿廓为直线，法面齿廓为渐开线。

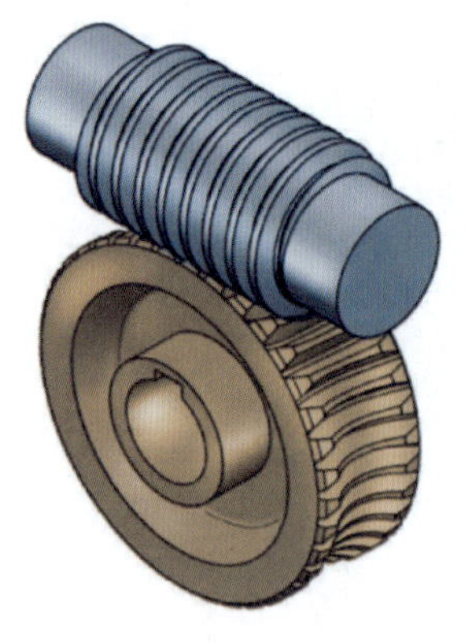

图 5-57　蜗杆传动

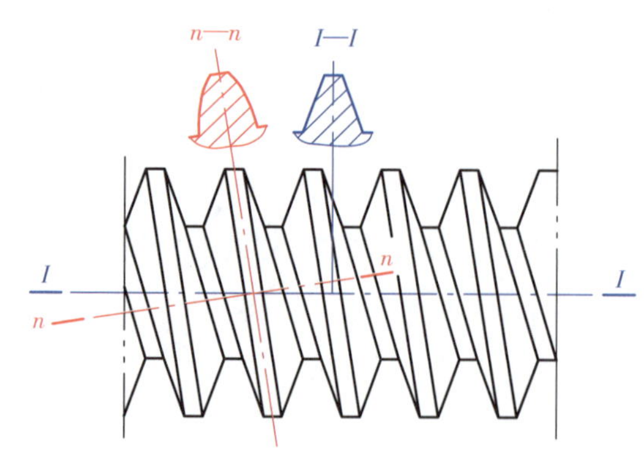

图 5-58　阿基米德圆柱蜗杆

二、蜗轮

与蜗杆组成交错轴齿轮副且轮齿沿着齿宽方向呈内凹弧形的斜齿轮称为蜗轮，如图 5-59 所示。蜗轮齿廓随蜗杆的齿廓而异。蜗轮一般在滚齿机上用与蜗杆形状和参数相同的滚刀或飞刀加工而成。

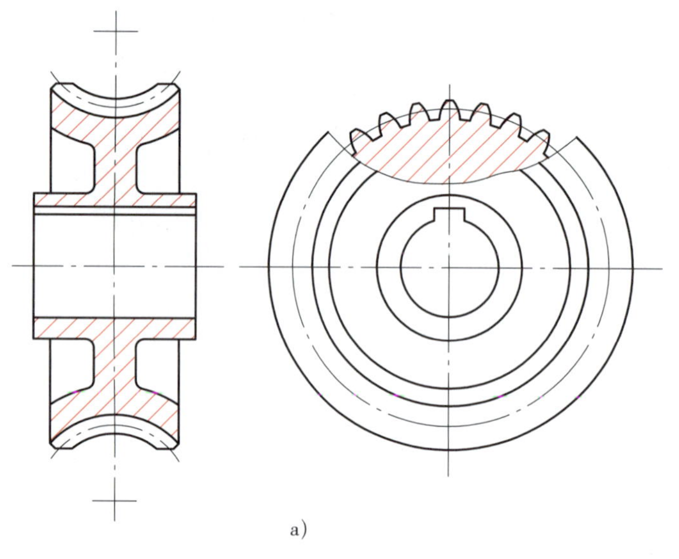

a)

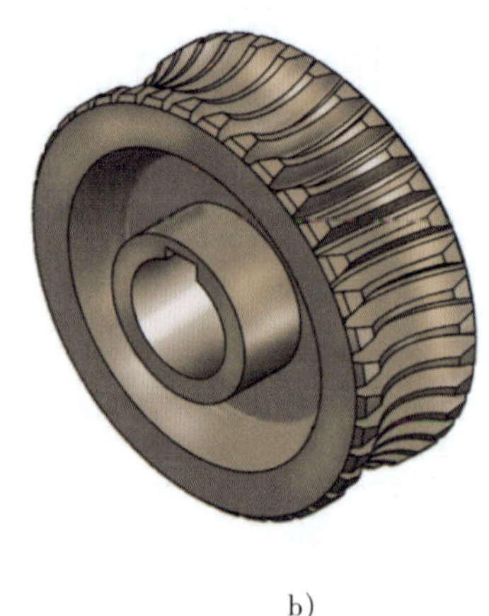

b)

图 5-59　蜗轮

三、蜗杆传动的主要参数

在蜗杆传动中，其主要参数及几何尺寸计算均以中平面为准。通过蜗杆轴线并与蜗轮轴线垂直的平面称为中平面，如图 5-60 所示。在此平面内，蜗杆相当于齿条，蜗轮相当于渐开线齿轮，蜗杆与蜗轮的啮合相当于渐开线齿轮与齿条的啮合。国家标准规定，蜗轮和蜗杆都以中平面上的参数为标准参数。

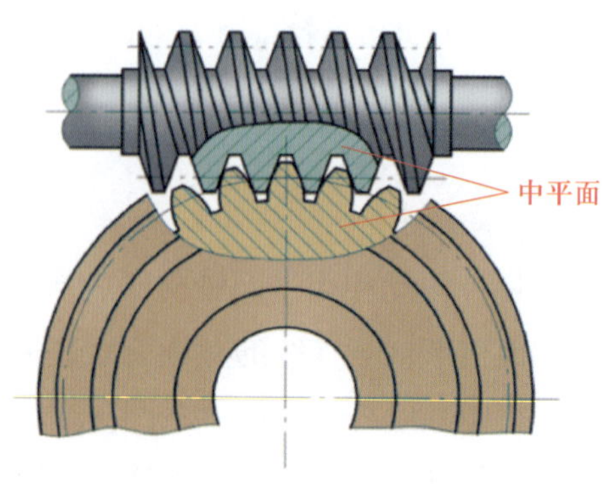

图 5-60　蜗杆传动的中平面

1. 模数 m

在中平面上，蜗杆的模数称为轴向模数，蜗轮的模数称为端面模数。一对相互啮合的蜗杆和蜗轮，蜗杆的轴向模数 m_{x1} 和蜗轮的端面模数 m_{t2} 应相等，且为标准值，即

$$m_{x1}=m_{t2}=m$$

蜗杆模数已标准化，常用蜗杆的主要参数见表 5–16。

表 5–16 常用蜗杆的主要参数（摘自 GB/T 10085—2018）

模数 m/mm	蜗杆直径系数 q	蜗杆分度圆直径 d_1/mm	模数 m/mm	蜗杆直径系数 q	蜗杆分度圆直径 d_1/mm
1.25	16.000	20	4	10.000	40
	17.920	22.4		17.750	71
1.6	12.500	20	5	10.000	50
	17.500	28		18.000	90
2	11.200	22.4	6.3	10.000	63
	17.750	35.5		17.778	112
2.5	11.200	28	8	10.000	80
	18.000	45		17.500	140
3.15	11.270	35.5	10	9.000	90
	17.778	56		16.000	160

2. 压力角 α

蜗杆的轴向压力角 α_{x1} 和蜗轮的端面压力角 α_{t2} 相等，且为标准值，即

$$\alpha_{x1}=\alpha_{t2}=\alpha=20°$$

3. 蜗杆的导程角 γ

蜗杆导程角 γ 是指蜗杆分度圆柱螺旋线的切线与端平面（垂直于蜗杆轴线的平面）之间所夹的锐角。

如图 5–61 所示为右旋蜗杆分度圆柱面及展开图，其头数 $z_1=2$，z_1p_x 为螺旋线的导程，p_x 为轴向齿距，d_1 为蜗杆分度圆直径，则蜗杆分度圆导程角 γ 为

$$\gamma=\arctan\frac{z_1p_x}{\pi d_1}=\arctan\frac{z_1m}{d_1}$$

导程角的大小直接影响蜗杆的传动效率。导程角大则传动效率高，但自锁性差；导程角小则蜗杆传动自锁性强，但传动效率低。

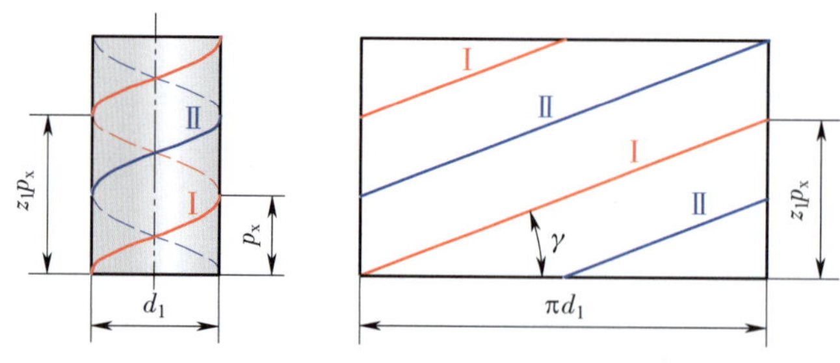

图 5-61　右旋蜗杆分度圆柱面及展开图

4. 蜗杆的分度圆直径 d_1

为了保证蜗杆传动的准确性，加工蜗轮的滚刀的基本参数必须和与其配对的蜗杆一致。蜗杆分度圆直径 d_1 不仅与模数 m 有关，还与头数 z_1 和导程角 γ 有关。因此，在加工蜗轮时，即使所加工蜗轮的模数 m 相同，也需要根据不同的蜗杆直径配备相应的蜗轮滚刀。这无疑增加了蜗轮滚刀的数目，显然很不经济，也不便于标准化生产。为此，国家标准对一定模数 m 的蜗杆的分度圆直径 d_1 作了规定，即对 d_1 也进行了标准化，见表 5-16。

5. 蜗杆的直径系数 q

蜗杆直径系数是蜗杆分度圆直径 d_1 与轴向模数 m 的比值，用 q 表示，$q=d_1/m$。

6. 蜗杆的头数 z_1 与蜗轮的齿数 z_2

一般推荐选用蜗杆头数 z_1=1、2、4、6。蜗杆头数少，则蜗杆传动的传动比大，容易自锁，传动效率较低；蜗杆头数越多，传动效率越高，但加工也越困难。

蜗轮齿数 z_2 可根据蜗杆头数 z_1 和传动比 i 来确定，一般推荐 z_2=29 ~ 80。

7. 传动比 i

蜗杆传动的传动比 i_{12} 为

$$i_{12}=\frac{n_1}{n_2}=\frac{z_2}{z_1}$$

式中　n_1——蜗杆转速，r/min；

n_2——蜗轮转速，r/min；

z_1——蜗杆头数；

z_2——蜗轮齿数。

8. 旋向

蜗杆的旋向有左旋和右旋两种，同样，蜗轮也有左旋和右旋之分。

四、蜗杆传动的正确啮合条件

要组成一对正确啮合的蜗杆与蜗轮，应满足一定的条件。蜗杆传动的正确啮合条件为：

（1）在中平面内，蜗杆的轴向模数 m_{x1} 和蜗轮的端面模数 m_{t2} 应相等，即 $m_{x1}=m_{t2}=m$。

（2）在中平面内，蜗杆的轴向压力角 α_{x1} 和蜗轮的端面压力角 α_{t2} 应相等，即 $\alpha_{x1}=\alpha_{t2}=\alpha$。

（3）蜗杆和蜗轮的旋向应一致。

五、蜗杆和蜗轮旋向的判别

蜗杆和蜗轮旋向的判别方法如图 5-62 所示，手心对着自己，四指顺着蜗杆或蜗轮轴线方向摆正，若齿向与右手拇指指向一致，则该蜗杆或蜗轮为右旋，反之则为左旋。

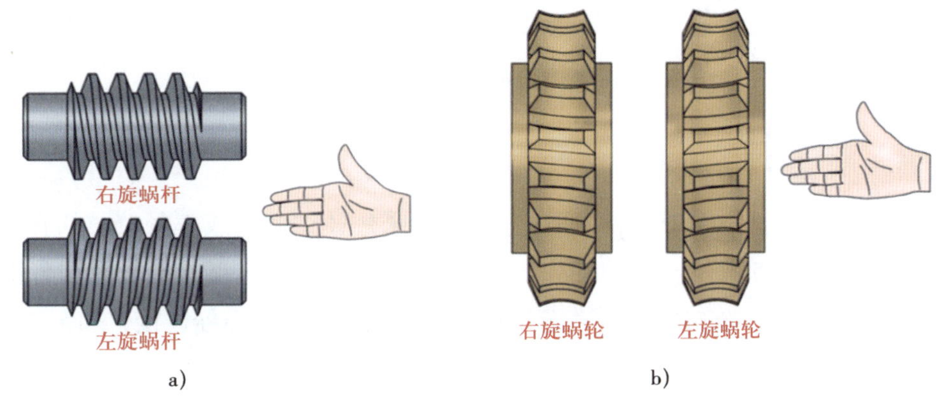

图 5-62 蜗杆和蜗轮旋向的判别方法

a）蜗杆旋向判别方法 b）蜗轮旋向判别方法

六、蜗轮旋转方向的判别

蜗轮的旋转方向取决于蜗杆的旋向和蜗杆的旋转方向，可用左右手定则来判别。左旋蜗杆用左手，右旋蜗杆用右手，四指弯曲与蜗杆的旋转方向相同，拇指伸直与蜗杆轴线重合，则拇指所指方向的相反方向即为蜗轮上啮合点的线速度方向，如图 5-63 所示。

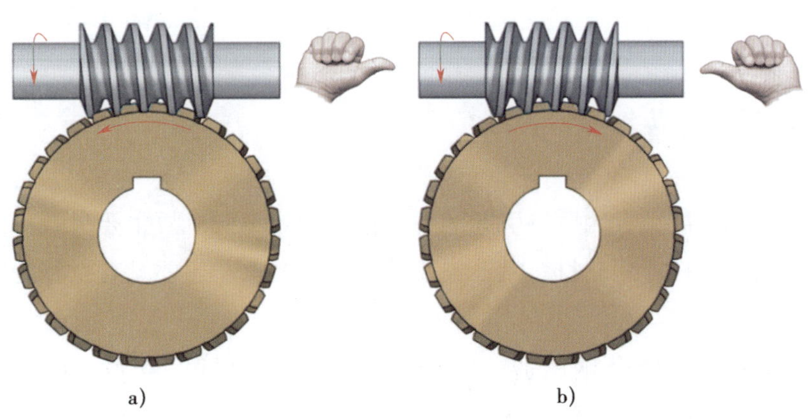

图 5-63 蜗轮旋转方向的判别

a）右旋蜗杆传动 b）左旋蜗杆传动

七、蜗杆和蜗轮的结构

1. 蜗杆结构

蜗杆通常与轴合为一体形成蜗杆轴，其结构如图 5-64 所示。

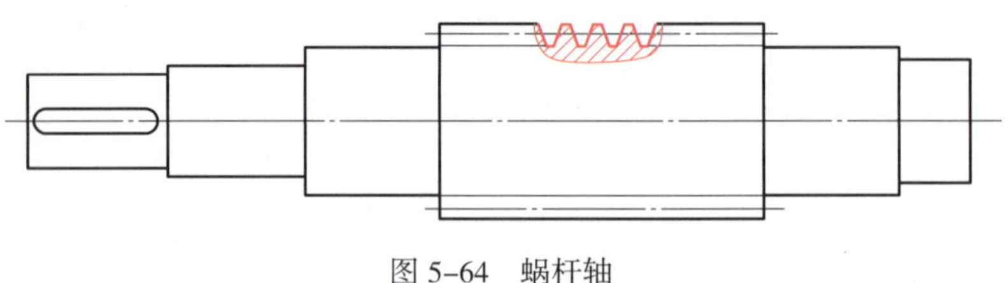

图 5-64　蜗杆轴

2. 蜗轮结构

蜗轮的结构可以分为整体式和组合式两种。当蜗轮采用铸铁制造或直径较小的青铜蜗轮，可铸造成整体式蜗轮，如图 5-65a 所示。直径较大的青铜蜗轮为节约贵金属，一般采用青铜齿圈与铸铁或铸钢轮心组成组合式蜗轮。连接方式有铸造连接、过盈配合连接和螺栓连接，如图 5-65b、c、d 所示。

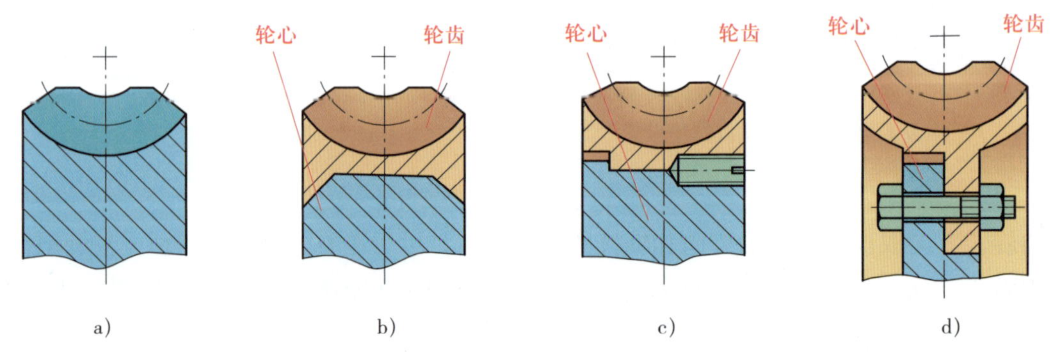

图 5-65　蜗轮结构
a）整体式蜗轮　b）铸造连接蜗轮　c）过盈配合连接蜗轮　d）螺栓连接蜗轮

八、蜗杆和蜗轮的材料

蜗杆传动的相对滑动速度大，因摩擦引起的发热量大、效率低，故主要失效形式为胶合，其次是点蚀和磨损。因此，选用蜗杆、蜗轮材料时不仅要满足强度要求，还要具有良好的减摩性、耐磨性和抗胶合能力。

蜗杆一般用非合金钢或合金钢制造。对于高速重载的蜗杆，可用 15Cr、20Cr、20CrMnTi 和 20MnVB 等合金渗碳钢，经渗碳后淬火至硬度为 56～63HRC；也可用 40、45 等优质碳素结构钢，40Cr、40CrNi 等合金调质钢，经表面淬火至硬度为 40～45HRC。对于不太重要的传动及低速中载蜗杆，常用 40、45 钢经调质或正火处理，硬度为 220～230HBW。

蜗轮轮齿常用锡青铜、铝青铜或铸铁制造。锡青铜用于滑动速度 v_s>3 m/s 的传动，常用牌号有 ZCuSn10Pb1 和 ZCuSn5Pb5Zn5；铝青铜一般用于滑动速度 $v_s \leqslant$ 4m/s 的传动，常用牌号为 ZCuAl9Mn2；铸铁用于滑动速度 v_s<2m/s 的传动，常用牌号有 HT150 和 HT200 等。

第六节　键连接与销连接

一、键连接

1. 平键连接

根据用途不同，平键分为普通型平键、导向型平键和滑键等。

（1）普通型平键连接

普通型平键（见图 5–66）按键的端部形状不同，分为 A 型（圆头）、B 型（方头）和 C 型（单圆头）三种形式。A 型键应用最广，轴上键槽用端铣刀加工，键在槽中轴向固定良好，但键槽在轴上引起的应力集中较大；B 型键用于三面刃铣刀加工的轴上键槽，键槽在轴上引起的应力集中较小；C 型键用于轴端。

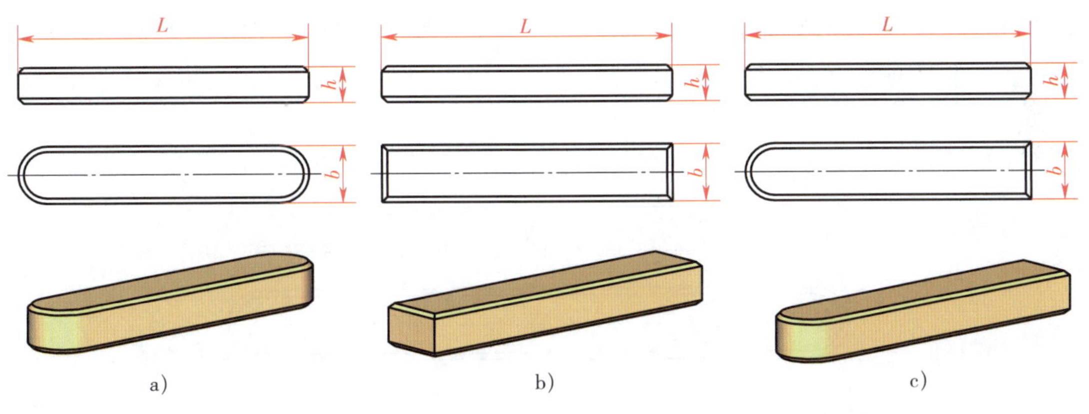

图 5–66　普通型平键

a）A 型键（圆头）　b）B 型键（方头）　c）C 型键（单圆头）

普通型平键连接如图 5–67 所示。装配时首先将键装入轴上的键槽中，并与键槽底面贴紧后再安装轮毂。普通型平键的两侧面是工作面，连接时与键槽接触；键的顶端与孔上键槽的底面之间有间隙。

普通型平键的材料通常选用 45 钢。当轮毂为有色金属或非金属时，键可用 20 钢或 Q235 钢制造。普通型平键工作时，轴和轴上零件沿轴向不能有相对移动。

普通型平键是标准件，应用时可根据用途、轴颈的直径和轮毂的长度等选取键的类型和尺寸。普通型平键的主要尺寸有键宽 b、键高 h 和键长 L。

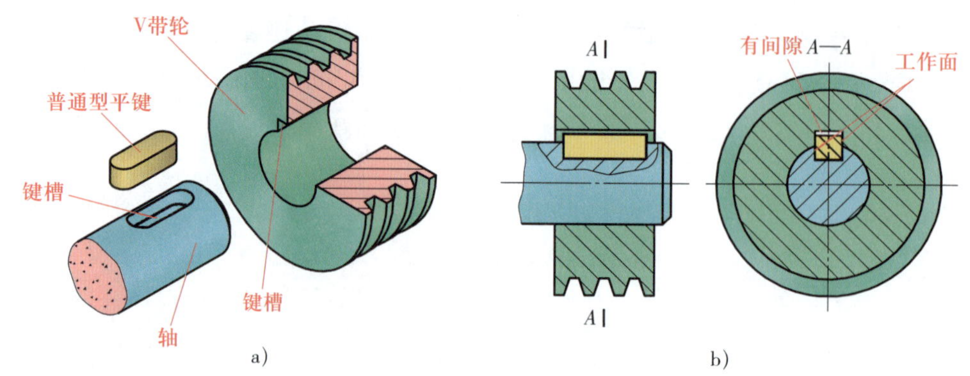

图 5-67 普通型平键连接

普通型平键的标记示例如下：

“GB/T 1096 键 16×10×100”表示圆头普通型平键，b=16 mm、h=10 mm、L=100 mm。

“GB/T 1096 键 B16×10×100”表示方头普通型平键，b=16 mm、h=10 mm、L=100 mm。

“GB/T 1096 键 C16×10×100”表示单圆头普通型平键，b=16 mm、h=10 mm、L=100 mm。

国家标准规定，在普通型平键标记中，圆头普通型平键（A 型）省略代表型号的字母 A，方头（B 型）和单圆头（C 型）必须标出代表型号的字母。

（2）导向型平键连接

当被连接齿轮等零件的轮毂需要在轴上沿轴向移动时，可采用导向型平键和滑键连接。

导向型平键及连接如图 5-68 所示。导向型平键比普通型平键长，为防止松动，通常用螺钉固定在轴上的键槽中，键的两侧面与轮毂槽采用间隙配合，因此，轴上零件能做轴向滑动。为便于拆卸，键上设有起键螺纹孔。导向型平键常用于轴上零件移动量不大的场合，如机床变速箱中的滑移齿轮。

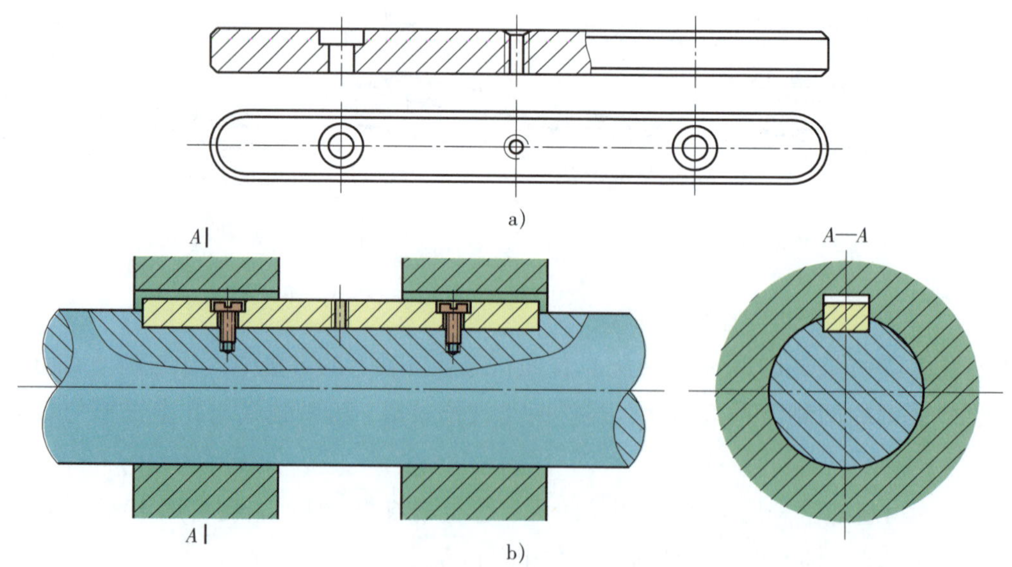

图 5-68 导向型平键及连接

a）导向型平键 b）导向型平键连接

（3）滑键连接

滑键连接有钩头滑键连接和圆柱头滑键连接两种形式，如图 5–69 所示。滑键的侧面为工作面，靠侧面传递动力，其对中性好，拆装方便。滑键固定在轮毂上，轮毂带动滑键在轴上的键槽中沿轴向滑移。滑键可长可短，键长不受滑动距离的限制，只需在轴上铣出较长的键槽即可实现轴上零件较长距离的滑移。

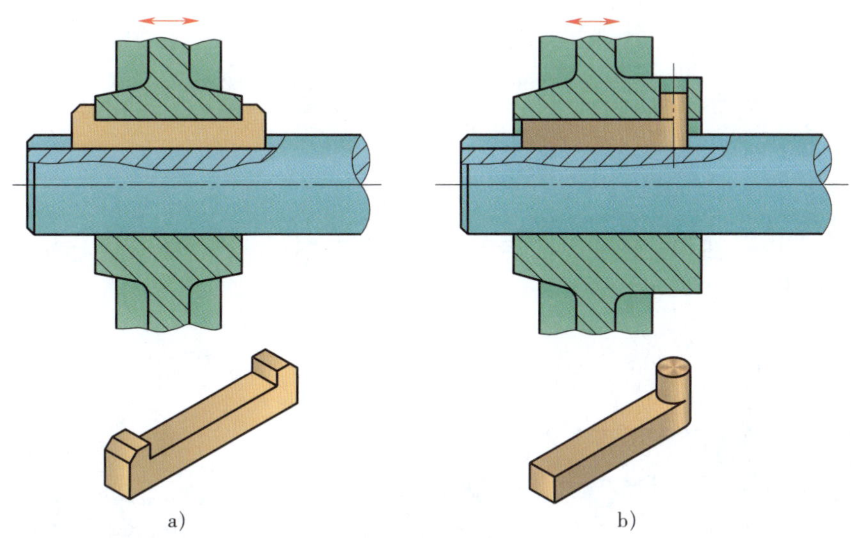

图 5–69　滑键连接

a）钩头滑键连接　b）圆柱头滑键连接

（4）平键连接的配合种类和应用

平键连接采用基轴制配合，按键宽与槽宽配合的松紧程度不同，分为松连接、正常连接和紧密连接三种。平键连接的配合种类和应用见表 5–17。

表 5–17　　平键连接的配合种类和应用

<table>
<tr><th rowspan="2">平键连接的配合种类</th><th colspan="3">尺寸 b 的公差带</th><th rowspan="2">应用</th></tr>
<tr><th>键宽</th><th>轴槽宽</th><th>轮毂槽宽</th></tr>
<tr><td>松连接</td><td rowspan="3">h8</td><td>H9</td><td>D10</td><td>主要用于导向型平键连接和滑键连接</td></tr>
<tr><td>正常连接</td><td>N9</td><td>JS9</td><td>用于传递载荷不大的场合，在一般机械制造中应用广泛</td></tr>
<tr><td>紧密连接</td><td colspan="2">P9</td><td>用于传递重载荷、冲击载荷及双向传递扭矩的场合</td></tr>
</table>

2. 半圆键连接

半圆键分为普通型半圆键和平底型半圆键，普通型半圆键最常用。普通型半圆键连接如图 5–70 所示。普通型半圆键的工作面是键的两侧面，因此与普通型平键一样具有较好的对中性。普通型半圆键可在轴上的键槽中绕槽底圆弧摆动，可用于圆柱轴或圆锥轴与轮毂的连接。其缺点是键槽对轴的强度削弱较大，只适用于轻载连接的场合。

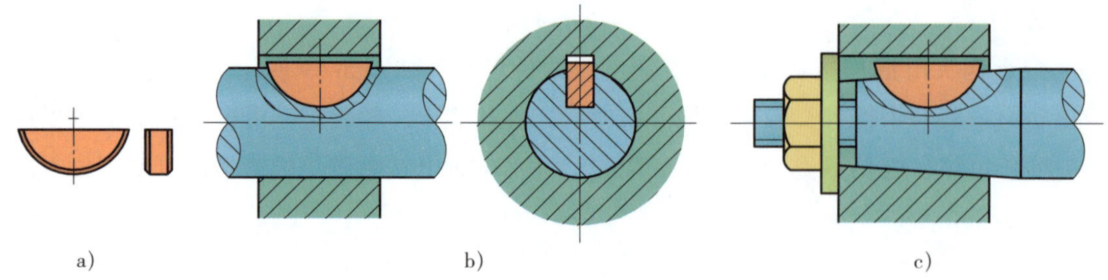

图 5-70　普通型半圆键连接

a）普通型半圆键　b）连接圆柱轴　c）连接圆锥轴

3. 花键连接

如图 5-71 所示，由沿轴和轮毂孔周向均布的多个键齿相互啮合而形成的连接称为花键连接。花键分为外花键和内花键。

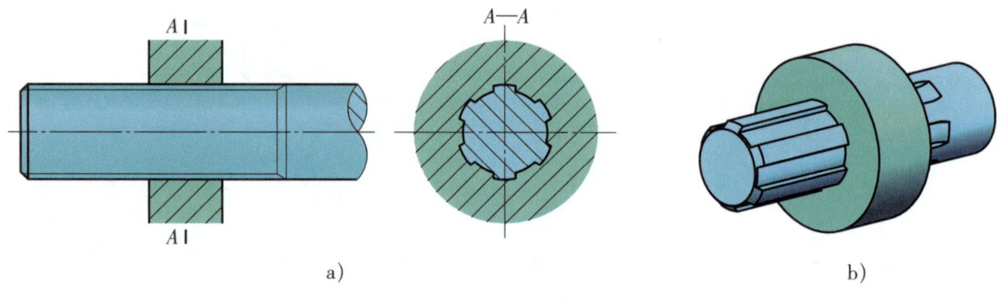

图 5-71　花键连接

花键连接的特点如下：

（1）花键连接由多齿传递载荷，故承载能力高。

（2）花键的齿浅，对轴的强度削弱较小。

（3）对中性及导向性好。

（4）加工需用专用设备，成本高。

花键连接多用于重载和要求对中性好的场合，尤其适用于经常滑动的连接。按齿形不同，花键连接分为矩形花键连接（见图 5-72a）和渐开线花键连接（见图 5-72b）。

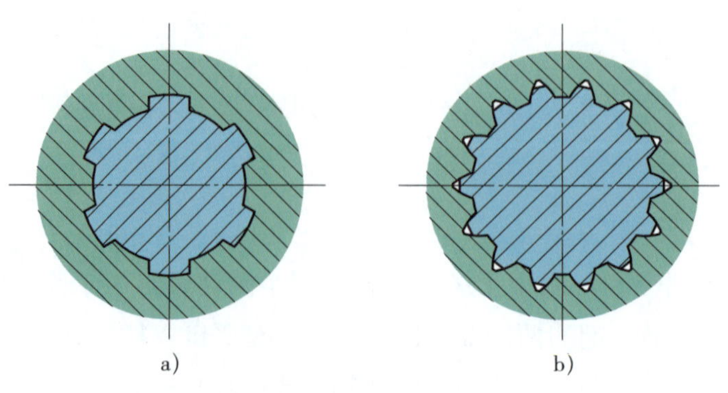

图 5-72　花键连接

a）矩形花键连接　b）渐开线花键连接

矩形花键齿的两侧面为平面，形状简单，加工方便。由于制造时轴和轮毂上的接合面都要经过磨削，因此能消除热处理所产生的变形。矩形花键连接具有定心精度高、定心稳定性好、应力集中较小、承载能力较大等特点，应用较为广泛。

渐开线花键的齿廓为渐开线，其制造精度高、齿根强度高、应力集中小、承载能力大、定心精度高，常用于载荷较大、定心精度要求较高、尺寸较大的连接。

4. 楔键连接

楔键连接分为普通型楔键连接和钩头型楔键连接，如图 5-73 所示。普通型楔键用于可以从小端将楔键打出的场合；钩头型楔键用于不能从一端将楔键打出的场合，钩头供拆卸用。楔键的上表面和轮毂槽的槽底都有 1∶100 的斜度，楔键的上、下表面与轴、轮毂接触，为工作面。将楔键打入、楔紧后，键的上、下表面分别与轮毂和轴上键槽的底面贴合，并产生很大的楔紧力。工作时，它依靠此楔紧力所产生的摩擦力来传递扭矩，同时还可以承受单向的轴向力，对轮毂起到单向的轴向固定作用。楔键的侧面与键槽的侧面之间为间隙配合，当扭矩过大导致轴与轮毂发生转动时，键的侧面也能进行工作。因此，楔键连接在传递有冲击和振动的较大扭矩时仍能保证连接的可靠性。楔键连接的缺点是楔紧后会使轴和轮毂的配合产生偏心与偏斜，因此，楔键连接适用于对零件的定心精度要求不高和转速较低的场合。

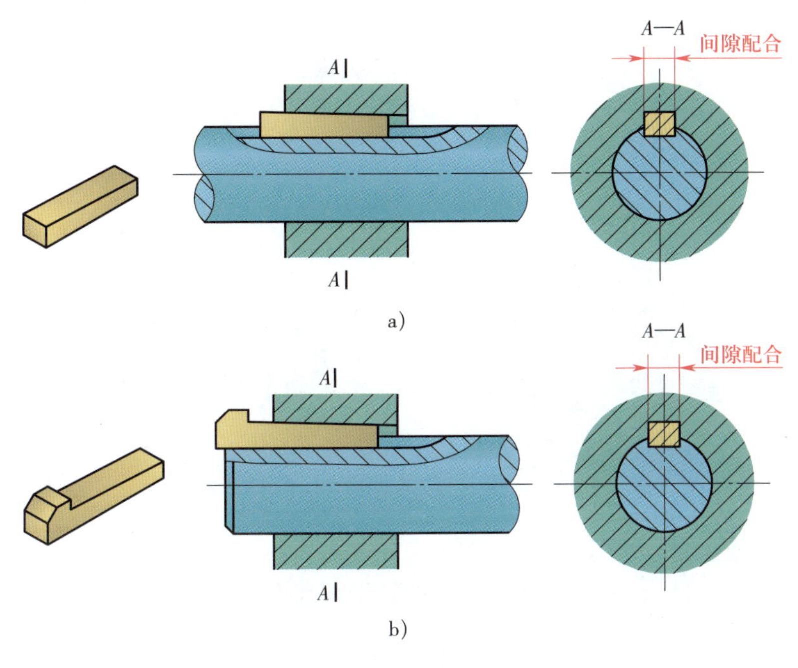

图 5-73　楔键连接

a）普通型楔键连接　b）钩头型楔键连接

5. 切向键连接

一组切向键由两个尺寸相同、斜面斜度为 1∶100 的楔键沿斜面拼合而成，如图 5-74a 所示。其上、下两工作面互相平行，故轴和轮毂上的键槽底面没有斜度。装配时，两个键分别自轮毂两边打入，使两工作面分别与轴、轮毂的键槽底面压紧，如图 5-74b 所示。工作时，靠工作面的压紧作用传递扭矩。切向键用于传递扭矩大、对中性要求不高的场合，如大型带轮、大型飞轮、大型绞车卷筒等。采用一组切向键只能传递单方向的扭矩。传递双向扭矩时必须采用两组切向键，两组键相隔120°，如图5–75a所示。如果两组切向键相隔120°安装有困难，也可以相隔180°安装，如图5–75b所示。

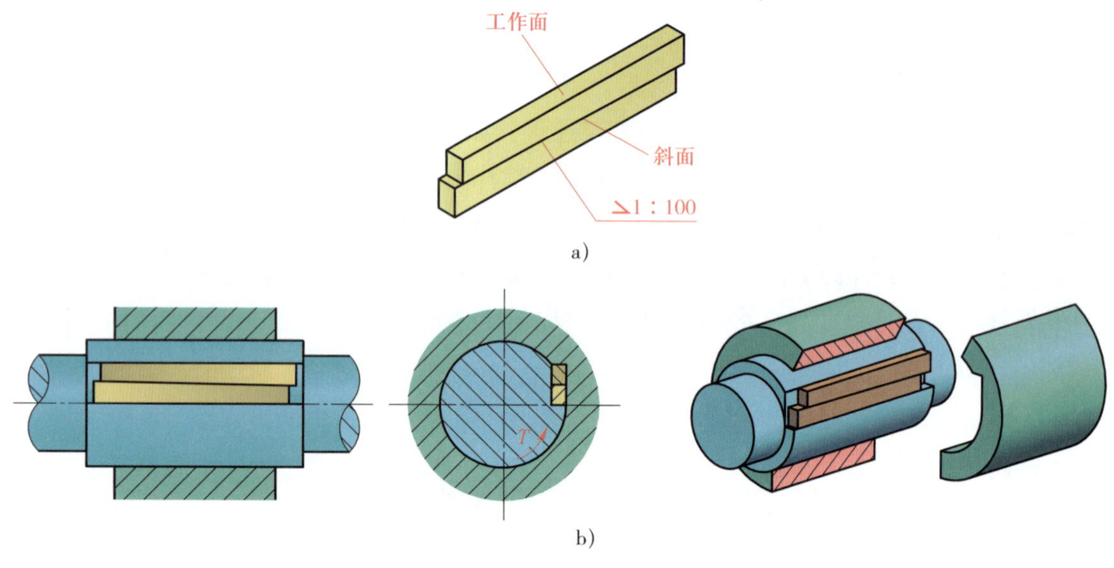

图5–74　切向键及连接
a）切向键　b）切向键连接

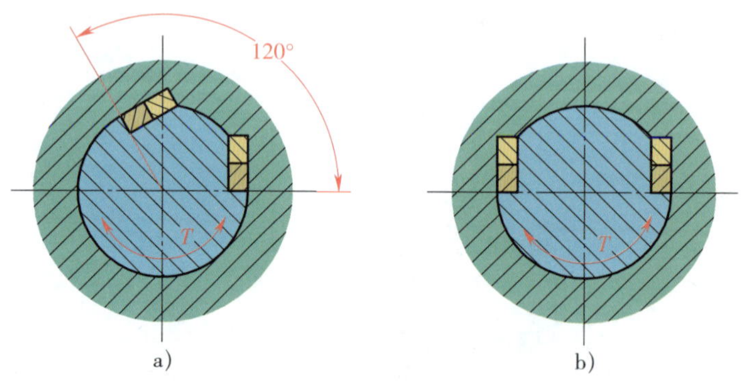

图5–75　两组切向键连接

二、销连接

1. 销的用途

销主要用于定位（作为组合加工和装配时的辅助零件，用于确定零件间的相对位置，见图5–76a），也可用于轴与轮毂的连接或其他零件的连接（见图5–76b），还可以作为安全装置中的过载保护零件（见图5–76c）。

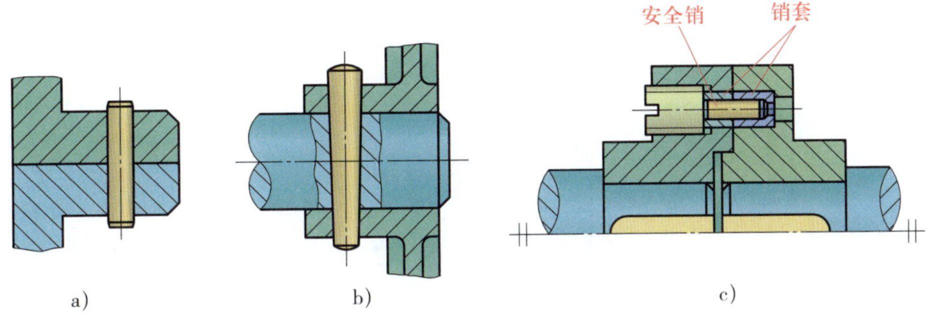

图 5-76　销的用途
a）定位　b）连接　c）过载保护

安全销在机器过载时应被剪断，因此，销的直径应按过载时被剪断的条件确定。为了确保安全销被剪断前不发生挤压破坏，通常在安全销上安装销套。销套有两个，分别安装在两个被连接件上的孔内，如图 5-76c 所示。

2. 销的类型、结构、特点及应用

销的形式有很多，基本类型有圆柱销和圆锥销两种，它们均有带螺纹和不带螺纹两种形式。销的结构和参数已标准化，常用圆柱销和圆锥销的类型、结构、特点及应用见表 5-18。

表 5-18　常用圆柱销和圆锥销的类型、结构、特点及应用

类型	结构	应用图例	特点及应用
圆柱销（GB/T 119.1—2000、GB/T 119.2—2000）			主要用于定位，也可用于连接。与销配合的孔的加工方法有配钻、配铰等
内螺纹圆柱销（GB/T 120.1—2000）			主要用于定位，也可用于连接。内螺纹供拆卸用。与销配合的孔的加工方法有配钻、配铰等

续表

类型	结构	应用图例	特点及应用
圆锥销（GB/T 117—2000）		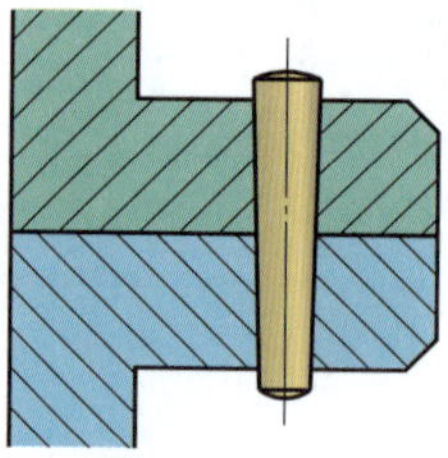	有 1 : 50 的锥度，与相同锥度的铰制孔相配合。圆锥销安装方便，主要用于定位，也可用于连接零件、传递动力，多用于经常拆卸的场合。定位精度比圆柱销高，在受横向力时能自锁
内螺纹圆锥销（GB/T 118—2000）	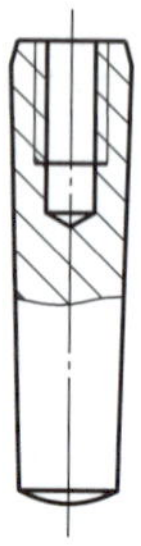	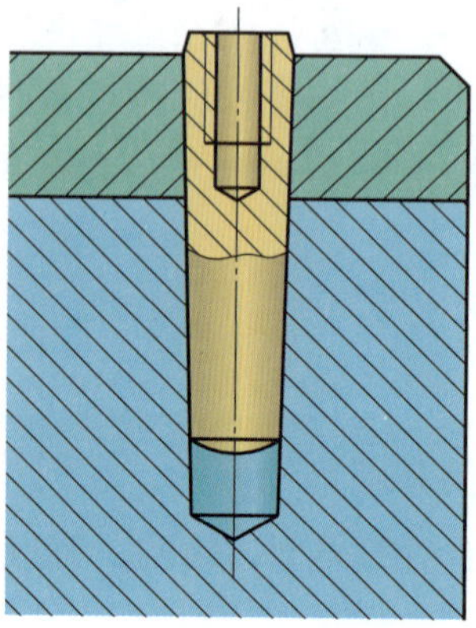	螺纹孔用于拆卸，可用于不通孔。有 1 : 50 的锥度，与相同锥度的铰制孔相配合。拆装方便，可多次拆装，定位精度比圆柱销高，能自锁
开尾圆锥销（GB/T 877—1986）		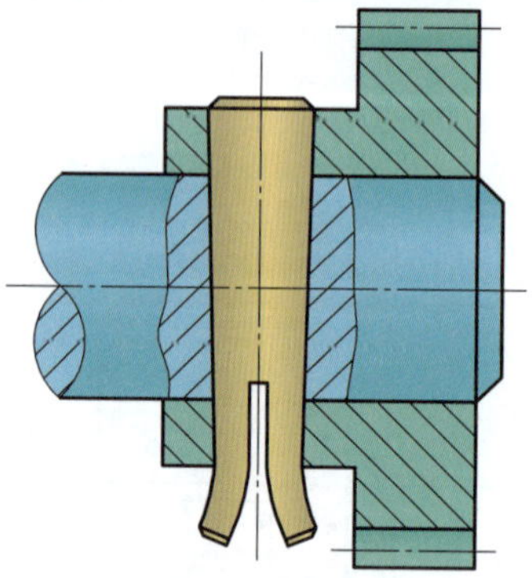	有 1 : 50 的锥度，与相同锥度的铰制孔相配合。打入销孔后，可使末端稍张开，避免松脱，用于有冲击、振动的场合
螺尾锥销（GB/T 881—2000）		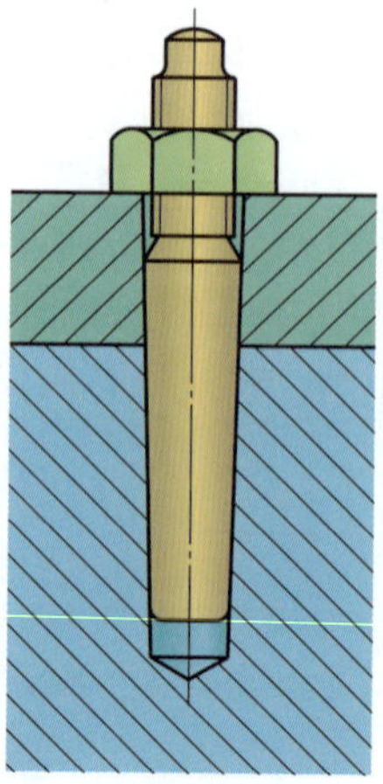	螺纹用于拆卸，有 1 : 50 的锥度，与相同锥度的铰制孔相配合。拆装方便，可多次拆装，定位精度比圆柱销高，能自锁

3. 销的选用与材料

圆柱销利用较小的过盈量固定在销孔中，多次拆装会降低定位精度和可靠性；圆锥销的定位精度和可靠性较高，并且多次拆装不会影响定位精度。因此，需要经常拆装的场合不宜采用圆柱销，而应采用圆锥销。

销起定位作用时一般不承受载荷，并且使用的数量不得少于两个。

销的材料常选用 35 钢或 45 钢，并经热处理达到一定硬度。

第七节　轴　　承

在机械中，轴承是支承转动的轴及轴上零件的部件，用以保证轴的旋转精度，减少轴与机座之间的摩擦和磨损，轴承的性能直接影响机器的使用性能。根据摩擦性质不同，轴承分为滚动轴承和滑动轴承两大类。

一、滚动轴承

滚动轴承是将旋转的轴与机座之间的滑动摩擦变为滚动摩擦，从而减少摩擦损失的一种精密部件。

1. 滚动轴承的结构

常见滚动轴承的结构如图 5–77 所示，滚动（轴圈）轴承一般由内圈（轴圈）、外圈（座圈）、滚动体和保持架组成。一般情况下，内圈（轴圈）装在轴颈上，与轴一起转动；外圈（座圈）装在机座的轴承孔内固定不动（惰轮、张紧轮、压紧轮等装配的轴承是外圈转，内圈不转）。内圈（轴圈）、外圈（座圈）上设置有滚道，当内圈（轴圈）、外圈（座圈）相对旋转时，滚动体沿着滚道滚动。常见滚动体如图 5–78 所示。保持架的作用是分隔开两个相邻的滚动体，以减少滚动体之间的碰撞和摩擦。常见保持架的结构如图 5–79 所示。

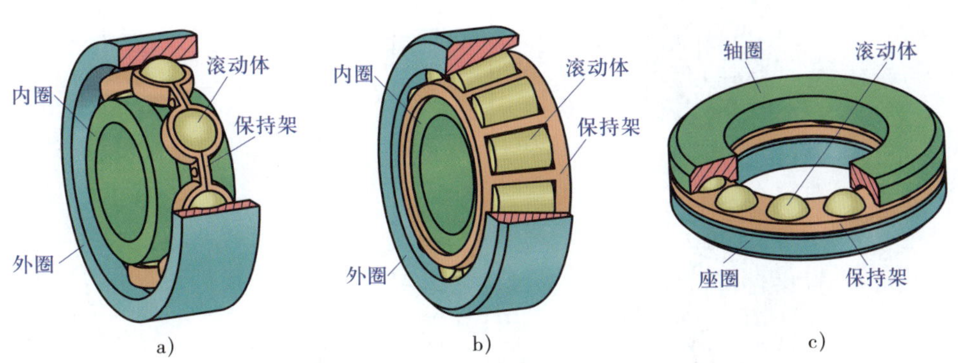

图 5–77　常见滚动轴承的结构

a）深沟球轴承　b）圆锥滚子轴承　c）单向推力球轴承

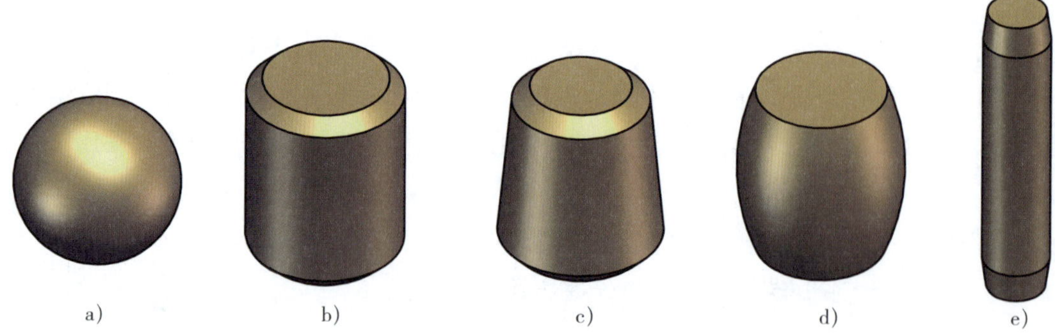

图 5-78 常见滚动体

a）球 b）圆柱滚子 c）圆锥滚子 d）球面滚子 e）滚针

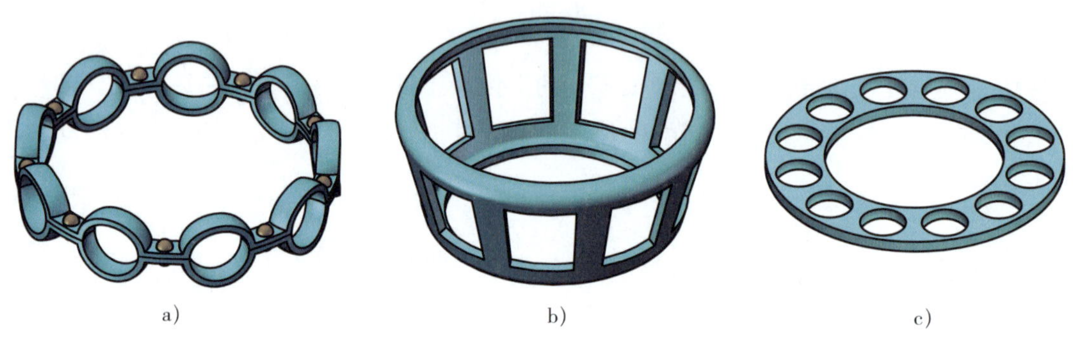

图 5-79 常见保持架的结构

a）深沟球轴承用保持架 b）圆锥滚子轴承用保持架 c）单向推力球轴承用保持架

2. 滚动轴承的类型

滚动轴承的种类非常多，可满足各种不同的工况条件和要求。常用滚动轴承的类型见表 5-19。

表 5-19 常用滚动轴承的类型

序号	轴承名称	立体图	结构简图	承载方向	基本特性
1	深沟球轴承（GB/T 276—2013）				主要承受径向载荷，也可同时承受少量双向轴向载荷。摩擦阻力小，极限转速高，结构简单，价格便宜，应用广泛
2	圆锥滚子轴承（GB/T 297—2015）				能同时承受较大的径向载荷和轴向载荷。内、外圈可分离，通常成对使用，对称布置安装

续表

序号	轴承名称		立体图	结构简图	承载方向	基本特性
3	推力球轴承（GB/T 301—2015）	单向		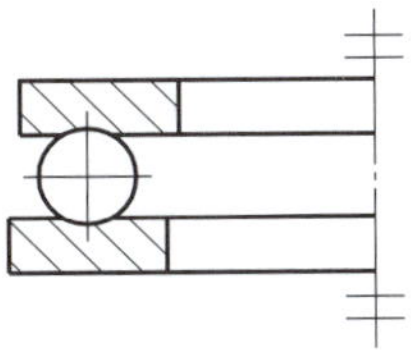		只能承受单向轴向载荷，适用于轴向载荷大、转速不高的场合
		双向		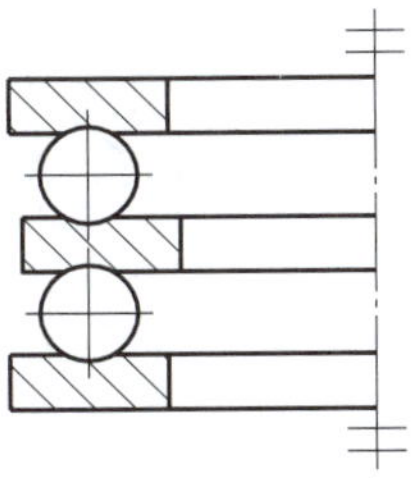		可承受双向轴向载荷，适用于轴向载荷大、转速不高的场合
4	推力圆柱滚子轴承（GB/T 4663—2017）		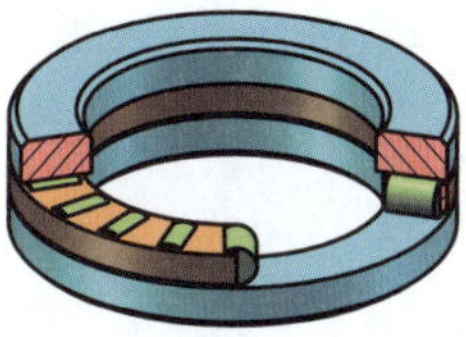	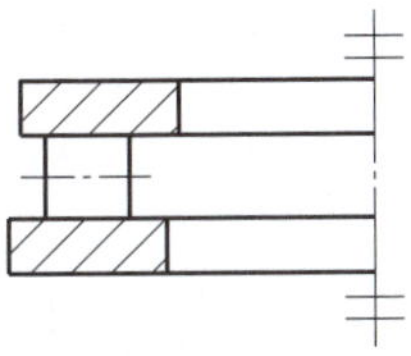		能承受很大的单向轴向载荷，承载能力比推力球轴承大得多，不允许有角偏差
5	圆柱滚子轴承（GB/T 283—2021）			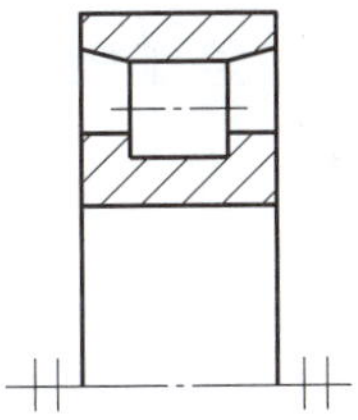		有内圈无挡边、外圈无挡边、内圈单挡边、外圈单挡边等多种形式，图示为外圈无挡边圆柱滚子轴承，它只能承受纯径向载荷。与球轴承相比，承受载荷的能力较大，尤其是承受冲击载荷的能力大，但极限转速较低
6	调心球轴承（GB/T 281—2013）		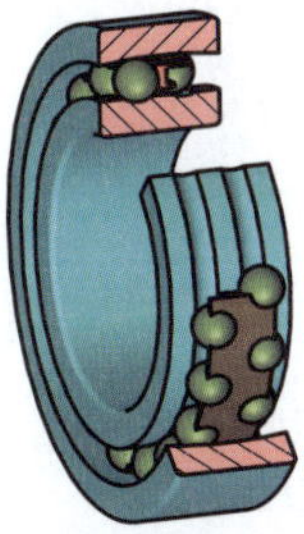	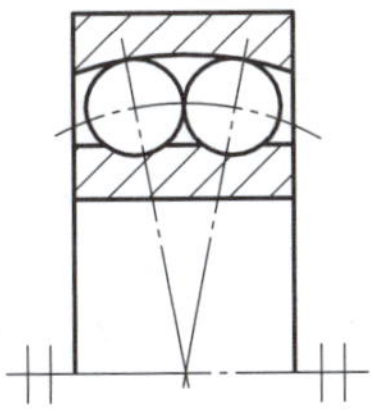		主要承受径向载荷，同时可承受少量双向轴向载荷。外圈内滚道为球面，能自动调心，允许有少量的角偏差。适用于弯曲刚度小的轴
7	调心滚子轴承（GB/T 288—2013）			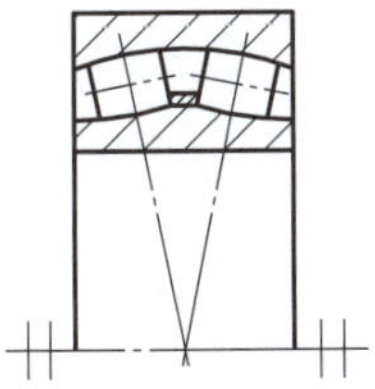		主要承受径向载荷，同时能承受少量双向轴向载荷，其承载能力比调心球轴承大；具有自动调心性能，允许有少量的角偏差。适用于重载和冲击载荷的场合

续表

序号	轴承名称	立体图	结构简图	承载方向	基本特性
8	推力调心滚子轴承（GB/T 5859—2023）				可以承受很大的轴向载荷和不大的径向载荷，允许有少量的角偏差。适用于重载和要求调心性能好的场合
9	角接触球轴承（GB/T 292—2023）				能同时承受径向载荷与轴向载荷。适用于转速较高，同时承受径向载荷和轴向载荷的场合

3. 滚动轴承的代号

滚动轴承的代号由前置代号、基本代号和后置代号三部分组成，见表 5–20。其中，基本代号是滚动轴承代号的核心，它表示轴承的基本类型、结构和尺寸。

表 5–20　滚动轴承的代号

<table>
<tr><td rowspan="4">前置代号</td><td colspan="4">基本代号</td><td rowspan="4">后置代号</td></tr>
<tr><td colspan="3">轴承系列代号</td><td rowspan="3">内径代号</td></tr>
<tr><td rowspan="2">类型代号</td><td colspan="2">尺寸系列代号</td></tr>
<tr><td>宽度（或高度）系列代号</td><td>直径系列代号</td></tr>
</table>

注：国家标准对滚针轴承的基本代号另有规定。

（1）基本代号

基本代号由轴承系列代号和内径代号组成，轴承系列代号又由类型代号和尺寸系列代号组成，所以可以认为基本代号由类型代号、尺寸系列代号、内径代号三部分组成。

1）类型代号。轴承类型代号用数字或字母表示，见表 5–21。

表 5–21　轴承类型代号（摘自 GB/T 272—2017）

类型代号	轴承类型	类型代号	轴承类型
0	双列角接触球轴承	4	双列深沟球轴承
1	调心球轴承	5	推力球轴承
2	调心滚子轴承和推力调心滚子轴承	6	深沟球轴承
3	圆锥滚子轴承	7	角接触球轴承

续表

类型代号	轴承类型	类型代号	轴承类型
8	推力圆柱滚子轴承	QJ	四点接触球轴承
N	圆柱滚子轴承，双列或多列用字母 NN 表示	C	长弧面滚子轴承（圆环轴承）
U	外球面球轴承		

2）尺寸系列代号。尺寸系列代号由两位数字组成，前一位数字为宽（高）度系列代号，后一位数字为直径系列代号。

宽（高）度系列代号表示内、外径相同而宽（高）度不同的轴承系列。对于向心轴承用宽度系列代号，代号有 8、0、1、2、3、4、5、6，其宽度尺寸依次递增；对于推力轴承用高度系列代号，代号有 7、9、1、2，其高度尺寸依次递增。图 5-80 所示为圆锥滚子轴承不同宽度系列的宽度尺寸变化情况。代号为 30206、32206 和 33206 的圆锥滚子轴承的宽度系列代号分别为 0、2、3，从图中可以看出，其宽度依次增加。

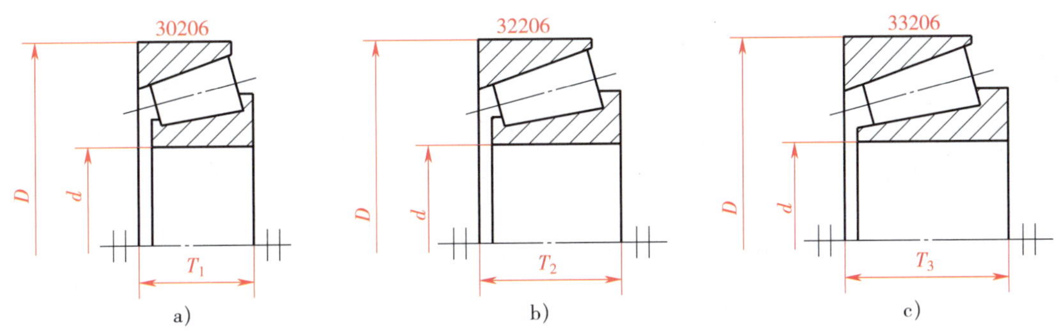

图 5-80　圆锥滚子轴承不同宽度系列的宽度尺寸变化情况

直径系列代号表示内径相同而具有不同外径的轴承系列。代号有 7、8、9、0、1、2、3、4、5，其外径尺寸按序由小到大排列。图 5-81 所示为深沟球轴承不同直径系列的直径尺寸变化情况。代号为 6006、6206、6306 和 6406 的深沟球轴承的直径系列代号分别为 0、2、3、4，从图中可以看出，其外径依次增加。

3）常用轴承系列代号。常用轴承系列代号见表 5-22。

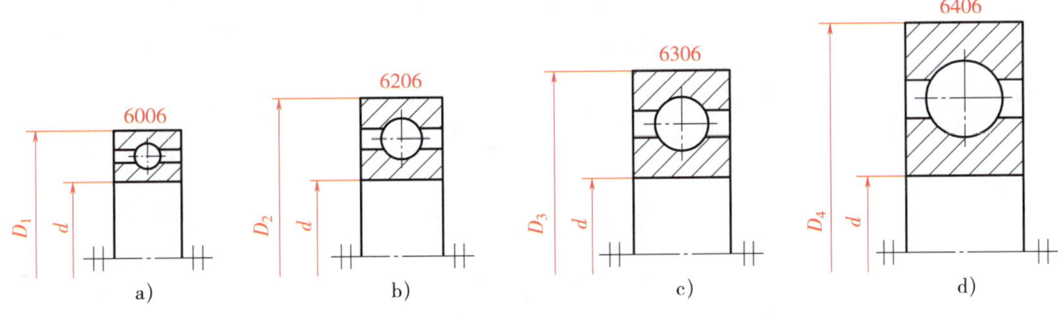

图 5-81　深沟球轴承不同直径系列的直径尺寸变化情况

表 5-22　　常用轴承系列代号（摘自 GB/T 272—2017）

轴承类型	类型代号	尺寸系列代号	轴承系列代号	轴承类型	类型代号	尺寸系列代号	轴承系列代号
调心球轴承	1 （1） 1 （1）	（0）2 22 （0）3 23	12 22 13 23	深沟球轴承	6	19 （1）0 （0）2 （0）3 （0）4	619 60 62 63 64
圆锥滚子轴承	3	02 03 13 22 23	302 303 313 322 323	角接触球轴承	7	（1）0 （0）2 （0）3 （0）4	70 72 73 74
推力球轴承	5	11 12 13 22 23	511 512 513 522 523	外圈无挡边圆柱滚子轴承	N	（0）2 22 （0）3 23 （0）4	N2 N22 N3 N23 N4

注：表中（　）内数字在组合代号中省略。

4）内径代号。内径代号一般用两位数字表示，并紧接在尺寸系列代号之后注写。内径 $d \geqslant 10$ mm 的滚动轴承内径代号见表 5-23。

表 5-23　　内径 $d \geqslant 10$ mm 的滚动轴承内径代号（摘自 GB/T 272—2017）

内径代号（两位数）	00	01	02	03	04 ~ 96
轴承内径 /mm	10	12	15	17	代号 ×5

注：内径为 22 mm、28 mm、32 mm 以及 ≥ 500 mm 的轴承，内径代号直接用内径毫米数表示，但标注时与尺寸系列代号之间要用“/”分开。例如深沟球轴承 62/22 的内径 d=22 mm。

5）基本代号示例。基本代号由类型代号、尺寸系列代号和内径代号组成，示例如下：

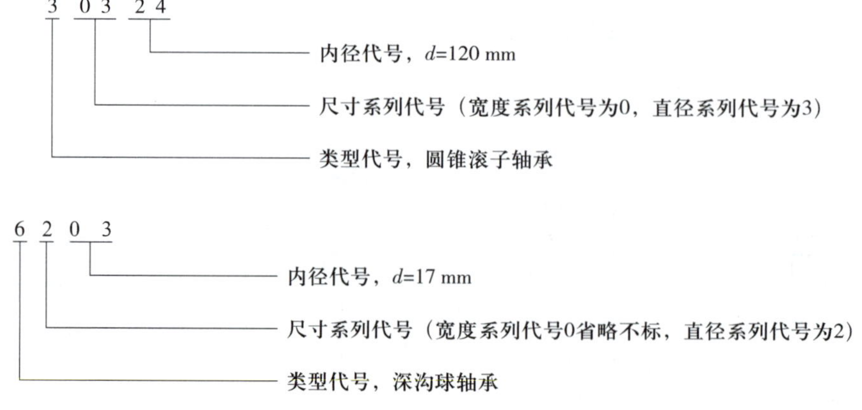

（2）前置代号和后置代号

前置代号和后置代号是滚动轴承代号的补充，只有在滚动轴承的结构形状、尺寸、公差、技术要求等有所改变时才使用，一般情况下可部分或全部省略。

前置代号用字母表示，经常用于表示轴承分部件（轴承组件）。例如，LN207 表示 N207 轴承的外圈。滚动轴承前置代号的标注规则可查阅《滚动轴承　代号方法》（GB/T 272—2017）。

后置代号用字母（或加数字）表示，置于基本代号的右边并与基本代号空半个汉字距（代号中有符号"—""/"时除外），后置代号的排列顺序见表 5–24。下面仅介绍最常见的滚动轴承公差等级和游隙的标注方法，其他滚动轴承后置代号的标记方法可查阅《滚动轴承　代号方法》（GB/T 272—2017）。

表 5–24　后置代号的排列顺序

排列顺序	1	2	3	4	5	6	7	8	9
含义	内部结构	密封、防尘与外部形状	保持架及其材料	轴承零件材料	公差等级	游隙	配置	振动及噪声	其他

1）公差等级代号。滚动轴承的公差等级由其尺寸公差和旋转精度确定，具体如下。

向心轴承公差等级分为：普通级、6、5、4、2 五级。

圆锥滚子轴承公差等级分为：普通级、6X、5、4、2 五级。

推力轴承公差等级分为：普通级、6、5、4 四级。

滚动轴承的精度等级中，普通级精度最低，2 级精度最高，普通级、6（6X）、5、4、2 级的精度依次升高。

滚动轴承的公差等级代号用"/P 公差等级"表示，见表 5–25。

表 5–25　滚动轴承的公差等级代号

代号	说明	示例
/PN	公差等级符合标准规定的普通级，代号中省略不表示	6203
/P6	公差等级符合标准规定的 6 级	6203/P6
/P6X	公差等级符合标准规定的 6X 级	30210/P6X
/P5	公差等级符合标准规定的 5 级	6203/P5
/P4	公差等级符合标准规定的 4 级	6203/P4
/P2	公差等级符合标准规定的 2 级	6203/P2
/SP	尺寸精度相当于 5 级，旋转精度相当于 4 级	234420/SP
/UP	尺寸精度相当于 4 级，旋转精度高于 4 级	234730/UP

2）游隙代号。游隙是指轴承在无载荷的情况下，内圈、外圈间所能移动的最大距离，做径向移动者称为径向游隙，做轴向移动者称为轴向游隙。游隙代号用"C 数字（或字母）"表示。数字为游隙组号。游隙组有 2、N、3、4、5 共五组，游隙量按由小到大的顺序排列。其中游隙 N 组为基本游隙，在轴承代号中省略不标注。例如，6210/C2 表示游隙为 2 组，6210 表示游隙为 N 组。

轴承的公差等级代号与游隙代号需同时表示时，可用公差等级代号加上游隙组号（N 组不表示）的组合形式表示。例如，“6203/P63”表示轴承的公差等级为 6 级，游隙为 3 组。

（3）滚动轴承代号示例

滚动轴承代号的示例如下：

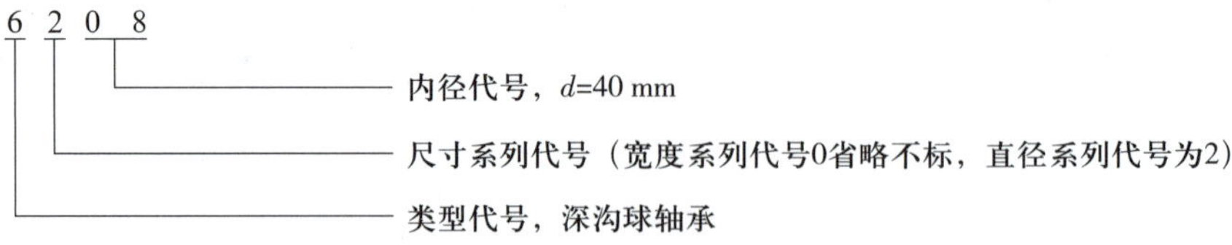

（游隙为N组，省略不标；公差等级为普通级，省略不标）

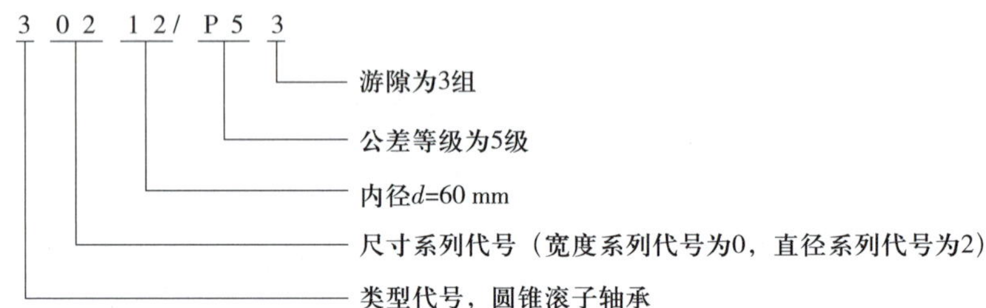

（4）滚动轴承的标记

滚动轴承的标记由三部分组成，即

轴承名称　轴承代号　标准编号

标记示例：滚动轴承　30205　GB/T 297—2015。

查阅 GB/T 297—2015，即可得知该滚动轴承为圆锥滚子轴承，查表可得该圆锥滚子轴承的外形尺寸。

二、滑动轴承

滑动轴承是指仅发生滑动摩擦的轴承。

1. 滑动轴承的主要结构形式

（1）径向滑动轴承

径向滑动轴承是指承受径向载荷的滑动轴承，主要有整体式径向滑动轴承、对开式径向滑动轴承和调心式径向滑动轴承等。

1）整体式径向滑动轴承（见图 5–82）。整体式径向滑动轴承由轴承座、整体轴瓦、紧定螺钉、油杯等组成。

整体式径向滑动轴承的轴承座上面设有安装润滑油杯的螺纹孔，在轴瓦上开有油孔，并在轴瓦的内表面上开有油槽，润滑油通过油孔和油槽流入轴承间隙。

整体式径向滑动轴承的优点是结构简单，成本低廉。其缺点是轴瓦磨损后，轴承间隙过大时无法调整；另外，轴只能从轴颈端部装拆，对于重型机械的轴或具有中间轴颈的轴，装拆很不方便。因此，它多应用于低速、轻载或间歇性工作的场合。

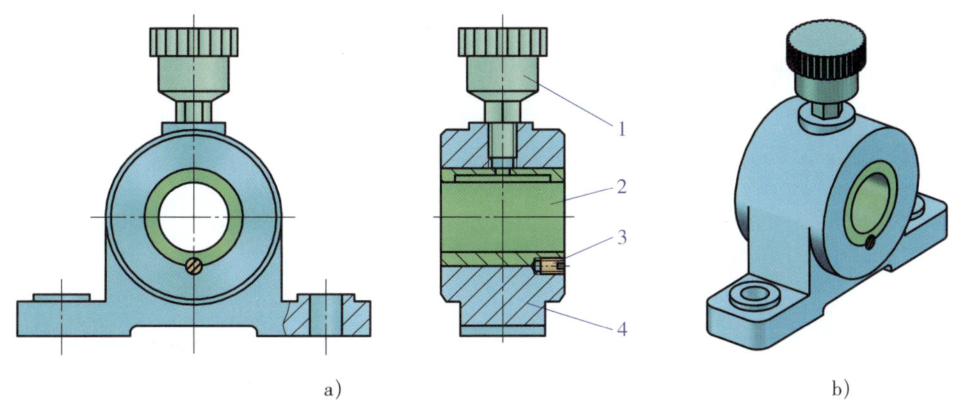

图 5-82　整体式径向滑动轴承

1—油杯　2—整体轴瓦　3—紧定螺钉　4—轴承座

2）对开式径向滑动轴承（见图 5-83）。对开式径向滑动轴承由轴承座、轴承盖、对开式轴瓦和连接螺栓等组成。轴承盖和轴承座的剖分面常做成阶梯形，以便于对中定位。轴承盖上有螺纹孔，用于安装油杯或油管。对开式轴瓦由上、下两部分组成，在上轴瓦上开设油孔和油槽。

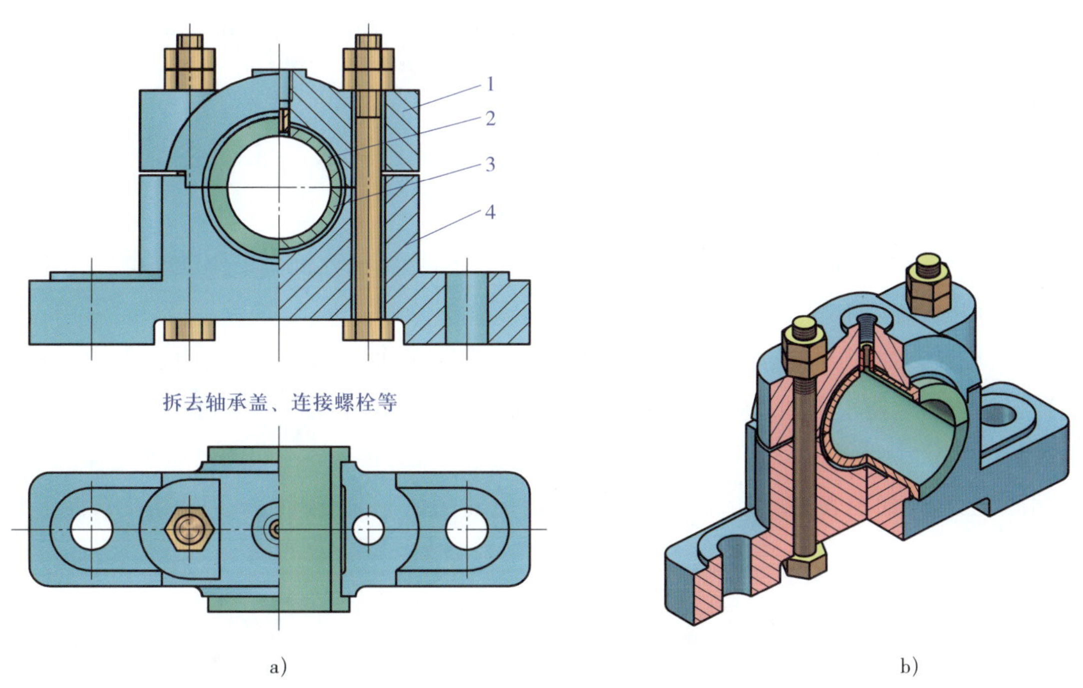

图 5-83　对开式径向滑动轴承

1—轴承盖　2—上轴瓦　3—下轴瓦　4—轴承座

对开式径向滑动轴承装拆方便，磨损后轴承的径向间隙可以通过减小接合面处的垫片厚度来调整，因此应用较广。

3）调心式径向滑动轴承（见图 5-84）。若轴承的宽度较大（宽度与直径之比大于 1.5）时，常把轴瓦的支承面做成球面，与轴承盖及轴承座的球形内表面配合。轴瓦可以自动调位，以适应轴受力弯曲时轴线产生的倾斜，避免轴与轴承两端局部接触而产生的磨损。这种滑动轴承的球面不易加工。

（2）止推滑动轴承

止推滑动轴承是指用来承受轴向载荷的滑动轴承，又称为推力滑动轴承。如图 5-85 所示，止推滑动轴承由轴承座、衬套、径向轴瓦、止推轴瓦和销钉等组成。止推轴瓦的底部为球面，以便于对中和保证工作表面受力均匀；销钉用来防止止推轴瓦随轴转动。润滑油由下部油管注入，从上部油管导出。

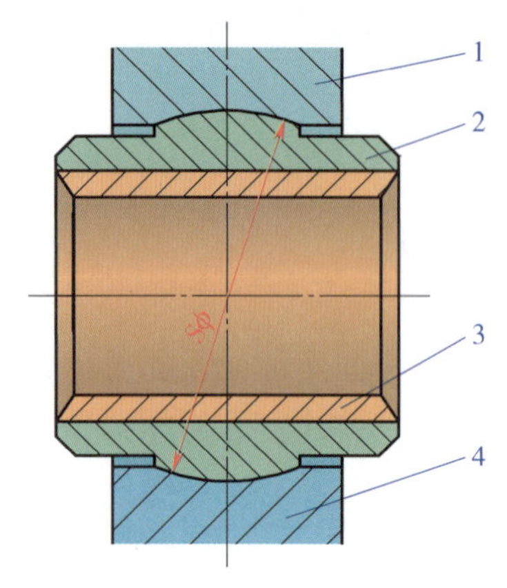

图 5-84　调心式径向滑动轴承
1—轴承盖　2—轴瓦　3—轴承衬　4—轴承座

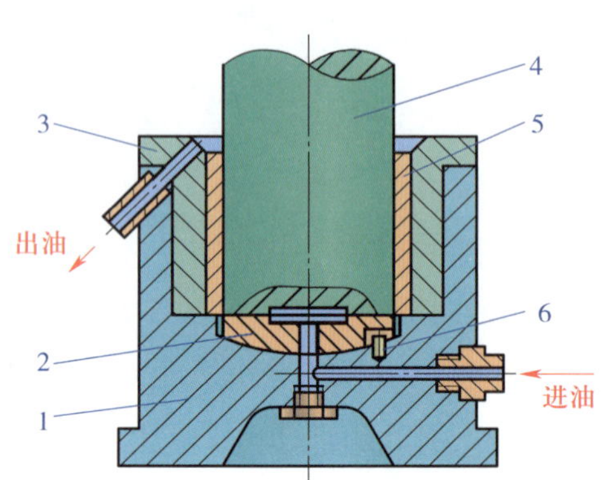

图 5-85　止推滑动轴承
1—轴承座　2—止推轴瓦　3—衬套　4—轴　5—径向轴瓦　6—销钉

2. 轴瓦的结构及材料

（1）轴瓦的结构

径向滑动轴承的轴瓦有整体式和对开式两种。整体式轴瓦（又称轴套）用于整体式滑动轴承，对开式轴瓦用于对开式滑动轴承。

1）整体式轴瓦。如图 5-86 所示，整体式轴瓦有整体轴瓦和卷制轴瓦等结构。如图 5-86b 所示轴瓦制有油孔与油沟，以便于给轴承注入润滑油。卷制轴瓦用轴承材料或敷有轴承材料的钢带卷制而成，如图 5-86c 所示。

2）对开式轴瓦。如图 5-87 所示，对开式轴瓦由上轴瓦和下轴瓦组成，两轴瓦接合面上开有轴向油槽。

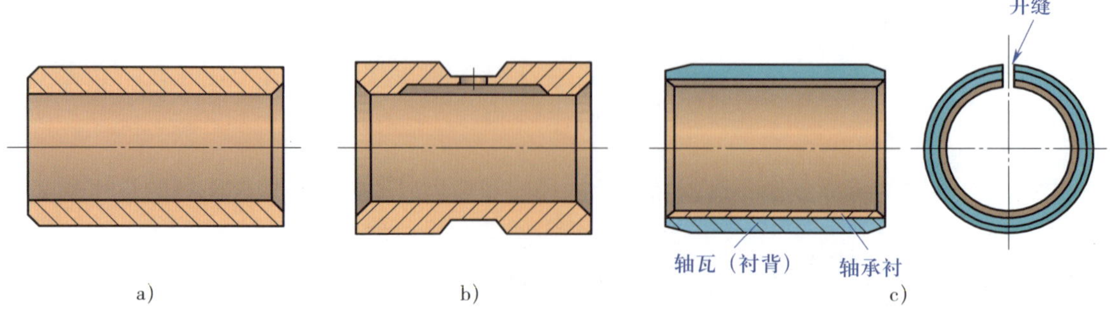

图 5-86　整体式轴瓦
a)、b) 整体轴瓦　c) 卷制轴瓦

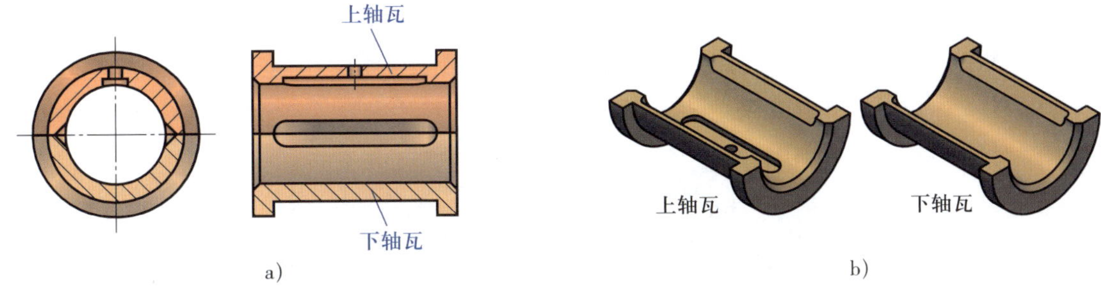

图 5-87　对开式轴瓦

（2）轴瓦的材料

常用的轴瓦和衬层材料有下列几种。

1）轴承合金。轴承合金有锡基轴承合金和铅基轴承合金两大类。锡基轴承合金的摩擦因数小，抗胶合性能好，对油的吸附性强，耐腐蚀性好，易跑合，是优良的轴承材料，常用于高速、重载的轴承，但其价格高且强度较差，因此只能作为衬层材料铸在钢、铸铁或青铜轴瓦上。这种轴承合金在 110 ℃开始软化，为了安全，一般应控制其工作温度低于 70 ℃。铅基轴承合金的各方面性能与锡基轴承合金相近，但这种材料较脆，不宜承受较大的冲击载荷，一般用于中速、中载的轴承上。

2）青铜。青铜的强度高，承载能力强，耐磨性与导热性都优于轴承合金。它可以在较高的温度（250 ℃）下工作，但可塑性差，不易跑合，与之相配的轴颈必须淬硬。青铜可以单独做成轴瓦。为了节省有色金属，也可将青铜作为衬层材料铸在钢或铸铁轴瓦上。用作轴瓦材料的青铜，主要有锡磷青铜、锡锌铅青铜和铝铁青铜等。在一般情况下，它们分别用于中速重载、中速中载和低速重载的轴承上。

3）具有特殊性能的轴承材料。用粉末冶金法（经制粉、成形、烧结等工艺）做成的轴瓦，具有多孔性组织，孔隙内可以储存润滑油，这种轴承称为含油轴承。运转时，轴瓦温度升高，由于油的膨胀系数比金属大，因而自动进入滑动表面以润滑轴承。含油轴承加一次油可以使用较长时间，常用于加油不方便的场合。

橡胶轴瓦具有较大的弹性，能减轻振动使运转平稳，可以用水润滑，常用于潜水泵、砂石清洗机、钻机等有泥沙的场合。

塑料具有摩擦因数小，可塑性、跑合性良好，耐磨、耐腐蚀，可以用水、油及化学溶液润滑等优点。但其导热性差，膨胀系数较大，容易变形。为改善此缺陷，可将塑料作为衬层材料黏附在金属轴瓦上使用。

第八节　联轴器、离合器和制动器

一、联轴器

联轴器是用来连接两轴或轴与旋转件，使之一同旋转并传递转矩和运动的一种装置。联轴器是机械传动中的常用部件，用联轴器连接的两根轴属于不同的机器或部件，如图 5-88 所示为离心泵传动简图，电动机与减速器、减速器与泵之间用了联轴器连接。

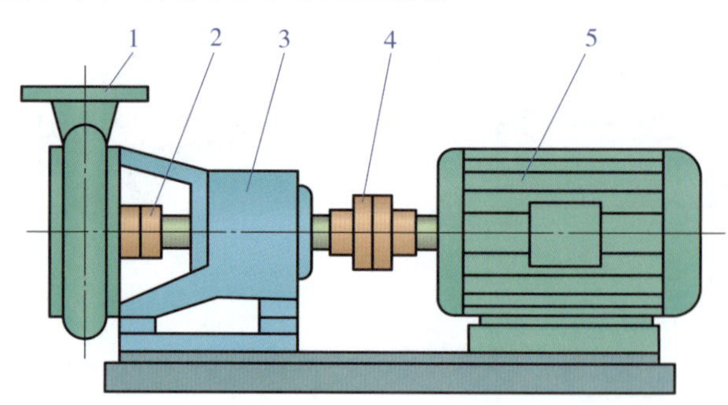

图 5-88　离心泵传动简图

1—离心式水泵　2、4—联轴器　3—减速器　5—电动机

1. 刚性联轴器

刚性联轴器结构简单，制造容易，不需要维护，成本低，但是不具有位移补偿功能，因此，要求两轴严格精确对中。常用的有凸缘联轴器和套筒联轴器等。

（1）凸缘联轴器

凸缘联轴器应用最为广泛，如图 5-89 所示，它由两个半联轴器（凸缘盘）、连接螺栓和键等组成。图 5-89a 所示为基本型凸缘联轴器，它依靠六角头铰制孔用螺栓与两个半联轴器上的铰制孔的过渡配合实现两轴对中。图 5-89b 所示为有对中榫凸缘联轴器，它依靠半联轴器上的凸肩和沉孔实现两轴对中。

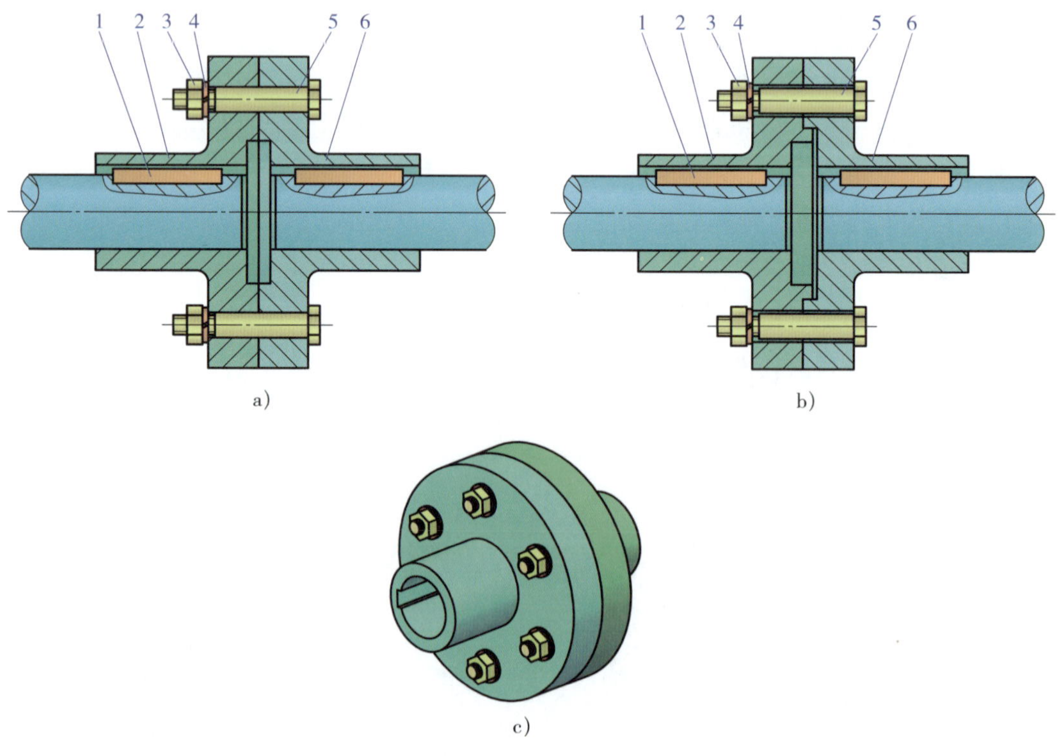

图 5-89　凸缘联轴器

a）基本型凸缘联轴器　b）有对中榫凸缘联轴器　c）立体图

1—普通型平键　2、6—半联轴器　3—螺母　4—弹簧垫圈　5—连接螺栓

凸缘联轴器结构简单，工作可靠，传递转矩大，装拆方便，适用于连接两轴刚度大、对中性好且转速较低、载荷平稳的场合。凸缘联轴器已经标准化，其尺寸可按有关国家标准选用。

（2）套筒联轴器

如图 5-90 所示，套筒联轴器由套筒、连接件（键或销）等组成。图 5-90a 所示套筒联轴器用普通型平键将套筒和轴连为一体，可传递较大的转矩，紧定螺钉用作套筒的轴向固定。图 5-90b 所示套筒联轴器用圆锥销将套筒和轴连为一体，其结构简单，主要用于传递转矩较小的场合。

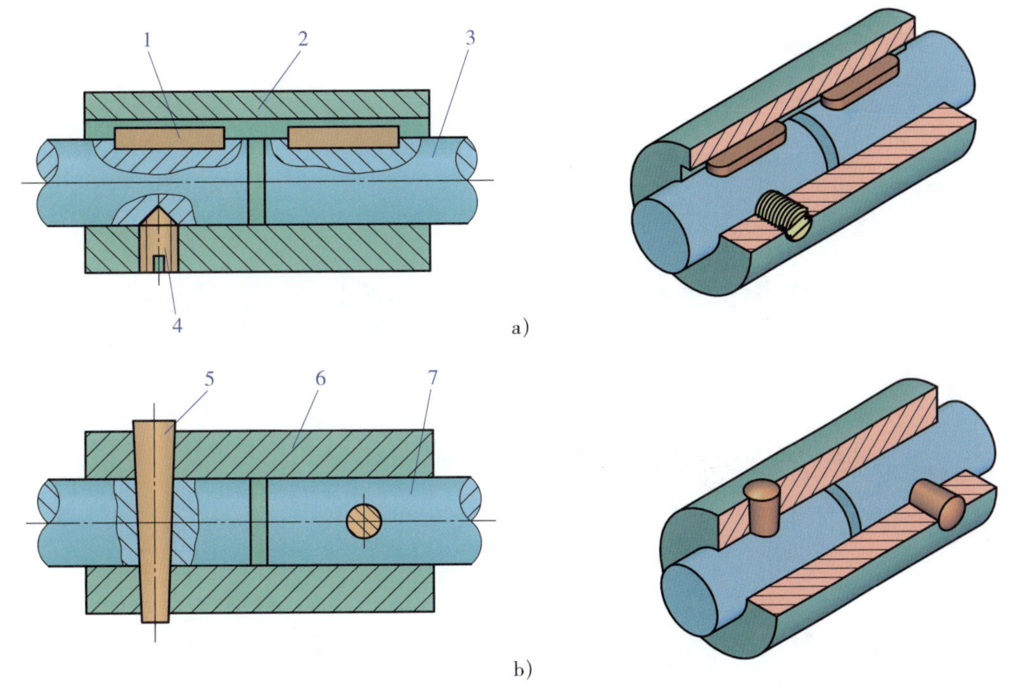

图 5-90 套筒联轴器

a）用平键连接套筒和轴 b）用圆锥销连接套筒和轴

1—普通型平键 2、6—套筒 3、7—轴 4—紧定螺钉 5—圆锥销

套筒联轴器制造容易，零件数量较少，结构紧凑，径向外形尺寸较小，但装拆时被连接件需要沿轴向移动较大距离。套筒联轴器适用于两轴能严格对中、载荷不大且较为平稳，并要求联轴器径向尺寸较小的场合。此种联轴器目前尚未标准化。

2. 无弹性元件挠性联轴器

无弹性元件挠性联轴器利用自身具有的相对可动元件，使联轴器具有一定的位置补偿能力，因此允许相连两轴间存在一定的相对位移。这类联轴器适用于调整和运转时很难达到两轴完全对中的情况，常用的有十字滑块联轴器、齿式联轴器等。

（1）十字滑块联轴器

图 5-91 所示为十字滑块联轴器，中间的金属盘滑块可以在两侧的半联轴器的径向槽中滑动，以补偿两相连轴的相对位移。这种联轴器的主要优点是允许两轴有较大的位移。由于滑块偏心会在运动时产生离心力，因此这种联轴器只适用于低速运转、轴的刚度较大、无剧烈冲击、两轴有一定位移的场合。

（2）齿式联轴器

如图 5-92 所示，齿式联轴器主要由两个带外齿的轴套和两个带内齿的套筒组成，轴套 2 和轴套 5 分别用普通型平键与两轴连接，套筒 3 和套筒 4 用螺栓连为一体。齿式联轴器利用内、外轮齿的啮合传递转矩。轴套上的外齿分为直齿（齿顶为圆柱面）和鼓形齿（齿形为球面）两种。由于鼓形齿比直齿更能够改善轮齿沿齿宽方向的接触状态，因此比直齿联轴器具有更大的补偿和承载能力，所以应用更广泛。鼓形齿联轴器适用于传递大转矩、有较大相对位移、安装精度要求不高的两轴的连接，在重型机器和起重设备中应用较广。由于齿式联轴器在工作时相啮合的齿面间不断做轴向的相对滑动，因此必须保证良好的润滑。

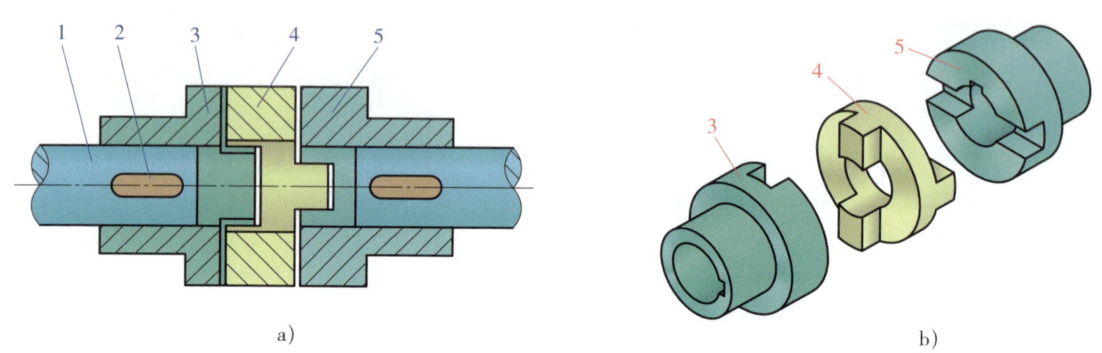

图 5-91　十字滑块联轴器

1—轴　2—普通型平键　3、5—半联轴器　4—金属盘滑块

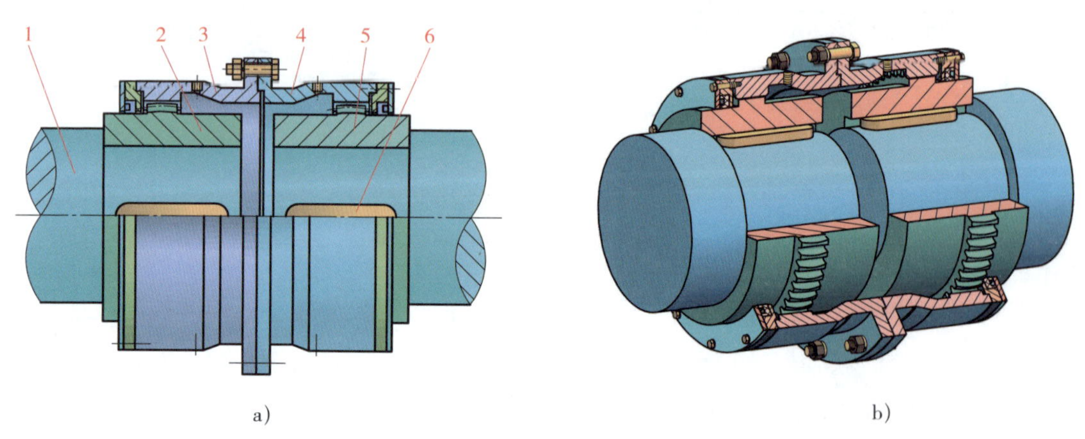

图 5-92　齿式联轴器

1—轴　2、5—带外齿的轴套　3、4—带内齿的套筒　6—普通型平键

3. 弹性联轴器

弹性联轴器是利用弹性元件的弹性变形，实现补偿两轴相对位移，缓和冲击和吸收振动作用的挠性联轴器。常用的弹性联轴器有弹性柱销联轴器和弹性套柱销联轴器等。

（1）弹性柱销联轴器

弹性柱销联轴器也称为尼龙柱销联轴器，如图 5-93 所示。若干个由非金属材料制成的弹性柱销置于两个半联轴器的凸缘上的孔中，以实现两轴的连接。为了防止弹性柱销滑出，在弹性柱销两端配置挡板。弹性柱销通常用尼龙制成，而尼龙具有一定的弹性和较好的耐磨性。

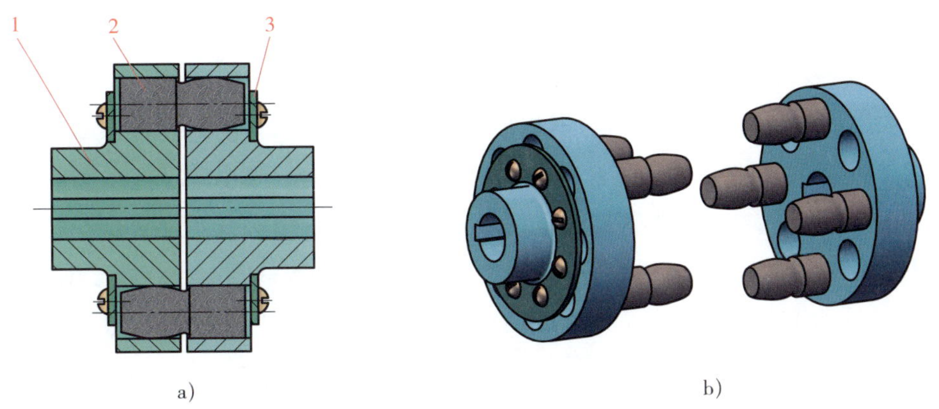

图 5-93　弹性柱销联轴器

1—半联轴器　2—弹性柱销　3—挡板

弹性柱销联轴器结构简单，制造、安装和维修方便，可以补偿两轴偏移、吸振和缓冲，多用于双向运转、启动频繁、转速较高、转矩不大的场合。尼龙对温度较敏感，一般在 -20 ~ 60 ℃的环境温度下工作。

（2）弹性套柱销联轴器

图 5-94 所示为弹性套柱销联轴器，它与凸缘联轴器相似，所不同的是用套有弹性套的柱销代替螺栓，工作时通过弹性套传递转矩。弹性套不仅可以补偿偏移，还可以缓冲和吸振，但容易损坏。弹性套柱销联轴器通常用于转速较高、频繁启动和旋转方向需要经常改变的场合。

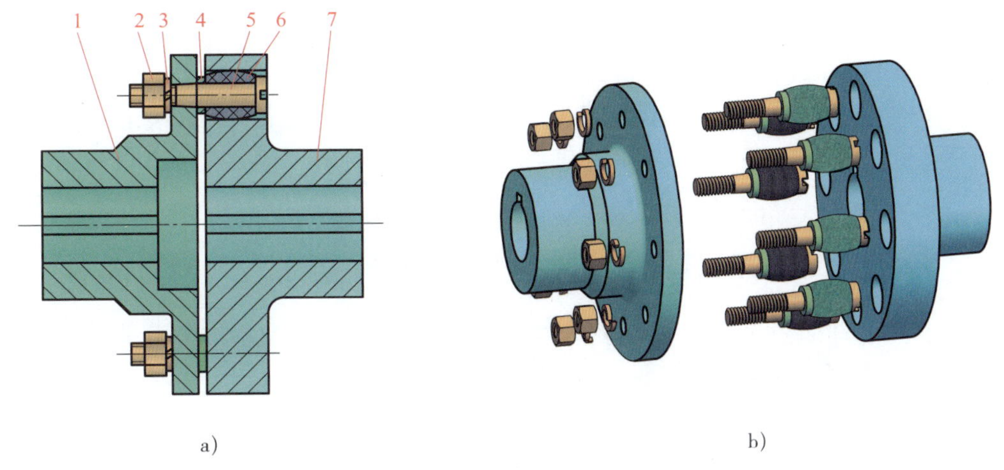

图 5-94　弹性套柱销联轴器

1、7—半联轴器　2—螺母　3—弹簧垫圈　4—挡圈　5—柱销　6—弹性套

二、离合器

离合器是一种可以通过各种操纵方式，实现从动轴与主动轴在运转过程中接合或分离的装置。离合器的种类很多，按其接合元件传动的工作原理，可分为摩擦式离合器和牙嵌离合器；按控制方式可分为操纵离合器和自控离合器。操纵离合器需要借助人力或动力进行操纵，又分为电磁离合器、气压离合器、液压离合器和机械离合器；自控离合器不需要外来操纵即可在一定条件下自动实现离合器的分离或接合，又分为安全离合器、离心离合器和超越离合器。下面介绍几种常见的离合器。

1. 牙嵌离合器

牙嵌离合器由两个端面带牙的半离合器组成，如图 5–95 所示。左半离合器 2 用普通型平键 9 和紧定螺钉 8 固定在主动轴 1 上，右半离合器 3 则用导向型平键 4（或花键）与从动轴 5 构成可滑动的连接。通过操纵机构可使右半离合器 3 沿从动轴 5 做轴向移动，以实现两半离合器的接合和分离。为了保证两轴的对中，在左半离合器 2 装有一个对中环 7，从动轴 5 的轴端始终置于对中环 7 的内孔中。当离合器接合时，从动轴 5 与对中环 7 同步旋转；当离合器分离时，对中环 7 继续旋转而从动轴 5 不转。牙嵌离合器常用的牙型有三角形、梯形和矩形等，如图 5–96 所示。

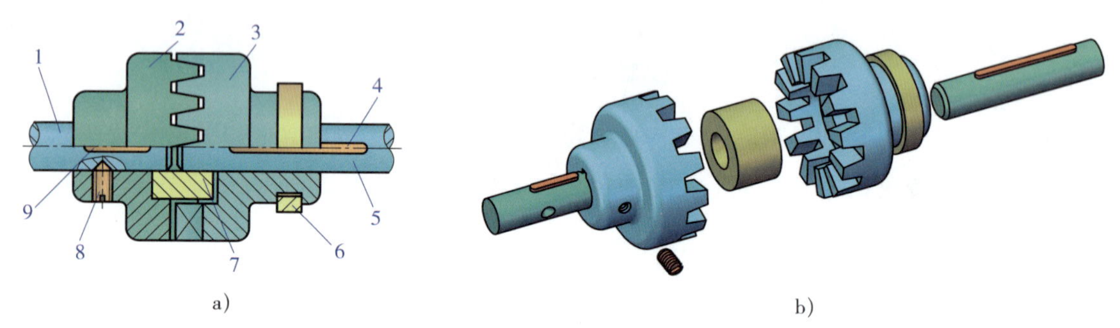

图 5–95　牙嵌离合器

1—主动轴　2—左半离合器　3—右半离合器　4—导向型平键　5—从动轴

6—滑环　7—对中环　8—紧定螺钉　9—普通型平键

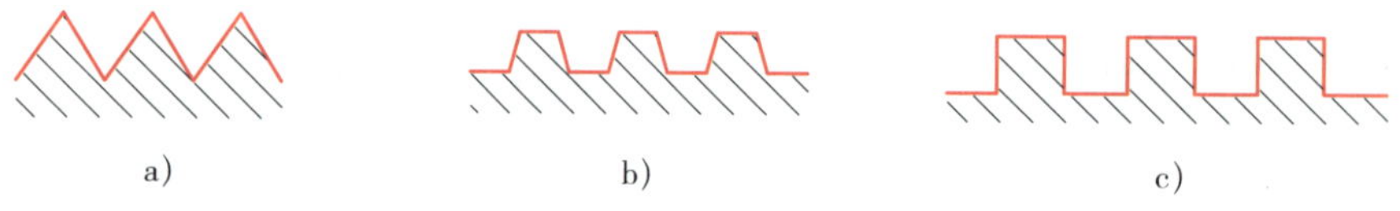

图 5–96　牙嵌离合器常用的牙型

a）三角形　b）梯形　c）矩形

牙嵌离合器结构简单，外廓尺寸小，能保证两轴同步运转，但只能在被连接轴不转动或低速转动时才能进行接合，故常用于低速和不需要在运转中进行接合的机械中。

2. 单圆盘摩擦式离合器

摩擦式离合器是利用主、从动半离合器摩擦片接触面间的摩擦力来传递转矩的，它是能在高速下离合的机械离合器。摩擦式离合器的形式很多，如图 5–97 所示为单圆盘摩擦式离合器，主动摩擦盘 2 与主动轴 1 用普通型平键 7 连接，从动摩擦盘 3 与从动轴 4 通过导向型平键 5 连接。工作时，利用操纵装置对从动摩擦盘 3 上的滑环 6 施加一个轴向压力，使从动摩擦盘 3 向左移动，与主动摩擦盘 2 接触并压紧，从而在两圆盘的接合面间产生摩擦力以传递转矩。单圆盘摩擦式离合器结构简单，散热性好，但传递的转矩较小。

3. 多片摩擦式离合器

如图 5–98 所示，多片摩擦式离合器有两组摩擦片，一组外摩擦片 4（见图 5–98c）的外缘上有三

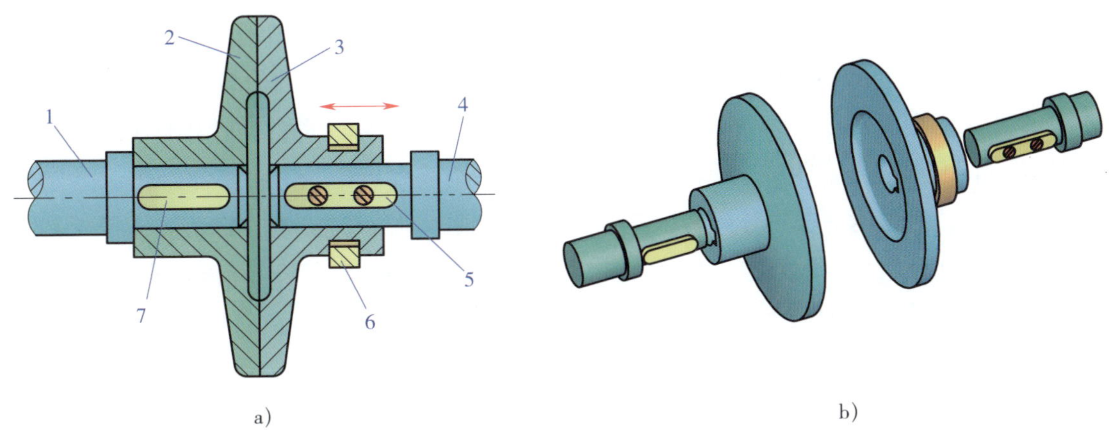

图 5-97 单圆盘摩擦式离合器

1—主动轴 2—主动摩擦盘 3—从动摩擦盘 4—从动轴

5—导向型平键 6—滑环 7—普通型平键

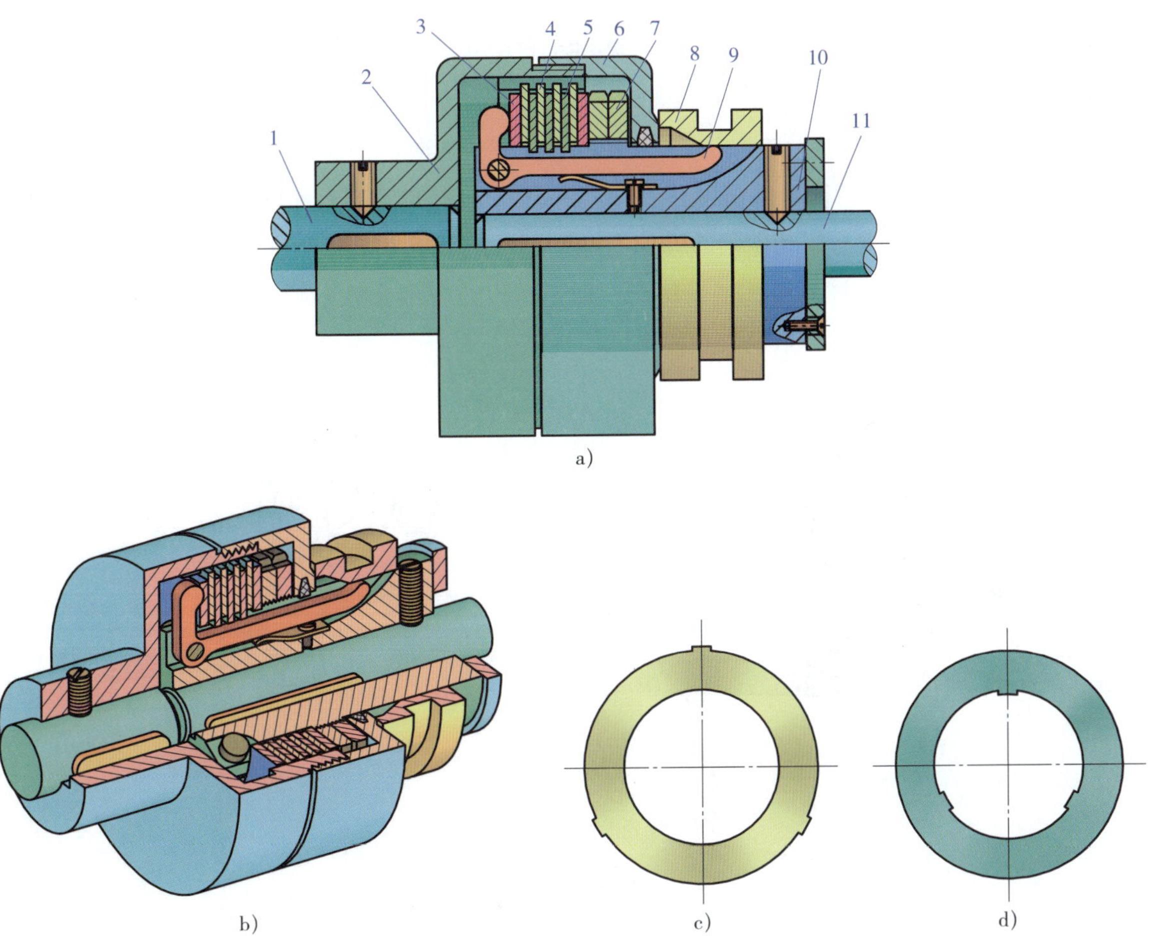

图 5-98 多片摩擦式离合器

a）视图 b）立体图 c）外摩擦片 d）内摩擦片

1—主动轴 2—毂轮 3—压板 4—外摩擦片 5—内摩擦片 6—外壳

7—调节螺母 8—滑环 9—曲臂压杆 10—内套筒 11—从动轴

个凸齿，被镶插在毂轮 2 内缘的纵向凹槽中，外摩擦片的内孔壁不与任何零件接触，故可随主动轴 1 一起转动；另一组内摩擦片 5（见图 5-98d）的内孔壁上有三个凸齿，被镶插在内套筒 10 外缘上的纵向凹槽中，内摩擦片的外缘不与任何零件接触，故可随从动轴一起转动。内、外两组摩擦片均可沿轴向移动。另外，在内套筒 10 上开有三个纵向槽，槽中装有可绕销轴转动的曲臂压杆 9，当滑环 8 向左移动时，曲臂压杆 9 通过压板 3 将所有内、外摩擦片压在调节螺母 7 上，使离合器处于接合状态。当滑环 8 向右移动时，曲臂压杆 9 由片弹簧顶起，此时主动轴 1 与从动轴 11 的传动被分离。多片摩擦式离合器可以通过增加摩擦片的数目来提高传递转矩的能力。

多片摩擦式离合器能传递较大的转矩而又不会使其径向尺寸过大，故在机床、汽车等机械中得到广泛应用。

三、制动器

制动器是具有使运动部件（或运动机械）减速、停止或保持停止状态等功能的装置，有时也用于调节或限制机械的运动速度。它是保证机械正常安全工作的重要部件。常用的制动器是利用摩擦力制动的摩擦制动器，主要有带式制动器、内张蹄式制动器和外抱块式制动器等。

1. 带式制动器

如图 5-99 所示，带式制动器由闸带、制动轮和杠杆等组成，当力 F 作用时，利用杠杆机构收紧闸带而抱住制动轮，靠闸带与制动轮间的摩擦力达到制动的目的。带式制动器结构简单，径向尺寸小，但制动力不大。为了增加摩擦效果，闸带材料一般是覆以石棉或夹铁砂帆布的钢带。带式制动器常用于中、小载荷的起重运输机械、车辆及人力操纵的机械中。

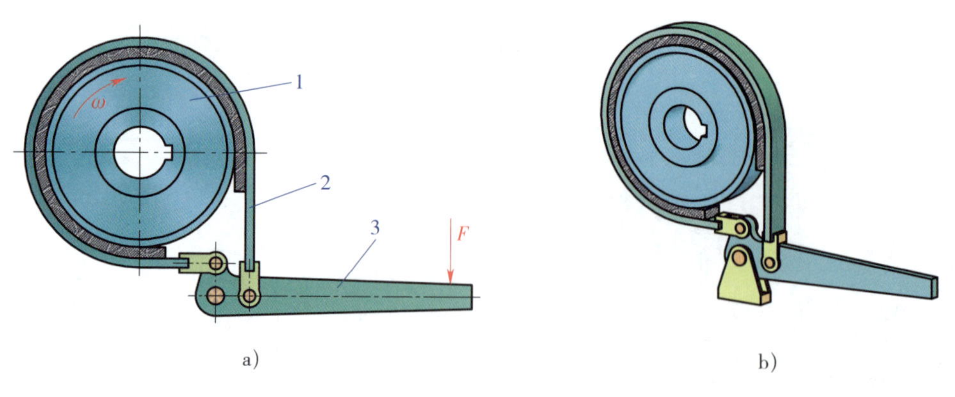

图 5-99 带式制动器

1—制动轮 2—闸带 3—杠杆

2. 内张蹄式制动器

内张蹄式制动器如图 5-100 所示，两个制动蹄分别通过两个销轴与机架铰接，制动蹄表面装有摩擦片，制动鼓与需要制动的轴连为一体。制动时，液压油进入液压缸 4，推动活塞向外伸出，克服弹簧力并使制动蹄 2 和 7 压紧制动鼓 6，从而使旋转部件制动。这种制动器结构紧凑，广泛用于各种车辆以及结构尺寸受限制的机械中。

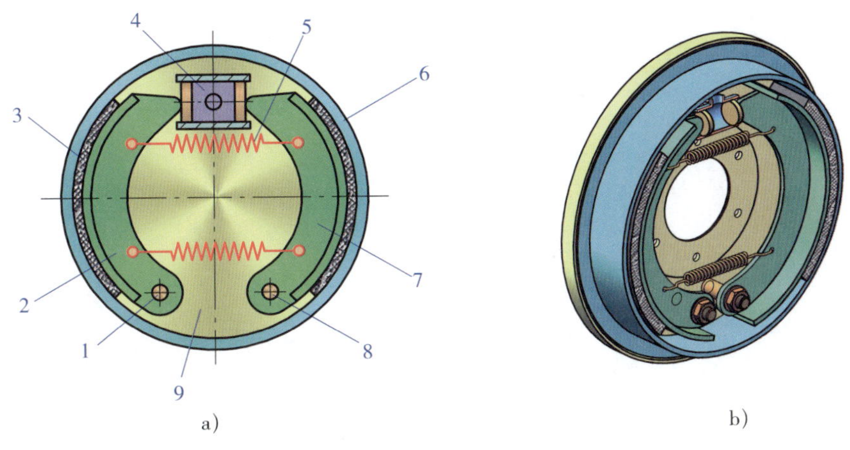

图 5-100　内张蹄式制动器

1、8—销轴　2、7—制动蹄　3—摩擦片　4—液压缸　5—弹簧　6—制动鼓　9—机架

3. 外抱块式制动器

外抱块式制动器如图 5-101 所示，弹簧 3 通过制动臂 6 使闸瓦块 2 压紧在制动轮 1 上，使制动器处于闭合（制动）状态。当松闸器 7 通入电流时，利用电磁作用把顶柱 5 顶起，通过推杆 4 带动制动臂 6 向外张开，使闸瓦块 2 与制动轮 1 松脱。闸瓦块的材料可采用铸铁，也可在铸铁上覆以皮革或石棉。这种制动器制动和开启迅速、尺寸小、质量小，但制动时冲击大，不适用于制动力矩大和需要频繁启动的场合。

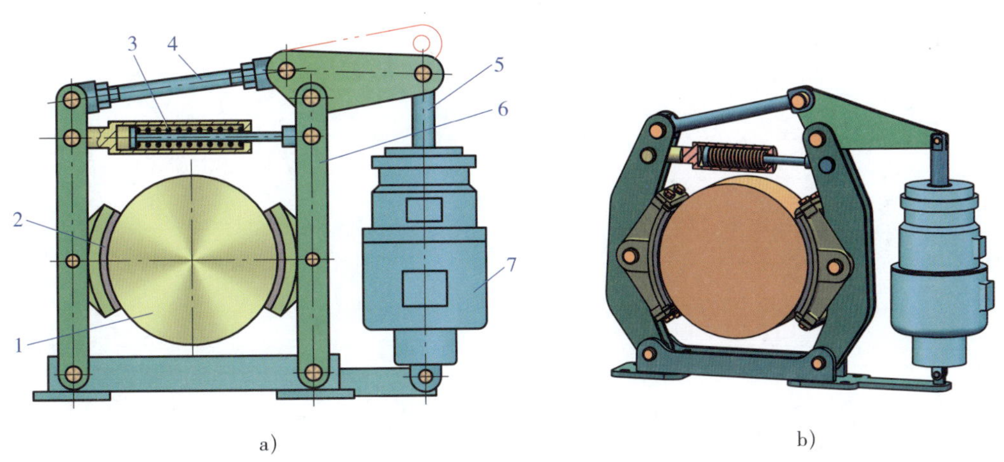

图 5-101　外抱块式制动器

1—制动轮　2—闸瓦块　3—弹簧　4—推杆　5—顶柱　6—制动臂　7—松闸器